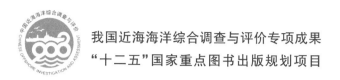
我国近海海洋综合调查与评价专项成果
"十二五"国家重点图书出版规划项目

中国近海海洋
——海洋灾害

于福江　董剑希　许富祥　等 编著

海洋出版社

2016年 · 北京

图书在版编目（CIP）数据

中国近海海洋：海洋灾害/于福江等编著 . —北京：海洋出版社，2014.4
ISBN 978-7-5027-8368-6

Ⅰ.①中… Ⅱ.①于… Ⅲ.①近海–海洋–自然灾害–研究–中国 Ⅳ.①P73

中国版本图书馆 CIP 数据核字（2013）第 303601 号

责任编辑：张 荣
责任印制：赵麟苏

海洋出版社 出版发行

http://www.oceanpress.com.cn
北京市海淀区大慧寺路 8 号 邮编：100081
北京朝阳印刷厂有限责任公司印刷 新华书店北京发行所经销
2016 年 12 月第 1 版 2016 年 12 月第 1 次印刷
开本：889mm×1194mm 1/16 印张：23
字数：580 千字 定价：150.00 元
发行部：62132549 邮购部：68038093 总编室：62114335
海洋版图书印、装错误可随时退换

《中国近海海洋》系列专著编著指导委员会
组成名单

《中国近海海洋——海洋灾害》
编著人员名单

总前言

2003 年，党中央、国务院批准实施"我国近海海洋综合调查与评价"专项（简称"908 专项"），这是我国海洋事业发展史上一件具有里程碑意义的大事，受到各方高度重视。2004 年 3 月，国家海洋局会同国家发展与改革委员会、财政部等部门正式组成专项领导小组，由此，拉开了新中国成立以来最大规模的我国近海海洋综合调查与评价的序幕。

20 世纪，我国系列海洋综合调查和专题调查为海洋事业发展奠定了科学基础。50 年代末开展的"全国海洋普查"，是新中国第一次比较全面的海洋综合调查；70 年代末，"科学春天"到来的时候，海洋界提出了"查清中国海、进军三大洋、登上南极洲"的战略口号；80 年代，我国开展了"全国海岸带和海涂资源综合调查"，"全国海岛资源综合调查"，"大洋多金属资源勘查"，登上了南极；90 年代，开展了"我国专属经济区和大陆架勘测研究"和"全国第二次污染基线调查"等，为改革开放和新时代海洋经济建设提供了有力的科学支撑。

跨入 21 世纪，国家的经济社会发展也进入了攻坚阶段。在党中央、国务院号召"实施海洋开发"的战略部署下，"908 专项"任务得以全面实施，专项调查的范围包括我国内水、领海和领海以外部分管辖海域，其目的是要查清我国近海海洋基本状况，为国家决策服务，为经济建设服务，为海洋管理服务。本次调查的项目设置齐全，除了基础海洋学外，还涉及海岸带、海岛、灾害、能源、海水利用以及沿海经济与人文社会状况等的调查；调查采用的手段成熟先进，充分运用了我国已具备的多种高新技术调查手段，如卫星遥感、航空遥感、锚系浮标、潜标、船载声学探测系统、多波束勘测系统、地球物理勘测系统与双频定位系统相结合的技术等。

"908 专项"创造了我国海洋调查史上新的辉煌，是新中国成立以来规模最大、历时最长、涉及部门最广的一次综合性海洋调查。这次大规模调查历时 8 年，涉及 150 多个调查单位，调查人员万余人次，动用大小船只 500 余艘，航次千余次，海上作业时间累计 17 000 多天，航程

200 余万千米，完成了水体调查面积 102.5 万平方千米，海底调查面积 64 万平方千米，海域海岛海岸带遥感调查面积 151.9 万平方千米，获取了实时、连续、大范围、高精度的物理海洋与海洋气象、海洋底质、海洋地球物理、海底地形地貌、海洋生物与生态、海洋化学、海洋光学特性与遥感、海岛海岸带遥感与实地调查等海量的基础数据；调查并统计了海域使用现状、沿海社会经济、海洋灾害、海水资源、海洋可再生能源等基本状况。

"908 专项"谱写了中国海洋科技工作者认知海洋的新篇章。在充分利用"908 专项"综合调查数据资料、开展综合研究的基础上，编写完成了《中国近海海洋》系列专著，其中，按学科领域编写了 15 部专著，包括物理海洋与海洋气象、海洋生物与生态、海洋化学、海洋光学特性与遥感、海洋底质、海洋地球物理、海底地形地貌、海岛海岸带遥感影像处理与解译、海域使用现状与趋势、海洋灾害、沿海社会经济、海洋可再生能源、海水资源开发利用、海岛和海岸带等学科；按照沿海行政区域划分编写了 11 部专著，包括辽宁省、河北省、天津市、山东省、江苏省、浙江省、上海市、福建省、广东省、广西壮族自治区和海南省的海洋环境资源基本现状。

《中国近海海洋》系列专著是"908 专项"的重要成果之一，是广大海洋科技工作者辛勤劳作的结晶，内容充实，科学性强，填补了我国近海综合性专著的空白，极大地增进了对我国近海海洋的认知，它们将为我国海洋开发管理、海洋环境保护和沿海地区经济社会可持续发展等提供科学依据。

系列专著是 11 个沿海省（自治区、直辖市）海洋与渔业厅（局）、国家海洋信息中心、国家海洋环境监测中心、国家海洋环境预报中心、国家卫星海洋应用中心、国家海洋技术中心、国家海洋局第一海洋研究所、国家海洋局第二海洋研究所、国家海洋局第三海洋研究所、国家海洋局天津海水淡化与综合利用研究所等牵头编著单位的共同努力和广大科技人员积极参与的成果，同时得到了相关部门、单位及其有关人员的大力支持，在此对他们一并表示衷心的感谢和敬意。专著不足之处，恳请斧正。

《中国近海海洋》系列专著编著指导委员会

前　言
Foreword

　　《中国近海海洋——海洋灾害》专著是"908专项"908-ZC-I-15"海洋灾害对沿海地区社会经济发展的影响评价"成果集成项目中一项非常重要的研究成果。

　　海洋是人类生存和发展的基本环境和重要资源，已成为世界主要沿海国家拓展经济和社会发展空间的重要领域，但同时也是孕育多种海洋灾害的温床，如风暴潮、海啸、海冰、海浪、赤潮、咸潮、海岸侵蚀、海平面上升等。据有记载以来的不完全统计，海洋灾害已造成全球范围数百万人丧生，直接和间接的经济损失难以估算。随着全球气候变化，风暴潮、咸潮、海平面上升、海岸侵蚀等海洋灾害的致灾程度将会进一步加剧。

　　在国际上，风暴潮、海啸和地震是公认的造成死亡人数最多的三大自然灾害，其中，风暴潮和海啸均为海洋灾害。历史上，这两大海洋灾害曾造成严重的损失。2005年美国"卡特里娜"风暴潮重创新奥尔良，1 000余人死亡，经济损失超过千亿美元。2008年5月缅甸"纳尔吉斯"风暴潮几乎淹没整个伊洛瓦底江三角洲，13万余人死于非命。1960年智利海啸波及智利、夏威夷群岛、日本、菲律宾、新西兰等国家，遇难人数超过千人；2011年日本海啸导致近2万人遇难，直接经济损失约2 000亿美元。

　　我国位于西北太平洋和南海海域沿岸，该海域为全球台风最为活跃的海域，同时临近的太平洋地震带"火环"大地震频发，是潜在海啸的发生地，此外我国北方的渤海和黄海北部海域每年冬季结冰，是全球纬度最低的结冰海域，因此，我国频繁遭受风暴潮、海浪、海冰的袭击，也遭受潜在的海啸威胁。我国历史上曾多次记载了重大海洋灾害的实情概况。1922年8月2日下午3时，广东汕头发生特大风暴潮灾害，史书记载"风初起，傍晚愈急，九时许风力益厉，震山撼岳，拔木发屋，加以海潮骤至，大雨倾盆，平均水深丈余，沿海低下者数丈，乡村被卷入海涛中，屋舍倾塌不可胜数，受灾尤烈，150多千米的海堤被悉数冲毁，海水入侵内陆达15千米。有户籍可查的，死亡7万余人"。这是20世纪以来，我国因风暴潮灾害死亡人数最多的一次。1969年渤海特大海冰灾害影响期间，渤海几乎全被海冰覆盖，局部冰的堆积高度达 5 米左右，数艘大马力轮船被困在渤海湾，中海油"海二井"的钻井和设备平台同时被坚冰推倒。冰层之厚，冰质之坚硬，破坏力之大，堆积程度之甚，是有资料记载 50 余年以来最为严重的一次。此外，我国近海海上恶性海难事故时有发生，这种海难事故大多是船舶在巨浪区航行时发生的。例如 1989 年 10 月 31 日凌晨，渤海气旋大风突发，渤海海峡和黄海北部的风力达 8~10 级，海上掀起 6.5 米的狂浪，载重 4 800 吨的"金山"号轮船受疾风狂浪的袭击，沉没在山东省龙口市以北 48 海里处，船上 34 人全部遇难。

虽然我国发生海啸灾害的次数较少，但是对其却不容小觑。我国沿海临近太平洋地震带，既面临着局地海啸的威胁，也面临着越洋海啸的威胁。数值计算表明，如果南海马尼拉海沟或东海琉球海沟发生 9 级地震并引发巨大海啸，我国台湾岛、华南沿海或华东沿海都将遭受严重袭击，海啸灾害程度将不亚于 2011 年 3 月 11 日的日本海啸灾害。此外，70 年代末至今，监测资料表明各类缓发型海洋灾害如海岸侵蚀、海水入侵等均呈明显加剧趋势。

综上所述，我国遭受的海洋灾害种类多、灾害重，是西太平洋沿岸海洋灾害最严重的国家之一，海洋灾害已造成严重的人员伤亡和经济损失。20 世纪 90 年代以来，沿海地区各类海洋灾害造成的经济损失，每年平均超过 100 亿元。"十五"期间，海洋灾害造成的直接经济损失达 630 亿元，死亡人数约 1 160 人，特别是 2005 年的海洋经济损失近 330 亿元，占比同期海洋经济总产值近 2%，全国各类自然灾害总损失的 16%。"十一五"期间，海洋灾害造成的直接经济损失近 750 亿元，死亡人数约 1 000 人。海洋灾害造成的经济损失在整体上呈现明显的上升趋势。

《中国近海海洋——海洋灾害》分为 3 篇，分别为影响我国沿海的风暴潮、海啸、海浪、海冰、赤潮、海雾等海洋环境灾害篇；海岸侵蚀、港湾淤积、海水入侵等海洋地质灾害篇；赤潮、外来物种入侵等海洋生态灾害篇。本书对各类海洋灾害利用翔实、丰富、全面的历史资料进行了成因、特点分析，首次完成了海洋环境灾害的时空分布和影响特征研究，开展了海洋灾害风险评估与区划，依据沿海各区域各类海洋灾害的特点以及造成的灾害，综合分析了全国 174 个沿海县的海洋灾害风险，借此明确了我国沿海海洋灾害严重区及高风险区；此外分析了各类海洋灾害的典型个例，评价了海洋灾害对社会经济发展的影响，深入探讨了我国在防灾减灾方面存在的问题，并提出了相应的防灾减灾对策建议。

　　本书为海洋灾害机理研究、海洋域经济发展规划、沿海重大工程项目的建设等提供了丰富翔实的数据资料，为各级政府制定海岸带开发与利用战略规划，开展海洋灾害防灾减灾及应急管理等工作提供了科学依据和技术支撑。人类虽然无法消除海洋灾害，但通过掌握海洋灾害特点、开展科学的防灾减灾行动，建立健全海洋灾害预警系统，加强防灾减灾日常准备，可以最大程度降低海洋灾害风险、减少损失，并挽救生命。

　　本书的出版对加强海洋防灾减灾宣传教育、提高全社会的海洋灾害风险防范意识、有效降低海洋灾害造成的人员伤亡和经济损失具有十分重要的意义。

　　本书由国家海洋环境预报中心组织编著，由国家海洋局第一海洋研究所、国家海洋环境监测中心合作完成。

　　本书还有许多不完善之处，诚请广大同行和读者给予批评指正。

编　者

2016 年 8 月于北京

目　录

中国近海海洋——海洋灾害

第2篇 海洋地质灾害篇

5

第3篇　海洋生态灾害篇

第 1 篇　海洋环境灾害篇

第1章 海洋环境灾害的
定义与分类

1.1 海洋环境灾害定义与分类

本书中海洋环境灾害主要包括：风暴潮灾害、海啸灾害、海浪灾害、海冰灾害、海雾灾害等突发性的自然灾害。

1.1.1 风暴潮定义与分类

1）风暴潮定义

风暴潮是指由强烈的大气扰动（强风和气压骤变）所引起的海面异常升高或降低现象（图1.1）。它具有数小时至数天的周期，通常叠加在正常潮位之上，而风浪、涌浪（具有数秒的周期）叠加在前二者之上。由这三者的结合引起的沿岸海水暴涨常常酿成巨大灾害，通常称为风暴潮灾害或潮灾。世界气象组织前秘书长 D. A. Davies（1978）曾指出："绝大多数因热带气旋而引起的特大自然灾害是由风暴潮引发的沿岸涨水造成的。"

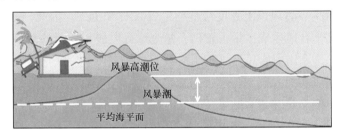

图1.1 风暴潮成灾示意图

在我国历史文献中风暴潮又多称为"海溢"、"海侵"、"海啸"及"大海潮"等，风暴潮的空间范围一般为几十千米至上千千米，时间尺度或周期约为数小时至100小时，介于地震海啸和天文潮波之间。由于风暴潮的影响区域是随大气扰动因子的移动而移动，因此有时一次风暴潮过程往往可影响1 000~2 000千米的海岸区域，影响时间可长达数天之久。

沿海验潮站或河口水位站所记录的潮位变化，通常包含了天文潮、风暴潮、海啸及其他长波所引起海面变化的综合值。一般的验潮装置均滤掉了数秒级的短周期海浪引起的海面波动。从验潮曲线中准确分离出风暴潮是困难的，这是由于非线性作用使天文潮和风暴潮并非严格的线性叠加，因此，依据实测潮位减去正常潮位计算出的剩余值中，有时明显地表现出潮周期振动。不过目前国内外仍采用实测潮位与天文潮代数差的方法来分离风暴潮（图1.2）。

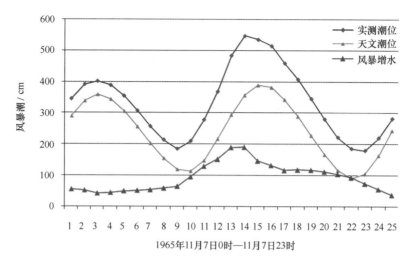

图1.2　天津市塘沽站实测潮位、天文潮位和风暴增水随时间变化图

2）风暴潮的分类

按照诱发风暴潮的大气扰动特征分类，风暴潮分为台风风暴潮和温带风暴潮两大类。在我国，风暴潮一年四季都有发生。夏、秋季节大陆沿海多有台风风暴潮发生，其频发区和严重区为沿海海湾的湾顶及河口三角洲区，春、秋、冬季渤海和黄海沿岸多有温带风暴潮发生。

（1）台风风暴潮

在西北太平洋沿岸国家中，我国沿海遭受台风风暴潮的袭击既频繁又严重。依据统计，全球平均每年有80~90个热带气旋生成，其中西北太平洋和南海热带风暴以上强度热带气旋年平均生成数约占30%，台风以上强度年平均生成数约占34%。因此，西北太平洋及其边缘海中国南海在全球8个台风生成区中占首位，是全球台风最为活跃的海域。据1949—2009年统计资料，西北太平洋和南海台风年平均生成数为27.3个，年平均登陆数为6.9个。期间共发生黄色及以上级别风暴潮（高潮位超过当地警戒潮位）228次，平均3.7次/年。

目前，我国主要依靠验潮站监测风暴潮，当台风在外海向开阔海岸移来时，岸边验潮站首先观测到海面的缓慢上升或降低，一般只有20~30厘米，持续时间通常有十几个小时，这是台风风暴潮来临的预兆，即初振阶段，尔后，随着台风的逐渐移近，风暴潮位急剧升高，并在台风过境前后达到最大值，即激振阶段，最后，是余振阶段，有时在港湾内可持续一天以上。以8007号台风风暴潮为例，1980年7月22日，我国广东省海康县的南渡站记录到的最大台风风暴潮为585厘米。图1.3为南渡站风暴潮随时间变化图。从图中可以看出，南渡站风暴潮随时间变化的三个阶段的持续时间较短。此次记录到的风暴潮居世界第三位，我国第一位。

（2）温带风暴潮

我国三个温带风暴潮频发区和严重区依次为莱州湾、渤海湾和海州湾沿岸区。据统计我国的温带风暴潮又分三种类型：

a. 冷锋配合低压（北高南低型）

这类风暴潮多发生于春秋季，渤海湾、莱州湾沿岸发生的风暴潮，大多属于这一类。其地面气压场的一般特点是，渤海中南部和黄海北部处于北方冷高压的南缘，南方低压或

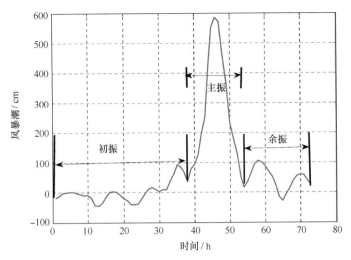

图 1.3　8007 号台风期间广东省南渡站风暴增水随时间变化图

（1980 年 7 月 21 日 00 时—7 月 24 日 00 时）

气旋的北缘。辽东湾到莱州湾吹刮一致的东北大风，黄海北部和渤海海峡为偏东大风所控制。在这样的风场作用下，大量海水涌向莱州湾和渤海湾，最容易导致大或特大的风暴潮（图 1.4）。

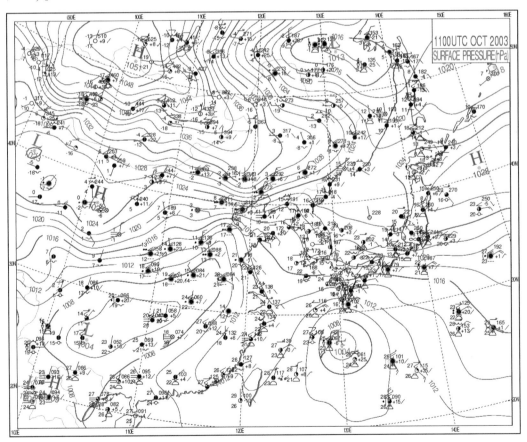

图 1.4　2003 年 10 月 11 日 08 时地面天气图

b. 冷锋类（横向高压型）

当西伯利亚或蒙古等地的冷高压东移南下，而我国南方又无明显的低压活动与之配合时，地面图上只有一条横向冷锋掠过渤海（图1.5），造成渤海偏东大风，致使渤海湾沿岸和黄河三角洲发生风暴潮。此类的风暴增水幅度一般在1~2米之间，冷锋类风暴潮多发生于冬季、初春和深秋。有时当横向冷锋继续南移掠过海州湾时也能造成该湾偏东大风，使海州湾沿岸产生此类风暴潮。

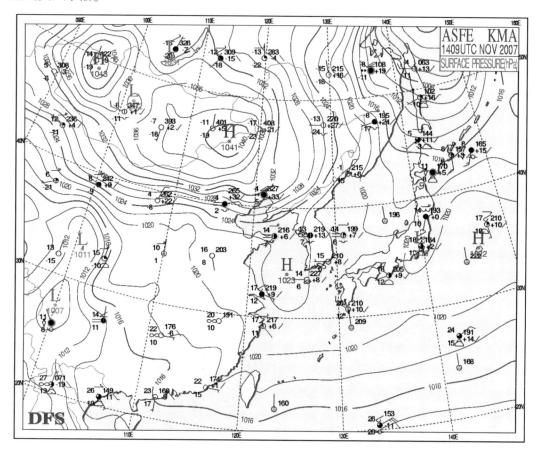

图 1.5　2007 年 11 月 14 日 17 时地面天气图

c. 强孤立气旋（温带气旋型）

通常指无明显冷高压与之配合的、暖湿气流活跃的温带气旋（图1.6），这种类型天气产生的风暴潮往往在春、秋季和初夏期间发生。夏季7—9月正是渤海天文潮最高季节，一旦遇到这种强孤立气旋引发的风暴潮叠加到天文高潮时，则出现超警戒的灾害性高潮位。

我国温带风暴潮的记录为世界第一位，1969年4月23日发生在莱州湾羊角沟站的温带风暴增水为3.55米（图1.7）。当时记录到的过程最大风速为34.9米/秒，3米以上的增水持续了7小时，1米以上的增水持续了37小时。温带风暴潮虽然小于台风风暴潮，但增水持续时间很长，容易与天文高潮叠加，酿成灾害。

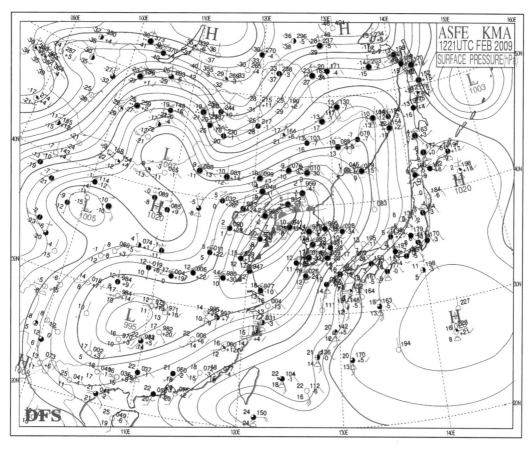

图 1.6 2009 年 2 月 13 日 05 时地面天气图

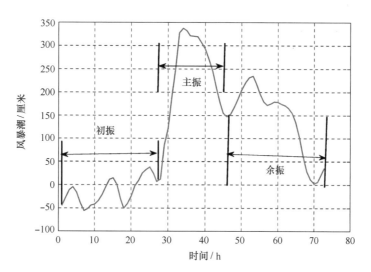

图 1.7 山东省羊角沟站风暴增水随时间变化图

（1965 年 4 月 22 日 08 时—4 月 25 日 08 时）

1.1.2 海啸定义与分类

1) 海啸定义

海啸是一系列波长和周期极长的大洋行波（图 1.8），通常由海底地震导致的地壳变动而引发（所以海啸有时也被称为"地震海啸"）。此外，火山喷发、海底滑坡、海边的山崩、陨石坠海等也能造成海啸。海啸波的覆盖范围极大、能穿越整个大洋而能量衰减很少。行进中的海啸波是周期为 10~60 分钟的普通重力波。当其进入浅水区域时，地形的变化将造成海啸波变陡，波高增大、破碎并在沿岸区域形成灾害。

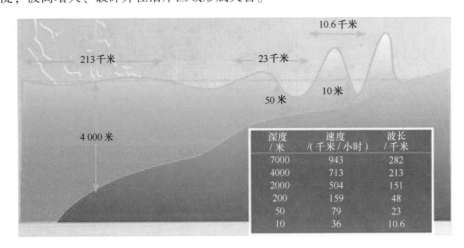

深度/米	速度/（千米/小时）	波长/千米
7000	943	282
4000	713	213
2000	504	151
200	159	48
50	79	23
10	36	10.6

图 1.8　海啸传播过程示意图

2) 海啸的分类

地震海啸按影响地区与海啸产生源地的距离可以分为：越洋海啸（Trans-oceanic tsunami）、区域海啸（Regional tsunami）和局地海啸（Local tsunami）。越洋海啸为从远洋传播过来的海啸，由于大洋水深达数千米至上万米，海啸波受到的摩擦力很小，所以海啸波可以在大洋中传播数千千米而能量衰减极小，因此数千千米之外的沿海地区也会遭受海啸灾害。区域海啸是指海啸源地与影响地区的距离在 100~1 000 千米之间的海啸。局地海啸为海啸源地与受灾地区同处一地，距离小于 100 千米，所以海啸波传播到岸边的时间很短，有时只有几分钟或几十分钟，往往没有足够的预警时间，危害严重。

1.1.3 海浪定义与分类

1) 海浪定义

海浪是海面上一种十分复杂的波动现象。本书讨论的海浪是指由风产生的海面波动，其周期为 0.5~25 秒，波长为几十厘米到几百米，一般波高为几厘米到 20 米，在罕见的情况下波高可达 30 米以上。

2）海浪分类

海浪包括风浪、涌浪和近岸浪三种。

（1）风浪

在风的直接作用下形成的海面波动，称为风浪，平常说的"无风不起浪"指的就是风浪。

（2）涌浪

在风停以后或风速风向突变后保存下来的波浪和传出风区的波浪，称为涌浪，平常说的"无风三尺浪"指的就是涌浪。

（3）近岸浪

由外海的风浪或涌浪传到海岸附近，受地形和水深作用而改变波动性质的海浪。

3）海浪要素及统计分布规律

（1）海浪要素

不管是风浪、涌浪、近岸浪或者是混合浪，它们在海上出现时，波高总是有高有低，波长和周期有长有短，因而在实际分析海浪状况时，主要由海浪要素描述。

海浪要素主要包括波高、波长、周期、波陡、频率、波速等。图 1.9 表示在一固定点利用海浪自记仪记录到的波面，横轴代表时间，纵轴代表波面相对静止水面的铅直位移。

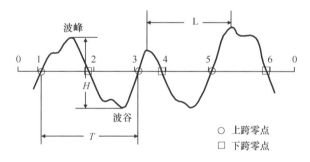

图 1.9　海浪要素示意图

波面自上而下跨过横轴的交点称为下跨零点（图 1.9 中 2、4、6），自下而上跨过横轴的交点称为上跨零点（图 1.9 中 1、3、5），两个相邻上跨零点（或下跨零点）间的最高点为波峰，最低点为波谷。

波高——相邻波峰（波谷）和波谷（波峰）间的铅直距离，用 H 表示；

波长——两个相邻的波峰（或波谷）间的水平距离，用 L 表示；

周期——两个相邻上跨零点（或下跨零点）通过同一固定点的时间间隔，用 T 表示；

波陡——表示波形陡峭的量，用 λ 表示，波陡 λ＝波高 H/L 波长；

频率——单位时间内经过固定点的波峰数，单位（赫兹），为周期的倒数，用 ω 表示，$\omega = 1/T$；

波速——波峰（或波谷）在单位时间内的水平位移，波速 C＝波长/周期。

当波速以米/秒、波长以米、周期以秒为单位表示时：

$$C = 1.25\sqrt{L} = 1.56T$$

$$L = 0.64C^2 = 1.56T^2$$

若波速以节、波长以英尺①、周期以秒为单位表示时：

$$C = 1.34\sqrt{L} = 3.03T$$

$$L = 0.56C^2 = 5.12T^2$$

风浪不是一种规则的移动波，所以上述关系式不适用于风浪。当风浪的周期以秒表示、波长以米表示，都作为平均状态考虑时，有如下关系式：

$$l_w = 1.04T_w^2$$

波群——是许多频率不同的组成波叠加形成的合成波，波面出现的系列大波。

群速——波群沿合成波传播方向移动的速度，称为群速（C_g），群速与波速有如下关系：

在深水 $C_g = \dfrac{1}{2}C$；在浅水 $C_g = C$。

（2）常用特征值波高

由海上固定点观测到的一系列波高和周期，数值杂乱无章，变化多端。必须采用某些统计特征值来表示。常用的统计特征值波高有平均波高 $\overline{H}$，部分大波平均波高 $H_{1/p}$ 和波列累积率为 $F\%$ 的波高 $H_{F\%}$。

平均波高指的是一段连续记录的所有波高的平均值。

$$\overline{H} = \frac{1}{N}\sum_{i=1}^{s} n_i H_i$$

式中，n_i 为波高 H_i 出现频次，即

$$\sum_{i=1}^{s} n_i - N$$

部分大波的平均波高是实测波高按大小排列系列中较大部分波高平均值。常用的有 1/3 大波平均值（也称有效波高 $H_{1/3}$），1/10 大波平均值 $H_{1/10}$ 等，它们的计算公式为：

$$H_{1/3} = \frac{3}{N}\sum_{i=1}^{N/3} H_i$$

$$H_{1/10} = \frac{10}{N}\sum_{i=1}^{N/10} H_i$$

在上述递减系列中，如果波高出现的频次用百分数表示，则波列累积率 $F\%$ 的波高 $H_{F\%}$ 为等于或大于这一波高（$H_{F\%}$）的海浪在波列中出现的概率为 $F\%$。例如波高 $H_{5\%}$ 指的是等于或大于该波高在波列中出现的概率为 5%。

大量实测资料分析结果表明，风浪或涌浪的波高分布接近于二维正态分布，从理论分析可得到波高的累积率为：

$$F(H) = \exp\left[-\frac{p}{4}\left(\frac{H}{\overline{H}}\right)^2\right]$$

或改写为：

$$H_{F\%} = \overline{H}\left(\frac{4}{p}\ln\frac{1}{F}\right)^{\frac{1}{2}}$$

---

① 英尺为非法定计量单位，1 英尺 ≈ 0.304 8 米。

海浪在浅水区传播时，波高的分布规律也有所变化。不同累积率的波高间的差值，将随水深而减小。如 H^* 代表平均波高与水深的比值（$H^* = \overline{H}/d$），则分布函数为：

$$F(H) = \exp\left[-\frac{p}{4\left(1 + \dfrac{H^*}{\sqrt{2p}}\right)}\left(\frac{H}{\overline{H}}\right)^{\frac{2}{1-H^*}}\right]$$

按照理论统计分布规律，可找出各种波列累积率波高之间的相互换算关系。同样也可找到部分大波之间的关系。设有效波高 $H_{1/3}$ 为 1 米时，对深水区有如下关系：

频繁出现的波高为 0.50 米；

平均波高 $\overline{H}$ 为 0.63 米；

1/10 大波平均波高 $H_{1/10}$ 为 1.27 米；

1/100 大波平均波高 $H_{1/100}$ 为 1.61 米；

1/1000 大波平均波高 $H_{1/1\,000}$ 为 1.94 米。

虽然从理论上计算各种平均波高对应的平均周期比较困难，但采用经验方法从实际资料中可得到各种周期与平均周期的关系：

$$T_{1/3} = 1.15\overline{T}$$

$$T_{1/10} = 1.31\overline{T}$$

$$T_{1/10} = 1.14\,T_{1/3}$$

（3）国际海浪等级划分表（表 1.1）

表 1.1　有效波高（$H_{1/3}$）海浪等级划分表

浪级	波高区间/米	中值	风　浪　名　称	涌浪名称	对应风级
0	——		无浪 Calm sea	无涌	——
1	<0.1		微浪 Smooth sea	小涌	<1
2	0.1~0.4	0.3	小浪 Small sea	中涌	1~2
3	0.5~1.2	0.8	轻浪 Slight sea	中涌	3~4
4	1.3~2.4	2.0	中浪 Moderate sea	中涌	5~6
5	2.5~3.9	3.0	大浪 Rough sea	大涌	6~7
6	4.0~5.9	5.0	巨浪 Very rough sea	大涌	8~9
7	6.0~8.9	7.5	狂浪 High sea	巨涌	10~11
8	9.0~13.9	11.5	狂涛 Very high sea	巨涌	12
9	≥14.0		怒涛 Precipitous sea	巨涌	>12

4）灾害性海浪定义

本书介绍的灾害性海浪是指海上有效波高达 4 米以上的海浪，是由台风、温带气旋、寒潮等天气系统引起的，由其造成的灾害称为海浪灾害。

通常，有效波高4米以上的海浪对航行在世界各大洋的绝大多数船只已构成威胁，它常常可以掀翻船只，摧毁海上工程和海岸工程，给海上航行、施工、军事活动、渔业捕捞等带来威胁。

灾害性海浪是海上海难事故的最主要原因，是海上经济开发的最大障碍。近代研究表明，海上破坏力的90%来自海浪，仅10%的破坏力来自于风。我们平常说的所谓"避风"，实际为"避浪"，因为任何避风港和锚地都是避不住风的，而只能是避浪。有记录以来，约100多万艘船舶沉没于惊涛骇浪之中。

灾害性海浪在近海和岸边往往伴随着风暴潮，不仅冲击摧毁沿海的堤岸、海塘，码头等各类海岸工程建筑物，还会导致船只沉损、人畜落水、大片农作物受淹和各种水产养殖品受损，其携带的泥沙常淤塞海港和航道。近代研究表明，灾害性海浪对海岸的压力可达到每平方米30~50吨。据记载：在一次大风暴中，巨浪曾把1 370吨重的混凝土块移动了10米，20吨的重物也被它从4米深的海底抛到了岸上。

5）灾害性海浪分类

灾害性海浪按形成时的天气系统可以分为以下四类：冷高压型（也称寒潮型）、台风型、气旋型、冷高压与气旋配合型。

（1）冷高压型

在冬季，当西伯利亚或蒙古等地冷高压形成并东移南下时冷锋经过的海区通常会形成灾害性海浪。

主要特点：最大波高一般出现在冷锋经过的附近海域；在渤海发生时一般维持12~36小时，最大波高可达7米；在黄海发生时一般维持24~48小时，最大波高可达9米；在东海发生时一般维持24~72小时，最大波高可达11米；在台湾海峡发生时一般维持24~72小时，最大波高可达9.5米；在南海发生时一般维持24~72小时，最大波高可达13米。

（2）台风型

受台风影响的海区通常会形成灾害性海浪。

主要特点：最大波高、影响范围和影响时间主要受台风强度、台风移动方向和台风移动速度等因素影响；最大波高一般出现在浪向与台风移动方向相同区；我国近海海域均会出现，其中东海、台湾海峡、南海出现的频率较黄海和渤海高，1986年国家海洋局的海洋观测浮标在东海曾测到了最大波高为18.6米的台风型海浪。

（3）气旋型

受气旋影响的海区通常会形成灾害性海浪。

主要特点：主要出现在我国渤海、黄海和东海海域；一般维持时间较短为6~24小时；在渤海发生时最大波高可达6米，在黄海发生时最大波高可达8米，在东海发生时最大波高可达8米；具有突然暴发和增强的特点，预报难度大。

（4）冷高压与气旋配合型

在冬半年，特别是初春、秋末和隆冬季节，发展强烈的气旋与冷高压配合影响的海区通常会出现灾害性海浪。

主要特点：主要出现在我国渤海、黄海和东海北部海域；最大波高通常大于冷空气型灾害性海浪和气旋型灾害性海浪，在上述海区发生时可出现最大波高 10 米以上的灾害性海浪。

1.1.4　海冰定义与分类

1）海冰定义

海冰指直接由海水冻结而成的咸水冰，亦包括进入海洋中的大陆冰川（冰山和冰岛）、河冰及湖冰。海冰是极地和高纬度海域所特有的海洋灾害。海水结冰需要三个条件：① 气温比水温低，水中的热量大量散失；② 相对于水开始结冰时的温度（冰点），已有少量的过冷却现象；③ 水中有悬浮微粒、雪花等杂质凝结核。

2）海冰的分类

根据世界气象组织发布的国际海冰术语，结合我国的海冰运动状态，海冰被划分为固定冰和浮冰两大类。

海上最初出现的冰是浮冰，随着海水持续降温到一定程度时，在海湾浅水处和沿岸海域出现固定冰。在渤海辽东湾各海洋站均可明显观测到固定冰，且持续时间较长。

根据发展阶段、形态和厚度将渤海的浮冰分为 7 种：初生冰、冰皮、尼罗冰、莲叶冰、灰冰（图 1.10）、灰白冰（图 1.11）和白冰。海冰表面未发生形变的为"平整冰"；在风、浪、流、潮的作用下形成冰层叠加的为"重叠冰"；任意杂乱无章堆积的为"堆积冰"。

图 1.10　典型灰冰图片

图 1.11　典型灰白冰图片

1.1.5　海雾定义与分类

1）海雾定义

海雾，顾名思义，就是发生在海上的雾。是在一定条件下，海上低层大气逐渐饱和或过饱和而凝结的过程，凝结物为水滴或冰晶或二者的混合物，聚集在海面以上几米、几十米乃至上百米的低空，使大气水平能见度降低的海洋上的天气现象。根据水平能见度的不同，可细分为：轻雾（1~10 千米）、雾（<1 千米）、浓雾（<500 米）。

2）海雾的分类

根据海雾形成过程的主要特征及其海洋环境特点，可以将海雾分为平流雾、混合雾、辐射雾、地形雾四类（表 1.2），其中我国近海以平流冷却雾为主，也就是暖空气平流到冷海面上成的雾。这种雾厚度厚、浓度大、多变化、持续时间长，日变化不明显，可以整日不消，甚至维持 10 天以上。

表 1.2　海雾分类

	类型		主要成因
海雾	平流雾	平流冷却雾	暖空气平流到冷海面上成雾
		平流蒸发雾	冷空气平流到暖海面上成雾
	混合雾	冷季混合雾	冷空气与海面暖湿空气混合成雾
		暖季混合雾	暖空气与海面冷湿空气混合成雾
	辐射雾	浮膜辐射雾	海上浮膜表面的辐射冷却成雾
		盐层辐射雾	湍流顶部盐层的辐射冷却成雾
		冰面辐射雾	冰面的辐射冷却而成雾
	地形雾	岛屿雾	岛屿迎风面空气冷却成雾
		岸滨雾	海岸附近形成的雾

1.2 海洋环境灾害的成因与特点

1.2.1 风暴潮灾害成因与特点

风暴潮灾害往往是风暴潮、近岸浪共同作用的结果。一次风暴潮灾害的严重程度，主要和两个因素有关：一是风暴潮强度，二是天文潮高度。

如果风暴潮恰好发生在天文大潮时，尤其是最大风暴增水叠加在天文大潮的高潮上时，则常常使受到影响的沿海地区潮水暴涨淹没低洼区域，严重时甚至冲毁海堤海塘、吞噬码头、工厂、城镇和村庄，酿成巨大灾难。有时风暴潮虽未发生在天文大潮或高潮时，但风暴增水较大时也会酿成严重潮灾，如8007（Joe）台风风暴潮影响期间天文潮较低，但是由于出现了5.85米的特大风暴增水，仍给当地造成了严重风暴潮灾害。如果风暴潮较小又发生在小潮或低潮时则不会造成明显灾害。

我国近海的潮汐因受不同地理条件的影响类型多样，渤海大部分海域为不规则半日潮，黄海以规则半日潮（每天2次高潮、2次低潮）为主，东海主要为规则半日潮海区，只有局部地区为不规则半日潮，南海以不规则日潮为主，广西沿岸为规则日潮区（每天1次高潮、1次低潮）。

沿海潮差分布趋势是由北向南逐渐增大，之后减小，到广东省北部由东向西又逐渐增大。总的来说是东海最大，杭州湾潮差可达7~8米；黄海次之，江苏沿岸潮差可达5~6米；渤海第三，天津塘沽沿岸潮差为3~4米；南海最小，广东沿岸潮差2~4米。河北秦皇岛和山东旧黄河口由于位于无潮点区，潮差最小，为1~2米。表1.3给出了沿海38个重点验潮站最大潮差、平均潮差值，以及最大潮差出现的时间。由于天文潮中最长周期为18.61年，因此我们计算了未来20年各站天文潮的最高值，以此来了解各站天文潮最高值以及出现的时间。

从表1.3中可以看出每年的7月、8月、9月是渤海、黄海沿岸潮位较高的月份，而台风多于此季节影响北方，风暴潮灾害也多发生在这一时期。东海沿岸出现的时间滞后一个月，一般在8月、9月、10三个月，台风此时正活跃在东海，因此东海潮灾大多数也多发生在这三个月内。南海因受地理纬度影响，沿岸多日潮或日潮、半日潮混合海区，天文潮的月际变化不大，但因影响南海的台风多，且时间跨度大，从5月到11月均有台风登陆于此，即使是小潮期台风引起的强风暴潮叠加在高潮上也能使沿岸受灾，因此南海出现潮灾的时间跨度可达半年之久。

表1.3 中国沿海38个验潮站最大潮差、最高潮预报值（基面：各地水尺零点）

站 名	最大潮差/厘米	最大潮差出现月份	平均潮差/厘米	19年天文潮最高潮预报值/厘米	最高潮出现月份
老虎滩	361	11月	214	427	6月
葫芦岛	369	11月	209	405	7月
秦皇岛	175	7月	75	197	7月

续表 1.3

站 名	最大潮差/厘米	最大潮差出现月份	平均潮差/厘米	19年天文潮最高潮预报值/厘米	最高潮出现月份
塘 沽	375	7 月	244	450	8 月
黄 骅	346	7 月	206	420	7 月
羊角沟	209	5 月	134	474	8 月
烟 台	265	9 月	173	365	9 月
青 岛	486	8 月	298	501	9 月
石臼所	499	8 月	322	512	9 月
连云港	566	9 月	360	592	9 月
吕 四	661	9 月	380	413	9 月
吴 淞	411	9 月	238	470	9 月
定 海	384	1 月	205	965	10 月
乍 浦	754	7 月	494	613	7 月
镇 海	402	1 月	207	425	8 月
健 跳	691	2 月	410	576	9 月
海 门	607	8 月	397	584	9 月
坎 门	646	11 月	400	720	9 月
温 州	625	8 月	417	597	9 月
瑞 安	690	8 月	451	601	9 月
鳌 江	648	2 月	432	600	10 月
三 沙	682	11 月	432	832	9 月
琯 头	592	8 月	408	588	9 月
厦 门	646	11 月	413	710	9 月
东 山	400	11 月	232	750	10 月
汕 头	222	12 月	100	273	10 月
汕 尾	212	12 月	94	257	11 月
赤 湾	324	7 月	137	404	12 月
黄 浦	309	12 月	152	167	10 月
三 灶	281	1 月	114	129	11 月
闸 坡	381	1 月	154	417	12 月
湛 江	478	7 月	225	486	11 月
北 海	575	12 月	238	584	11 月

续表 1.3

站　名	最大潮差/厘米	最大潮差出现月份	平均潮差/厘米	19 年天文潮最高潮预报值/厘米	最高潮出现月份
防城港	555	12 月	234	552	11 月
秀　英	291	7 月	115	293	10 月
清　澜	212	1 月	86	221	11 月
三　亚	203	12 月	79	257	12 月
东　方	340	12 月	144	393	11 月

　　国际上一般认为海拔 5 米以下的海岸区域为气候变化、海平面上升和风暴潮灾害的危险区域。我国沿海这类低洼地区约 14.39 万平方千米，常住人口 7 000 多万，约为全世界处于危险区域人口总数的 27%，超过了中国人口占世界人口近 25% 的比例。辽河平原、华北大平原、华东大平原和珠江三角洲平原，就有面积达 92 800 的地区高程还不足 4 米（即极端脆弱区），这里目前生活着约 6 500 万人，集中了沿海的 70 个市、县。特别是由于历史上过度开采地下水，导致地面沉降，天津、河北沿海等一些城市和地方的地面高程还低于当地的平均海平面，这些地区历来受风暴潮影响严重，防潮形势不容乐观。

　　特别值得注意的是，从 20 世纪 90 年代以来由于全球气候急剧变暖造成海平面上升加大、加之沿海经济社会高速发展等原因，风暴潮灾害有范围扩大、频率增高和损失加剧的趋势，尤其是进入 21 世纪后这种趋势更加明显。

　　图 1.12 至图 1.17 为风暴潮灾害图。

图 1.12　受 0414 "云娜" 台风风暴潮影响海门港 2 000 吨级轮船被搁浅

图 1.13　0414 "云娜" 台风风暴潮期间浙江省三门县健跳镇受淹水痕

图 1.14　0814 "黑格比" 台风风暴潮期间广东省阳江沿岸居民区受淹水痕

图 1.15　0814 "黑格比" 台风风暴潮期间广东省阳江海陵大堤被摧毁

图 1.16　2009 年福建省宁德市霞浦县三沙镇
遭受莫拉克台风风暴潮袭击

图 1.17　0915 "巨爵" 台风风暴潮期间广东省台山市
北陡镇政府办公楼被淹

1.2.2　海啸灾害成因与特点

1）海啸的成因

海啸可由很多原因引起，如海底地震导致的地壳大面积上下错动、海底火山爆发、海底大面积滑坡、海中或海底的核爆炸、外来星体落入海中等均可引起海啸。但海啸主要是由海底地震引起的，因此海啸通常也称作地震海啸。图 1.18~图 1.20 为海啸发生示意图。

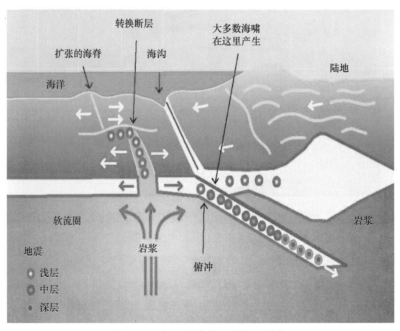

图 1.18　产生海啸的地震断层结构

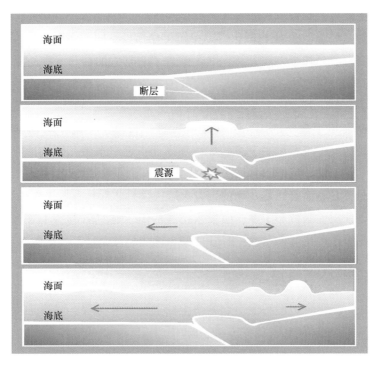

图1.19 地震海啸的生成示意图

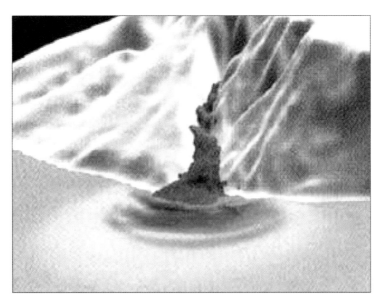

图1.20 火山喷发引起的火山碎屑流生成的海啸

2）海啸的特点

海啸波以一系列重力长波的形式从海啸源向外传播，海啸波速取决于水深，经过较深或较浅的大洋时，波速就会随之增大或减小。在这一过程中，波的传播方向也会发生变化，波的能量变得集中或发散。在深海大洋中，海啸波能够以时速500~1 000千米的速度传播。然而，当靠近海岸时，海啸波的速减小到几十千米。海啸波幅也取决于水深，在深海大洋中波幅只有 1 米的海啸波传播到近岸时能够增至数十米高。

与众所周知的由风驱动的大洋波浪-只是海面的扰动-不同，海啸是整层海水的扰动，海啸波的能量能够自海表延伸至大洋底部，因此蕴含了非常大的能量。在近岸处，水深减小与波速减缓引起的海啸波长减小，分别引起了海啸在垂直方向和水平方向上的能量聚集，对沿岸造成巨大威胁。

海啸波的周期（单个波动的周期）短至几分钟，长至 1 小时，有时甚至更长。在海岸边，海啸波有各种形式，主要取决于波的大小和周期、近岸水深、岸线形状、潮汐状况等因素。在某些情况下，海啸波可能只是淹没低洼地区，类似于快速涨潮。而在另外一些情况下，海啸是袭岸的怒涛，是一面裹挟着杂物的垂直水墙，这是非常具有毁灭性的。大部分情况下，在海啸波峰来临之前海面水位会下降，引发水位线后退，有时后退达 1 千米甚至更多。值得注意的是，即使是较小的海啸，与之相伴而来的也可能是强大且不寻常的海流。

1.2.3 海浪灾害成因与特点

通常，海浪灾害指由灾害性海浪引起的海上船舶、近海工程、海岸工程、沿海渔业生产设施和海洋防灾基础设施等损失。

灾害性海浪在海上会引起船舶横摇、纵摇和垂直运动。横摇的最大危险在于船舶自由摇摆周期与海浪周期相近时，会出现共振现象，使船舶倾覆；剧烈的纵摇使螺旋桨露出水面，使机器工作不正常而引起失控；垂直运动会造成在浅水中航行的船舶触礁沉没；当波长与船长相近时，由于船舶的自重能使万吨巨轮拦腰折断（图 1.21~图 1.24）。

灾害性海浪产生的压力可达到每平方米 30~50 吨，对于设计标准偏低的近海工程、海岸工程、沿海渔业生产设施和海洋防灾基础设施具有致命的摧毁力；在近海灾害性海浪可携带大量泥沙运移，对港口和沿海的渔业生产设施具有不可忽视的破坏力。

图 1.21　2006 年 5 月被"珍珠"台风浪袭击沉没的渔船和被巨浪拦
腰折断的抽沙船

近年来，随着海浪观测、监测能力和预报技术的不断发展，灾害性海浪防御能力也不断

图 1.22　2006 年 8 月 10 日浙江省南麂深海养殖遭受"桑美"台风浪袭击
（左：受灾前，右：受灾后）

图 1.23　2005 年 8 月 8 日浙江省温岭市钓浜渔港防波堤被"麦莎"台风浪损毁

图 1.24 2003 年 10 月 11 日山东省黄河海港防波堤被强冷空气浪损毁

提高，科学的预测和防御使得由灾害性海浪引发的海浪灾害频次降低；但是在海洋经济的高速发展背景下，近海工程、海岸工程、船舶、沿海渔业生产的数量都在增加，其中不乏一些设施设计标准偏低、抗浪能力较差，在一些强度较大的灾害性海浪过程中，由于自然的不可抗力和一些人为因素，海浪灾害造成的经济损失呈增加的趋势。

1.2.4 海冰灾害成因与特点

冬季我国受亚洲大陆高压控制，盛行偏北大风。寒潮或强冷空气入侵时，伴随大风、降雪和急剧的降温过程，渤海和黄海北部近岸海域开始结冰。特别当强寒潮爆发和持续时，海冰覆盖面积迅速扩大，冰厚增加。翌年春季海冰逐渐融化，直至消失。海冰的冻结、融化、增长和减弱都与当年冬季气候特征密切相关。海洋和大气相互作用的物理过程对渤海和黄海北部的冰情演变具有重要的作用。

每年初冬海冰最早出现的日期称为初冰日，翌年初春海冰最终消失的日期称为终冰日，期间称为结冰期或简称为冰期。渤海和黄海北部的冰期约为 3~4 个月，其中以辽东湾冰期最长，黄海北部和渤海湾次之，莱州湾冰期最短。考虑到海冰发展特点，冰期被划分为三个阶段，即初冰期、盛冰期和终冰期。

每年 11 月中旬至 12 月上旬，渤海和黄海北部的海水冻结是从沿岸浅水海域开始，逐渐向深海扩展；翌年 2 月下旬至 3 月中旬，海冰自海里向近岸海域逐渐消失。盛冰期时，渤海和黄海北部沿岸固定冰的宽度多在 0.2~2 千米之间，个别河口和浅滩区可达 5~10 千米。海中覆盖的冰都是浮冰，在风、流和浪的共同作用下漂移，在运动过程中形变，乃至破碎和堆积，冰间出现的开阔水即水道。除辽东湾外，渤海和黄海北部流冰外缘线大致沿 10~15 米等水深线分布。各海区浮冰覆盖范围随各年冰情的轻重差别很大。

海冰的出现和分布，不仅取决于海水的降温，还与海水密度、盐度、水深、海水的湍流运动以及冻结核密切相关。海洋边界层湍流运动促使秋末混合层明显加厚，直接影响初冬的海冰形成。

盐度对海冰形成的影响比较复杂，海冰的盐度指海冰融化后所得海水的盐度。冬季渤海表层海水盐度一般在 28~30 之间，渤海中部盐度较高，可达 31 以上，黄海北部表层海水盐度约在 29~31 之间。渤海是超浅海，冬季很容易混合到底。海冰在形成过程中，有盐分从冰晶析出流入海中。如果海冰形成较快，部分盐分来不及流走，就被封闭在冰晶间的卤水泡内。

因此海冰不同于淡水冰，海冰是固体冰晶和卤水泡的混合物。纯淡水在0℃时结冰，海水的冰点温度与盐度有关（表1.4）。

表1.4　海冰的盐度与冰点温度关系

盐度	5	10	20	24.69	25	30	35	40
冰点/℃	-0.27	-0.53	-1.07	-1.33	-1.35	-1.63	-1.91	-2.20

　　根据世界气象组织发布的国际海冰术语，结合我国的海冰运动状态，海冰被划分为固定冰和浮冰两大类。海上最初出现的冰是浮冰，当海水持续降温到一定程度时，在海湾浅水处和沿岸海域出现固定冰。通常黄海北部和渤海莱州湾龙口附近海域的固定冰较少见。在渤海辽东湾沿岸各海洋站均可观测到明显的固定冰，且持续时间较长。根据海冰发展阶段、形态和厚度，渤海的浮冰分为7种：初生冰、冰皮、尼罗冰、莲叶冰、灰冰、灰白冰和白冰。海冰表面未发生形变的为"平整冰"；在风、浪、流、潮作用下形成冰层叠加的为"重叠冰"；任意杂乱无章堆积的为"堆积冰"。

　　我们通常见到的浮在海面的冰只是很小一部分，海冰的大部分浸在海面以下。根据阿基米德原理计算，海冰块露出水面的高度与总厚度之比大约为1/10~1/7。漂浮在海洋上的巨大冰块或冰山，在风和流驱动下运动。海冰运动时产生的推力和撞击力巨大，它与冰块的大小和冰速有关。例如，一块6千米见方，厚度为1.5米的大冰块，在流速不太大的情况下，其推力可达4 000吨，足以推倒石油平台等海上工程建筑物。海冰对港口和海上船舶的破坏力，除推压力外，还有因海冰的胀压力产生的破坏。此外，冻结在海上建筑物的海冰，受潮汐升降作用而产生的海冰竖向力，可以导致海洋建筑物的基础松动（图1.25）。

图1.25　海冰将海冰房屋推倒

　　海冰灾害是各种因素的综合作用结果。不同性质承灾体，在不同海冰要素的作用下，发生的灾害不同。

港口码头应注意关注海冰厚度和持续时间。如果冰厚较小或持续时间较短，一般不影响港口的正常作业；但是冰厚较大会导致船只无法正常靠泊，而冰期延长则造成更大经济损失。2010年1月15日，一艘装载1 000吨燃料油、从宁波到潍坊的轮船在潍坊港北部海域8海里处发生仓体被海冰挤漏，潍坊边防支队央子边防派出所以及当地海事和港口部门联合救援，通过破冰船破冰和拖船牵引才到达港口。同一天，一艘柬埔寨籍的轮船在莱州湾海冰中被困四天后，被莱州边检官兵救起。

对海洋石油钻井平台而言，结冰范围、冰厚和冰速等都是影响平台安全生产的重要因子。结冰范围大小直接决定平台设施是否受到海冰影响，而冰厚和冰速则决定了对平台设施的威胁程度。在冰厚及冰速较小时，海冰对平台不构成威胁；反之，轻则引起平台震动、设施松动，重则摧毁或撞倒平台，造成重大海难事故。冰期越长，对海上平台生产及其安全的影响越大。

海洋水产养殖业更多关注结冰范围和冰期。结冰范围越大，海水养殖及其设施受影响程度越大；冰期越长，造成的经济损失也越严重。

1.2.5 海雾灾害成因与特点

海雾是一种发生在近地层空气中稳定的中尺度天气现象。根据海雾形成特征及所在海洋环境特点，可将海雾分为平流雾、混合雾、辐射雾和地形雾等4种类型。

平流雾是空气在海面水平流动时生成的雾。暖湿空气移动到冷海面上空时，底层冷却，水汽凝结形成平流冷却雾。这种雾浓、范围大、持续时间长，多生成于寒冷区域。我国春夏季节，东海、黄海区域的海雾多属于这一种。

冷空气流经暖海面时生成的雾叫平流蒸发雾，多出现在冷季高纬度海面。而混合雾是海洋上两种温差较大且又较潮湿的空气混合后产生的雾。因风暴活动产生了湿度接近或达到饱和状态的空气，暖季与来自高纬度地区的冷空气混合形成冷季混合雾，冷季与来自低纬度地区的暖空气混合则形成暖季混合雾。

夜间辐射冷却生成的雾，称为辐射雾，其多出现在黎明前后，日出后逐渐消散。海面暖湿空气在向岛屿和海岸爬升的过程中，冷却凝结而形成的雾，称为地形雾。

第 2 章　中国近海海洋环境灾害的时空分布

2.1　风暴潮灾害时空分布

2.1.1　风暴潮灾害概况

风暴潮是由于剧烈的大气扰动，导致海水异常升降，使受其影响的海区的潮位大大地超过平常潮位的自然现象。根据诱发风暴潮的天气系统特征，通常将风暴潮分为台风风暴潮和温带风暴潮两大类。如果风暴潮恰好与天文高潮相叠（尤其是与天文大潮期间的高潮相叠），加之风暴潮往往伴随着狂涛巨浪，则常常使其影响所及的沿海区域潮水暴涨，甚者冲毁海堤海塘，吞噬码头、工厂、城镇和村庄，从而酿成巨大灾难。

风暴潮灾害在世界自然灾害中居首位，甚至在人员死亡和破坏方面超过地震与海啸。国际自然灾害防御和减灾协会主席 M. I. EI-Sabh（1987）曾统计分析指出，1875 年以来，全球范围直接和间接的风暴潮经济损失超过 1 000 亿美元，至少有 150 万人丧生，这些损失还不包括与风暴潮相关联的海岸和土地侵蚀的长期影响。而死亡人数中的 90% 以上是死于风暴潮，余下的不足 10% 是死于风的影响。世界气象组织前秘书长 D. A. Davies 在 1978 年也指出："绝大多数因热带气旋引起的特大自然灾害是由风暴潮引起的沿岸涨水造成的。"我国是世界上两类风暴潮灾害都非常严重的少数国家之一，风暴潮灾害一年四季均可发生，从南到北沿海地区均无幸免。

从全球热带气旋路径分布图 2.1 中可以看出，全球平均每年约有 80~90 个台风活动，分布在 7 大海域：西北太平洋和南海、东北太平洋、大西洋及加勒比海、西南印度洋、西南太平洋、东南印度洋和北印度洋，其中，西北太平洋和南海海域是全球台风最为活跃的海域。而我国位于西北太平洋和南海海域沿岸，因此频受风暴潮袭击。

温带风暴潮一般发生在中高纬度地带的沿海国家。在亚洲，中国是最易遭受温带风暴潮袭击的国家。历史上也多次记载了温带风暴潮灾害。

风暴潮灾害对人民生命财产的安全和经济快速稳定发展造成日趋严重的威胁。我国自1989 年海洋灾害公报出版以来，灾害统计数据表明，风暴潮灾害占全部海洋灾害的 94%，是影响我国沿海地区的最主要的海洋灾害，已成为严重影响沿海地区经济发展的一个因素。

在西北太平洋沿岸国家中，我国的风暴潮灾害最频繁（一年四季均有发生）、最严重、成灾范围最广，几乎遍及整个中国沿海，尤其是在大江大河的河口三角洲地区，风暴潮灾害尤为严重。

我国历史上最早的潮灾记录可追溯到公元前 48 年，在《中国历代灾害性海潮史料》一书中，统计了我国从公元前 48 年到 1946 年这一漫长岁月中各朝代潮灾发生的次数，我国历

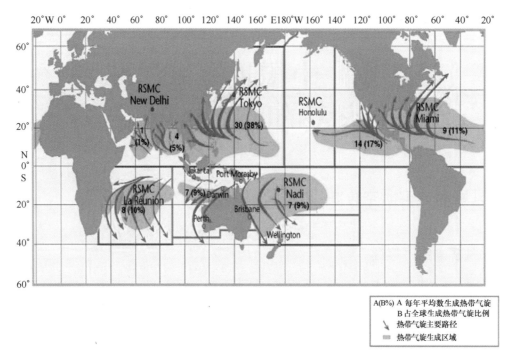

图 2.1　全球热带气旋路径分布

史潮灾的严重情况从中可略见一斑。表 2.1 为新中国成立前历代潮灾统计表。

表 2.1　历代潮灾统计表

朝代	年限	受灾次数/次
汉代	公元前48—220 年	7
三国两晋、南北朝	220—589 年	22
隋、唐	590—907 年	22
五代十国	908—960 年	2
宋代和辽、金	961—1279 年	72
元代	1280—1368 年	41
明代	1369—1644 年	180
清代	1645—1911 年	213
民国	1912—1946 年	13
合计		576

在以上 576 次个例中，随着年代的延伸，潮灾的记载日趋详细，一次潮灾的死亡人数由"风潮大作溺死人畜无算"到给出具体死亡人数。从这些记载中，不难看出每次死于潮灾的，少则数百、千人，多则万人乃至十万之巨。从下面几个例子可充分看出历史上潮灾的严重程度。

史料中曾记载 1696 年（康熙年间）发生在长江口的一次特大潮灾，上海、宝山、崇明一带损失惨重，史书中写到"……二更余，忽海啸，飓风复大作，潮挟风威，声势汹涌，冲入沿海一带地方几数百里……水面高于城丈许，嘉定、崇明及吴淞、川沙等处，漂没海塘千丈，灶户一万八千户，淹死者共十万人"。另一次严重的潮灾发生在珠江口，"1862 年七月初一，飓风由澳门起广州河面复舟溺死者，数以万计，省河局捞尸八万余"。

20 世纪死亡万人以上风暴潮灾害有 5 次（表 2.2），最严重的是 1922 年 8 月 2 日发生在广东汕头的特大风暴潮灾害，沿海约有 7 万人死于这次潮灾。史料记载："8·2"风灾引发的风暴潮，淹及澄海、饶平、潮阳、南澳、揭阳、惠来、汕头等县市，150 多千米的海堤被悉数冲毁，海水入侵内陆达 15 千米。有户籍可查的，死亡 7 万余人。另外，据记载灾后瘟疫流行死亡近 20 万人。

表 2.2　20 世纪死亡万人以上风暴潮灾害事件表

发生时间	影响地区	风暴潮高度	死亡人数/万人	财产损失	产生原因
1905 年 9 月 1 日	上海地区	近 1 米	2.6	不详	台风
1906 年 9 月 18 日	珠江口地区	不详	1.5	百万以上	台风
1922 年 8 月 2 日	粤东地区	3.65 米	7.0	不详	台风
1937 年 9 月 2 日	香港地区	6 米	1.02	不详	台风
1939 年 8 月 29 日	江苏连云港地区	2.2 米	1.3	不详	台风

新中国成立后，发生了 3 次死亡千人以上的特大风暴潮灾害。分别为 5612 台风风暴潮、6903 台风风暴潮、9417 台风风暴潮灾害，一次特大风暴潮可能造成多个沿海省、市区同时受灾，如 9216、9711 台风风暴潮，影响范围从福建省到辽宁省，包括整个华东六省二市。表2.3 给出了达到风暴潮橙色及以上级别（高潮位超过当地警戒潮位 30 厘米以上）的风暴潮灾害。

表 2.3　风暴潮灾害统计表

发生时间	影响区域	最大风暴增水/厘米	死亡人数（含失踪）/人	直接经济损失/亿元	产生原因
1955 年 9 月 25 日	广东省、海南省、广西壮族自治区	313	65	不详	5526 台风
1956 年 8 月 21 日	上海市、江苏省、浙江省	532	4 629	不详	5612 台风
1960 年 8 月 8 日	浙江省、福建省	151	523（含伤）	不详	6008 台风
1963 年 9 月 7 日	广东省、海南省	268	12	不详	6311 台风
1965 年 7 月 15 日	广东省、广西壮族自治区	264	196	不详	6508 台风
1966 年 9 月 3 日	福建省	192	321	不详	6614 台风
1969 年 4 月 23 日	天津市、河北省、山东省	348	5	250 万元	温带系统
1969 年 7 月 28 日	广东省	298	1 554	1.98	6903 台风
1969 年 9 月 27 日	福建省	201	70	553 万元	6911 台风

续表 2.3

发生时间	影响区域	最大风暴增水/厘米	死亡人数（含失踪）/人	直接经济损失/亿元	产生原因
1970 年 10 月 17 日	广东省、海南省	151	不详	不详	7013 台风
1974 年 8 月 19 日	江苏省、上海市、浙江省	246	215	6.13	7413 台风
1980 年 7 月 22 日	广东省、海南省、广西壮族自治区	585	455	5.40	8007 台风
1983 年 9 月 26 日	上海市、浙江省	216	58	不详	8310 台风
1986 年 9 月 5 日	广东省、海南省、广西壮族自治区	346	27	6.98	8616 台风
1989 年 7 月 18 日	广东省	223	35	11.13	8908 台风
1989 年 9 月 15 日	上海市、江苏省、浙江省	199	240	14.36	8923 台风
1990 年 6 月 23 日	江苏省、浙江省	204	43	6.31	9005 台风
1990 年 9 月 8 日	闽江口	142	132	15.8	9018 台风
1992 年 9 月 1 日	福建省、浙江省、上海市、江苏省、山东省、河北省、天津市、辽宁省	304	343	117.70	9216 台风
1993 年 9 月 17 日	广东省	169	25	19.62	9316 台风
1994 年 8 月 22 日	上海市、浙江省、福建省	294	1 482	142.31	9417 台风
1996 年 7 月 31 日	上海市、浙江省、福建省	219	147	79.78	9608 台风
1996 年 9 月 9 日	广东省、广西壮族自治区	189	279	201.25	9615 台风
1997 年 8 月 18 日	福建省、浙江省、上海市、江苏省、山东省、天津市、河北省、辽宁省	343	444	274.1	9711 台风
1997 年 8 月 22 日	广东省、广西壮族自治区	238	22	27.23	9713 台风
2000 年 8 月 30 日	福建省、浙江省、上海市、山东省	187	36	70.14	0012 台风
2000 年 9 月 14 日	福建省、浙江省、上海市、江苏省	171	无	41.31	0014 台风
2001 年 7 月 6 日	广东省、福建省	241	33	34.56	0104 台风
2002 年 9 月 7 日	福建省、浙江省、上海市	289	30	62.18	0216 台风
2003 年 7 月 25 日	广东省、广西壮族自治区	290	9	21.54	0307 台风
2003 年 8 月 25 日	广东省、海南省、广西壮族自治区	359	2	27.67	0312 台风
2003 年 10 月 11 日	天津、河北、山东	233	1	13.1	温带系统
2004 年 8 月 12 日	浙江省、福建省	322	22	21.64	0414 台风
2005 年 9 月 11 日	浙江省、上海市、江苏省、山东省	316	18	22.2	0515 台风
2006 年 7 月 14 日	福建省、浙江省	187	0	29.08	0604 台风
2008 年 9 月 24 日	广东省	262	26	132.74	0814 台风
2009 年 8 月 9 日	福建省	243	7	32.65	0908 台风

2.1.2 风暴潮灾害评价指标体系

风暴潮灾害评价指标体系是围绕风暴潮自然属性和成灾属性来进行的。自然属性主要为风暴潮强度，以风暴增水作为评价指标，按照增水量值的大小来进行等级划分。成灾属性包括风暴潮超警戒（高潮位超过当地警戒潮位）、风暴潮灾度以及风暴潮损失等作为评价指标，其中风暴潮超警戒按照一次风暴潮过程中最高潮位超过当地警戒潮位值的大小来进行等级划分，在文中也称为超警戒风暴潮；风暴潮灾度是指风暴潮可能的致灾程度，本书中引入风暴潮灾度是为了综合说明一次风暴潮过程的影响程度，或某一区域（以潮位站为代表）受风暴潮的影响程度，考虑的因素有风暴潮强度和风暴潮超警戒程度，按照不同权重组合来划分灾度等级；风暴潮损失则是以历史风暴潮灾害的直接经济损失和人员伤亡情况进行等级划分。风暴潮灾害评价指标体系建立的原则是：

（1）科学性。风暴潮灾害评价选取的评价指标要从不同角度反映风暴潮灾害程度，建立风暴潮自然属性和可能造成的灾害之间的联系；各评价指标的分级要科学，各级别要确实能代表相应的风暴潮致灾程度。

（2）合理性。依据风暴潮及风暴潮灾害历史资料，确定各评价指标的等级划分原则，使得各指标等级之间的关系合理，能代表沿海地区的风暴潮及风暴潮灾害特点。

（3）可应用性。建立的指标体系要具有可操作性，依据建立的指标体系进行的风暴潮及风暴潮灾害评价成果，对沿海地区的社会、经济发展具有应用价值。

在风暴潮灾害评价中，使用的主要资料是沿海验潮站的历史潮位资料，由于各站建站时间差别较大，为了保证评价结果的准确，首先需要选择研究区域内的典型代表站，选择的依据是：①站点位置分布合理，稀疏程度尽可能一致，所记录的潮位资料基本可以代表本海区（或省）的风暴潮特点；②建站时间较长，潮位资料丰富、准确，资料年限尽量相当。

但是需要注意的是，选择的验潮站部分隶属于水利部门，其建站时间较长，因此资料的获取难度较大，在"908专项"风暴潮灾害调查的成果的基础上，也充分利用了国家海洋环境预报中心多年积累的数据、资料，但仍然难免有所欠缺。

1）风暴增水等级

依据风暴潮过程中最大增水值划分为特大、大、较大、中等和一般5个等级，分别对应Ⅰ、Ⅱ、Ⅲ、Ⅳ、Ⅴ等5级。具体划分如表2.4所示。

表2.4　风暴增水等级划分标准　　　　　　　　　　　　单位：厘米

等级	Ⅰ（特大）	Ⅱ（大）	Ⅲ（较大）	Ⅳ（中等）	Ⅴ（一般）
增水值/厘米	≥251	201~250	151~200	101~150	50~100

2）超警戒风暴潮等级

依据风暴潮过程中最高潮位超过当地警戒潮位的值划分为特大、严重、较重和一般4个等级，分别对应Ⅰ、Ⅱ、Ⅲ、Ⅳ等4级。具体划分如表2.5所示。

表2.5　超警戒风暴潮等级划分标准　　　　　　　　　　单位：厘米

等级	Ⅰ（特大）	Ⅱ（严重）	Ⅲ（较重）	Ⅳ（一般）
超警戒潮位值/厘米	≥151	81~150	31~80	0~30

3）风暴潮灾害损失等级

依据风暴潮过程中因灾造成的死亡（含失踪）人数或直接经济损失划分为特大、严重、较重和一般 4 个等级，分别对应 Ⅰ、Ⅱ、Ⅲ、Ⅳ等 4 级。具体划分如表 2.6 所示。

表 2.6　风暴潮灾害损失等级划分标准

等级	Ⅰ（特大）	Ⅱ（严重）	Ⅲ（较重）	Ⅳ（一般）
死亡或直接经济损失	死亡（含失踪）>100 人或损失>50 亿元	死亡（含失踪）31~100 人或损失 20~50 亿元	死亡（含失踪）10~30 人或损失 10~20 亿元	死亡（含失踪）10 人以下或损失 10 亿元以下

2.1.3　风暴潮历史灾害时间分布特征

为了探讨风暴潮历史灾害时间分布特征，本书收集整理了中国沿海 1949—2008 年近百个验潮站的近 5 000 站次台风风暴潮过程，统计分析了每次风暴潮过程的起因、各站最大风暴增水及发生时间，最高潮位及出现时间，高潮位超过当地警戒潮位等数据、资料。按照选择的典型代表站，绘制了中国沿海，渤海、黄海、东海和南海三个海区各等级风暴增水逐月、逐年分布图，各等级超警戒风暴潮逐月、逐年分布图，风暴潮灾度逐月、逐年分布图，风暴潮损失逐月、逐年分布图，探讨了中国近海台风风暴潮（以下均简称风暴潮）历史灾害时间分布特征。此外，按照风暴增水等级划分标准，本书中风暴潮均指增水大于或等于 50 厘米的风暴潮。

1）风暴潮历史灾害月际分布特征

（1）风暴潮月际分布特征

从图 2.2 可以看出，中国沿海 4—12 月在沿海均会发生增水 50 厘米以上的风暴潮，其中 7—9 月为风暴潮多发期，每个站平均发生次数超过 10 次，8 月份为最多，超过 20 次。各级风暴增水的逐月分布规律也基本一致，7—9 月均是发生次数较多的月份，其中又以 8 月份的次数为最多，无论总次数还是各级次数均为最多，其次为 9 月，除Ⅱ级外，总次数和其他各

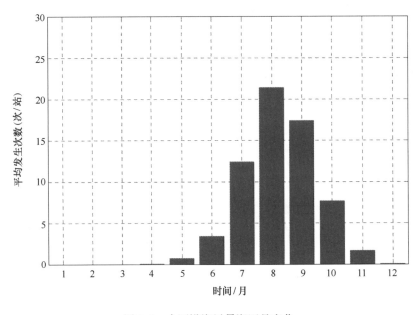

图 2.2　中国沿海风暴潮逐月变化

级次数均为最多。这与1949—2009年平均热带气旋生成个数和登陆个数逐月分布特征（图2.3）是基本一致的。

值得注意的是，5月和6月虽然发生次数相对较少，但也曾发生数次特大风暴潮过程，10月和11月则发生数次大风暴潮过程。

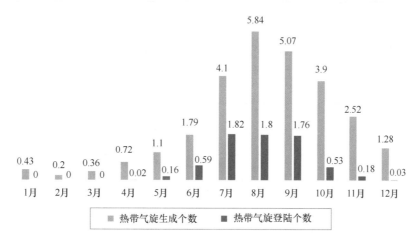

图2.3　1949—2009年西北太平洋和南海海域热带气旋平均生成个数和登陆个数逐月分布

从图2.4~图2.6来看，渤海、黄海增水大于等于50厘米的风暴潮发生时间为6—11月，频发期是7—9月，其中又以8月和9月居多，发生次数远远多于其他月份。图2.7为1949—2009年台风中心路径0.5°×0.5°网格频次（网格内台风中心经过的次数）图（摘自《综合风险防范数据库、风险地图与网络平台》），从中可以看出，渤海、黄海受台风影响程度明显低于其他海区。需要指出的是，这里仅开展了渤海、黄海受台风风暴潮影响的分析，而渤海、黄海除了遭受台风风暴潮的影响，还频频遭受温带风暴潮的袭击。温带风暴潮主要发生在冬半年（11月至翌年4月），因此，渤海、黄海全年均可能受到风暴潮（台风风暴潮或温带风暴潮）的影响。

东海风暴潮呈现比较明显的月际分布特征，虽然5—11月均会发生风暴潮，但是8—9月风暴潮的次数远多于其他月份，其中8月平均每站发生风暴潮次数超过30次，9月超过25次，7月为15次，10月则在15次以下。各级风暴增水的月分布规律也基本一致，主要发生时间均为8月份，9月次之。

南海发生风暴潮的时间跨度最大，从4—12月均有风暴潮发生，其中以7月份的次数居首位，之后依次为8月和9月。与东海相比，南海风暴潮发生的时间范围明显更广；风暴潮主要发生时间也有区别，东海风暴潮以8月和9月居多，而南海风暴潮以7月和8月居多，其中尤以7月为最多。

总之，各海区风暴潮无论是发生时间还是强度都有较大区别，渤海、黄海受台风影响程度低，次数少，因此台风风暴潮次数少，发生时间集中，为7—9月，9月份发生Ⅲ级以上的风暴潮次数多为最多，平均每站发生次数仅为0.1次；东海发生风暴潮的次数明显多于其他两个海区，各级风暴潮次数均多于其他海区，频发期为7—9月，其中8月为最多；南海风暴潮发生时间跨度最大，7—10月间，各月发生次数相差较小，其中7月发生次数多为最多。

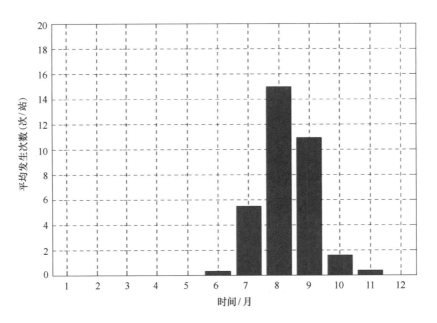

图 2.4　渤海、黄海风暴潮逐月变化

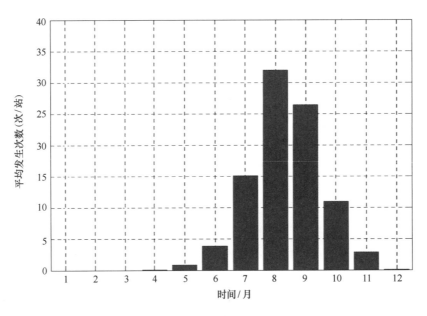

图 2.5　东海风暴潮逐月变化

（2）超警戒风暴潮月际分布特征

从中国沿海超警戒风暴潮逐月分布图（图 2.8）中可以看出，5—11 月均会发生超警戒风暴潮，其中以 7—10 月居多，又以 9 月最多，8 月次之。超警戒风暴潮与风暴潮强度及天文潮高度密切相关，7—10 月为我国沿海台风活跃期，较大及以上级别的台风风暴潮几乎均发生在这期间，也是台风风暴潮的频发期，同时，7—10 月为我国沿海受风暴潮主要影响海区的天文潮较高的时期，南海虽然没有明显的年天文大潮期，但台风活跃期较长，6—11 月均可能发生大风暴潮，这期间超警戒几率也相对较大。

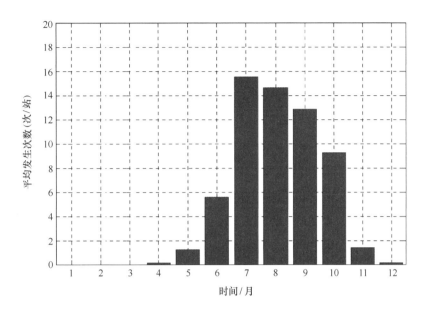

图 2.6　南海风暴潮逐月变化

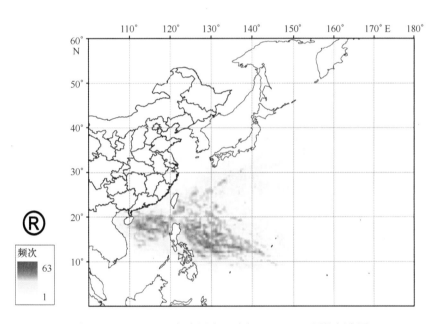

图 2.7　1949—2009 年台风中心路径 0.5°×0.5° 网格频次图

　　从图 2.9~图 2.11 中可以看出，渤海、黄海超警戒风暴潮呈现较为明显的月分布特征，主要发生在 7—9 月，其中 8 月份发生的次数为最多，其次为 9 月和 7 月。

　　东海在 5—11 月均会发生超警戒风暴潮，其中 8 月与 9 月发生次数相当，占总次数的 80% 以上，其次为 7 月和 10 月。与渤海、黄海相比，东海超警戒风暴潮的发生次数和发生时间均有较大不同，东海的发生次数远远多于渤海、黄海，发生的时间跨度也明显偏长，但是 8 月和 9 月均为 2 个海区的风暴潮频发期。

　　南海发生超警戒风暴潮的时间范围也较广，5—11 月均有可能发生，其中 7—10 月的次数较多，明显多于其他 3 个月。7—10 月中，7 月次数最多，之后依次为 9 月、10 月和 8 月。

35

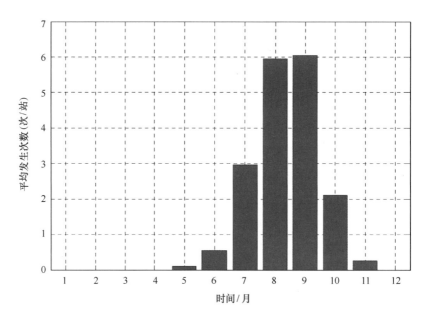

图 2.8　中国沿海超警戒风暴潮逐月变化

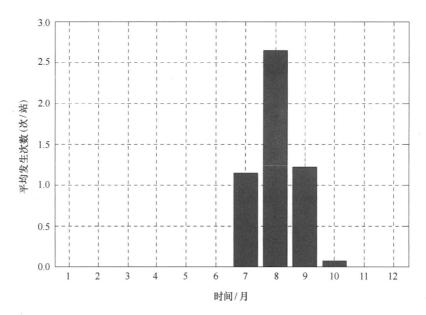

图 2.9　渤海、黄海超警戒风暴潮逐月变化

　　从 3 个海区超警戒风暴潮月际分布特征来看，东海超警戒风暴潮发生次数最多，主要发生月份为 8—9 月，占总次数的 80% 以上；南海次之，主要发生在 7 月、9 月和 10 月，以 7 月居多；渤海、黄海发生次数远少于其他两个海区，主要发生在 7—9 月，8 月的次数最多。

　　（3）风暴潮损失月际分布特征

　　风暴潮灾害损失是指风暴潮造成的实际灾害情况，主要包括因灾死亡（含失踪）人数和因灾造成的直接经济损失。损失数据来自"908 专项"的调查结果和《中国海洋灾害公报》（1989—2009 年），其中渤海、黄海既包括台风风暴潮损失，也包括温带风暴潮损失，反映了

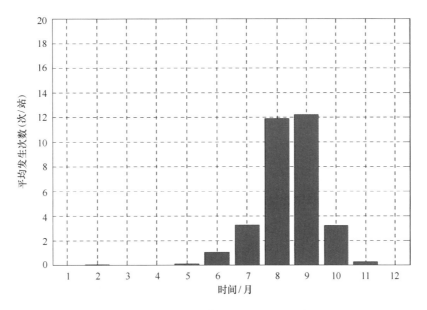

图 2.10 东海超警戒风暴潮逐月变化

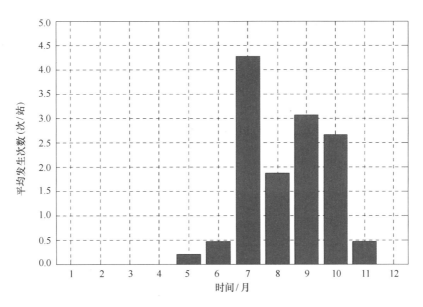

图 2.11 南海超警戒风暴潮逐月变化

我国沿海比较全面的风暴潮灾害损失次数月际分布特征。

从图 2.12 可以看出，中国沿海风暴潮损失发生次数的月际分布特征明显，4—11 月均有风暴潮损失发生，其中 7—9 月为主要发生月份，又以 9 月次数最多，8 月次之，7 月再次之，10 月居第 4。

由于渤海、黄海风暴潮灾害损失中既包括台风风暴潮灾害损失也包括温带风暴潮灾害损失，因此图 2.13 中风暴潮损失发生次数的时间跨度较长，7—11 月以及 4 月均有灾害损失发生，其中以 8 月的次数最多，明显多于其他月份，其次为 7 月、9 月，其他月份的损失次数显著减少。

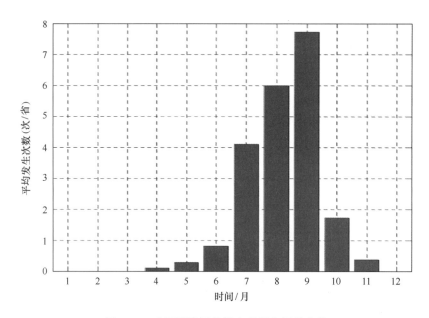

图 2.12　中国沿海风暴潮灾害损失逐月变化

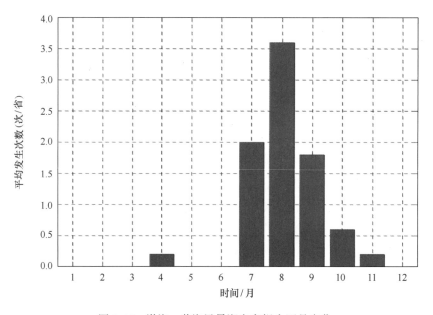

图 2.13　渤海、黄海风暴潮灾害损失逐月变化

从图 2.14~图 2.15 可以看出，东海风暴潮灾害损失发生在 5—11 月，其中 8—9 月为主要发生月份，又以 9 月的次数为最多，这两个月的次数占总次数的 80% 以上；南海风暴潮灾害损失分布的时间跨度较长，各月间的次数差异也小于东海及渤海、黄海。南海灾害损失的出现时间是 5—11 月，其中 7—9 月为主要发生月份。

从 3 个海区风暴潮灾害损失发生次数的月际分布来看，渤海、黄海和东海分布特征较为明显，渤海、黄海以 7—9 月的次数明显偏多，东海以 8 月和 9 月明显偏多，而南海各月间的分布差异相对较小，总体看，以 9 月和 7 月的次数居多。

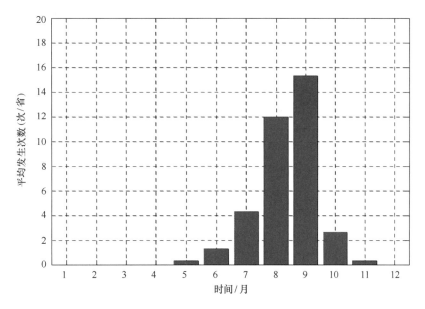

图 2.14　东海风暴潮灾害损失逐月变化

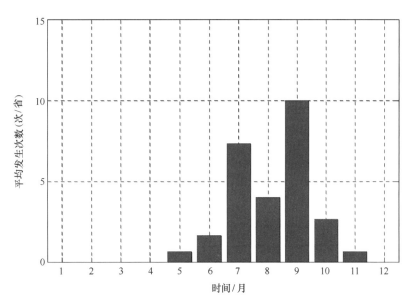

图 2.15　南海风暴潮灾害损失逐月变化

2）风暴潮历史灾害年代际分布特征

风暴潮历史灾害年代际分布主要包括风暴潮、超警戒风暴潮、风暴潮损失等年代际分布。
图中红色曲线为 5 年滑动平均线。

（1）风暴潮年代际分布特征

从中国沿海风暴潮次数年代际变化图（图 2.16）中可以看出，1949—2008 年，虽然风暴
潮发生次数不同年代间有着较为明显的波动，总体仍然呈上升的趋势。20 世纪 50 年代后期
和 60 年代前期、70 年代至 90 年代中期、21 世纪前 10 年中后期为风暴潮发生次数较多的时

期，其中 70 年代和 90 年代前期较其他年代偏多。

台风风暴潮次数年代际变化趋势和台风登陆次数以及影响个数有着密切的关系。图 2.17 为 1949—2009 年登陆西北太平洋和南海的台风频次变化图，图中红色曲线为 5 年滑动平均登陆台风个数。统计计算表明，5 年滑动平均的台风风暴潮发生频次和登陆台风之间有着较好的相关关系，登陆台风多发期对应台风风暴潮次数高发期。

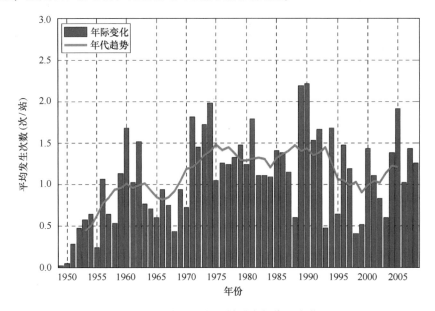

图 2.16　中国沿海风暴增水年代际变化

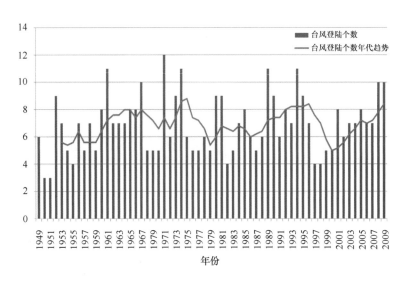

图 2.17　中国沿海登陆台风变化趋势

从图 2.18～图 2.20 可以看出，渤海、黄海风暴潮发生次数年代际变化不是很明显，总体呈缓慢上升趋势，从 20 世纪 50 年代后期，开始小幅快速增长，60 年代前期达到峰值，之后次数减少较为明显，70 年代前期再次增多，并保持至 80 年代前期，之后呈现震荡式上扬，90 年代前期和 21 世纪前 10 年前期次数较多，这期间 1992 年每站平均发生次数接近 1.6 次，2000 年每站平均发生次数接近 1.4 次。

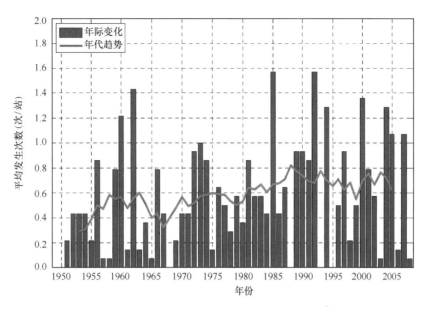

图 2.18 渤海、黄海风暴增水年代际变化

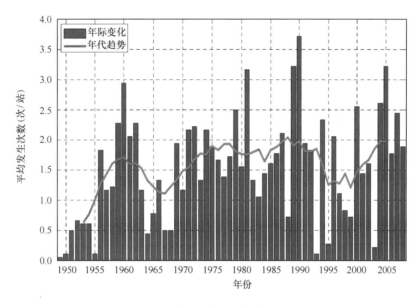

图 2.19 东海风暴增水年代际变化

东海风暴潮发生次数的变化趋势较为明显，50 年代后期呈现大幅上升的趋势，60 年代前期达到峰值，之后小幅减少，60 年代后期开始出现较为明显的增多趋势，至 70 年代中期达到第二个峰值，且较第一个峰值偏高，之后的近 20 年间，发生次数保持高位震荡，1990 年每站平均发生次数接近 4 次；90 年代中后期开始出现较为明显的下降趋势，90 年代后期为最少，21 世纪前 10 年发生次数逐渐增多，上升趋势也较为明显。

南海风暴潮发生次数的年代际变化较为显著，从 50 年代起一直呈现较为明显的上升趋势，70 年代前期达到峰值，1973 年和 1974 年每站平均发生次数均接近 3 次，之后开始缓慢下降，80 年代发生次数较少，后期略有上升，90 年代前期达到第二个峰值后呈明显下降趋

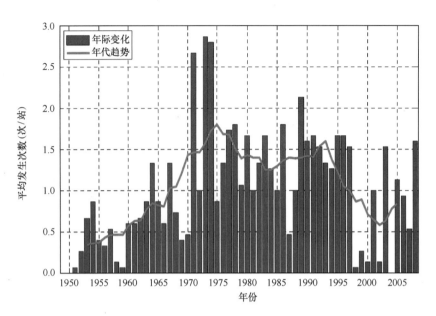

图 2.20 南海风暴增水年代际变化

势，这一峰值明显偏低，90 年代后期至 21 世纪前 10 年前期为近 40 年来的最低值，之后略呈上升态势。总体来看，南海与全国沿海、东海的风暴潮年代际分布有较大不同，东东海风暴潮年代际分布特征和全国沿海的较为一致，但是变化幅度更加明显；南区年代际变化则明显不同，以 70 年代前期为最多，这一时期也为各级风暴增水的频发期。

（2）超警戒风暴潮年代际分布特征

从图 2.21 可以看到，我国沿海超警戒风暴潮年代际变化呈现明显的上升趋势，特别是在 80 年代前期至 90 年代中期，上升幅度较大，之后小幅震荡起伏。超警戒潮位反映风暴潮强度以及和天文潮位的叠加情况，因此超警戒潮位的发生主要取决于两方面因素：一是风暴潮强度，二是天文潮位高度。

全球气温变化可能从两个方面影响超警戒风暴潮，一方面，全球气温升高，西北太平洋海表温度也会上升，有利于西北太平洋热带气旋年均生成频次和登陆影响中国的热带气旋频次增多；另一方面，全球海平面也将随气温升高而上升，从而导致沿海各地平均海平面上升，即高、低潮位抬高。《2009 年中国海平面变化状况》表明，近 30 年来，中国沿海海平面总体呈波动上升趋势，平均上升速率为 2.6 毫米/年，高于全球海平面平均上升速率。风暴潮与抬高后的潮位叠加，将出现更高的风暴高潮位，某些较大的风暴潮在不与天文大潮遭遇情况下形成潮灾的可能性也将增大，从而使得超警戒风暴潮的次数增加。

从图 2.22 可以看出，与全国沿海超警戒风暴潮发生次数的年代际变化相比，渤海、黄海发生次数变化幅度较小，从 50 年代后期至 80 年代前期，变化较小，80 年代中期至 90 年代中期，上升幅度较大，之后起伏波动，发生次数有所减少，期间 1992 年和 1997 年每站平均发生次数均超过 0.7 次，为最多的两年。

图 2.23 和图 2.24 表明，东海超警戒风暴潮发生次数呈现明显的上升趋势，从 50 年代开始至 70 年代后期，增长趋势较为平缓，其中 60 年代中期发生次数最少，80 年代起至 90 年代中期，上升幅度显著加快，之后以起伏波动为主，变化幅度较小。东海超警戒风暴潮发生次

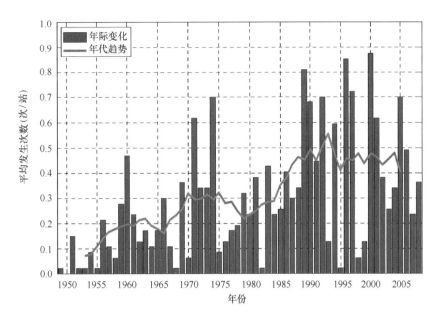

图 2.21　中国沿海超警戒风暴潮年代际变化

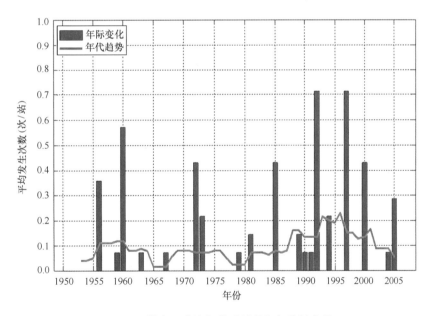

图 2.22　渤海、黄海超警戒风暴潮年代际变化

数的变化趋势和全国沿海的变化趋势较为一致，但是更为一致的是 80 年代开始的较为快速的增长趋势。南海超警戒风暴潮发生次数的年代际变化则较为平缓，从 50 年代起呈现较为缓慢的增长趋势，至 70 年代前期出现峰值，之后发生次数有所减少，80 年代后期至 90 年代前期再次出现一个峰值后开始缓慢减少，减少的幅度较小。与全国沿海、渤海、黄海及东海区域的超警戒风暴潮发生次数相比，南海区超警戒风暴潮的年代际变化明显不同，没有出现 80 年代起至 90 年代中期的较为快速的上升趋势，发生次数较多的时期为 70 年代前期，只是Ⅲ级从 80 年代起至 90 年代前期出现了较为明显的增幅。

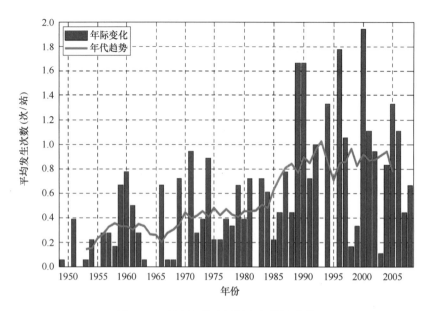

图 2.23　东海超警戒风暴潮年代际变化

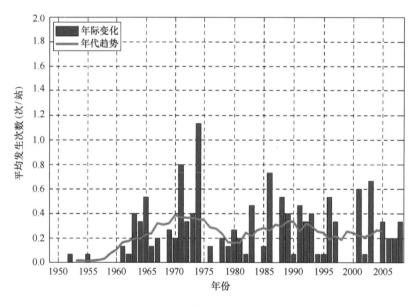

图 2.24　南海超警戒风暴潮年代际变化

（3）风暴潮灾害损失年代际分布特征

图 2.25 表明，我国沿海风暴潮灾害损失的发生次数呈现明显上升趋势，其中 80 年代前期至 21 世纪前 10 年中期上升幅度较大，期间 2005 年每省（直辖市、市）的平均发生次数超过 1.8 次，50 年代至 80 年代前期的发生次数没有明显的变化。

从图 2.26~图 2.28 可以看出，渤海、黄海风暴潮灾害损失的发生次数总体呈小幅上升趋势，年代际变化幅度相对较小，从 50 年代至 80 年代前期，基本没有变化，80 年代后期起发生次数出现小幅增加，但是幅度很小，期间 2005 年每省平均发生次数为 1.2 次，为历年最多。东海风暴潮灾害损失的发生次数上升趋势较为明显，从 50 年代至 80 年前期，发生次数

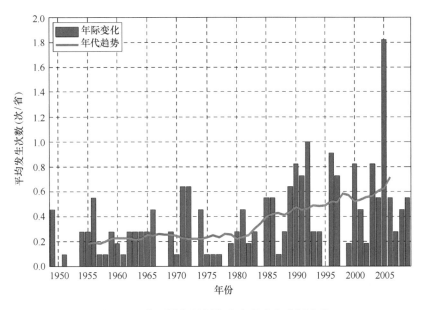

图 2.25　中国沿海风暴潮灾害损失年代际变化

不多且变化不大，从 80 年代前期至 21 世纪前 10 年中期，出现了明显的增长趋势，增长幅度较大。南海风暴潮灾害损失的发生次数总体呈现上升趋势，变化幅度相对较小，从 50 年代至 80 年代前期，发生次数的变化较小，80 年代前期至中期，出现了小幅增加，之后波动起伏变化幅度很小，21 世纪前 10 年前期起，有较为明显的上升趋势。

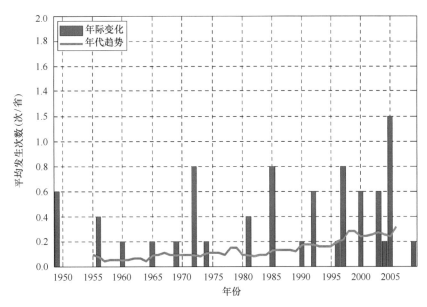

图 2.26　渤海、黄海风暴潮灾害损失年代际变化

总体来看，3 个海区灾害损失的发生次数均为上升的趋势，但是上升幅度、上升时期有所不同。东海的上升幅度最为显著，其次为南海；东海和渤海、黄海明显的上升时期均为 80 年代前期至 21 世纪前 10 年中期，而南海则从 21 世纪前 10 年前期开始，出现相对较大幅度的上升趋势。

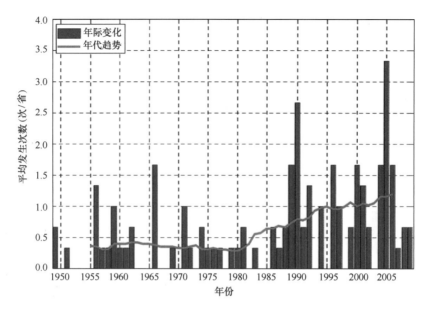

图 2.27　东海风暴潮灾害损失年代际变化

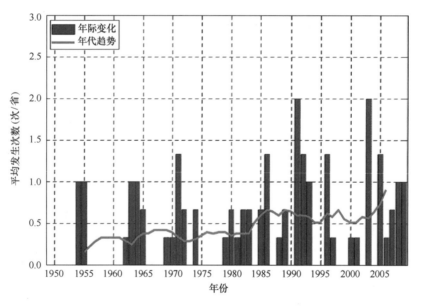

图 2.28　南海风暴潮灾害损失年代际变化

2.1.4　风暴潮历史灾害空间分布特征

1）全国沿海风暴潮灾害空间分布特征

　　为了获取我国沿海风暴潮灾害空间分布特征，选取我国沿海 45 个典型的、具有长时间序列潮位资料的验潮站，这些站分布在沿海的各个省、市，大部分验潮站的资料时间序列在 30 年以上，部分站的资料时间序列在 50 年以上，基本可以代表全国沿海的风暴潮及灾害情况。此外，也选择了少数建站时间较短的验潮站作为补充，主要应用于风暴增水空间分布图和超警戒风暴潮空间分布图中，有利于更加全面了解我国沿海风暴潮分布特征。

本书收集了每个验潮站历年的风暴潮过程数据，并进行了整理、分析和校核，对每次风暴潮过程均找出引起此次风暴潮过程的台风或温带天气系统，并将最大风暴潮出现的时间和值与天气系统影响时间相对应，确保每次风暴潮过程数据的准确性。

根据灾度公式按照每个验潮站风暴增水及超警戒风暴潮出现的次数、等级以及各等级相应的权重系数，计算出每个验潮站的灾度，并依据灾度值划分为四级，由于灾度只与风暴潮等级、次数及风暴高潮位超过当地警戒潮位的等级、次数相关，因此也代表了风暴潮灾害危险性，其中1级表示危险性最高。具体划分原则是：将各验潮站的灾度值进行归一化处理，$0 \leq DD < 0.25$ 为 Ⅳ 级，$0.25 \leq DD < 0.5$ 为 Ⅲ 级，$0.5 \leq DD < 0.75$ 为 Ⅱ 级，$0.75 \leq DD \leq 1$ 为 Ⅰ 级。在此基础上，运用 GIS 技术，将各验潮站的灾度等级划分结果差值后，进行缓冲区分析，得到我国沿海风暴潮灾度分布图，见图 2.29。

绘制风暴潮灾度分布时，考虑到风暴潮作用于不同的沿海海岸带地质环境时可能会产生不同的灾害后果，造成不同的影响，因此，依据沿海海岸带的地质环境，主要分为基岩海岸和沉积海岸。基岩海岸往往由坚硬岩石组成，风暴潮侵袭时，深入内陆距离较短，一般考虑海岸线向陆地方向 10 千米范围为可能影响范围，沉积质海岸往往比较平坦，特别是淤泥质海岸滩涂宽广，地势平坦，坡度在 0.5% 左右，发生风暴潮时，海水淹没陆地范围大，往往发生严重风暴潮灾害，因此一般考虑海岸线向陆地方向 20 公里范围为可能影响范围，例如福建省闽江口、广东省珠江口等区域。

风暴潮灾度分布图中，红、橙、黄、绿 4 种颜色分别代表 Ⅰ 级、Ⅱ 级、Ⅲ 级、Ⅳ 级风暴潮灾度，以 Ⅰ 级（红色）为最高等级，代表了风暴潮灾害危险性最高的区域。从图中可以划分出风暴潮灾害危险性高的区域，分别为以下几个岸段：浙江省杭州湾、台州沿海、温州沿海；福建省宁德沿海、闽江口；广东省粤东汕头附近沿海、珠江三角洲、雷州半岛东岸；海南省东北部沿海。从图中也可以看出，风暴潮灾度值高的的区域多分布在河口，地势平坦，易于风暴潮的发生和发展，历史上均发生过多次大或特大风暴潮灾害。

2）风暴增水空间分布特征

从我国沿海各级风暴增水分布（图 2.30~图 2.34）来看，随着风暴增水等级的升高，分布的区域越来越集中。沿海各省、市均出现过 Ⅴ 级风暴增水，出现次数较多的区域为江苏省海州湾、上海市沿海、福建省闽江口及南部沿海、广西壮族自治区沿海。Ⅳ 级风暴增水出现的区域没有明显变化，但是频发区域有所变化，杭州湾、浙江省中部和南部沿海、福建省闽江口及广东省雷州半岛东岸的发生次数明显偏多。Ⅲ 级风暴增水的次数明显减少，沿海各省均有出现，频发区域为杭州湾、浙江省南部沿海、福建省闽江口及广东省雷州半岛东岸。Ⅱ 级风暴增水出现的区域有所减小，广西壮族自治区没有出现过 Ⅱ 级风暴增水，福建省仅出现在闽江口，海南省仅出现在东北部沿海，Ⅱ 级风暴增水在浙江省和广东省的分布明显较为广泛。出现 Ⅰ 级风暴增水的区域明显减少，仅出现在山东省莱州湾、浙江省和广东省，其中 Ⅰ 级风暴增水在浙江省的北部、中部和南部均有出现，以南部的次数偏多，其余各个区域相差较小；在广东省出现的区域较为集中，分别为粤东汕头沿海、珠江口、粤西阳江沿海以及雷州半岛东部沿海，其中以雷州半岛东部的次数明显偏多。

浙江省、福建省和广东省沿海虽然均为风暴潮影响的严重区域，但是风暴增水分布特征不尽相同，其中福建省风暴增水总次数偏多，最高级别为 Ⅱ 级，仅出现在闽江口，而 Ⅱ 级风

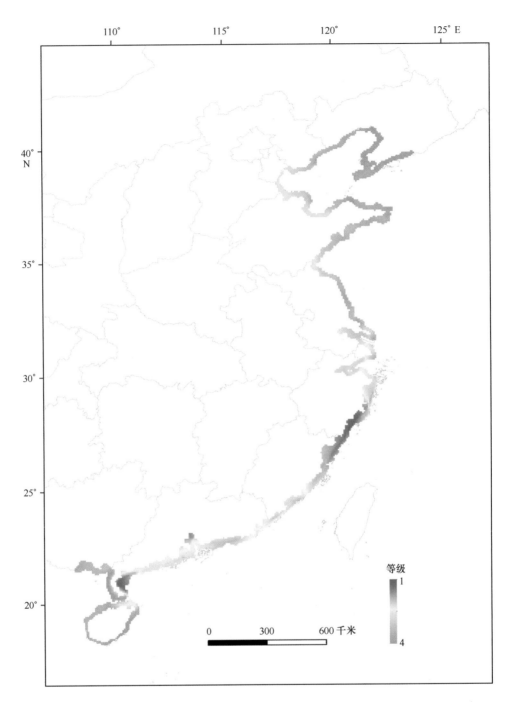

图 2.29　我国沿海风暴潮灾度分布图

暴增水在浙江省和广东省分布较为广泛，发生次数以浙江省南部偏多；V级风暴增水则以福建省偏多，且在福建省各区域出现的次数较为接近。

因此，我国沿海台风风暴潮频发区域为长江口、杭州湾、浙江省中部和南部沿海、福建省闽江口、珠江三角洲、广东省雷州半岛东岸及海南岛东北部沿海，上述区域内的杭州湾、浙江省中部和南部以及广东省珠江三角洲、雷州半岛东岸为风暴潮影响严重区域，此外，广东省粤东汕头沿海也为风暴潮影响严重区域，历史上曾发生过数次特大风暴潮灾害。

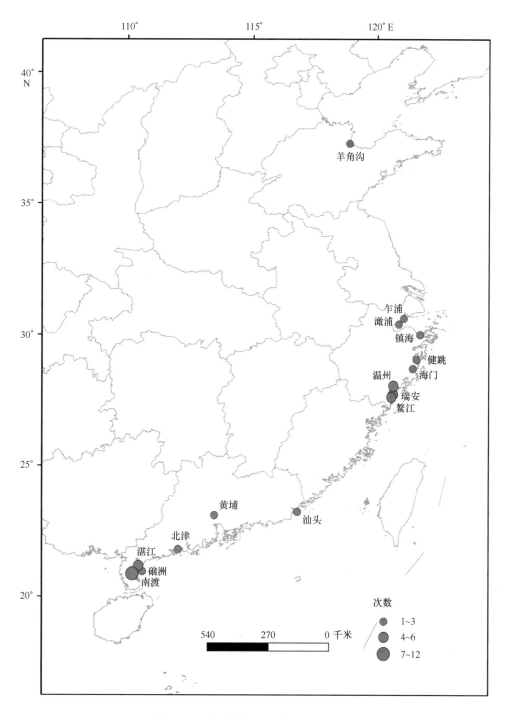

图 2.30　中国沿海 I 级台风风暴潮分布

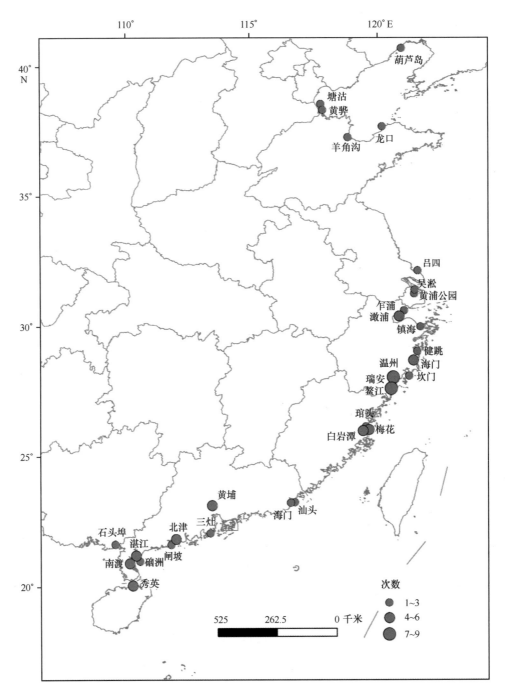

图 2.31　中国沿海Ⅱ级台风风暴潮分布

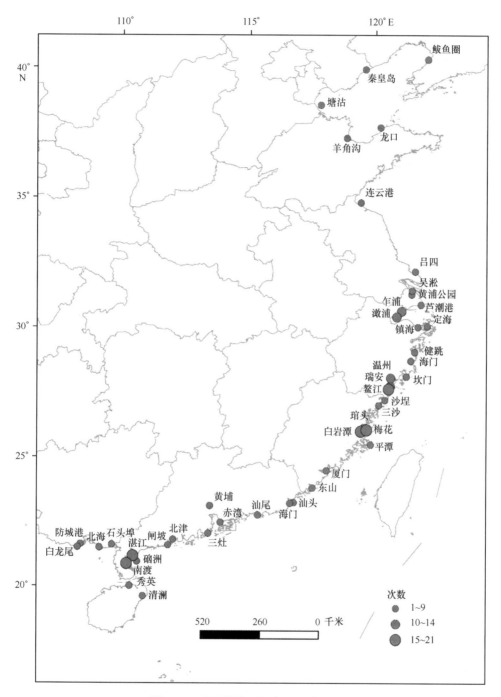

图 2.32 中国沿海Ⅲ级台风风暴潮分布

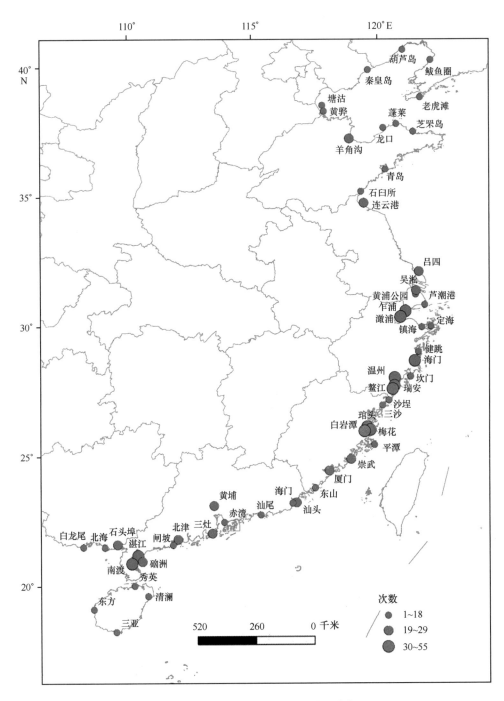

图 2.33 中国沿海Ⅳ级台风风暴潮分布

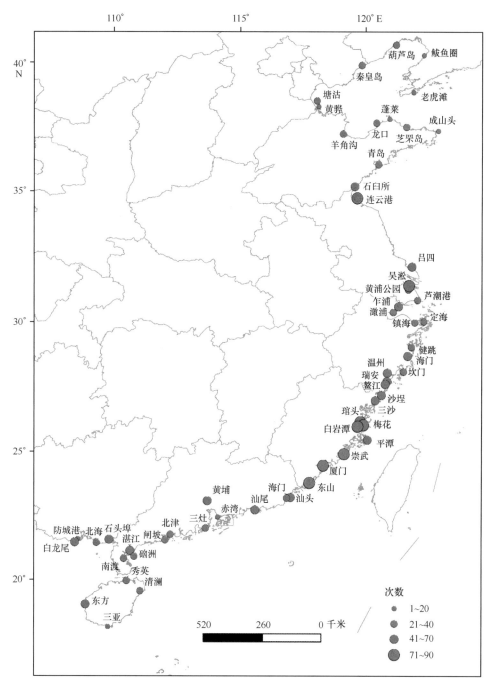

图 2.34　中国沿海Ⅴ级台风风暴潮分布

　　从 3 个海区的台风风暴潮分布来看（图 2.35～图 2.37），东海区和南海区风暴潮的发生次数较为接近，渤海、黄海的次数远远少于这两个海区。

　　渤海、黄海发生风暴潮次数较多的区域为渤海湾、莱州湾、海州湾及江苏南部沿海，分别为 0.7 次/年、1.0 次/年、1.5 次/年和 1.7 次/年；各区域的风暴潮强度也不尽相同，其中莱州湾Ⅱ级风暴增水所占比例最高，约为 5.4%，其次为渤海湾，约为 4.7%，江苏南部沿海Ⅱ级风暴增水所占比例 1.2%，海州湾没有出现过Ⅱ级风暴增水。渤海、黄海风暴潮频发区为渤海湾、莱州湾、海州湾及江苏南部沿海；风暴潮影响严重区域为渤海湾和莱州湾。

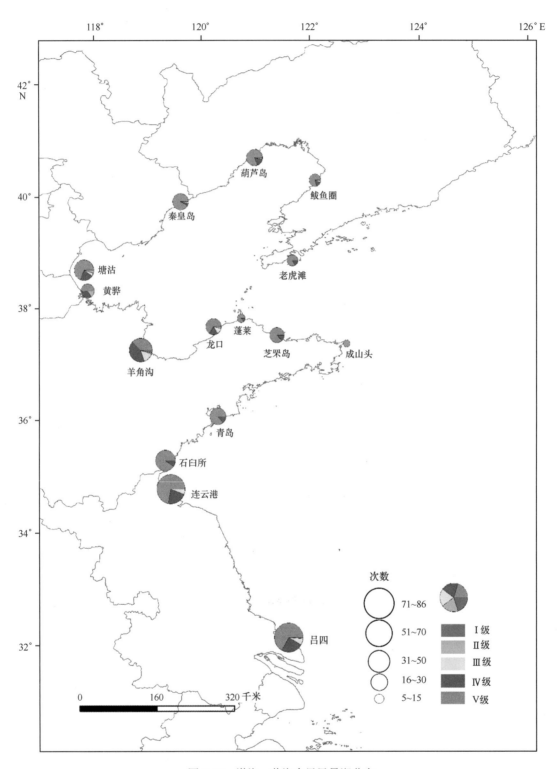

图 2.35　渤海、黄海台风风暴潮分布

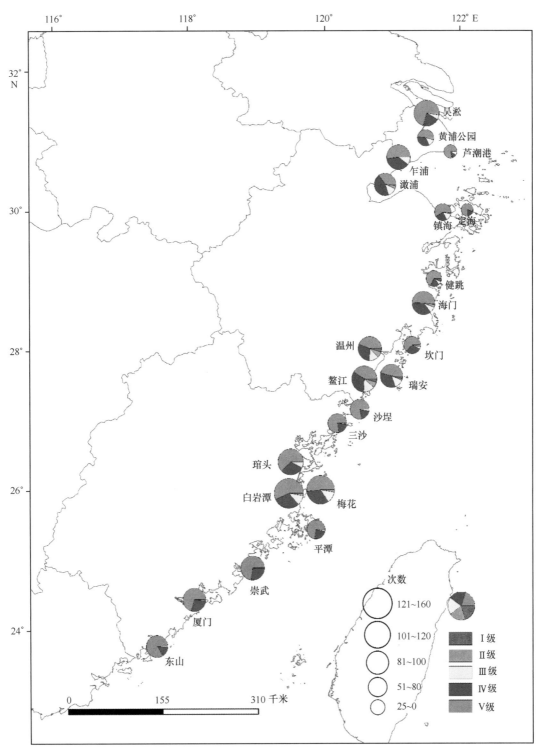

图 2.36　东海台风风暴潮分布

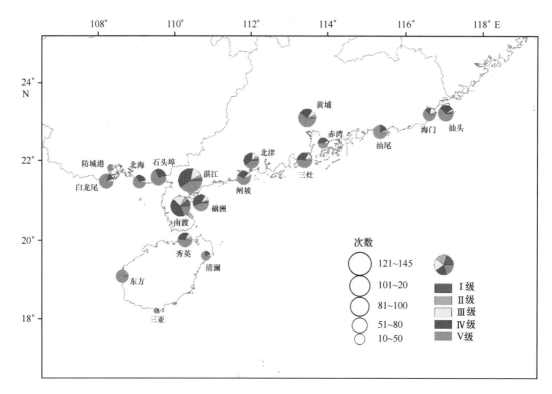

图 2.37　南海台风风暴潮分布

东海风暴潮发生次数远远多于渤海、黄海，其中长江口、杭州湾、浙江中部和南部及福建省闽江口的次数偏多，分别为 2 次/年、1.7 次/年、1.8 次/年和 2.4 次/年，闽江口的次数为最多；沿海各区域各级风暴增水出现的次数有所不同，Ⅱ级以上风暴增水主要出现在杭州湾、浙江省中部和南部沿海，在上述区域Ⅱ级以上风暴增水所占比例分别为 6.6%、6.2% 和 12.1%，长江口与福建省闽江口Ⅱ级以上风暴增水所占比例分别为 2.5% 和 0.8%。其余区域以Ⅴ级风暴增水为主，所占比例超过 50%。因此，东海风暴潮频发区域为长江口、杭州湾、浙江中部和南部及福建省闽江口；风暴潮严重影响区域为杭州湾、浙江省中部和南部沿海。

南海风暴潮多发于广东省汕头、珠江口、阳江和雷州半岛东部沿海，海南省东北部沿海，广西壮族自治区北海沿海和防城港沿海。其中广东省各区域平均发生次数分别为 1.1 次/年、1.5 次/年、1.2 次/年和 2.6 次/年，以雷州半岛东岸偏多；海南省东北部沿海为 0.9 次/年；广西壮族自治区北海沿海为 2.3 次/年（1969—1997 年），防城港沿海为 2 次/年（1969—1996 年）。南海各区域各级风暴增水出现的次数差别较大，广西壮族自治区仅出现过 1 次Ⅱ级风暴增水，Ⅱ级或以上风暴增水所占比例最高的为广东省雷州半岛东岸，其次为广东省阳江沿海和海南省东北部沿海，分别为 17.7%、11.3% 和 7.7%。Ⅰ级风暴增水仅出现在广东省，发生次数以雷州半岛最多，其次为阳江沿海、汕头沿海及珠江口，所占比例分别为 11.8%、4.8%、1.6% 和 1.2%。可以看出，南海风暴潮频发区域为广东省汕头、珠江三角洲、阳江和雷州半岛东部沿海，海南省东北部沿海，广西壮族自治区北海沿海和防城港沿海；风暴潮影响严重区域为广东省雷州半岛、阳江沿海、海南省东北部沿海、广东省汕头沿海及珠江三角洲。

3）不同重现期台风风暴潮空间分布特征

风暴潮作为风暴潮灾害的致灾因子，了解其在我国沿海的分布情况及其量值对于分析沿海的风暴潮灾害必不可少，本书利用历史数据统计计算了沿海36个验潮站不同重现期的台风风暴潮，利用GIS技术绘制沿海台风风暴潮分布图。

选取的验潮站分布在沿海各省市，每一个站的风暴潮资料序列均在30年以上，所记录的风暴潮基本可以反映我国沿海风暴潮分别状况。采用龚贝尔极值分布方法计算不同重现期风暴潮。表2.7为沿海各站不同重现期台风风暴潮。

表2.7 沿海各站不同重现期风暴潮 单位：厘米

风暴潮 站名 \ 重现期	2	5	10	20	50	100	200	500	1 000
葫芦岛	84.3	109.8	126.8	143.0	164.0	179.8	195.5	216.2	231.8
秦皇岛	71.2	98.7	116.9	134.3	156.9	173.8	190.6	212.9	229.7
塘沽	63.4	105.5	133.4	160.1	194.7	220.7	246.5	280.6	306.4
羊角沟	92.5	142.5	175.6	207.4	248.5	279.4	310.1	350.6	381.2
烟台	80.8	102.5	116.8	130.6	148.4	161.8	175.1	192.7	206.0
青岛	60.8	80.5	93.5	106.0	122.1	134.3	146.3	162.2	174.3
石臼所	81.5	98.0	108.9	119.3	132.9	143.0	153.1	166.4	176.5
连云港	115.2	142.3	160.2	177.3	199.6	216.2	232.8	254.7	271.3
吕四	123.5	172.2	204.5	235.4	275.4	305.4	335.3	374.7	404.5
吴淞	94.2	139.3	169.2	197.9	235.0	262.8	290.5	327.1	354.7
乍浦	107.9	167.9	207.6	245.7	295.0	331.9	368.7	417.2	453.9
定海	70.5	105.6	128.9	151.2	180.1	201.7	223.3	251.7	273.2
健跳	88.2	142.0	177.7	211.9	256.2	289.4	322.5	366.1	399.1
海门	109.8	164.2	200.1	234.6	279.3	312.8	346.1	390.1	423.4
坎门	84.8	125.8	153.0	179.1	212.8	238.1	263.3	296.6	321.7
温州	115.7	180.1	222.7	263.6	316.5	356.2	395.7	447.8	487.2
瑞安	115.9	175.0	214.5	251.7	300.3	336.7	373.0	420.8	457.0
鳌江	136.3	206.6	253.1	297.7	355.5	398.8	441.9	498.9	541.9
沙埕	79.8	112.8	134.6	155.5	182.6	203.0	223.2	249.9	270.1

续表 2.7

风 暴 潮 重现期 站 名	2	5	10	20	50	100	200	500	1 000
三 沙	84.6	113.1	131.9	150.0	173.4	190.9	208.4	231.4	248.8
厦 门	91.6	119.0	137.1	154.5	177.0	193.8	210.6	232.8	249.5
平 潭	87.0	123.8	148.2	171.6	201.8	224.5	247.1	276.9	299.4
崇 武	93.6	115.3	129.7	143.5	161.3	174.7	188.0	205.6	218.9
琯 头	111.2	148.2	172.6	196.1	226.5	249.2	271.9	301.8	324.4
东 山	84.7	110.7	128.0	144.5	165.9	182.0	198.0	219.1	235.0
海门（广东）	101.0	146.1	175.9	204.5	241.5	269.3	296.9	333.4	361.0
汕 头	92.1	140.2	172.0	202.6	242.1	271.7	301.3	340.2	369.6
汕 尾	81.2	107.6	125.1	141.9	163.6	179.9	196.2	217.6	233.7
黄 埔	101.7	151.0	183.6	214.9	255.4	285.7	316.0	355.8	386.0
闸 坡	84.0	128.0	157.1	185.0	221.1	248.2	275.1	310.7	337.6
北 津	109.2	171.0	212.0	251.3	302.1	340.2	378.2	428.2	466.1
湛 江	133.8	209.3	259.3	307.2	369.3	415.8	462.1	523.3	569.5
南 渡	175.4	278.7	347.1	412.7	497.6	561.2	624.6	708.2	771.4
北 海	70.3	103.5	125.4	146.5	173.8	194.2	214.6	241.4	261.7
海 口	81.0	130.0	162.4	193.5	233.7	263.8	293.9	333.5	363.5
清 澜	75.8	110.7	133.8	156.0	184.7	206.2	227.6	255.8	277.2

我国部分省、市海岸线较为曲折，众多港湾深入内陆，而风暴潮对于复杂的微地形特别敏感，呈喇叭口形状的海岸带和河口地区风暴潮均较大，如渤海湾、莱州湾、长江口、杭州湾、珠江口、雷州半岛等沿海。1980 年 7 月 22 日，广东省海康县的南渡站，记录到最大台风风暴潮 585 厘米，为世界第三位。在绘制我国沿海不同重现期风暴潮分布图（图 2.38~图 2.43）时，着重考虑了地形对风暴潮的影响，每处河口地区均选取了有代表性的验潮站，以准确反映我国沿海风暴潮情况。

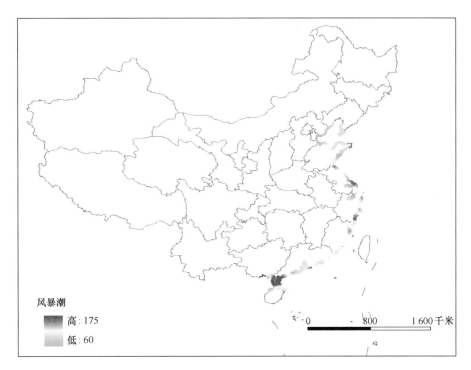

图 2.38　2 年一遇风暴潮分布

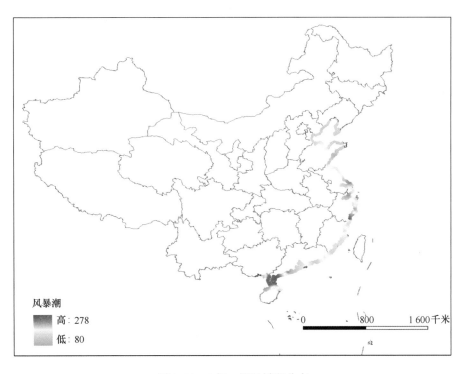

图 2.39　5 年一遇风暴潮分布

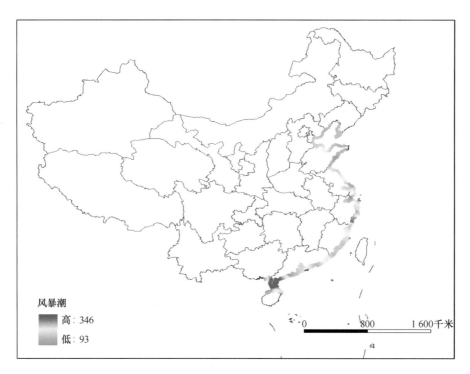

图 2.40　10 年一遇风暴潮分布

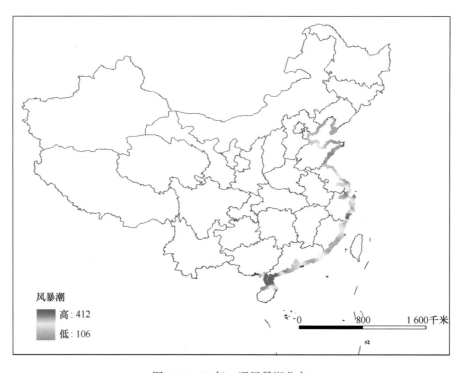

图 2.41　20 年一遇风暴潮分布

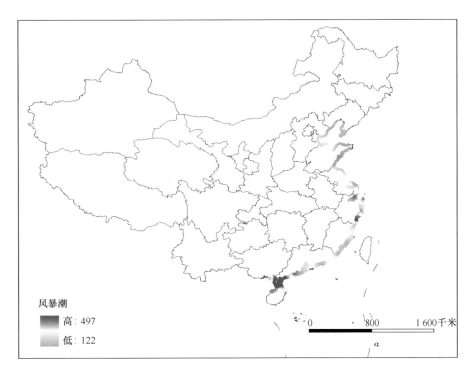

图 2.42　50 年一遇风暴潮分布

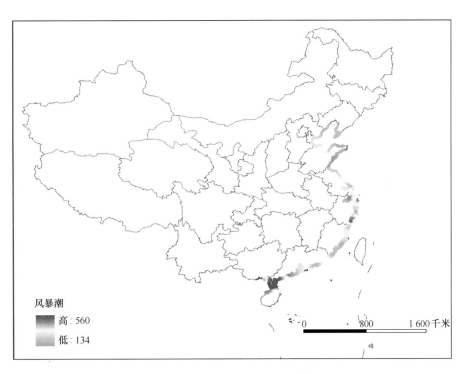

图 2.43　100 年一遇风暴潮分布

4）超警戒风暴潮空间分布特征

从超警戒风暴潮分布图（图 2.44~图 2.47）中可以看出，我国沿海省、市均发生过超警戒风暴潮，随着超警戒风暴潮等级的升高，分布的区域逐渐减小。超警戒风暴潮的总次数以福建省中、北部沿海居多，其次分别为浙江省南部和中部沿海，上海市沿海，广东省粤西及雷州半岛东岸，海南岛东北部沿海，次数较少的为广西壮族自治区、辽宁省、江苏省、山东省等沿海。

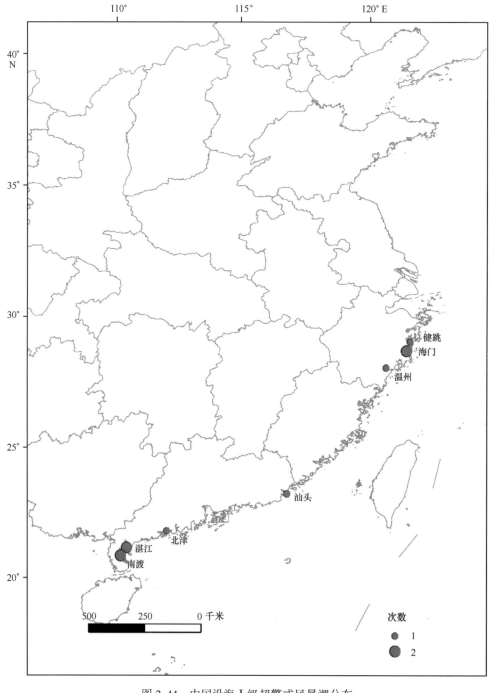

图 2.44 中国沿海 I 级超警戒风暴潮分布

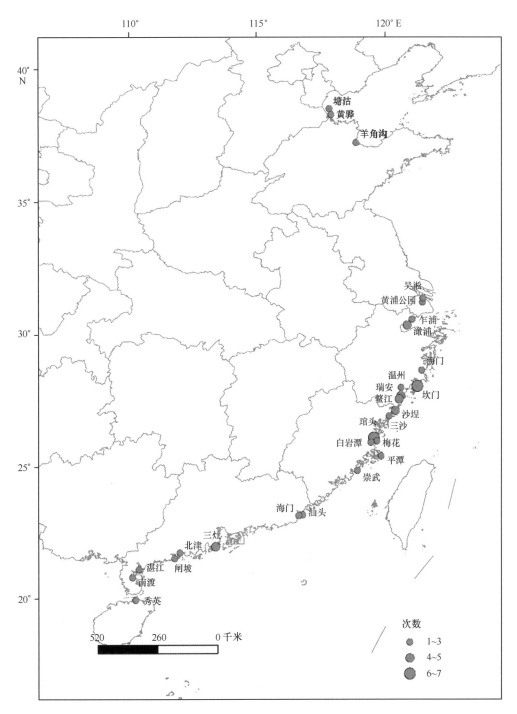

图 2.45　中国沿海 II 级超警戒风暴潮分布

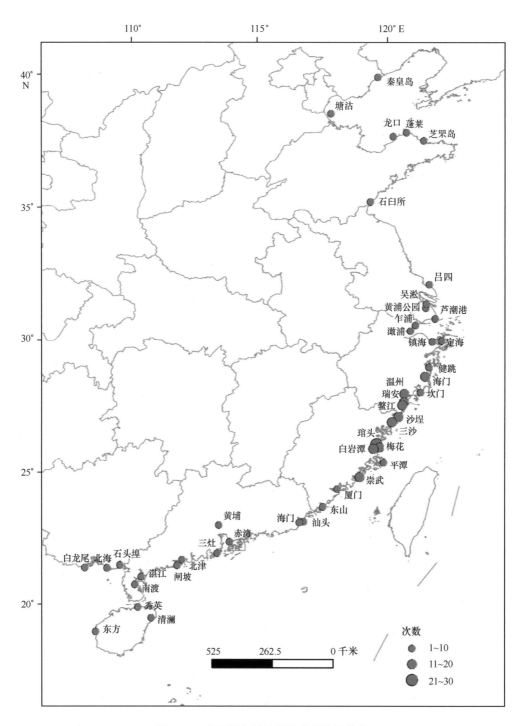

图 2.46　中国沿海Ⅲ级超警戒风暴潮分布

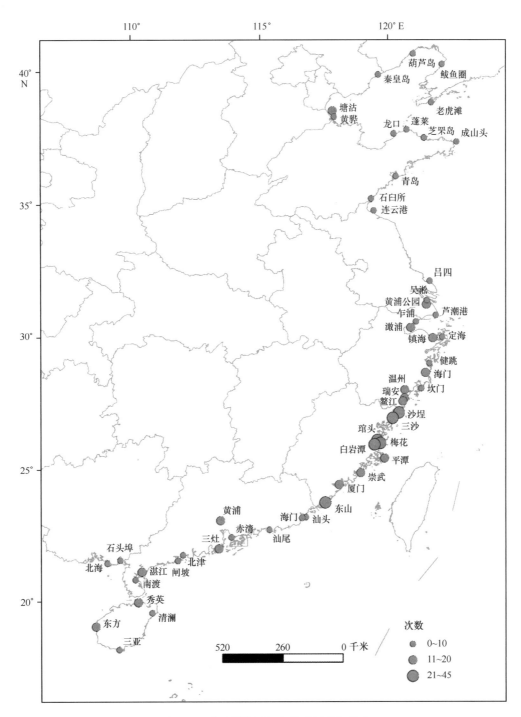

图 2.47　中国沿海Ⅳ级超警戒风暴潮分布

各级超警戒风暴潮中，Ⅳ级超警戒风暴潮也以福建省沿海发生的次数偏多，其次为浙江省中、南部，广东省珠江口，上海市和海南省东北部沿海。Ⅲ级超警戒风暴潮发生的次数仍然以福建省中、北部沿海居多，其次分别为浙江南部、中部，上海市，广东省和海南省东北部沿海，江苏省以北的沿海省、市出现Ⅲ级超警戒风暴潮的区域明显减少。发生Ⅱ级超警戒风暴潮的区域进一步缩小，主要发生在福建省闽江口，浙江省中部和南部，杭州湾，广东省雷州半岛和珠江口，海南岛东北部，上海市沿海。Ⅰ级超警戒风暴潮发生的区域很集中，仅发生在广东省和浙江省中、南部沿海，其中以广东省雷州半岛发生的次数最多，其次为浙江省中部沿海、广东省粤西和粤东沿海、浙江省南部沿海。

从超警戒风暴潮的分布中可以得到我国沿海风暴潮灾害的分布情况。超警戒风暴潮与风暴潮灾度密切相关，而风暴潮灾度与风暴潮灾害有着较好的相关性，因此在这里以超警戒风暴潮来分析我国沿海风暴潮灾害的分布特征。福建省沿海为超警戒风暴潮的频发区，总次数和Ⅳ级超警戒风暴潮多于其他沿海省、市，其中Ⅳ级超警戒风暴潮所占比例较高，各区域均接近或超过50%；其次为浙江省中部和南部沿海，又以南部沿海偏多，之后为上海市、广东省、海南省沿海和杭州湾，由于广东省海岸线东、西向分布较长，一次风暴潮过程可能仅影响部分区域，所以广东省各区域的超警戒风暴潮发生次数差别较大，总次数以珠江口偏多，其次为粤西和粤东沿海。

综上所述，我国沿海风暴潮灾害频发区依次为福建省中北部沿海，浙江省中部、南部沿海，广东沿海，上海市沿海，海南岛东北部沿海及杭州湾。风暴潮灾害严重区域依次为浙江省中部、南部沿海，广东省沿海，福建省中北部沿海，杭州湾、海南岛东北部及上海市沿海。值得注意的是，虽然天津市、河北省、山东省不是台风风暴潮灾害严重区域，但是在上述区域均出现过Ⅱ级超警戒风暴潮。

从3个海区的超警戒风暴潮分布图（图2.48～图2.50）来看，各海区均有超警戒风暴潮发生，但是发生次数相差较大。其中图2.48表明，渤海、黄海超警戒风暴潮的发生次数最少，主要发生在渤海湾和海州湾，以渤海湾发生的次数居多，为0.3次/年，其次为海州湾，为0.2次/年，山东半岛北部和辽东半岛南部的次数较为接近，均为0.1次/年，其余区域的发生次数更少。除山东省莱州湾外（仅发生过1次Ⅱ级超警戒风暴潮），各区域均以Ⅳ级超警戒风暴潮为主，所占比例超过50%；Ⅲ级超警戒风暴潮发生次数较多的区域为渤海湾和海州湾；Ⅱ级超警戒风暴潮仅发生在渤海湾和莱州湾，以渤海湾次数略多，其中沧州沿海发生的次数占总次数的50%。渤海、黄海总体发生超警戒风暴潮很少。各区域相比，渤海湾和海州湾为风暴潮灾害频发区域，渤海湾和莱州湾为风暴潮灾害严重区域。这两个区域同时也是温带风暴潮灾害的严重影响区域，1969年4月23日，羊角沟站曾记录到有验潮记录以来的最大温带风暴潮355厘米，居世界首位。

图2.49表明，东海各区域均有超警戒风暴潮发生，发生次数以浙江省中部、南部沿海，福建省中北部沿海居多，平均次数分别为0.7次/年和1.3次/年，其次为福建中南部沿海、上海市沿海和杭州湾，分别约为0.6次/年、0.5次/年和0.4次/年。各级超警戒风暴潮中，除浙江省中部和南部以及福建省闽江口外，Ⅳ级超警戒风暴潮所占比例均超过50%；Ⅱ级以上超警戒风暴潮所占比例较高的区域为浙江省中部和南部沿海、杭州湾、福建省闽江口及上海沿海，分别约为30.0%、20.0%、10.4%和10.0%；福建南部沿海没有出现Ⅱ级以上超警戒风暴潮。Ⅰ级超警戒风暴潮则仅发生在浙江中部和温州沿海，所占比例分别为6.3%和

2.9%。东海区超警戒风暴潮发生的次数较多，灾害发生的次数也较多，其中以福建省中北部沿海、浙江省南部和中部沿海为风暴潮灾害频发区域；浙江省中部和南部沿海、福建省中北部沿海、杭州湾和上海市沿海依次为风暴潮灾害严重区域。

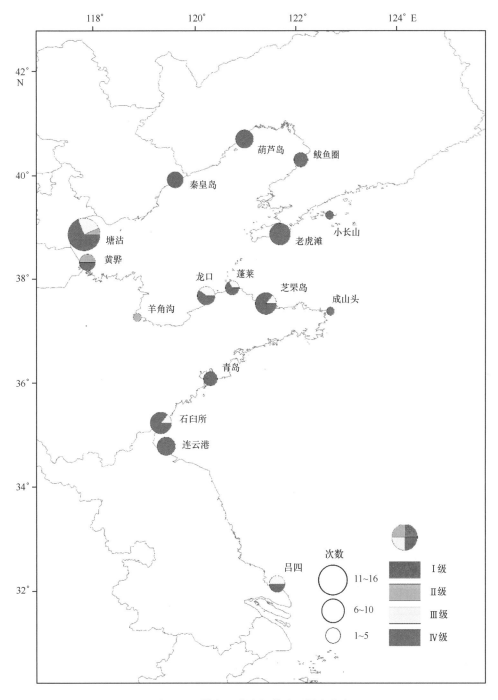

图 2.48　渤海、黄海超警戒风暴潮分布

　　图 2.50 表明，南海区超警戒风暴潮主要发生区域为广东省珠江三角洲、雷州半岛东岸、海南省东北部沿海和广东省粤西沿海，平均发生次数相差较小，分别为 0.5 次/年、0.4 次/年、0.4 次/年和 0.3 次/年，广西壮族自治区沿海和海南省南部沿海发生的次数非常小，均

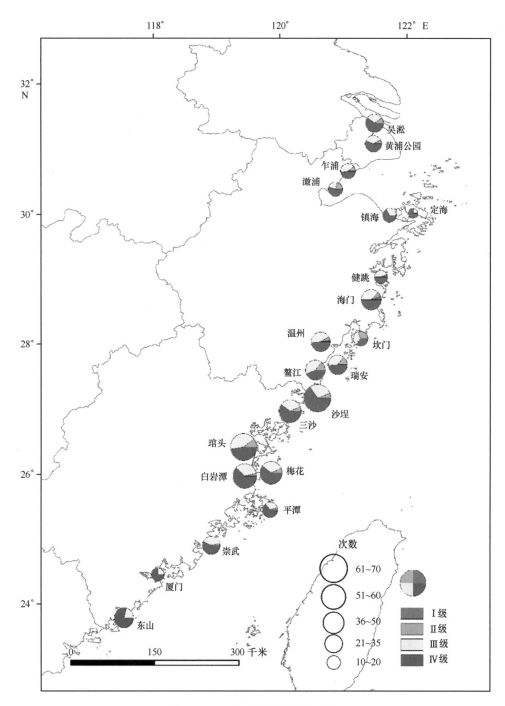

图 2.49 东海超警戒风暴潮分布

小于 0.1 次/年。沿海各区域中，Ⅱ级以上超警戒风暴潮所占比例最高的为广东省雷州半岛东岸、珠江三角洲、汕头沿海、粤西沿海及海南岛东北部沿海，分别为 22.7%、20.0%、19.0%、18.8%及 13.6%，广西沿海及海南省南部、东部沿海没有出现过Ⅱ级及以上超警戒风暴潮；Ⅰ级则发生在广东雷州半岛东部、汕头及粤西沿海，所占比例分别为 13.3%、10.0%和 6.3%。南海区超警戒风暴潮发生次数较东海区偏少，但是部分区域Ⅱ级及以上超警戒风暴潮所占的比例较高，特别是Ⅰ级超警戒风暴潮占比明显偏高。南海区中风暴潮灾害频

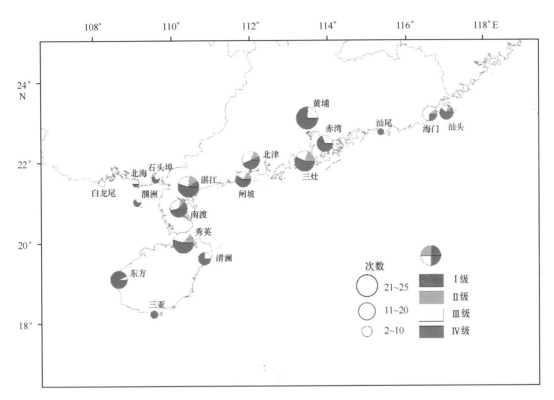

图 2.50　南海超警戒风暴潮分布

发区域为广东省珠江三角洲、雷州半岛东岸、海南省东北部沿海和广东省粤西沿海；风暴潮灾害严重区域为广东省雷州半岛东岸、粤西沿海、珠江三角洲、汕头沿海及海南省东北部沿海。

5）风暴潮损失空间分布特征

沿海各省、市风暴潮灾害损失次数空间分布图（图 5.51～图 5.54）中显示浙江省、福建省和广东省出现风暴潮灾害损失的次数明显多于其他沿海省、市，其次为海南省和上海市。各省、市损失中，除辽宁省和山东省以外，均以 21 世纪前 10 年发生的次数为最多。引起风暴潮灾害损失次数的增加有多种因素，从我国沿海的风暴增水和超警戒风暴潮的年代际变化中可以看出，二者的发生次数均呈现出较为明显的上升趋势，是导致风暴潮灾害损失次数增加的因素之一；沿海经济的快速发展，人口密度的增加，使得风暴潮灾害承灾体脆弱性增高，从而导致了风暴潮灾害损失次数的增多，例如 2000 年我国海洋生产总值为 4 134 亿元，2010 年增长至 38 439 亿元；沿海人口以福州市为例，2010 年常住人口较 2000 年增加 729 357 人，增长 11.4%；此外，风暴潮灾害损失统计方法也是较为重要的因素，本书中风暴潮损失以因灾死亡（含失踪）人口和直接经济损失来划分损失的等级，较早的风暴潮灾害记录中，有许多灾害事件描述了海堤、农田、养殖等损失情况，但没有给出具体的损失金额，无法计入次数的统计中。国家海洋局从 1989 年起每年发布《中国海洋灾害公报》，对当年发生的风暴潮、海浪、海冰等海洋灾害进行分析、统计，经过 20 余年的努力，对于各类灾害统计数据的来源、统计内容、资料审核、各灾种损失界定形成了较为成熟的方法，为了解海洋灾害提供了宝贵的数据。

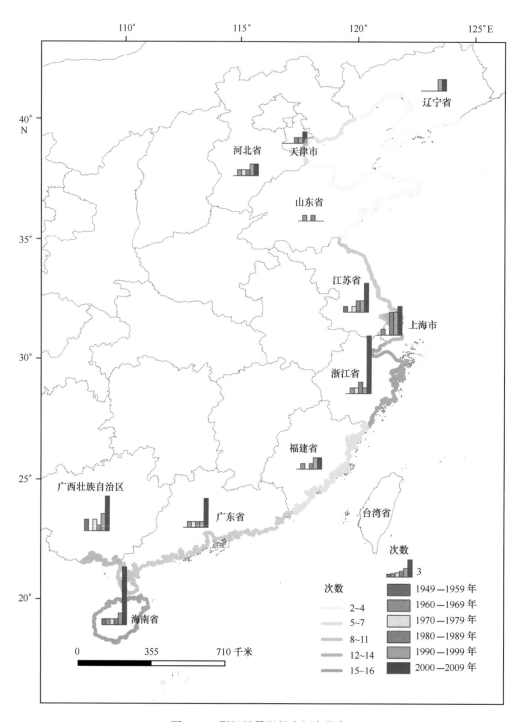

图 2.51   Ⅳ级风暴潮损失频次分布

沿海省、市各年代间的损失次数不尽相同，浙江省 20 世纪 60 年代灾害损失的次数为最少，其次为 50 年代和 70 年代，20 世纪前 10 年次数最多。福建省 80 年代灾害损失次数最少，其次为 50 年代和 70 年代，总次数少于浙江省。广东省以 50 的年代的次数为最少，之后基本为递增的趋势，总次数略多于浙江省。海南省 21 世纪前 10 年的次数与 90 年代相比增长较快，增长较快的还有广西壮族自治区。

我国沿海各省、市均出现过风暴潮灾害Ⅳ级损失，其分布特征较为明显，主要分布在海

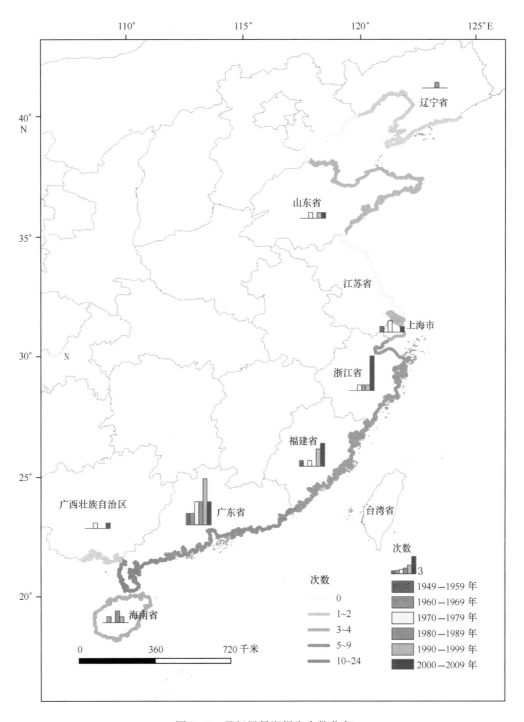

图 2.52　Ⅲ级风暴潮损失次数分布

南省、浙江省、广西壮族自治区和上海市；浙江省、广东省和海南省21世纪前10年的次数增加非常显著；上海市Ⅳ级损失主要出现在20世纪80年代、90年代和21世纪前10年，其中20世纪80年代和90年代的次数相同，又以后者略多；福建省Ⅳ级损失的次数较少，其中90年代和21世纪前10年的次数相同。

出现风暴潮灾害Ⅲ级损失的区域有所减小，主要为广东省，其次为浙江省和福建省，广

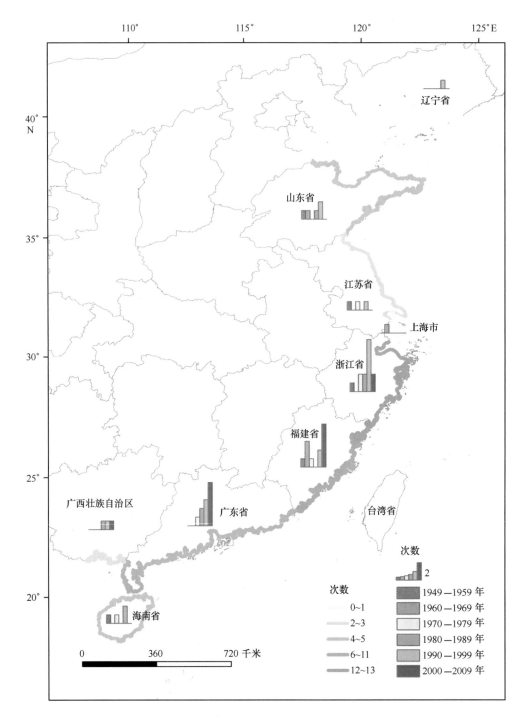

图 2.53　Ⅱ级风暴潮损失次数分布

东省以90年代的次数为最多，70年代、80年代和21世纪前10年的次数相同；浙江省21世纪前10年的次数远多于其他时期；福建省Ⅲ级损失主要出现在90年代和21世纪前10年，其中90年代的次数略偏少；河北省、天津市和江苏省没有出现过Ⅲ级损失。

除河北省和天津市以外，其他沿海省、市均出现过Ⅱ级损失，以浙江省、福建省和广东省的次数偏多，且较为接近。其中浙江省主要出现在90年代，次数是其他时期的3倍；福建省以21世纪前10年的次数为最多，其次是60年代，其他时期出现Ⅱ级损失的次数较少；广

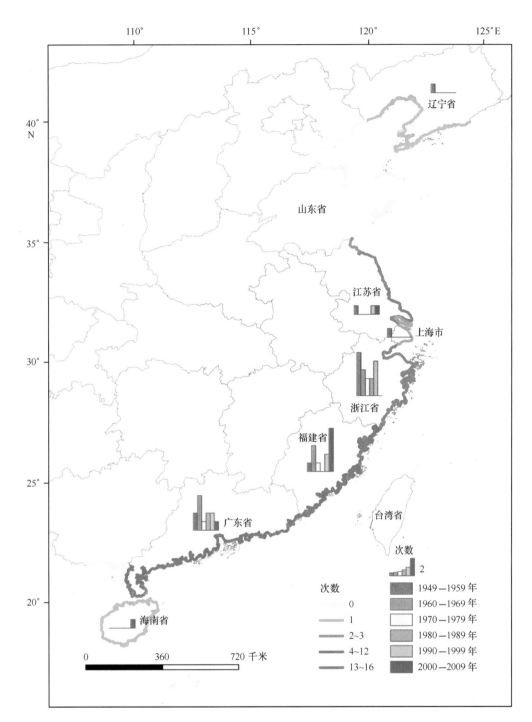

图 2.54 Ⅰ级风暴潮损失次数分布

东省则呈现较为明显的递增趋势。发生Ⅱ级损失较少的分别是上海市和辽宁省，其中上海市仅在 60 年代出现过 1 次Ⅱ级损失，由 6207 台风风暴潮引起；辽宁省仅在 90 年代出现过 1 次Ⅱ级损失，由 9415 台风风暴潮引起。各年代间，90 年代出现Ⅱ级损失的次数最多。

风暴潮灾害Ⅰ级损失的区域分布很集中，主要出现在浙江省、福建省和广东省，其中以浙江省的次数为最多，福建省和广东省的次数相同并少于浙江省。浙江省以 50 年代出现的次数最多，其次为 90 年代，21 世纪前 10 年没有出现过Ⅰ级损失；广东省则以 60 年代的次数为

73

最多，70 年代和 21 世纪前 10 年的次数相同且最少；福建省在 21 世纪前 10 年出现 I 级损失的次数最多，其次为 60 年代。总体来看，1949—1959 年之间为发生 I 级损失最多的时期，其次为 90 年代和 21 世纪前 10 年。河北省、天津市、山东省和广西壮族自治区没有出现过 I 级损失。

2.2 海啸灾害时空分布

2.2.1 海啸灾害概况

我国是一个多地震的国家，地震西部多东部少，据不完全统计，从公元前 47 年至 2011 年，中国沿海共发生 53 次地震海啸。

1604 年泉州外海大地震（在《中国历史强震目录（公元前 23 世纪至公元 1911 年）》中已经将此次地震震级由 8 级调整为 7.5 级）长期以来一直被作为研究地震海啸的实例。此次海啸在历史资料中有"山石海水皆动"和"覆舟甚多"的记录。

1781 年 5 月 22 日台湾南部发生一次大海啸，持续了 1~8 小时，台南的三个重镇和 20 多个村庄先被地震破坏，后又被海啸吞噬，海水深入陆地达 120 千米，海啸波高足以淹没当地竹林（约 3 米以上），海啸过后只剩下一堆瓦砾，几乎无一人生还，死亡人数不详（学术界对于死亡人数存在较大争议）。

1867 年 12 月 18 日台湾基隆外海发生地震海啸，1868 年 1 月 4 日在上海出版的英文报纸《字林西报》有如下记载："海港内的水涌向海外，致使远至阎王岩的地方有几秒钟成为无水地带，所有的东西都被退去的海水卷走了，然后海水又形成两个大浪涌回，将舢板和上面的人淹没，并把帆船搁浅在基隆对岸。"

1918 年 2 月 13 日南澳岛发生 7.3 级地震，在汕头有"海水腾涌"的记录。

对于新中国成立后的地震事件，通过分析有关的验潮记录，可以确定部分地震引发了海啸。如 1969 年 7 月 18 日发生于渤海的地震海啸，山东省烟台站监测到的海啸波幅为 20 厘米；1992 年 1 月 1 日在海南岛南端发生的地震海啸，榆林站监测到的海啸波幅为 78 厘米；2006 年 12 月 26 日发生在台湾岛南部的地震海啸，广东省南澳站监测到的海啸波幅为 3.10 厘米；2010 年 2 月 27 日智利发生了地震海啸，海啸波传播到我国东南沿海，浙江省椒江站监测到的最大海啸波幅为 32 厘米。2011 年 3 月 11 日日本本州东部海域发生特大海啸，地震发生 4 小时后海啸波到达我国台湾东部沿海，6~8 小时到达我国大陆东南沿海，浙江省沈家门和石浦站分别监测到波幅为 55 厘米和 52 厘米的啸波。

2.2.2 历史海啸事件统计

根据收集到的中国近海历史海啸资料，总结梳理出 53 次海啸事件（表 2.8）。

表 2.8 历史地震海啸事件统计表

序号	地震发生时间（地方时间）	震中位置			震级	海啸强度	海啸信度
		北纬 / (°)	东经 / (°)	地点			
1	公元前 47 年 9 月 2 日			山东省广饶县、潍县			
2	171 年 2 月 14 日			山东省黄县			
3	173 年 6 月 27 日至 7 月 26 日			山东省莱州湾		0	3
4	1046 年 4 月 24 日	37.8	120.7	山东省蓬莱	5		
5	1324 年 9 月 23 日			浙江省温州			
6	1327 年 7 月			浙江省温州			
7	1509 年 6 月 17 日至 7 月 16 日			上海市宝山县			
8	1604 年 12 月 29 日	25.0	119.5	福建省泉州	5		
9	1605 年 7 月 13 日	19.9	110.5	海南省琼山、文昌	7.5		
10	1640 年 9 月 16 日至 10 月 14 日	23	117	广东省揭阳、澄海、潮阳		0	4
11	1641 年 9 月 16 日至 11 月 26 日	23.5	116.5	广东省澄海、潮阳	5.75		
12	1661 年 1 月 8 日、9 日至 2 月 15 日	23.0	120.1	台湾西南	6.4	1	4
13	1668 年 7 月 25 日	35.3	118.6	山东省莒县	6.5		
14	1670 年 8 月 19 日至 9 月 7 日	33.0	122.5	上海地区	6.75	1	4
15	1721 年 1 月 5 日			台南			2
16	1754 年 4 月	25.3	121.4	台湾淡水	<6	1	3
17	1781 年 5 月 22 日			台湾及台湾海峡		1	3
18	1792 年 5 月 9 日	23.6	121.7	台湾嘉义	6.75		
19	1792 年 8 月 9 日			台湾彰化			3
20	1866 年 6 月 11 日			台湾高雄			3
21	1867 年 6 月 11 日			台湾基隆			4
22	1867 年 12 月 18 日	25.5	121.7	台湾基隆	7	2	4
23	1917 年 1 月 25 日	24.5	119.5	福建省厦门、同安	6.5	1	4
24	1917 年 5 月 6 日 21 时 19 分	23.2	121.6	台湾	5.8	−1	4
25	1918 年 2 月 13 日 14 时 07 分	24.0	117.0	广东省汕头、南澳	7.3	1	4
26	1918 年 5 月 1 日			台湾基隆			1
27	1921 年 9 月			台湾台南市		0−1	
28	1951 年 10 月 22 日			台湾东北部			4

续表 2.8

序号	地震发生时间（地方时间）	震中位置			震级	海啸强度	海啸信度
		北纬/(°)	东经/(°)	地点			
29	1960 年 5 月 24 日			智利			4
30	1963 年 2 月 13 日			台湾东部			3
31	1963 年 10 月 13 日			千岛列岛			4
32	1964 年 3 月 28 日			阿拉斯加			4
33	1966 年 3 月 13 日 00 时 31 分	24.1	122.6	台湾花莲东北方	7.5	-1	4
34	1969 年 7 月 18 日	38.2	119.4	渤海中部	7.4	0	4
35	1972 年 1 月 25 日			台湾东部			3
36	1978 年 3 月 12 日			台湾兰屿			4
37	1978 年 9 月 7 日 23 时 00 分	22.3	121.5	台湾	7.4	0-1	2
38	1986 年 11 月 15 日			台湾东部			4
39	1988 年 2 月 29 日			北太平洋			3
40	1992 年 1 月 5 日	19.0	109.0	南海	3.7	0	4
41	1993 年 8 月 8 日			关岛附近			4
42	1994 年 9 月 16 日 14 时 20 分	22.5	118.7	台湾海峡南部	7.3	0	4
43	1996 年 2 月 17 日			台湾（海啸源区在印度尼西亚）			4
44	1996 年 9 月 6 日			台湾兰屿南方			4
45	1998 年 5 月 4 日			台湾花莲东南方			4
46	1999 年 9 月 21 日			台湾日月潭西偏南			4
47	1999 年 11 月 27 日			瓦努阿图			4
48	2001 年 12 月 18 日			台湾花莲偏南			4
49	2002 年 3 月 31 日			台湾花莲东			4
50	2002 年 12 月 10 日			台湾成功西			4
51	2006 年 12 月 26 日 20 时 26 分	21.8	120.6	台湾南部	7.1	0	4
52	2010 年 2 月 27 日	-35.9	-72.7	智利	8.8		
53	2011 年 3 月 11 日	38.1	142.9	日本本州东部	9.0		4

　　国际上目前通用的是渡边伟夫海啸级别表（表 2.9），用于判定某次海啸的级别，分为 -1，0，1，2，3，4 六级，-1 级能量最小，4 级能量最大（表 2.9）。

表 2.9　海啸强度表（今村与饭田分级法）

等级	海啸波幅/（米）	海啸能量/（10 焦）	损失程度
-1	<0.5	0.06	微量损失
0	1	0.25	轻微损失
1	2	1	损失房屋船只
2	4~6	4	人员死亡房屋倒塌
3	10	16	≤400 千米岸段严重受损
4	>30	64	≥500 千米岸段严重受损

海啸信度表示海啸事件的可信程度，分为 0 至 4 共 5 级，可信程度逐级增大（表 2.10）。

表 2.10　海啸信度表

海啸信度	说明
4	海啸
3	可能是海啸
2	可疑海啸
1	非常可疑海啸
0	不是海啸

2.2.3　历史海啸特征

由以上统计可以看到，我国的历史海啸有以下特征（图 2.55）。

1）海啸发生次数较多

综合统计，从公元前 47 年到 2011 年，我国历史上共发生海啸 53 次，其中 1900 年至 2011 年发生了 31 次，即平均每 3 年多发生 1 次海啸。

相对 1900 年之后而言，1900 年之前，海洋监测技术落后，可能发生的海啸事件被漏记或错记。如果考虑到未被记录的地震海啸事件（比如海啸波很小，没有形成灾害），历史上发生的海啸次数可能会更多。

2）台湾岛受海啸影响较为严重

53 次引起海啸的地震中，28 次发生在台湾岛附近，与我国其他沿海地区相比，台湾岛遭受的海啸影响较为频繁。同时台湾岛东临太平洋，东部海域水深很深，越洋海啸传播到台湾时能量衰减很小；历史上也记载了多次造成严重损失的海啸事件。

1867 年发生在台湾的地震海啸，死亡数百人。1781 年发生在台湾南部的地震海啸，有研究认为死亡人数在 4 万人以上，但由于缺乏明确而详细的资料，此数字有待进步一商榷。

3）同时受局地海啸和越洋海啸的威胁

影响我国的 53 次海啸事件中，44 次为局地海啸，9 次为越洋海啸，例如 2010 年智利地震海啸，浙江省椒江站测到的最大海啸波幅为 32 厘米，此次海啸即为越洋海啸。

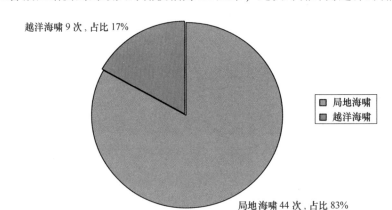

图 2.55　不同类型海啸比例图

2.3　海浪灾害时空分布

2.3.1　海浪灾害概况

海浪灾害不仅是造成我国沿海经济损失和人员伤亡较严重的海洋灾害，还是最频繁发生的海洋灾害。1990 年据国家科委全国重大自然灾害综合研究组粗略的统计，我国近海由灾害性海浪引起的海难每年平均有 70 次，损失每年约 1 亿元，死亡约 500 人。

我国近海海域一年四季均受灾害性海浪的影响，其中台风型灾害性海浪引起的海浪灾害频次最多，造成的沿海经济损失和人员伤亡最严重。

1）台风型灾害性海浪引起的海浪灾害个例

2004 年"云娜"台风于 8 月 11—13 日先后在东海、台湾海峡、南海、黄海形成 5~12 米的台风浪。受台风浪袭击，浙江省台州市、温州市、宁波市、舟山市等市、县的渔业受到严重损失；福建省宁德、福州、莆田 15 个县、市和上海市的渔业、水利设施也受到严重损失。

2006 年"桑美"超强台风于 8 月 8—10 日在台湾省以东洋面、东海和台湾海峡形成 7~12 米的台风浪。国家海洋局温州海洋预报台洞头浮标实测最大波高 5.3 米；东海 18 号浮标实测最大波高 8.6 米。受"桑美"台风浪影响，在福建省沙埕港避风的渔船遭到毁灭性打击，沉没船只多达 952 艘，损坏 1 139 艘。

2008 年"浣熊"台风浪于 4 月 15—20 日影响南海海域。16—18 日南海出现 4~8 米的巨浪和狂浪，最大波高 10 米。西沙海洋站 17 日 17：00 时和 18 日 08：00 时均测到有效波高为 5.5 米的巨浪。受其影响，在西沙避风的大量渔船搁浅和损坏，其中 3 艘琼海籍渔船沉没，62 名渔民遇险，17 名死亡，直接经济损失 350 万元。在珠海海域 1 艘广东籍渔船损毁，直接经济损失 10 万元。

2）冷空气型灾害性海浪引起的海浪灾害个例

2007 年 3 月 3 日至 6 日，受黄海气旋和北方强冷空气的共同影响，我国渤海、黄海、东海地区发生了严重的海浪灾害，辽宁、河北、天津、山东、江苏 4 省 1 市遭受到不同程度的灾害，其中山东、辽宁、江苏 3 省出现人员伤亡和严重经济财产损失。3 月 3—6 日，渤海、黄海先后出现波高 6~8 米的狂浪区，东海出现波高 4~5 米的巨浪区，辽宁、河北、天山东、江苏、上海、浙江等省（市）沿海先后出现波高 4~6 米的巨浪和狂浪。3 月 5 日 5：00 时，国家海洋局 18 号浮标，在东海观测到波高 7.5 米的狂浪。06：00 时，国家海洋局黄海 15 号浮标在黄海中部海面测到波高 10.9 米的狂涛。

3）气旋型灾害性海浪引起的海浪灾害个例

1990 年 4 月 30 日夜间山东半岛受出海气旋的影响，位于渤海南部长岛县、荣成市、文登市等县市沿海遭到了罕见的气旋浪的袭击，5 月 1 日渤海中部波高 4~5 米，仅石岛海洋站在岸边就测得风速 21 米/秒，波高 3.3 米，狂风巨浪使沿海港口被封锁。据统计，荣成市死亡渔民 22 人，沉损船只 135 艘，破坏海带 6 万亩[①]，失收 3 万亩，毁坏扇贝 2 万亩，绝收 1.6 万亩，损坏网具 58 300 张，冲毁码头 363 米，全市损失 2.84 亿元。长岛县有 9 000 多亩养殖区遭到破坏，占养殖面积的 45%，其中有 2 500 亩海带，1 500 亩扇贝绝产；3 000 亩养殖物资全部被毁；沉损渔船 70 多艘，其中有 8 艘被风浪冲上岸边，全部报废；港口码头 3 处被毁，60 多米防波堤冲塌；直接经济损失约 6 000 万元。另外，乳山、文登、威海也有不同程度的损失。

2.3.2　海浪强度等级与海浪灾害灾情等级评价指标

1）海浪强度等级划分标准

海浪强度主要通过海浪的有效波高来体现，近岸海域（浅水）和远岸海域（深水）海浪强度等级依据国家海洋局《风暴潮、海浪、海啸和海冰灾害应急预案》中浪灾害应急响应标准的划分确定，共分为Ⅰ、Ⅱ、Ⅲ、Ⅳ 四级，分别表示特大、巨大、较大和一般（见表 2.11）。

表 2.11　海浪强度等级划分标准

海浪等级			Ⅰ （特大）	Ⅱ （巨大）	Ⅲ （较大）	Ⅳ （一般）
有效波高 （$H_{1/3}$） /米	远岸（深水） 海域	波高/米	≥14.0	9.0~13.9	6.0~8.9	4.0~5.9
		名称	怒涛或巨涌	狂涛或巨涌	狂浪或大涌	巨浪或大涌
	近岸（浅水） 海域	波高/米	≥6.0	4.5~5.9	3.5~4.4	2.5~3.4
		名称	狂浪或大涌	巨浪或大涌	大到巨浪或大涌	大浪或大涌

2）海浪灾害灾情等级划分标准

经济损失和死亡人数是灾情等级划分的两项重要指标，考虑到海浪灾害灾情统计较为困

---

① 亩为非法定单位，1 亩 = 0.0667 公顷。

难，引入沉没或损坏船只作为海浪灾害灾情等级的第三项重要指标，渔船是海浪灾害的主要承灾体，能够充分反映海浪灾害引起的灾情划分等级，海浪灾害灾情等级分为：特别重大、重大、较大和一般四个级别（见表2.12）。

表 2.12　海浪灾害灾情等级划分标准

灾 情 等 级		Ⅰ（特别重大）	Ⅱ（重大）	Ⅲ（较大）	Ⅳ（一般）
灾情 要素值	死亡（失踪）人员	≥30 人	15～30 人	7～15 人	<7 人
	渔船/艘	≥100	50～100	20～50	<20
	经济损失/亿元	≥3.0	1.5～3.0	0.5～1.5	<0.5

注：灾情要素值的灾害等级不统一时，按高等级者确定。

2.3.3　特别重大和重大海浪灾害时空分布

1）特别重大和重大海浪灾害分布

根据1968—2009年海浪实况资料统计分析，中国近海共出现70次重大和特别重大海浪灾害过程，共沉损渔船52 063艘，死亡（含失踪）13 485人，直接经济损失232.06亿元。

（1）特别重大和重大海浪灾害年分布

中国近海发生重大和特别重大海浪灾害的频次为1.7次/年，由于历史海浪资料不够完备，近十年的数据可能更具有代表性，在1999—2008年间，共发生31次，平均为3.1次/年。

历史上1995年发生的次数最多，为6次；有17年没有出现重大和特别重大海浪灾害（图2.56）。

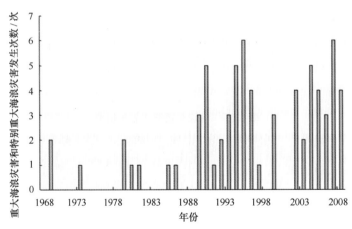

图 2.56　1968—2009年中国近海重大和特别重大海浪灾害过程分布

（2）特别重大和重大海浪灾害月分布

从图2.57可以看到，8月为重大和特别重大海浪灾害过程出现次数最多的月份，共16次，占全年总次数的22.9%；次数最少的月份为1月，没有出现重大和特别重大海浪灾害过程，其次为5月，出现1次。

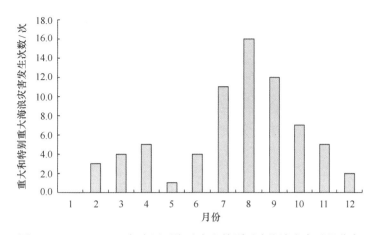

图 2.57　1968—2009 年中国近海重大和特别重大海浪灾害过程分布

2）特别重大和重大海浪灾害的空间分布

从图 2.58 可以看到，重大和特别重大海浪灾害过程出现次数最多的为南海，23 次；次数最少的为渤海和北部湾海海域，均为 2 次。

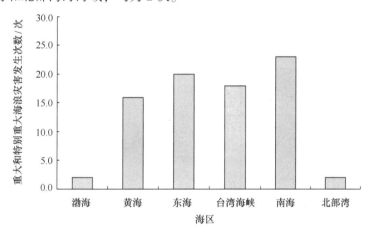

图 2.58　1968—2009 年中国近海重大和特别重大海浪灾害过程空间分布

2.3.4　波高 4 米以上灾害性海浪时空分布

1）海区划分

研究中国近海和邻近海域灾害性海浪的分布规律及其区域分布特征，海区划分显得非常重要，过去几十年以来，大部分海洋学研究基本上都将中国近海划分为渤海、黄海、东海（包括台湾海峡）和南海 4 个海区，随着沿海海洋经济迅速发展，按上述 4 个海区研究中国近海和邻近海域灾害性海浪的分布规律及其区域分布特征已无法满足沿海省、市、自治区海洋经济发展与做好海洋灾害防御工作的需求，为便于开展海浪灾害及其对沿海省、市、自治区沿海地区社会经济发展影响综合评价研究工作，将我国近海和邻近海域划分为渤海，黄海北部、中部、南部，东海北部、南部、东部，台湾海峡，南海粤东、粤西，海南省以东，菲律宾以西，北部湾，南海南部，台湾以东洋面，巴士海峡及以东洋面等16个海区（图2.59）。

图 2.59　海区划分图

2）海浪资料及其分析方法

海浪资料均摘自国家海洋环境预报中心绘制的西北太平洋海浪实况分析图。海浪实况分析图中的风浪、涌浪等资料，均来自国际、国内船舶观测报告，波高为有效波高

（$H_{1/3}$），单位以米表示，其编报精度为±0.5米。沿岸海洋站观测资料中的波高为平均波高，即1/10大波平均波高（$H_{1/10}$）。在绘制西北太平洋海浪实况分析图时已统一换算为有效波高。

根据我国近海海洋综合调查专项《海洋灾害调查技术规程》，灾害性海浪在统计海区内持续时间大于等于6小时的海浪过程定义为一次灾害性海浪过程。各海区统计灾害性海浪出现次数外，同时统计灾害性海浪出现天数，并且根据形成灾害性海浪的不同天气系统进行了分类统计［即分为台风浪、寒潮（冷空气）浪、气旋浪和冷空气与气旋配合浪4种类型］。统计资料以国家海洋环境预报中心1968—2009年42年的海浪实况图资料为主，结合海浪数值预报模式后报海浪资料进行统计，以发挥两种资料的优势。

3）中国近海和邻近海域波高4米以上灾害性海浪分布

中国近海和邻近海域位于欧亚大陆东南岸并与太平洋相通，受到世界最大的陆地和最大的海洋的共同影响，南北冷暖气流异常活跃。冬季受西伯利亚、蒙古等地冷空气影响；春秋季受温带气旋影响；夏季受台风影响。中国近海和邻近海域是世界上海浪灾害发生最频繁地区之一。

（1）灾害性海浪年际变化

42年中国近海和邻近海域共出现灾害性海浪过程1 803次，年平均为42.9次/年。其中强冷空气引起的占39.6%；热带气旋引起的占35.5%；冷空气与气旋配合和温带气旋引起的分别占17.1%和7.8%。

中国近海灾害性海浪过程发生次数偏多年份为：1973—1974年、1978年、1985—1986年、1993年、1999—2000年、2003年、2006年，其中1980年次数最多，达到71次；次数偏少年份为：1968—1972年、1976—1977年、1990—1992年、1995年、2002年、2005年、2008—2009年，其中1972年次数最少，只有25次（图2.60）。

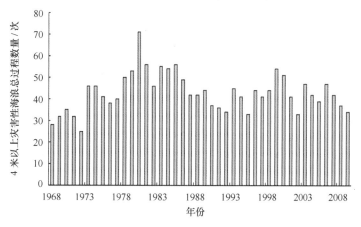

图2.60　1968—2009年中国近海波高4米以上灾害性海浪过程次数逐年变化曲线

（2）灾害性海浪月际变化

42年中国近海和邻近海域共出现灾害性海浪过程1 803次，月平均为3.7次/月。

中国近海11月出现灾害性海浪过程频次最多，为5.7次/月，主要由强冷空气引起，其次为热带气旋；5月次数最少，为1.3次/月，主要由热带气旋引起，其次为温带气旋（图2.61）。

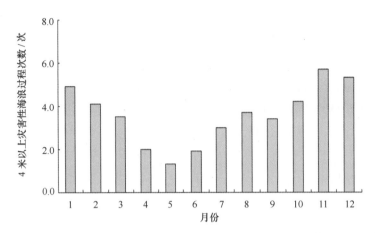

图 2.61　1968—2009 年中国近海波高 4 米以上灾害性海浪过程次数逐月变化曲线

4）渤海灾害性海浪分布

渤海属于暖温带半湿润季风气候。受典型的季风影响，冬季强冷空气、春秋两季温带气旋、夏季台风都能引起灾害性海浪。渤海是个面积不大的浅水内海（平均水深 26 米），东部的老铁山水道最深，达到 86 米。因风区小，灾害性海浪出现的频率也小。

（1）灾害性海浪年际变化

渤海出现灾害性海浪过程 300 次，累计 402 天，年平均分别为 7.1 次/年和 9.6 天/年。其中由强冷空气引起的占 56.7%；冷空气与气旋配合引起占 35.7%；由温带气旋和热带气旋引起的分别占 4.3% 和 3.3%。

渤海灾害性海浪过程发生次数偏多年份：1968—1970 年、1979—1981 年、1999—2000 年、2002—2006 年，其中 2003 年次数最多，达到 18 次，累计 25 天；发生次数偏少年份：1977—1978 年、1984—1989 年、1991 年、1993—1997 年、2008—2009 年，其中 1988 年次数最少，分别只有 1 次、1 天（图 2.62）。

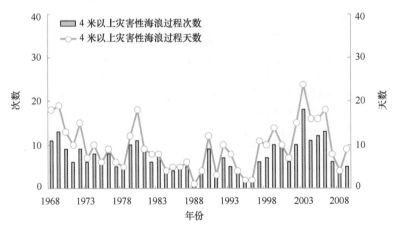

图 2.62　1968—2009 年渤海灾害性海浪过程次数和天数逐年变化曲线

（2）灾害性海浪月际变化

渤海共出现灾害性海浪过程 300 次，累计 402 天，年平均为 7.1 次/年和 9.6 天/年；月平均 0.6 次/月和 0.8 天/月，详见表 2.13。

表 2.13　渤海灾害性海浪月际变化

月份	灾害性海浪过程发生次数		灾害性海浪过程持续天数	
	总次数/次	平均/（次/年）	总天数/天	平均/（天/年）
1 月	40	1.0	56	1.3
2 月	40	1.0	51	1.2
3 月	27	0.6	37	0.9
4 月	18	0.4	25	0.6
5 月	4	0.1	6	0.1
6 月	2	0.0	2	0.0
7 月	4	0.1	5	0.1
8 月	7	0.2	10	0.2
9 月	7	0.2	10	0.2
10 月	37	0.9	46	1.1
11 月	56	1.3	77	1.8
12 月	58	1.4	77	1.8

从图 2.63 看到灾害性海浪过程主要出现在 10—12 月和翌年 1—3 月，共计 6.14 次，占全年 86.0%。

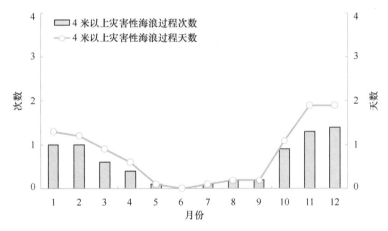

图 2.63　1968—2009 年渤海波高 4 米以上海浪过程次数和天数逐月变化曲线

（3）全年各级特征波高出现频率

渤海海浪波高小于 3.9 米出现频率为 97.4%；波高 4.0～5.9 米出现频率为 2.5%；波高 6.0～8.9 米出现频率为 0.1%；波高大于 9 米的频率为 0.0%（图 2.64）。

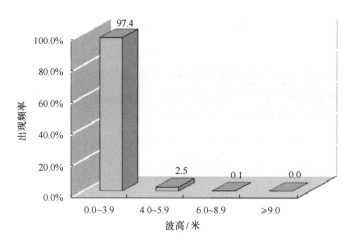

图 2.64　渤海全年各级特征波高出现频率示图

5）黄海灾害性海浪分布

黄海属于暖温带半湿润季风气候。冬季强冷空气、春秋两季温带气旋、夏季台风都能引起波高 4~6 米的巨浪和狂浪。黄海灾害性海浪的次数较多，在成山头外海的黄海中部，受沿岸流和黑潮支流影响出现狂浪时容易发生海难，有"中国好望角"之称。

（1）灾害性海浪年际变化

黄海出现波高 4 米以上灾害性海浪过程 821 次，累计 1 373 天；年平均为 19.5 次/年，32.7 天/年。

强冷空气引起的占 48.3%；冷空气与气旋配合引起的占 27.8%；热带气旋和温带气旋引起的分别占 12.2% 和 11.7%。

黄海灾害性海浪过程发生次数偏多年份：1973 年、1975—1976 年、1978—1981 年、1983年、1985 年、1987 年、1999 年、2003 年、2006 年，其中 1980 年灾害性海浪过程次数最多，达到 40 次，累计 69 天；发生次数偏少年份：1968 年、1970—1972 年、1977 年、1986 年、1988—1989 年、1991 年、1994—1997 年、2002 年、2007—2009 年，其中 1995 年次数最少，只有 8 次，累计 8 天（图 2.65）。

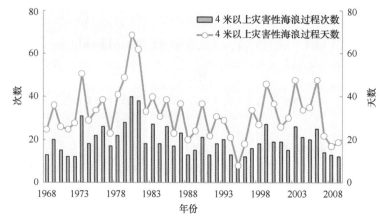

图 2.65　1968—2009 年黄海波高 4 米以上海浪过程次数和天数逐年变化曲线

（2）灾害性海浪月际变化

根据1968—2009年的42年海浪实况资料分析，期间黄海共出现灾害性海浪过程821次，累计1 373天，年平均为19.5次/年和32.7天/年；月平均1.6次/月和2.7天/月，详见表2.14。

表2.14　黄海灾害性海浪月际变化

月份	灾害性海浪过程发生次数		灾害性海浪过程持续天数	
	总次数/次	平均/（次/年）	总天数/天	平均/（天/年）
1月	131	3.1	230	5.5
2月	112	2.7	187	4.5
3月	83	2.0	122	2.9
4月	45	1.1	65	1.5
5月	21	0.5	25	0.6
6月	20	0.5	26	0.6
7月	28	0.7	43	1.0
8月	53	1.3	91	2.2
9月	47	1.1	81	1.9
10月	65	1.5	110	2.6
11月	113	2.7	185	4.4
12月	118	3.8	203	4.8

从图2.66看到波高4米以上灾害性海浪过程主要出现在10—12月和翌年1—3月的冬半年。10—12月和翌年1—3月的冬半年共出现15.76次占全年80.6%。

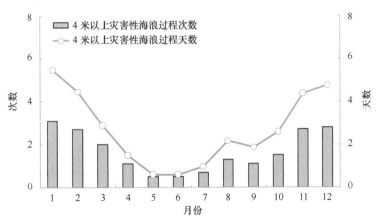

图2.66　1968—2009年黄海灾害性海浪次数和天数逐月变化曲线

（3）全年各级特征波高出现频率

42年间黄海波高小于3.9米的海浪出现频率为91.0%；波高4.0~5.9米的出现频率为8.2%；波高6.0~8.9米的出现频率为0.8%；波高大于9米的频率为0.0%（见图2.67）。

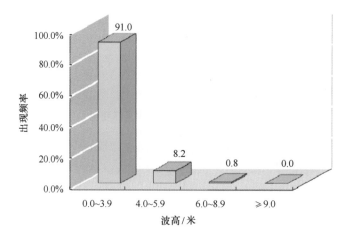

图 2.67 黄海全年各级特征波高出现频率示意图

6) 东海灾害性海浪分布

东海属于亚热带，海域比较开阔并与太平洋相连。与渤海和黄海相比无论冬季冷空气引起的海浪，还是夏季台风引起的海浪都较强，巨浪和狂浪出现的频率也比渤海和黄海高。

（1）灾害性海浪年际变化

东海出现灾害性海浪过程共计 1 259 次，累计 3 030 天；年平均分别为 30.0 次/年，72.1 天/年。其中强冷空气引起的占 49.1%；热带气旋引起的占 24.1%；冷空气与气旋配合和温带气旋引起的分别占 18.8% 和 8.0%。

东海灾害性海浪过程发生次数偏多年份：1978 年、1980—1982 年、1984—1985 年、1990—2001 年、2003—2004 年、2006 年，其中 1980 年次数最多，达到 47 次，累计 79 天；发生次数偏少年份：1968—1973 年、1976 年、1987—1988 年、1990—1992 年、1994—1995年、2008—2009 年，其中 1972 年发生次数最少，只有 13 次，累计 41 天（图 2.68）。

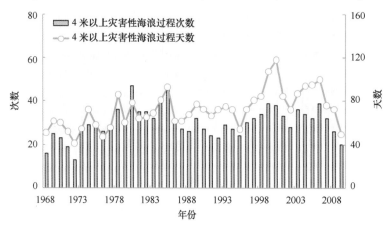

图 2.68 1968—2009 年东海灾害性海浪次数和天数逐年变化曲线

（2）灾害性海浪月际变化

东海出现波高 4 米以上灾害性海浪过程 1 259 次，累计 3 030 天；年平均为30.0 次/年，

72.1 天/年，月平均 2.5 次/月、6.0 天/月，详见表 2.15。

表 2.15　东海灾害性海浪月际变化

月份	灾害性海浪过程发生次数		灾害性海浪过程持续天数	
	总次数/次	平均/·（次/年）	总天数/天	平均/（天/年）
1 月	173	4.1	404	9.6
2 月	154	3.7	350	8.3
3 月	132	3.1	246	5.9
4 月	67	1.6	99	2.4
5 月	25	0.6	36	0.9
6 月	37	0.9	70	1.7
7 月	69	1.6	170	4.0
8 月	101	2.4	299	7.1
9 月	80	1.9	241	5.7
10 月	105	2.5	294	7.0
11 月	172	4.1	411	9.8
12 月	187	4.5	409	9.7

从图 2.69 看到灾害性海浪过程主要出现在 10—12 月和翌年 1—3 月的冬半年，共出现 22.0 次占全年 73.3%。

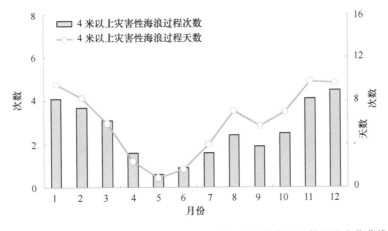

图 2.69　1968—2009 年东海波高 4 米以上海浪过程次数和天数逐月变化曲线

（3）全年各级特征波高出现频率

东海波高小于 3.9 米的海浪出现频率为 80.3%；波高 4.0~5.9 米的出现频率为 15.4%；波高 6.0~8.9 米的出现频率为 3.3%；波高大于 9 米的频率为 1.0%（图 2.70）。

7）台湾海峡灾害性海浪分布

台湾海峡是沟通东海和南海的唯一通道，也是我国南、北海运的重要航道。位于东海的

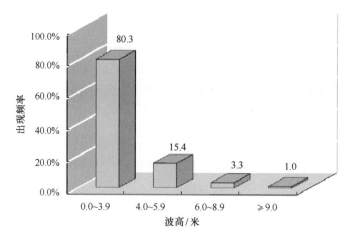

图 2.70 东海全年各级特征波高出现频率示图

西南部，西靠福建省，东临台湾省，海峡呈东北—西南走向，恰似北窄南宽的喇叭形，长约 426 千米，平均宽约 285 千米，最窄 134 千米，最宽 436 千米。平均水深约 80 米，最大水深约 1 400 米。台湾海峡虽然面积小，但由于狭管效应，是我国近海灾害性海浪出现频率最高的海区之一，也是受台风浪最严重的海区之一。

（1）灾害性海浪年际变化

台湾海峡灾害性海浪过程共计 1 003 次，累计 2 433 天；年平均为 23.9 次/年，57.9 天/年。主要致灾因子为强冷空气，其次为热带气旋。

台湾海峡灾害性海浪过程出现次数偏多年份：1978 年、1980 年、1984 年、1985 年、1998 年、1999 年、2000 年、2001 年、2003 年、2005 年、2006 年，其中 1999 年台湾海峡出现灾害性海浪过程过程最多，达到 35 次、89 天；次数偏少年份：1968 年、1969 年、1970 年、1971 年、1972 年、1973 年、1975 年、1976 年、1983 年、1987 年、1995 年、2002 年、2009 年，其中 1972 年次数最少，只有 8 次，累计 19 天（见图 2.71）。

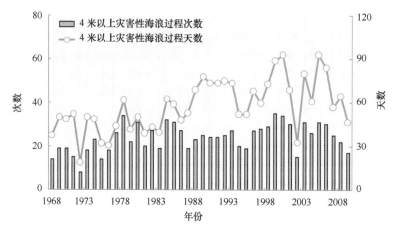

图 2.71 1968—2009 年台湾海峡波高 4 米以上海浪过程次数和天数逐年变化曲线

（2）灾害性海浪月际变化

42 年间台湾海峡出现波高 4 米以上灾害性海浪过程 1 003 次，累计 2 433 天；年平均为

23.9 次/年，57.9 天/年，月平均为 2.0 次/月，4.8 天/月，详见表 2.16。

表 2.16 台湾海峡灾害性海浪月际变化

月份	灾害性海浪过程发生次数		灾害性海浪过程持续天数	
	总次数/次	平均/（次/年）	总天数/天	平均/（天/年）
1 月	150	3.6	368	8.8
2 月	127	3.0	319	7.6
3 月	78	1.9	160	3.8
4 月	25	0.6	36	0.9
5 月	9	0.2	14	0.3
6 月	19	0.5	29	0.7
7 月	45	1.1	90	2.1
8 月	57	1.4	119	2.8
9 月	59	1.4	124	3.0
10 月	96	2.3	281	6.7
11 月	162	3.9	426	10.1
12 月	176	4.2	467	11.2

从图 2.72 看到灾害性海浪过程主要出现在 10—12 月和翌年 1—3 月的冬半年，共计 18.9 次，占全年 78.1%。

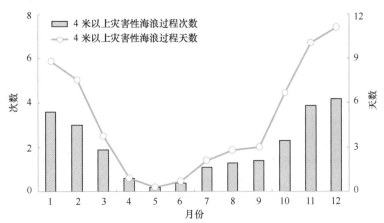

图 2.72 1968—2009 年台湾海峡灾害性海浪过程次数和天数逐月变化曲线

（3）全年各级特征波高出现频率

台湾海峡波高小于 3.9 米的海浪出现频率为 84.1%；波高 4.0~5.9 米的出现频率为 14.0%；波高 6.0~8.9 米的出现频率为 1.8%；波高大于 9 米的频率为 0.1%（图 2.73）。

8）台湾以东海域灾害性海浪分布

台湾以东海域直临广阔的太平洋，海底地势从台湾东岸向太平洋急剧倾斜，从台湾三貂

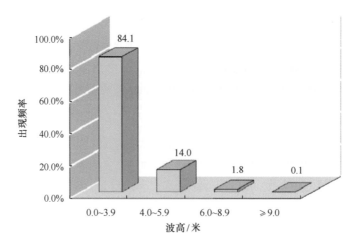

图 2.73　台湾海峡海区全年各级特征波高出现频率示意图

角至乌石鼻一带，水深 600~1 000 米，乌石鼻至三仙台一带，是断崖峭壁面临深海，花莲岸外 35 米处，水深就达 3 700 米，三仙台以南的台湾东南海域，有两列水下岛链，岛链的东坡急转直下就是菲律宾海盆，水深大于 6 000 米，最大水深达 7 881 米。因此台湾以东海域水深浪大，具有大洋海浪的特征，是我国近海灾害性海浪出现频率最高的海区之一，也是受台风浪影响最严重的海区之一。

（1）灾害性海浪年际变化

台湾以东海域出现灾害性海浪过程 1 047 次，累计 2 697 天；年平均分别为 24.9 次/年，64.2 天/年，主要致灾原因为强冷空气，其次为热带气旋。

台湾以东海域灾害性海浪过程出现次数偏多年份：1978 年、1984 年、1999 年、2000 年、2003 年、2005 年，其中 1999 年和 2000 年出现的次数最多，均达到 38 次，累计分别为 103 天和 105 天；出现次数偏少的年份：1968 年、1972 年、1975 年、2002 年、2009 年，其中 1972 年次数最少，为 6 次，累计 16 天；其余年份为正常年份（见图 2.74）。

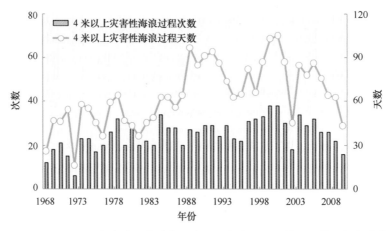

图 2.74　1968—2009 年台湾以东波高 4 米以上海浪过程次数和天数逐年变化曲线

（2）灾害性海浪月际变化

台湾以东海域出现灾害性海浪过程 1 047 次，累计 2 697 天；年平均分别为 24.9 次/年，64.2 天/年，月平均为 2.1 次/月，5.3 天/月，详见表 2.17。

表 2.17　台湾以东海域灾害性海浪月际变化

月份	灾害性海浪过程发生次数	灾害性海浪过程持续天数
	平均/（次/年）	平均/（天/年）
1 月	3.5	8.9
2 月	2.7	6.6
3 月	1.8	3.7
4 月	0.7	1.2
5 月	0.4	0.7
6 月	0.7	1.3
7 月	1.4	3.1
8 月	1.7	4.5
9 月	1.7	5.0
10 月	2.4	7.3
11 月	3.9	7.3
12 月	4.0	11.2

从图 2.75 看到波高 4 米以上灾害性海浪过程主要出现在 10—12 月和翌年 1—3 月的冬半年，共计 18.3 次，占全年 73.5%。

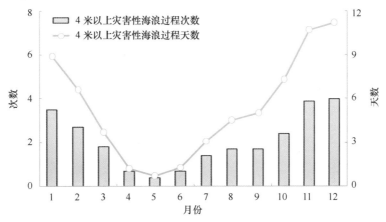

图 2.75　1968—2009 年台湾以东灾害性海浪过程次数和天数逐月变化曲线

（3）全年各级特征波高出现频率

台湾以东海域波高小于 3.9 米的海浪出现频率为 83.4%；波高 4.0～5.9 米的出现频率为 14.6%；波高 6.0～8.9 米的出现频率为 2.4%；波高大于 9 米的频率为 0.6%（图 2.76）。

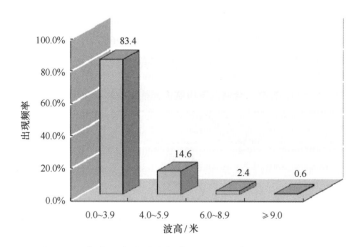

图 2.76 台湾以东海域全年各级特征波高出现频率示意图

9）南海灾害性海浪分布

南海位于热带，面积广阔，水深浪大，具有大洋海浪的特征。南海是我国近海灾害性海浪出现频率最高的海区之一，也是受台风浪影响最严重的海区之一。吕宋海峡附近海域的灾害性海浪场常会影响和扩展到东海、南海和台湾海峡，尤其该海区的台风浪，更是预报台风西行南海或转向东海的依据，这是预报我国近海灾害性海浪的关键海区之一。

（1）灾害性海浪年际变化

南海出现灾害性海浪过程 1 211 次，累计 3 598 天；年平均分别为 28.8 次/年，85.7 天/年。其中强冷空气引起的占 50.3%；热带气旋引起的占 39.4%；冷空气与气旋配合和温带气旋引起的分别占 8.9% 和 1.4%。

南海灾害性海浪过程出现次数偏多年份：1978 年、1980 年、1984—1986 年、1989 年、1993—1994 年、1996 年、1998—2001 年、2003 年、2008 年，其中 1980 年出现次数最多，达到 41 次，累计 88 天；次数偏少年份：1968—1972 年、1975—1976 年、1987 年、1991 年、2002 年、2004 年、2006 年、2009 年，其中 1972 年出现次数最少，只有 14 次，累计 40 天（图 2.77）。

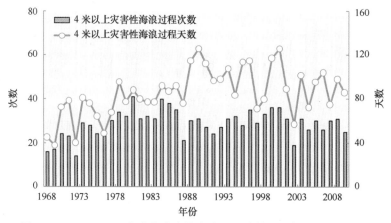

图 2.77 1968—2009 年南海灾害性海浪过程次数和天数逐年变化曲线

（2）灾害性海浪月际变化

南海出现灾害性海浪过程 1 211 次，累计 3 598 天；年平均分别为 28.8 次/年，85.7 天/年，月平均为 2.4 次/月，7.1 天/月，详见表 2.18。

表 2.18　南海灾害性海浪月际变化

月份	灾害性海浪过程发生次数		灾害性海浪过程持续天数	
	总次数/次	平均/（次/年）	总天数/天	平均/（天/年）
1 月	161	3.8	453	10.8
2 月	120	2.9	303	7.2
3 月	78	1.9	170	4.0
4 月	31	0.7	64	1.5
5 月	24	0.6	67	1.6
6 月	45	1.1	127	3.0
7 月	82	2.0	226	5.4
8 月	95	2.3	266	6.3
9 月	92	2.2	270	6.4
10 月	138	3.3	422	10.0
11 月	196	4.7	602	14.1
12 月	194	4.6	616	14.7

从图 2.78 看到灾害性海浪过程主要出现在 10—12 月和翌年 1—3 月的冬半年，共出现 21.12 次，占全年 73.2%。

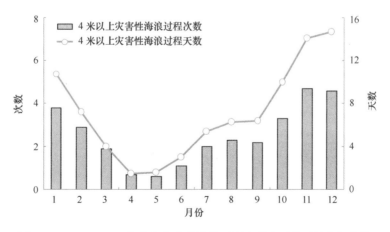

图 2.78　1968—2009 年南海灾害性海浪过程次数和天数逐月变化曲线

（3）全年各级特征波高出现频率

根据 1968—2009 年的 42 年海浪实况资料分析，南海海浪波高小于 3.9 米出现频率为 76.5%；波高 4.0~5.9 米出现频率为 16.8%；波高 6.0~8.9 米出现频率为 5.8%；波高大于 9 米的频率为 0.9%（见图 2.79）。

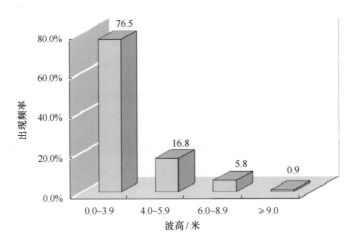

图 2.79　南海全年各级特征波高出现频率示意图

10）北部湾灾害性海浪分布

北部湾位于南海西部，属于热带、湿润季风气候。受典型的季风影响，冬季东北季风、春秋两季和夏季西南季风和热带气旋都能引起灾害性海浪。但北部湾是水深小于 100 米的浅海，平均水深约 40 米，全部位于大陆架上，灾害性海浪出现的频率小。北部湾地形与渤海相似，北部和西部较浅，约 20~40 米，中部和东部较深，约 50~60 米，最深处在海南岛的西南近海，达 90 米。

（1）灾害性海浪年际变化

根据 1968—2009 年的 42 年海浪实况资料分析，北部湾出现灾害性海浪过程 215 次，累计 402 天；年平均分别为 5.1 次/年，9.6 天/年。热带气旋引起的占 73.9%；强冷空气引起的占 24.2%；冷空气与气旋配合引起的占 1.9%。

北部湾灾害性海浪过程发生次数偏多年份：1971 年、1974 年、1989 年、1999 年、2005 年，其中 1999 年发生次数最多，达到 13 次，累计 27 天；次数偏少年份：1968—1969 年、1973 年、1976—1977 年、1979 年、1981 年、1984 年、1987 年、1991 年、2004 年、2007 年，其中 2004 年最少，只有 1 次，持续 2 天（图 2.80）。

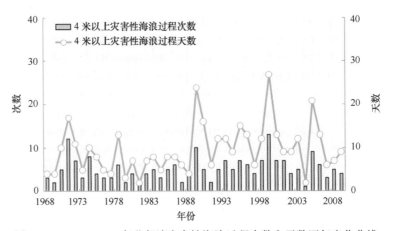

图 2.80　1968—2009 年北部湾灾害性海浪过程次数和天数逐年变化曲线

（2）灾害性海浪月际变化

根据1968—2009年的42年海浪实况资料分析，北部湾出现灾害性海浪过程215次，累计402天；年平均分别为5.1次/年，9.6天/年，月平均为0.4次/月，0.8天/月，详见表2.19。

表2.19　北部湾灾害性海浪月际变化

月份	灾害性海浪过程发生次数		灾害性海浪过程持续天数	
	总次数/次	平均/（次/年）	总天数/天	平均/（天/年）
1月	8	0.2	9	0.2
2月	5	0.1	10	0.2
3月	2	0.0	3	0.0
4月	2	0.0	3	0.0
5月	5	0.1	9	0.2
6月	12	0.3	25	0.6
7月	31	0.7	51	1.2
8月	26	0.6	54	1.3
9月	41	1.0	73	1.7
10月	38	0.9	71	1.7
11月	24	0.6	39	0.9
12月	26	0.6	55	1.3

从图2.81看到灾害性海浪过程主要出现在7—12月的半年，共出现4.4次，占全年86.3%。

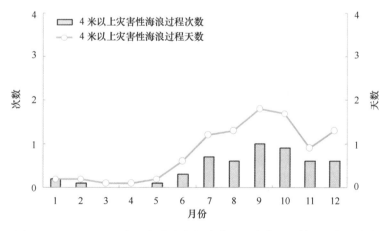

图2.81　1968—2009年北部湾灾害性海浪过程次数和天数逐月变化曲线

（3）全年各级特征波高出现频率

根据1968—2009年的42年海浪实况资料分析，北部湾波高小于3.9米的海浪出现频率为97.4%；波高4.0~5.9米的出现频率为2.2%；波高6.0~8.9米的出现频率为0.4%；波高大于 9 米的频率为 0.0% (图 2.82)。

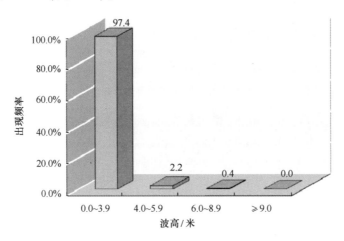

图 2.82　北部湾全年各级特征波高出现频率示意图

11）巴士海峡灾害性海浪分布

巴士海峡直临广阔的太平洋，与南海相通，为南海与太平洋的天然分界线。巴士海峡是我国台湾岛与菲律宾吕宋岛之间的水域，包括巴士海峡、巴林塘海峡和巴布延海峡三个主要水道。巴士海峡指台湾岛南端的猫鼻头、鹅鸾鼻、兰屿与巴坦群岛之间水域，东西长约 200千米，南北平均宽 185 千米，最窄处 95.4 千米，水深 2 000~5 000 米，最大深度 5 126 米；巴林塘海峡指巴坦群岛与巴布延群岛之间水域，南北宽约 82 千米，水深 700~2 000 米，最大深度 2 887 米；巴布延海峡指巴布延群岛与吕宋岛北岸之间的水域，东西长约 217 千米，南北宽 40 千米，最窄处 28 千米，水深 200~900 米，最大深度 1 013 米。三者中巴士海峡最宽、最深、最重要，因此通常人们将三者统称为巴士海峡。巴士海峡不仅是国际航运的重要航道之一，也是南海与太平洋进行水交换的重要通道，水深浪大，是灾害性海浪出现频率最高的海区之一，也是受台风浪影响最严重的海区之一。

（1）灾害性海浪年际变化

根据 1968—2009 年的 42 年海浪实况资料分析，巴士海峡出现灾害性海浪过程 1 010 次，累计 2 651 天，年平均分别为 24.0 次/年，63.1 天/年。主要致灾原因为强冷空气，其次热带气旋。

巴士海峡灾害性海浪过程出现次数偏多年份：1980 年、1984 年、1993 年、1996 年、1999年、2000 年、2003 年、2005 年，其中以 2 000 次数最多，达到 37 次，累计 91 天；次数偏少年份：1968 年、1969 年、1972 年、1975 年、1982 年、2002 年、2009 年，其中以 1972 年次数最少，为 5 次，累计 13 天；其余年份为正常年份（图 2.83）。

（2）灾害性海浪月际变化

根据 1968—2009 年的 42 年海浪实况资料分析，巴士海峡出现灾害性海浪过程 1 010 次，累计 2 651 天，年平均分别为 24.0 次/年，63.1 天/年，月平均为 2.0 次/月，5.3 天/月，详见表 2.20。

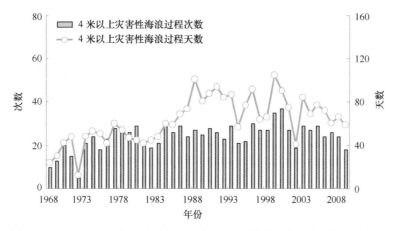

图2.83　1968—2009年巴士海峡灾害性海浪过程次数和天数逐年变化曲线

表2.20　巴士海峡灾害性海浪月际变化

月份	灾害性海浪过程发生次数	灾害性海浪过程持续天数
	平均/（次/年）	平均/（天/年）
1月	3.7	9.5
2月	2.3	5.7
3月	1.5	2.9
4月	0.7	1.2
5月	0.4	0.9
6月	0.6	1.4
7月	1.4	3.1
8月	1.5	4.0
9月	1.7	4.0
10月	2.3	7.0
11月	3.9	11.4
12月	4.0	12.0

从图2.84看到灾害性海浪过程主要出现在1—3月和10—12月的冬半年，共出现17.7次，占全年73.8%。

（3）全年各级特征波高出现频率

根据1968—2009年的42年海浪实况资料分析，巴士海峡波高小于3.9米的海浪出现频率为82.7%；波高4.0~5.9米的出现频率为14.2%；波高6.0~8.9米的出现频率为2.7%；波高大于9米的频率为0.4%（图2.85）。

2.4　海冰灾害时空分布

2.4.1　海冰灾害概况

我国渤海及黄海北部濒临西北太平洋，是全球纬度最低的季节性结冰海域。每年秋末冬

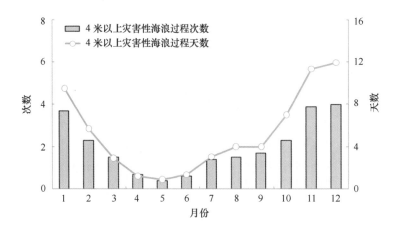

图 2.84　1968—2009 年巴士海峡灾害性海浪过程次数和天数逐月变化曲线

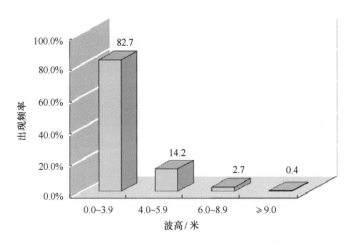

图 2.85　巴士海峡全年各级特征波高出现频率示意图

初开始结冰，翌年春天融化，冰期约 3~4 个月。受到自然地理位置和气候条件的影响，不同海区、不同年份的冰情差别显著。

20 世纪 30 年代以来，渤海发生 4 次严重冰情（1936 年、1947 年、1957 年和 1969 年）。海冰的生消、冰量的多寡及海冰厚度，直接对海上交通运输和军事活动产生影响。海冰能封锁航道和港口，破坏港口设施；流冰能切割、碰撞和挟持舰船，威胁舰船的航行安全，冰山更是航海的大敌。近年来，随着环渤海经济的迅速发展，渤海海域的油气开发、航运、渔业等活动日趋活跃，结冰海区已陆续建立了许多石油平台和港口，海冰给这些海洋经济活动和海上及岸边的设施带来不同程度的影响。

冬季海冰也能阻碍海上航运交通，舰船航行受阻时有发生。20 世纪 90 年代，辽东湾发生两起货轮遇难事件。海冰灾害成为我国又一主要的海洋灾害，尤其重要的是不仅重冰年可以造成海冰灾害，即使在常年和轻冰年，也会造成区域性的海冰灾害，因此发展海冰监测和预报技术、建立和完善海冰监测和预报服务系统，建立海冰防灾减灾体系成为我国海洋防灾减灾的主要组成部分。世界结冰海洋国家，如俄罗斯、美国、加拿大、芬兰等国，都非常重视海冰的观测、研究及预报。

2.4.2 冰情的划分标准

1973 年，国家海洋局根据中国海的结冰特点、结冰范围和冰厚资料等制定了中国海冰情等级，即冰情最轻、冰情偏轻、冰情常年、冰情偏重、冰情严重 5 个级别。30 多年过去了，1973 年的海冰等级标准已经不能满足当前实际工作需要。2010 年国家海洋环境预报中心重新编制了《海冰冰情等级标准》。根据渤海、黄海北部海域海冰变化特征以及结冰海区的地理位置、气候特点，在历史海冰资料（1977—2006 年）的分析处理和质量控制基础上，重新将渤海和黄海北部冰情分为 5 个等级，即轻冰年（1 级）、偏轻冰年（2 级）、常冰年（3 级）、偏重冰年（4 级）和重冰年（5 级）。表 2.21 及图 2.86，将结冰范围作为划分海冰等级的参考指标。

表 2.21 渤海及黄海北部海冰冰情等级划分标准 单位：海里

冰级	辽东湾	渤海湾	莱州湾	黄海北部
1 级	<50	<10	<5	<10
2 级	51~60	11~15	6~10	11~15
3 级	61~80	16~25	11~20	16~25
4 级	81~100	26~35	21~30	26~30
5 级	>100	>35	>30	>30

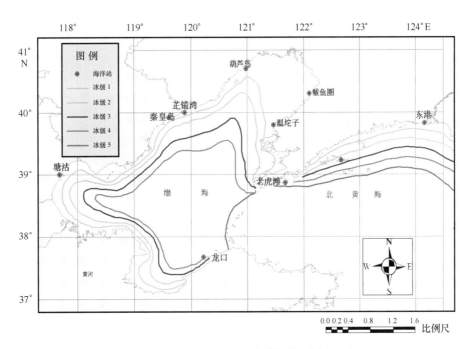

图 2.86 渤海和黄海北部海冰冰情等级划分示意图

2.4.3 海冰灾害时空分布

1）辽东湾海冰时空分布特点

常冰年，辽东湾的浮冰最大外缘线离北岸（湾底）为60~80海里，冰型以灰冰和灰白冰为主，间有莲叶冰和尼罗冰；平整冰厚度一般为20~30厘米，最大为50厘米左右；秦皇岛附近海域浮冰最大外缘线离西岸为5~10海里，冰型以莲叶冰和尼罗冰为主，间有灰冰和冰皮；平整冰厚度一般为5~10厘米，最大为20厘米左右；复州角至长兴岛海域浮冰外缘线离岸5~10海里，冰型以莲叶冰和尼罗冰为主，间有灰冰和冰皮；平整冰厚一般为5~15厘米，最大为30厘米左右。

辽东湾北部：鲅鱼圈至葫芦岛以北海域大多岸段，沿岸固定冰宽度大多在3 000~8 000米，其中河口及浅滩附近可达10 000米以上；平整固定冰厚度一般范围在40~60厘米，最大可达100厘米左右；堆积高度一般在2.0~3.0米，最大可达6.0米左右；浮冰冰型主要为灰白冰和灰冰，间有莲叶冰和白冰，平整冰厚一般为25~35厘米，最大可达50厘米以上。

1953—2011年辽东湾冰情总体呈减轻的趋势（图2.87及图2.88），1991—2000年辽东湾冰情最轻。1961—1970年辽东湾冰情最严重，1969年渤海冰封就发生在这个时期。

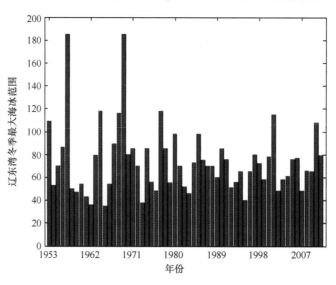

图2.87　1953—2011年辽东湾逐年最大海冰范围变化

2）渤海湾海冰时空分布特点

常冰年，渤海湾浮冰最大外缘线离西岸15~25海里，大致沿10~15米等深线分布；浮冰冰型主要为莲叶冰和尼罗冰，间有灰冰和初生冰；平整冰厚一般为10~20厘米，最大30厘米左右。沿岸固定冰主要分布在河北省曹妃甸至山东省老黄河口以西的河口和浅滩附近，沿岸固定冰宽度一般为1 000~2 000米，最大可达4 500米以上；固定冰冰厚一般为20~30厘米，最大50厘米左右；堆积高度一般为1.0~2.0米，最大可达3.0米左右。

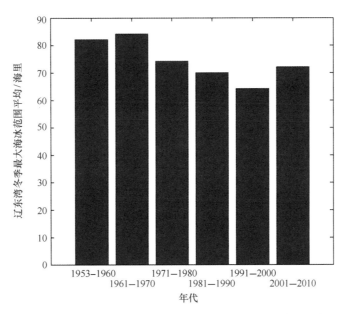

图 2.88 1953—2011 年辽东湾冬季最大海冰范围年代际变化

1953—2011 年渤海湾冰情总体呈减轻的趋势（图 2.89 及图 2.90），1991—2000 年渤海湾冰情最轻，1961—1970 年渤海湾冰情最严重。这些主要特点与辽东湾相似，但其范围变化更为剧烈。

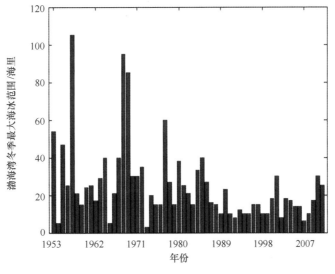

图 2.89 1953—2011 年渤海湾逐年最大海冰范围变化

3）莱州湾海冰时空分布特点

常冰年，莱州湾的浮冰最大外缘线离西岸和湾底（南岸）15～25 海里，大致沿 10 米等深线分布；冰型主要为尼罗冰和莲叶冰，间有灰冰和冰皮；平整冰厚一般在 8～15 厘米，最大 25 厘米左右；沿岸固定冰主要分布在湾底（南岸）和西岸的浅滩河口附近，其冰型主要为搁浅冰和沿岸冰。

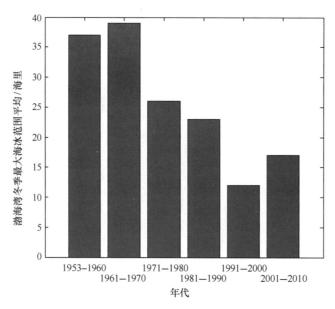

图 2.90　1953—2011 年渤海湾冬季最大海冰范围年代际变化

盛冰期间沿岸固定冰宽度一般为 1 000~2 000 米，最大为 4 000 米左右；固定冰厚度一般为 20~30 厘米，最大为 60 厘米左右，大多由 3 层以上的平整冰冻结而成。

1953—2011 年莱州湾冰情总体呈减轻的趋势（图 2.91 及图 2.92），1991—2000 年渤海湾冰情最轻，1961—1970 年莱州湾冰情最严重。这些主要特点与辽东湾及渤海湾相似，但 2000 年以来其冰情较 20 世纪 90 年代增强更明显。

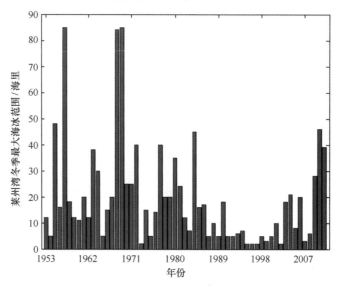

图 2.91　1953—2011 年莱州湾逐年最大海冰范围变化

4）黄海北部海冰时空分布特点

盛冰期期间，鸭绿江口附近海域浮冰最大外缘线离北岸 20~30 海里，冰厚一般为 20~30 厘米，最大 5 厘米左右。海冰类型主要为灰冰和莲叶冰，间有冰皮和尼罗冰；大鹿岛附近海

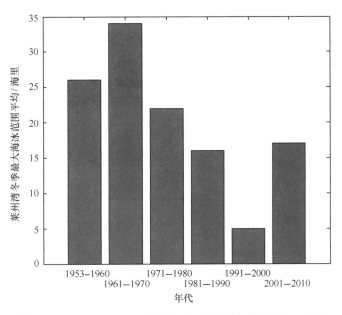

图 2.92　1953—2011 年莱州湾冬季最大海冰范围年代际变化

域离岸 10~20 海里，平整冰厚一般为 10~20 厘米，最大 35 厘米左右，冰型主要为莲叶冰和冰皮，间有尼罗冰和灰冰。

鸭绿江口至大洋河口一带，沿岸固定冰宽度在 2 000~4 000 米以上，固定冰厚度一般为 20~30 厘米，最大 50 厘米左右；固定冰堆积高度一般为 1~2 米。黄海北部的冰情特点是，鸭绿江口以东附近海域冰情为最，这里滩大水浅，海水的温度和盐度较低，容易结冰。鸭绿江口以西，浮冰外缘线逐渐由宽变窄，海冰大致沿着 15 米等深线分布至长山列岛以西 10 海里左右。

1953—2011 年黄海北部冰情总体呈减轻的趋势（图 2.93 及图 2.94），1991—2000 年黄海北部冰情最轻；与渤海冰情稍有差异，1953—1960 年黄海北部冰情最严重。

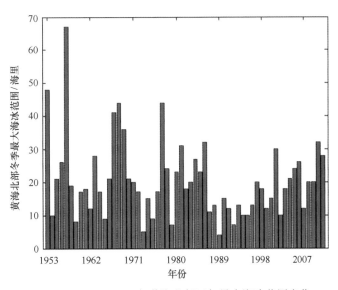

图 2.93　1953—2011 年黄海北部逐年最大海冰范围变化

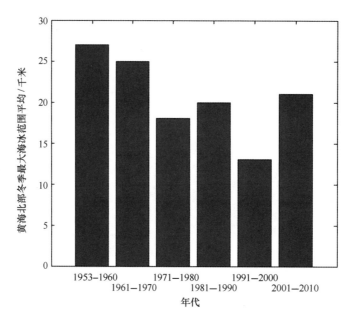

图 2.94　1953—2011 年黄海北部冬季最大海冰范围年代际变化

　　根据历史资料分析，我国渤海和黄海北部海冰灾害的发生比较频繁，严重和比较严重的海冰灾害大致每 5 年发生一次；而在局部海区，即使在轻冰年或偏轻冰年，也会出现海冰灾害。表 2.22 统计了自 1947 年以来的近 64 年间，在渤海和黄海北部各海区出现的较严重海冰灾害。

表 2.22　1947—2010 年各海区较严重海冰灾害统计

海　区		次　数	冬季（年度）
渤海	辽东湾	9	1947，1969，1974，1977，1990，1995，2000，2001，2010
	渤海湾	7	1947，1951，1955，1959，1969，2001，2010
	莱州湾	6	1966，1968，1969，1980，2006，2010
黄 海 北 部		3	1986，1998，2010

　　图 2.95 显示了 1947—2010 年期间，较严重海冰灾害在渤海和黄海北部各海区的分布。

5）海冰厚度年遇分布

　　图 2.96~图 2.100 为数值模拟的多年一遇海冰厚度分布，主要方法是以 MM5 模式分析计算的风场为强迫场，驱动冰—海洋耦合模式，模拟 1951—2009 年渤海及黄海北部海冰厚度分布，利用龚贝尔计算了多年一遇海冰厚度。

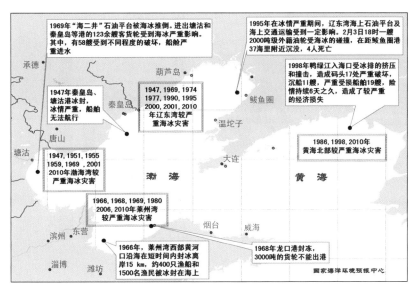

图 2.95　1947—2010 年较严重海冰灾害分布示意图

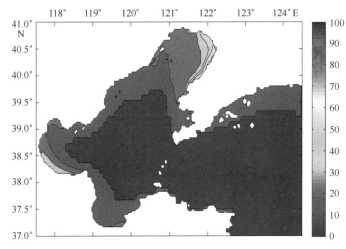

图 2.96　5 年一遇海冰厚度分布

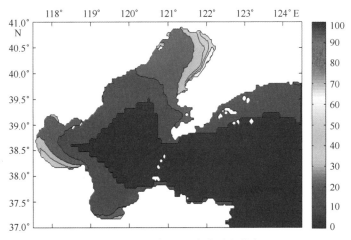

图 2.97　10 年一遇海冰厚度分布

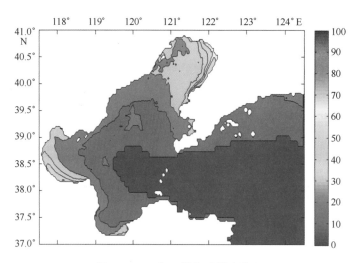

图 2.98　20 年一遇海冰厚度分布

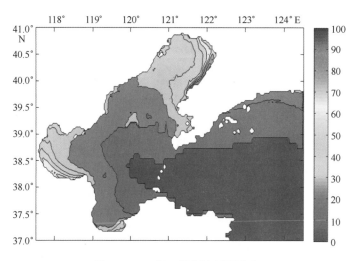

图 2.99　50 年一遇海冰厚度分布

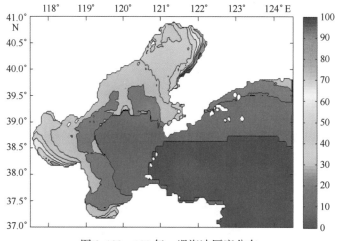

图 2.100　100 年一遇海冰厚度分布

2.5 海雾灾害时空分布

2.5.1 海雾灾害概况

据国外有关方面统计，近几十年来发生的几千次海上碰撞和海损事故中，大约有70%以上发生在能见度不足1 000米的雾天。所以我们把能见度不足1 000米的海雾过程称为灾害性海雾。

海雾是一种发生在近地层空气中稳定的中尺度天气现象。根据海雾形成特征及所在海洋环境特点，可将海雾分为平流雾、混合雾、辐射雾和地形雾等4种类型。其中平流雾是空气在海面水平流动时生成的雾。暖湿空气移动到冷海面上空时，底层冷却，水汽凝结形成平流冷却雾。这种雾浓、范围大、持续时间长，多生成于寒冷区域。我国春夏季节，东海、黄海区域的海雾多属于这一种。冷空气流经暖海面时生成的雾叫平流蒸发雾，多出现在冷季高纬度海面。而混合雾是海洋上两种温差较大且又较潮湿的空气混合后产生的雾。因风暴活动产生了湿度接近或达到饱和状态的空气，暖季与来自高纬度地区的冷空气混合形成冷季混合雾，冷季与来自低纬度地区的暖空气混合则形成暖季混合雾。夜间辐射冷却生成的雾，称为辐射雾，其多出现在黎明前后，日出后逐渐消散。海面暖湿空气在向岛屿和海岸爬升的过程中，冷却凝结而形成的雾，称为地形雾。

根据近50年来的气象资料分析，我国近海雾区北宽南窄，黄海与东海的雾区最大，南海次之，渤海最小；琼州海峡、浙闽沿岸和山东半岛沿岸为3个多雾区。

另外，中国近海沿岸海雾具有较强的季节性、区域性特点：雾季从春至夏自南向北推延：南海海雾多出现在2—4月，主要出现在两广及海南沿海水域，雷州半岛东部最多；东海海雾以3—7月居多，长江口至舟山群岛海面及台湾海峡北口尤甚；黄海雾季在4—8月，整个海区都多雾，成山头附近海域俗称"雾窟"，平均每年有近83天出雾；渤海海雾在5—7月常见，东部多于西部，集中在辽东半岛和山东北部沿海。

中国近海沿岸海雾的生、消时间与陆地上的雾相比规律性较差。夏季雾日最多，但出雾范围偏小；春季雾日仅次于夏季，但出雾范围最大；秋季雾日最少且范围小；冬季雾日较秋季略有增加，出雾范围也有所增大。受陆地影响大的观测站雾的日变化较大、受海洋影响大的观测站日变化较小；一般说来，同样海陆环境下，南部海区海雾的日变化比北部海区的大。中国近海沿岸海雾过程的持续时间冬、春季长而夏、秋季短，其地区差异不如雾日和雾时明显，过程持续时间偏长的区域集中位于山东半岛南部近海沿岸一带；连续雾日较长的区域分布在山东半岛南部近海沿岸和浙江南部近海沿岸一带，黄海沿岸的连续雾日长于东海，东海的长于南海和渤海。

据不完全统计，在20世纪后50年里，仅山东沿海地区因海雾造成的触礁、碰撞、搁浅等海事和海难就达59起，死亡128人。海上发生的灾害有40%源自海雾，其中船舶碰撞事件70%都与海雾有关。例如1976年2月16—17日我国粤东汕尾海面出现大雾，导致16日索马里"南洋"号被荷兰"斯曲莱特·阿尔古爱"号撞沉；17日日本油轮"碧阳丸"号与索马里"昆山"号相撞，"碧阳丸"号沉没，"昆山"号严重损坏；1993年5月2日我国"向阳红16号"科学考察船在舟山群岛附近海域与塞浦路斯籍"银角"号货轮发生碰撞，造成船毁人亡，损失上亿元，也是受海雾的影响。海雾给民航、海上航行及渔业生产带来了极大的危害，大雾使飞机、岛际航线停航、船只航行中发生偏航、触礁、搁浅，甚至碰撞，引发海损事故。

2.5.2　海雾强度等级与海雾灾害灾情等级评价指标

1）海雾强度等级划分标准

海雾是指发生在海上、岸滨和岛屿上空低层大气中，由于水汽凝结而产生的大量水滴或冰晶，使得水平能见度小于 1 000 米的天气现象。因此，海雾的强度主要依据于水平能见度并以此划分海雾强度等级，表 2.23 即目前通用的海雾强度等级划分标准，并给出了对应的海雾警报等级。

表 2.23　海雾等级划分

等级	能见度/千米	海雾警报等级
轻雾	$1<V\leqslant10$	/
大雾	$0.5<V\leqslant1$	海雾蓝色警报
浓雾	$0.2<V\leqslant0.5$	海雾黄色警报
强浓雾	$0.05<V\leqslant0.2$	海雾橙色警报
特强浓雾	$V\leqslant0.05$	

2）海雾灾害灾情等级评价指标

为体现海雾灾害影响程度，以多年平均年雾日数（简称为 N，以当日内观测到海雾现象定义为一个雾日）为标准将海雾灾害影响评估为 4 个等级（表 2.24）：

当 N≤10 天，为等级 1，表征海雾灾害轻；

当 10 天<N≤30 天，为等级 2，表征海雾灾害较轻；

当 30 天<N≤60 天，为等级 3，表征海雾灾害重；

当 60 天<N，为等级 4，表征海雾灾害严重。

表 2.24　海雾灾害灾情等级评估

等级	1	2	3	4
年雾日数（N）	N≤10 天	10 天<N≤30 天	30 天<N≤60 天	60 天<N

2.5.3　海雾时空分布特征

利用 1964—2000 年中国近海沿岸 37 个气象站雾观测资料，分析雾的时空分布特征。

1）海雾过程的时空分布特征

（1）海雾过程数的季节、区域性变化

我们将某地的一次海雾从生成到消散的过程定义为当地的一次海雾过程。与雾日类似，

中国近海沿岸的海雾过程数也存在明显的季节、区域性变化。表2.25是各选站及全海区平均的各月多年平均海雾过程数，各选站按地理位置从北到南排列。通过对全海区平均的各月多年平均海雾过程数进行分析后发现：它具有与近海沿岸雾日类似的年变化趋势，其中，全海区4月多年平均海雾过程数为5.6次，占全年的15.5%，为各月之首；5月为5次，占全年的13.8%；海雾过程数最少的9月仅0.7次；全海区多年平均年海雾过程数为36.2次。从地理位置看，雾日过程高频率区集中在浙江南部近海沿岸和山东半岛南部近海沿岸，其中大陈岛多年平均年海雾过程数高达120.4次，成山头为110.1次；次高频率区在舟山群岛附近至江苏近海沿岸一带；此外，台湾海峡和黄海北部出雾次数也较多。总的说来，中国近海沿岸的海雾过程数与雾日具有比较一致的时空变化规律。

表2.25 各选站及全海区平均的各月多年平均海雾过程数

站名	1月	2月	3月	4月	5月	6月	7月	8月	9月	10月	11月	12月	全年
秦皇岛	0.5	0.9	0.8	1.0	0.7	0.8	1.3	0.7	0.3	0.4	0.6	0.3	8.2
绥中	0.8	1.4	1.3	1.6	1.2	2.2	3.5	2.8	1.7	1.6	1.4	0.7	20.0
营口	1.7	1.3	0.8	0.9	0.5	0.2	0.2	0.5	0.7	0.9	1.6	1.6	10.8
塘沽	3.9	2.4	0.9	0.6	0.1	0.1	0.2	0.3	0.5	1.1	2.5	4.7	17.4
丹东	1.5	1.7	3.2	3.2	3.8	5.4	10.6	6.8	5.1	5.1	2.8	2.0	51.1
大连	1.4	2.4	3.0	5.3	7.8	10	12.6	3.3	0.5	1.1	1.5	1.4	50.3
羊角沟	2.5	1.8	1.0	0.6	0.5	0.2	0.5	0.6	0.6	1.2	2.3	2.6	14.2
长岛	0.6	1.1	1.4	2.3	3.0	3.8	4.2	1.4	0	0.1	0.2	0.7	16.8
龙口	1.3	1.6	0.9	0.9	0.9	0.7	0.7	1.3	0.4	0.6	1.9	1.6	11.8
威海	0.4	1.2	2.2	3.3	4.4	5.8	5.9	1.8	0.2	0.1	0.3	0.4	26.1
成山头	0.9	2.6	6.6	10.7	15.2	22.8	33.1	15.7	1.1	0.3	0.3	0.9	110.1
青岛	2.8	2.7	5.1	7.6	11.5	13.1	14.1	2.2	0.6	0.8	1.9	3.0	65.3
石岛	0.7	1.6	4.4	8.0	14.3	19.6	26.3	9.0	0.7	0.3	0.5	0.5	36.8
日照	1.0	1.3	2.9	4.4	6.8	6.6	4.8	0.7	0.4	0.6	1.3	1.4	31.2
赣榆	3.2	2.2	3.4	3.9	4.1	2.8	1.9	1.2	1.3	2.3	3.6	3.6	33.4
射阳	4.1	3.2	4.6	5.6	6.0	6.0	4.1	2.9	3.4	4.7	4.6	6.4	55.3
吕四	4.0	3.1	4.3	6.3	5.5	4.0	2.4	1.9	1.4	3.5	3.6	5.0	45.1
嵊泗	5.3	7.3	14.6	20.4	18.8	13.9	7.0	1.2	0.5	1.2	2.3	3.5	96.0
定海	1.6	1.3	3.2	5.6	4.8	2.6	1.4	0.1	0.0	0.2	0.5	1.8	23.1
鄞县	4.7	3.3	2.7	3.7	2.0	1.2	0.7	0.5	2.7	3.1	1.3	5.0	34.0
大陈岛	6.6	7.8	16.2	25.5	21.6	24	7.2	1.2	0.6	1.5	4.1	4.0	120.4
玉环	4.3	5.7	12.8	21.2	18.6	11.6	3.1	0.4	0.3	0.8	1.3	2.5	82.6
平潭	1.9	3.1	6.3	7.7	4.2	1.2	0.6	0.6	0.6	0.6	0.4	1.1	28.1
崇武	1.6	3.5	7.4	11.2	10.2	2.8	1.3	0.6	0.1	0.2	0.3	1.2	40.3
厦门	5.8	9.6	17.0	13.0	9.5	3.3	0.8	0.8	1.1	0.7	1.1	2.9	65.6
汕头	2.6	3.1	4.6	3.1	1.0	1.2	0.6	0.1	0.6	1.2	1.0	2.3	21.5
东山	1.7	4.4	9.3	8.8	5.1	1.6	1.7	1.6	0.2	0.0	0.2	0.9	35.5
深圳	0.8	0.9	1.1	0.9	0.2	0.0	0.0	0.4	0.3	0.2	0.2	0.7	5.7

续表 2.25

站名	1月	2月	3月	4月	5月	6月	7月	8月	9月	10月	11月	12月	全年
汕尾	0.8	1.8	3.2	2.8	0.8	0.0	0.0	0.0	0.0	0.0	0.0	0.3	9.5
东兴	1.8	2.6	2.7	1.5	0.0	0.0	0.0	0.0	0.0	0.0	0.1	0.8	9.5
北海	1.8	2.2	3.6	1.7	0.1	0.0	0.0	0.1	0.1	0.4	0.7	1.3	12.0
溜州岛	1.8	5.4	7.1	4.0	0.3	0.0	0.0	0.0	0.0	0.0	0.0	0.8	19.5
湛江	4.2	7.0	7.6	4.3	0.3	0.1	0.0	0.3	0.2	0.5	0.7	1.7	26.8
阳江	1.8	3.2	3.1	2.0	0.6	0.1	0.2	0.3	0.8	1.3	1.0	1.0	15.2
上川岛	1.2	2.0	2.7	2.0	0.0	0.0	0.0	0.0	0.0	0.0	0.0	0.4	7.4
海口	6.5	6.4	4.9	2.6	0.6	0.0	0.0	0.4	0.5	0.7	0.8	4.0	27.4
东方	0.8	1.1	1.0	0.3	0.0	0.0	0.0	0.0	0.0	0.0	0.1	0.3	3.7
全海区平均	2.4	3.1	4.8	5.6	5.0	4.5	4.1	1.7	0.7	1.0	1.3	2.0	36.2

（2）海雾时数的季节、区域性变化

图 2.101 是全海区平均的各月多年平均雾时图，与全海区平均各月平均雾日相比，可以发现：中国近海沿岸海雾时数与雾日的年变化趋势基本一致，二者都集中在 2—7 月。若将各月的雾时与雾日分别按照由多到少的顺序排列，二者仅 6 月、7 月两月不同，6 月的雾日多于 7 月，而 7 月的雾时较 6 月稍有增加。二者年变化趋势极为相似，但从雾季过渡到非雾季，雾时的变率比雾日的大得多，其中，雾时最多的为 4 月，全海区平均出雾 21.3 小时，占 4 月总时间的 3%；而雾时最少的为 9 月，全海区平均出雾仅 1.6 小时，占 9 月总时间的 0.2%。

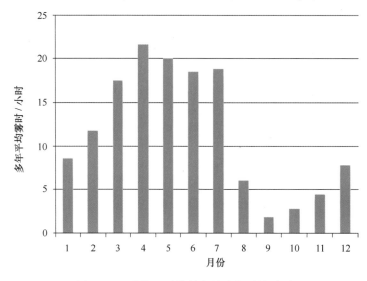

图 2.101　全海区平均的各月多年平均雾时

图 2.102 为各选站多年平均年总雾时各数字代表的站见表 2.23，其中，年总雾时数最多的两个选站分别为成山头和大陈岛，远远超过了其他各选站，这种特征足以体现海雾时数具有很明显的地区差异。事实上，成山头以 787.2 小时、占全海区 16.2% 的多年平均年雾时位

居各选站之首，即成山头平均一年有9%的时间都在雾的笼罩之下，最多的年份甚至达到14.9%；而雾时最少的东方观测站多年平均年雾时仅4.9小时，占全海区的0.1%，不到全年总时间的0.06%。从图2.102中可以看到，海雾时数最多的区域集中在以成山头为代表的山东半岛南部近海沿岸；其次为以大陈岛为代表的浙江南部近海沿岸；长江口至苏北近海沿岸以及黄海北部海区也具有较多的雾时，该区域平均的年雾时在195小时左右，约占全海区的4%；渤海和南海的雾时较少。

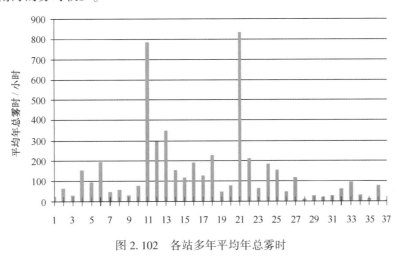

图 2.102 各站多年平均年总雾时

（3）海雾生消的变化特征

a. 海雾生消的时空特征

海雾存在的时间与陆地上的雾相比规律性较差，它有可能在一天之中任何时段生成和消散，特别是北方海区，日变化较小。观测数据表明，一天之中，午夜至上午10时海雾生成的频率较高，10至18时生成频率较低，这是因为午夜以后海面气温下降较快，贴近海面的空气层比较稳定，容易形成雾，而白天正午前后气温上升，低层空气不稳定，海雾不易形成，即使出现也往往由于低层扰动强而形成低云。海雾消散的时间以6至15时偏多，其中8至12时频率较高。北部海区沿岸各选站海雾生成频率的峰值多在清晨5点到6点之间，南部海区多在6点到7点之间，海雾消散频率峰值一般比生成频率峰值推后1~2小时。

以营口、成山头和汕头三个观测站站为例，具体分析中国近海沿岸海雾生消的变化规律。图2.103~图2.105是营口、成山头和汕头站分时次1971—2002年共32年总的海雾生、消频数图。营口代表受陆地影响大的沿岸站雾的生消情况。营口位于辽东湾东北部，一面临海、三面靠陆，受海洋影响小、陆地影响大，因此该选站雾的生成时间与内陆较为相似：如图2.103所示，除了从午夜到上午10点前能够生成雾之外，其他时间生成雾的概率很小，尤其是上午10点到下午17点这一段时间，雾很难生成。这是因为陆地上清晨日出前后，地面辐射冷却较海面强，雾的生成频率较高，而上午太阳辐射加强，地面升温比海面快得多，导致湍流迅速加强，雾更易消散或被抬升为低云的缘故。成山头代表了主要受海洋影响的沿岸站雾的生消情况。成山头位于山东半岛东北角，该站三面环海、仅一面靠陆，受海洋影响非常大，表现在海雾生消频数上与受陆地影响大的选站有明显的不同：如图2.104所示，成山头海雾生消频数的日变化相对营口小很多，即使正午前后海雾生成的几率也较大，这正是海陆环境影响造成的。本书 37 个选站中海雾生消情况与成山头类似的还有距离海岸较远的嵊泗和大陈岛。汕头位于粤东近海沿岸，利用该站可以分析南、北部海区海雾生消情况的差异。从图 2.105，我们看到，汕头海雾生消频数的日变化比之前我们讨论的受陆地影响很大的营口还要大很多，这是因为南部海区气温高，白天受太阳辐射气温升高到一定限度时，空气中不饱和的水汽就极难达到饱和，即使之前形成了过饱和的水汽也会很快恢复到不饱状态的缘故。一般说来，同样海陆环境下，南部海区海雾生消频数的日变化比北部海区的大。

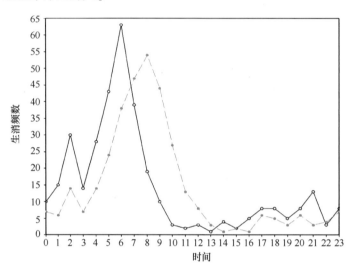

图 2.103　营口站海雾生消频数
黑线代表生成频率，绿线代表消散频率

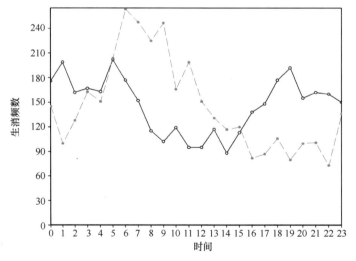

图 2.104　成山头站海雾生消频数
黑线代表生成频率，绿线代表消散频率

b. 海雾消散时段占全天百分比

在对海雾生消的时空特征进行论述后，本小节将对整个海区进行划分，即由北至南划分为渤黄海海区、东海、南海东北部和南海西北部共 4 个海区，然后分别对海雾的消散时段进

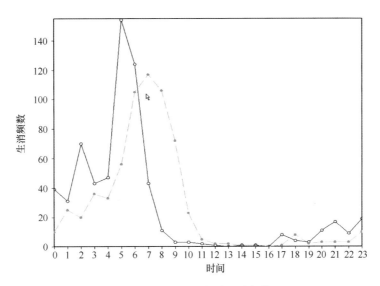

图 2.105　汕头站海雾生消频数

黑线代表生成频率，绿线代表消散频率

行更深的探讨，由此获得海雾消散时段占全天百分比数据。图 2.106～图 2.109 分别为渤黄海、东海、南海东北部和南海西北部海雾消散时段占全天百分比图。

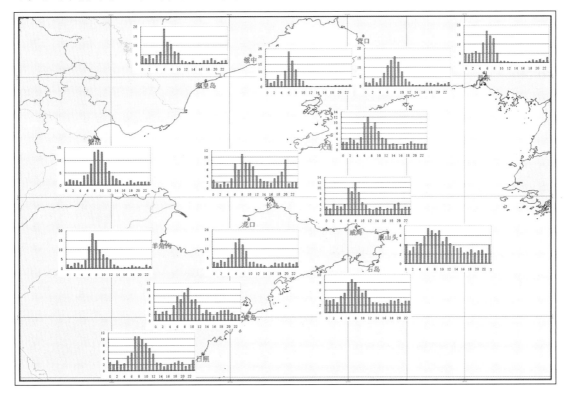

图 2.106　渤黄海海雾消散时段占全天百分比

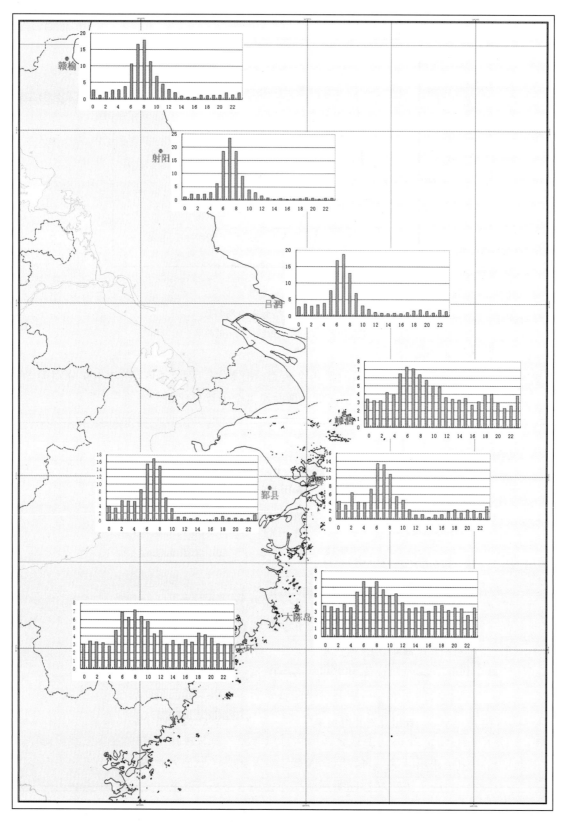

图 2.107　东海海雾消散时段占全天百分比

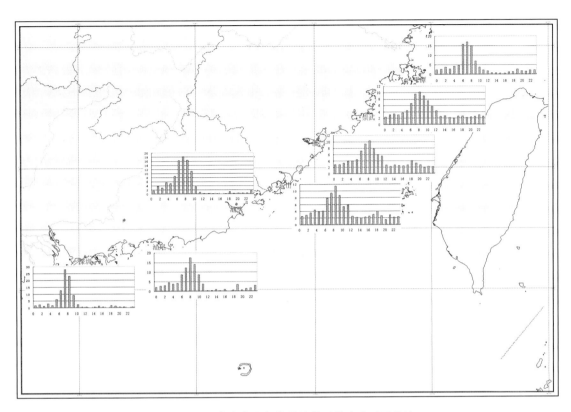

图 2.108　南海东北部海雾消散时段占全天百分比

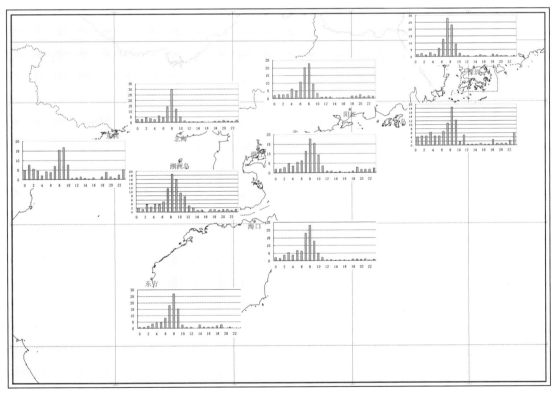

图 2.109　南海西北部海雾消散时段占全天百分比

2) 海雾持续时间的时空分布特征

某次海雾过程生成后，若环流形势未发生变化，这种现象则可以一直持续下去。因此，海雾持续时间的长短、雾日的连续性也是海雾强度的重要指标。在下面的工作中，我们将分别从三个方面展开讨论：平均一次海雾过程持续时间（某时间序列内）；逐次海雾过程最长持续时间、最短持续时间（某时间序列内）；雾日连续性的特征分析。

本次统计分析所采用的海雾数据其时间段为1971—2002年，分析结果表明：相对于中国近海沿岸的雾日、雾时的地区差异特征而言，海雾过程持续时间的这种地区差异特征不够明显。总的来说，在海雾过程持续时间方面，北部海区比南部海区平均要长1~2小时。

（1）平均一次海雾过程持续时间

基于计算获得的平均一次海雾过程持续时间，我们对其进行分析后发现：海雾过程持续时间偏长的区域集中位于山东半岛南部近海沿岸一带，这种特征与雾日、雾时所能体现的区域特征完全一致。其中，过程持续时间最长的为成山头站，平均一次海雾过程可长达7.1小时；其次，位于渤海湾西北部的塘沽站，其平均海雾过程持续时间为5.4小时；而位于海南岛西南部的东方站，由于其平均一次海雾过程仅持续1.3小时，因而成为平均海雾过程持续时间最短的选站，具体的分析结果如图2.110。

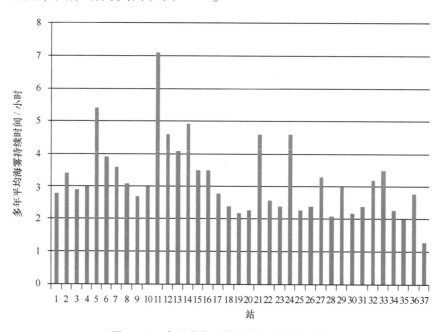

图 2.110　各站多年平均海雾过程持续时间

分别针对各选站以及全海区，我们对1971—2002年期间各月多年平均海雾过程持续时间也进行了统计分析，反映了各选站以及整个海区平均海雾过程持续时间的年际变化情况，具体统计结果详见表2.26及图2.111。从图2.111可以发现：中国近海沿岸海雾过程持续时间所表现出的整体特征是冬、春季长而夏、秋季短。其中，2月达到最长，为3.8小时；其次为12月，可达3.7小时；8月、9月最短，分别为1.6和1.7小时。而针对个别选站，其特征与整个海区所表现的整体特征仍有一定的差别，譬如成山头的海雾过程持续时间偏长的月份则为5—7月份。

表 2.26 各选站及全海区各月多年平均海雾过程持续时间 单位：小时

站名	1月	2月	3月	4月	5月	6月	7月	8月	9月	10月	11月	12月	年
秦皇岛	2.1	4.7	3.2	2.0	2.6	2.3	2.1	1.9	1.5	3.1	3.8	5.6	2.8
绥中	5.1	5.6	3.6	3.1	3.0	2.7	2.7	2.9	3.0	2.4	4.6	6.0	3.4
营口	3.1	4.2	3.4	2.2	2.3	1.2	2.7	1.9	2.0	2.1	3.0	3.5	2.9
塘沽	5.9	4.9	3.0	3.5	3.3	2.8	1.5	0.9	1.8	2.7	6.0	7.2	5.4
丹东	3.1	3.7	4.4	4.0	3.2	2.4	2.5	2.7	2.6	2.9	3.5	4.2	3.0
大连	4.4	5.3	4.0	4.7	4.2	3.8	3.7	2.8	1.7	2.5	3.6	3.2	3.9
羊角沟	3.7	4.2	1.9	2.2	2.2	1.9	1.5	1.0	1.9	2.5	3.9	5.8	3.6
长岛	3.7	5.0	2.7	3.3	3.0	3.2	2.6	1.5	3.9	3.4	2.5	4.9	3.1
龙口	3.2	3.5	3.7	2.1	2.1	2.3	2.0	1.4	1.4	1.9	2.8	3.6	2.7
威海	5.8	4.8	3.7	3.3	3.2	2.5	2.7	2.1	2.0	1.9	3.0	8.4	3.0
成山头	5.4	6.5	5.6	7.4	8.1	7.0	7.9	5.8	4.7	2.8	2.7	5.0	7.1
青岛	4.8	5.1	4.4	5.6	4.9	4.8	6.8	2.5	2.6	3.3	4.6	5.1	4.6
石岛	2.8	4.5	3.3	5.1	4.3	3.9	4.1	3.5	3.2	3.7	1.9	6.0	4.1
日照	5.1	5.3	5.9	5.8	5.4	4.8	6.4	3.3	2.4	3.2	3.8	5.3	4.9
赣榆	5.2	4.5	3.5	3.5	2.9	2.5	2.2	1.8	2.0	2.8	4.2	4.7	3.5
射阳	4.9	4.5	3.8	2.9	3.5	2.8	2.3	2.2	2.1	3.2	4.4	5.3	3.5
吕四	3.8	3.2	2.8	2.7	2.7	2.2	2.2	1.6	2.6	2.4	3.2	3.4	2.8
嵊泗	2.4	2.5	2.6	2.7	2.4	2.2	1.8	1.0	2.5	0.7	1.4	2.9	2.9
定海	2.5	1.8	2.0	2.3	2.3	1.8	1.9	0.8	2.3	0.9	2.6	2.5	2.2
鄞县	2.8	2.1	1.9	2.0	2.2	1.6	1.6	1.2	1.6	2.2	2.3	3.1	2.3
大陈岛	4.3	4.5	5.1	5.5	5.8	4.4	4.1	2.6	2.4	2.8	3.5	3.5	4.5
玉环	2.6	3.1	2.5	2.7	2.9	2.0	1.7	0.5	1.2	1.8	2.8	2.6	2.6
平潭	2.1	2.7	2.7	2.6	2.3	1.5	1.3	0.9	0.9	1.7	1.7	2.5	2.4
崇武	3.8	5.4	5.7	5.7	3.8	2.1	2.4	1.9	0.9	1.5	3.3	3.7	4.6
厦门	2.5	2.4	3.0	2.3	1.9	1.3	0.9	1.0	1.1	1.9	1.6	2.4	2.3
汕头	2.5	3.2	3.1	2.0	1.7	1.3	1.1	1.1	1.3	1.4	1.8	1.6	2.4
东山	3.3	4.2	3.9	3.7	2.2	2.1	1.9	1.5	1.7	0.0	2	4.5	3.3
深圳	2.0	2.0	2.0	3.7	1.6	0.0	1.5	0.9	1.4	1.7	1.2	2.2	2.1
汕尾	3.3	4.2	3.1	2.6	1.2	0.0	0.0	0.0	0.0	3.4	0.0	1.8	3.0
东兴	2.3	2.0	2.6	1.9	0.8	0.4	0.0	0.0	0.0	0.0	1.5	2.2	2.2
北海	2.3	3.1	2.4	2.3	0.9	0.4	1.9	0.7	1.2	1.7	1.8	2.3	2.4
涠洲岛	4.0	3.2	3.3	2.8	1.2	0.0	0.0	0.0	0.0	0.6	0.0	2.8	3.2
湛江	3.3	3.9	4.2	3.1	0.9	1.0	2.4	1.3	1	1.9	1.7	2.7	3.5
阳江	2.7	2.9	2.8	2.5	1.0	0.7	0.6	1	0.9	1.5	1.6	1.9	2.3
上川岛	2.3	2.1	2.1	1.6	1.6	0.6	0.0	0.0	0.0	0.0	2.8	1.9	2.0
海口	2.8	3.2	3.3	2.9	0.0	0.0	2.3	1.5	1.6	1.8	2.4	2.5	2.8
东方	1.5	1.5	1.2	0.9	0.0	0.0	0.0	0.0	0.0	0.0	0.9	1.1	1.3
全海区平均	3.4	3.8	3.3	3.2	2.7	2.1	2.1	1.6	1.7	2	2.6	3.7	3.2

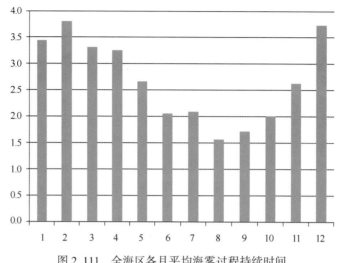

图 2.111　全海区各月平均海雾过程持续时间

在了解海雾过程各月及年平均持续时间后，与前面方法类似，对整个中国近海进行海区划分，从而获得各个海区的海雾过程持续时间各月及年平均空间图。图 2.112～图 2.115 分别为渤黄海、东海、南海东北部和南海西北部海雾过程月平均持续时间。

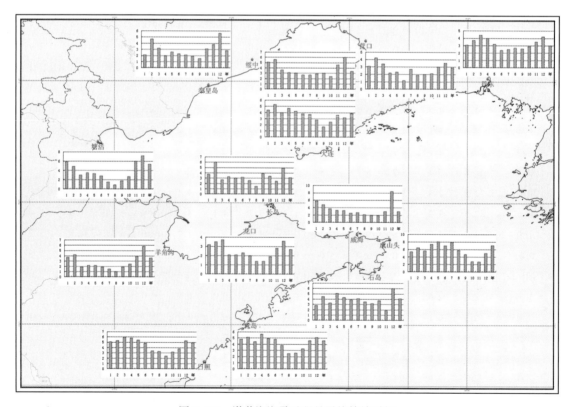

图 2.112　渤黄海海雾过程月平均持续时间

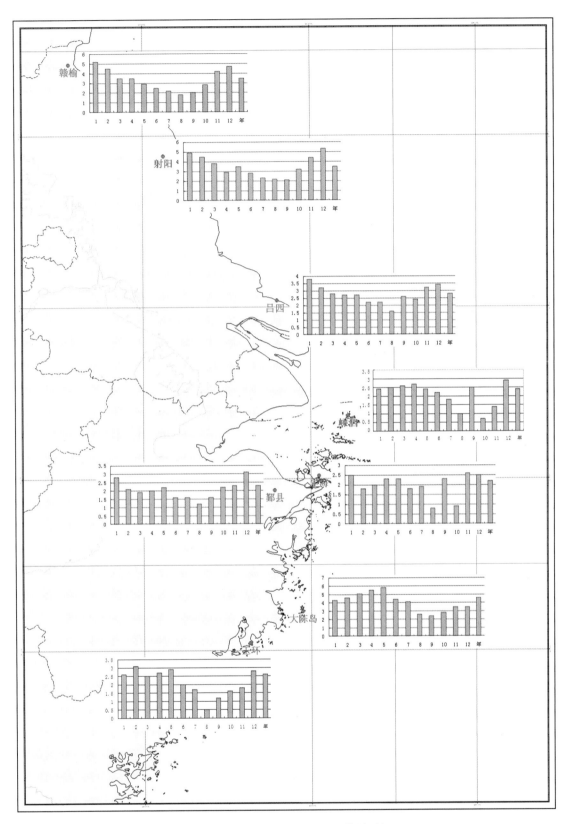

图 2.113　东海海雾过程月平均持续时间

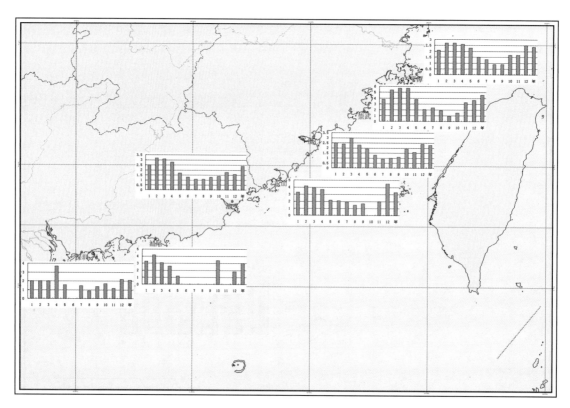

图 2.114 南海东北部海雾过程月平均持续时间

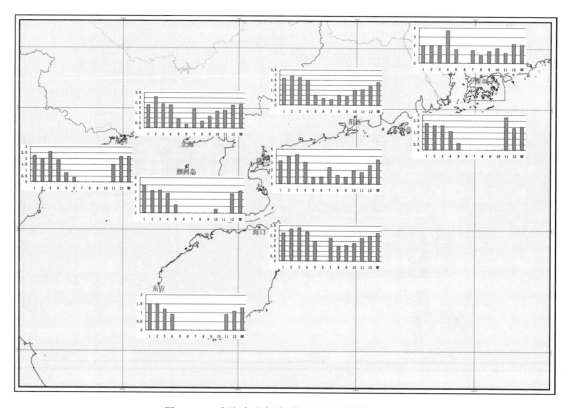

图 2.115 南海东北部海雾过程月平均持续时间

（2）逐次海雾过程中最长、最短持续时间

对一次海雾过程平均持续时间特征进行分析的同时，我们对历年各选站的逐次海雾过程中最长与最短持续时间也分别进行了统计分析，结果表明：各选站的最长海雾过程持续时间长短不一，其中成山头曾有过海雾过程持续时间为 151 小时 46 分的全海区历史纪录（1976年 7 月 24 日 18 时 24 分至 7 月 31 日 2 时 10 分），而东方选站的最长海雾过程持续时间仅 7 小时 11 分；在最短海雾过程持续时间方面，各选站最短海雾过程持续时间均小于 10 分钟，甚至有的海雾刚生成 1 分钟即开始消散。具体的各选站最长、最短海雾过程持续时间可参考表 2.27。

表 2.27　各选站最长、最短海雾过程持续时间[1]

站名	最长过程持续时间	最短过程持续时间
秦皇岛	21 小时 40 分	4 分
绥中	30 小时 18 分	3 分
营口	19 小时 40 分	2 分
塘沽	62 小时 39 分	5 分
丹东	32 小时 45 分	3 分
大连	32 小时 48 分	5 分
羊角沟	28 小时 12 分	3 分
长岛	28 小时 38 分	5 分
龙口	16 小时 22 分	6 分
威海	44 小时	5 分
成山头	151 小时 46 分	4 分
青岛	57 小时 30 分[2]	3 分
石岛	71 小时 18 分	3 分
日照	45 小时 01 分	6 分
赣榆	57 小时 46 分	5 分
射阳	33 小时	10 分
吕四	19 小时 24 分	5 分
嵊泗	33 小时 22 分	1 分
定海	16 小时 07 分	2 分
鄞县	31 小时 20 分	5 分
大陈岛	86 小时 48 分	1 分
玉环	32 小时 26 分	1 分
平潭	15 小时 39 分	4 分
崇武	71 小时 45 分	5 分

续表 2.27

站名	最长过程持续时间	最短过程持续时间
厦门	30 小时 51 分	2 分
汕头	17 小时 46 分	4 分
东山	47 小时 37 分	4 分
深圳	24 小时 20 分	9 分
汕尾	17 小时 23 分	9 分
东兴	13 小时 30 分	10 分
北海	25 小时 27 分	6 分
涠州岛	38 小时 02 分	7 分
湛江	28 小时 17 分	4 分
阳江	17 小时 03 分	5 分
上川岛	11 小时 31 分	5 分
海口	21 小时 46 分	3 分
东方	7 小时 11 分	5 分

注：①该表由 1971—2002 年历次雾过程生消时间统计得到；

②历史记录表明青岛最长过程持续时间达到 884 小时（1942 年 6 月有 29 日至 8 月 4 日）。

（3）中国近海沿岸雾日连续性

当测站在某个观测日内测得的水平能见度小于 1 千米时，则可认为该测站当日出现了雾，记为一个雾日。本部分选用了 1964—2000 年各选站的雾日，资料对这段时间内不同连续雾日的频数进行了统计分析，结果表明：在黄海沿岸，持续 3~4 天的雾是比较常见的，其中成山头有记录的最长连续雾日为 38 天；东海沿岸海雾的连续日数短于黄海，通常为 1~3 天，但位于浙江近海沿岸的大陈岛和玉环连续雾日较长，大陈岛最长连续雾日达 48 天；南海和渤海沿岸海雾的连续日数较短，通常为 1~2 天，多则 3~4 天，但湛江也有过连续雾日 10 天的记录。

图 2.116 是各选站 1964—2000 年不同连续雾日加权平均得到的连续雾日，该图更直观地反映了各选站海雾连续日数的情况。图中显示：连续雾日较长的区域主要分布在山东半岛南部近海沿岸和浙江南部近海沿岸一带，其中成山头和大陈岛的连续雾日分别为 3.2 天和 3.1 天；渤海沿岸和粤东近海沿岸的连续雾日较短，其各选站的连续雾日均在 1.5 天以下。

3）海雾日数的时空分布特征

（1）全海区及各选站平均雾日的变化特征

表 2.28 是各选站及全海区平均的各月多年平均雾日数（1964—2000 年平均），由此可看出中国近海沿岸雾日方面总体月际变化。不难看出，针对不同的选站，各月出雾情况有很大的差异。其中，平均年雾日最多的成山头平均年雾日为 83.1 天，比平均年雾日最少的东方多了 79.7 天。成山头最多年雾日出现在 1998 年，多达 119 天，最少年雾日也达到 62 天，有海上"雾窟"之称，中国近海沿岸海雾显著的地理差异可见一斑（图 2.117）。

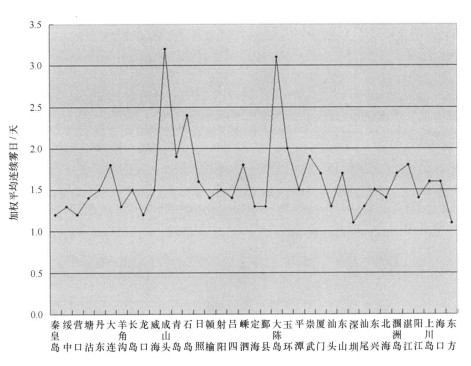

图 2.116　各站加权平均连续雾日

表 2.28　各选站及全海区平均的各月多年平均雾日　　　　　　　　　　单位：天

站名	1月	2月	3月	4月	5月	6月	7月	8月	9月	10月	11月	12月
秦皇岛	0.4	0.6	0.8	1.0	0.6	0.8	1.1	0.6	0.2	0.3	0.5	0.3
绥中	0.8	1.1	1.2	1.9	1.0	2.0	3.4	2.5	1.5	1.5	1.1	0.8
营口	1.6	1.1	0.8	0.8	0.4	0.2	0.3	0.5	0.6	0.9	1.2	1.7
塘沽	3.7	2.0	0.7	0.7	0.3	0.2	0.2	0.3	0.4	0.9	2.4	4.2
丹东	1.2	1.6	2.8	3.3	3.6	5.2	9.6	6.2	4.5	3.9	2.5	1.9
大连	1.3	1.9	2.6	4.5	5.6	7.3	10.0	2.9	1.5	0.6	1.3	1.1
羊角沟	2.3	1.6	0.9	0.7	0.4	0.2	0.5	0.4	0.5	0.9	1.8	2.1
长岛	0.6	1.2	1.7	2.8	3.1	3.5	4.4	1.5	0.1	0.1	0.2	0.6
龙口	1.1	1.2	1.0	1.1	1.0	0.9	0.8	1.0	0.3	0.4	0.7	1.3
威海	0.2	0.9	1.7	2.6	3.1	3.6	4.3	1.5	0.1	0.1	0.2	0.4
成山头	0.8	2.4	5.3	8.8	12.1	16.7	23.2	11.5	0.9	0.3	0.3	0.9
青岛	2.4	2.6	3.6	6.2	8.0	9.5	10.4	1.9	0.4	0.6	1.8	2.5
石岛	1.5	2.9	6.4	8.7	12.1	16.6	6.5	1.9	0.2	0.4	0.5	0.7
日照	0.9	1.2	2.5	4.2	5.6	5.1	3.8	0.5	0.2	0.3	1.1	1.2
赣榆	2.7	1.7	2.7	3.3	3.2	2.1	1.7	1.0	1.2	1.8	2.9	2.8
射阳	3.3	2.6	4.3	5.7	5.5	5.5	46.0	3.4	3.6	4.7	4.4	4.9

续表 2.28

站名	1月	2月	3月	4月	5月	6月	7月	8月	9月	10月	11月	12月
吕四	3.0	2.1	3.5	4.8	4.5	3.7	2.5	1.9	1.6	3.1	2.8	4.1
嵊泗	3.3	4.3	7.9	9.9	10.2	8.1	4.6	1.1	0.4	0.6	1.3	2.4
定海	1.1	0.9	2.3	4.4	3.9	2.1	1.3	0.1	0.0	0.2	0.3	1.2
鄞县	3.4	2.6	2.4	3.1	1.8	1.2	0.8	0.4	2.0	2.7	3.5	3.5
大陈岛	3.6	4.7	9.4	13.5	13.1	13.8	4.8	0.8	0.4	1.0	2.3	2.4
玉环	2.6	3.9	6.4	10.8	10.5	7.6	2.2	0.3	0.4	0.6	1.2	2.0
平潭	2.3	4.1	5.8	4.5	1.8	0.5	0.5	0.4	0.6	0.5	0.9	1.5
崇武	1.5	2.7	5.7	8.2	6.9	2.2	1.5	0.6	0.1	0.2	0.3	0.9
厦门	3.1	4.6	8.1	7.6	5.5	2.1	0.5	0.6	0.6	0.5	0.7	1.4
汕头	2.1	2.3	3.6	2.9	1.0	1.1	0.7	0.2	0.6	0.8	0.8	1.6
东山	1.8	3.2	6.2	7.3	4.1	2.0	1.8	1.2	0.2	0.1	0.1	0.7
深圳	0.0	0.3	0.2	0.1	0.2	0.6	0.6	0.8	0.9	0.8	0.2	0.0
汕尾	0.0	0.0	0.1	0.0	0.2	0.7	1.3	2.4	2.4	0.5	0.0	0.0
东兴	0.0	0.1	0.5	1.9	2.1	2.9	1.3	0.0	0.0	0.0	0.0	0.0
北海	0.1	0.4	0.6	1.1	1.8	2.3	2.9	1.6	0.1	0.1	0.0	0.1
涠州岛	2.3	4.3	6.6	4.0	0.2	0.0	0.0	0.0	0.0	0.0	0.0	0.8
湛江	3.6	5.4	7.7	3.8	0.2	0.1	0.0	0.2	0.3	0.4	0.6	1.5
阳江	0.7	1.0	1.1	1.1	2.1	2.4	2.8	1.7	0.5	0.1	0.2	0.3
上川岛	0.0	0.4	1.0	1.8	3.0	1.5	0.0	0.0	0.0	0.0	0.0	0.0
海口	6.0	5.3	5.0	2.3	0.8	0.2	0.1	0.7	0.8	0.9	1.2	3.5
东方	0.0	0.1	0.2	0.9	1.0	1.0	0.3	0.0	0.0	0.0	0.0	0.0
全海区平均	1.8	2.1	3.3	4.1	3.8	3.7	3.1	1.4	0.7	0.8	1.1	1.5

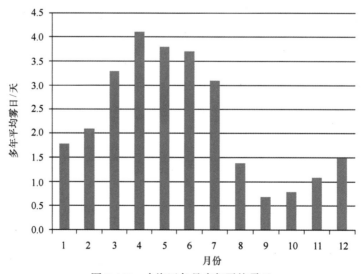

图 2.117　全海区各月多年平均雾日

对照表 2.28 和图 2.117 可以看到，我国沿海地区一年四季各月都有雾出现，雾日主要集中在 2—7 月，其中 4 月雾日数最多，平均达到 4.1 天，占全年雾日的 14.5%，其次 5 月为 3.8 天，占全海区的 13.7%，秋季雾日最少，其中 9 月仅 0.7 天。

基于 1970—2000 年期间所获取的数据，计算整个海区逐年的各月平均雾日数，并给出了逐年各月平均雾日数情况，结果如图 2.118~图 2.120。

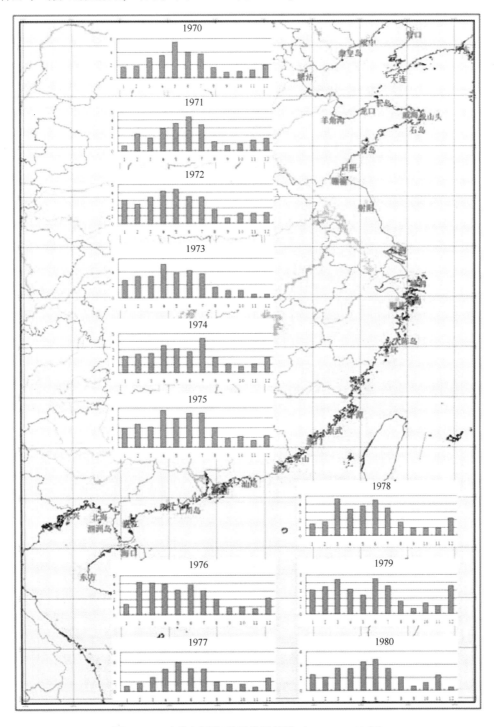

图 2.118　全海区逐年月平均雾日数（1970—1980 年）

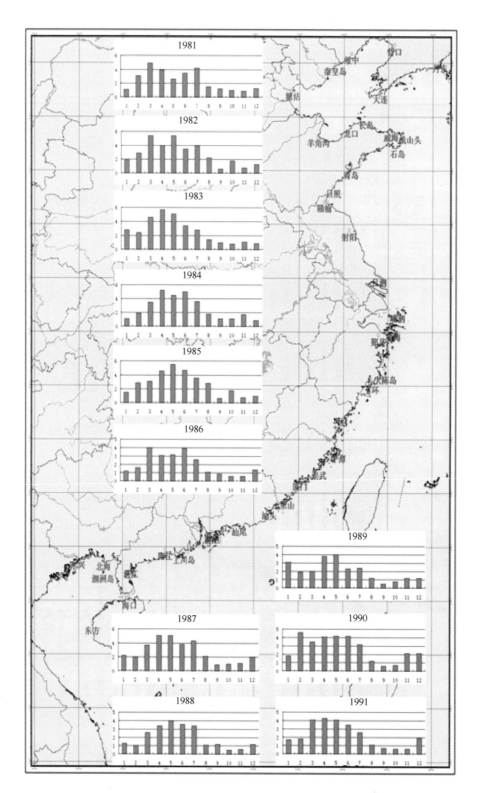

图 2.119 全海区逐年月平均雾日数（1981—1991 年）

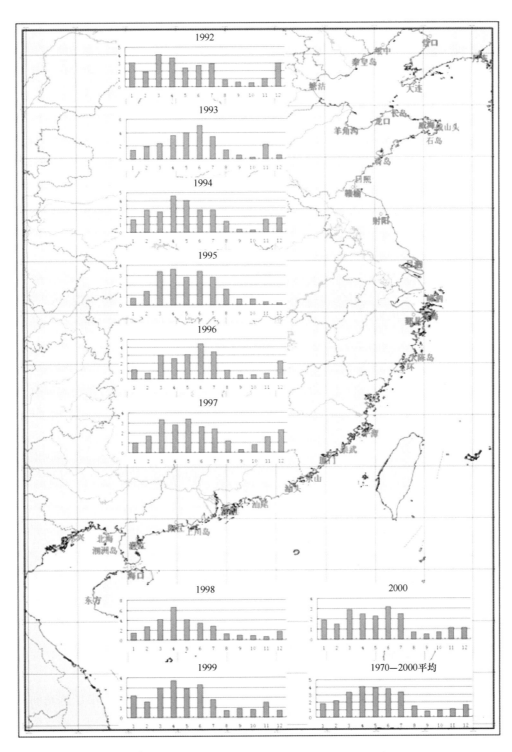

图 2.120　全海区逐年月平均雾日数（1992—2000 年）

（2）雾日的空间变化特征

图 2.121 为中国沿海各站 30 年平均雾日，可以得出中国沿海年平均雾日由多到少依次为山东半岛南部、浙江沿海、江苏沿海、舟山群岛、黄海北部、台湾海峡、琼州海峡及粤西、山东半岛北部、渤海、北部湾、粤东。

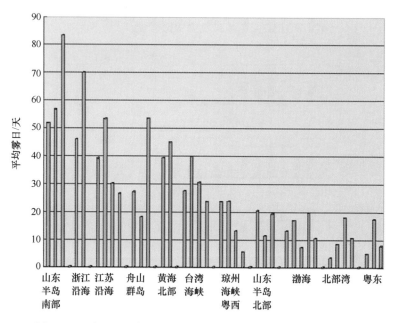

图 2.121　中国沿海各站 30 年平均雾日（按雾日由多到少排列）

图 2.122 为各选站多年平均雾日（天），站点自下而上从北部湾东南部的东方到辽东湾西部的秦皇岛，更直观地反映了中国近海沿岸雾区的频率变化和南北移动。从图中我们容易发现，中国近海沿岸的雾存在明显的年变化和地区差异。随着时间的推后（1—12 月），雾区由南向北推移，图中显示五个多雾中心：北部湾雾季在 1—4 月，其中 2—4 月各月多年平均雾日为 2～6 天；广东近海沿岸雾日较少；进入台湾海峡频率升高，其雾季为 3—5 月，各月多年平均雾日为 3～8 天；浙江近海沿岸至舟山群岛雾季在 4—6 月，其雾季各月多年平均雾日为 6～12 天；舟山群岛以北苏北近海沿岸雾日较少；山东半岛近海沿岸青岛至成山头一带雾季在 5—7 月，其雾季各月多年平均雾日为 6～23 天，该雾区以成山头为中心，成山头雾季各月多年平均雾日都在 10 天以上，7 月更是高达 23.2 天；黄海北部沿岸雾季在 7～8 月，其雾季各月多年平均雾日为 3～10 天；进入渤海雾日频率迅速降低。

图 2.123 是各选站各月多年平均雾日占全海区雾日百分比，图中显示各月各选站雾日分布不均，结合全海区各月多年平均雾日情况，我们可以获得以下结论：

1 月，各海区雾日较少。位于琼州海峡沿岸的海口雾日为 6 天，占全海区选站的 9.2%；湛江、涠洲岛分别为 3.6 天和 2.3 天，分别占全海区的 5.5% 和 3.5%；福建、浙江南部沿岸各选站各约占 2%～4%；舟山群岛附近各选站各约占 2%；此外，由于北部海区冬季容易形成辐射冷却雾的缘故，导致本月苏北地区各选站的雾日各约占全海区的 4%；青岛外海、成山头外海及大连附近海面沿岸各选站各约占 2%；渤海沿岸各选站各约占 0.5%～2%。

2 月，南海雾区扩大，雾日增多，最突出的是北部湾和广东近海沿岸。海口、湛江和涠洲岛的雾日分别占全海区的 6.7%、6.8% 和 5.4%。

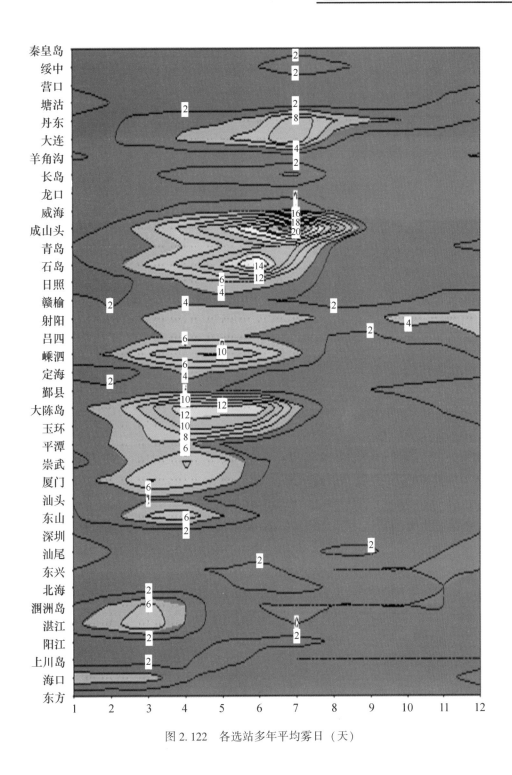

图 2.122　各选站多年平均雾日（天）

3 月，雾区继续扩大。除黄海中北部和渤海沿岸雾日较少外，大部分海域沿岸的选站雾日分布较为平均，分别占全海区的 4%～6%。

4 月，南海雾日减少，雾区北移。福建沿岸各选站的雾日各约占全海区的 4%～5%；本月雾日最多的区域位于浙江近海沿岸，该区域各选站的雾日各约占全海区的 7%～9%；舟山群岛、东海北部和山东半岛南部沿岸各选站的雾日分别占全海区的 3%～6%。

5 月，雾区继续北移，多雾中心移至台湾海峡以北。浙江沿岸、舟山群岛和山东半岛南

图 2.123 各选站各月多年平均雾日占全海区的比

部沿岸各选站的雾日分别占全海区的 8% 左右，为本月中国近海沿岸雾日偏多的区域。

6 月，东海海表水温升高，海雾频率降低，除大陈岛和玉环外，东海沿岸各选站雾日占全海区的百分比均在 2% 以下；此时山东半岛南部沿岸各选站的雾日剧增，如本月石岛和成山头的多年平均雾日分别达到 16.6 天和 16.7 天，分别占本月全海区雾日的 12.3%；此外，黄海北部沿岸和渤海湾的雾日也有所增加。

7 月，多雾区移至北部海区。成山头外海的雾日在 6 月的基础上继续增加，多年平均达到 23.2 天，占本月全海区雾日的 20.1%；此时黄海北部大连、丹东的雾日也有所增加，分别占全海区的 8.7% 和 8.3%；本月渤海沿岸各选站的雾日约占全海区的 3% 左右。

8 月，海水温度升高，雾日急剧减少。除成山头多年平均雾日为 11.5 天、丹东为 6.2 天，分别占全海区的 22.4% 和 12.1% 外，本月其他选站多年平均雾日均在 4 天以下。

9 月之后，除浙江、江苏近海沿岸和黄海北部沿岸等不连续的小范围海区易生成辐射冷却雾，使其月多年平均雾日达到 3~5 天外，其余海区 9—12 月各月多年平均雾日均在 2 天以下。

（3）不同站同时出雾日数的季节差异

图 2.124~图 2.128 是 1964—2000 年多年春、夏、秋、冬各季及年不同站同时出雾日数占总日数的百分比，横坐标为站数，0 值以下表示全海区各选站均无雾。

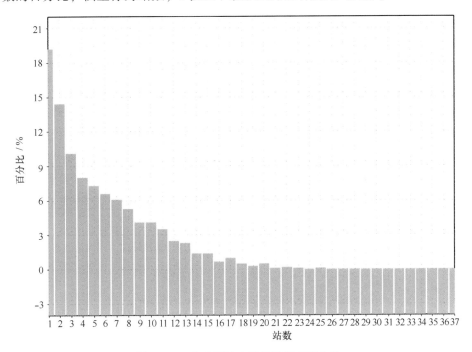

图 2.124　春季同日出雾站数频率百分比

通过对图 2.124~图 2.128 细致的对比分析，可以发现：针对不同季节，不同站同时出雾日数的季节差异较大，这反映出对于中国沿岸同时出雾的范围季节差异较为明显。春、秋、冬三季不同站同时出雾日数占总日数的百分比大致都随着出雾站数的增多而递减直至 0 值以下，其中春季 3 站至 15 站同时出雾日数占总日数的百分比随出雾站数增多大致呈线性递减，秋季的递减率大于春、冬季，冬季递减最慢。而夏季全海区无雾日数的百分比小于 1~4 个站同时出雾日数的百分比，6 个站以上同时出雾日数占总日数的百分比随站数增多递减较快。春、夏、秋、冬各季的有雾日数占各季总日数的百分比分别为 80.8%、87.8%、52.3% 和 59.8%，四季出雾范围最大的站数分别为 32 站、16 站、19 站和 23 站。

就整个海区而言，这几幅图反映出春季雾日仅次于夏季但出雾范围最大；夏季雾日最多但出雾范围偏小；秋季雾日最少且范围小；冬季雾日较秋季略有增加，出雾范围也有所增大。从全年不同站同时出雾日数占总日数的百分比来看，年无雾日数占年总日数的百分比为

29.7%，即全年有 70.3%的有雾日。

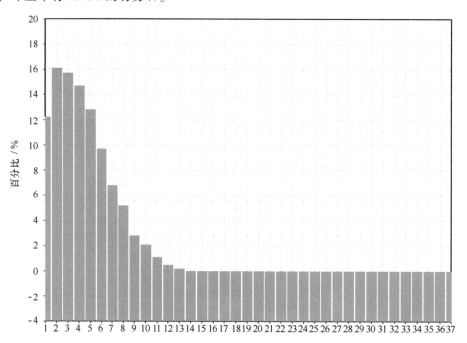

图 2.125　夏季同日出雾站数频率百分比

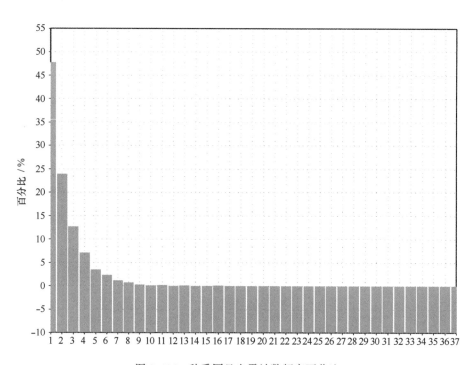

图 2.126　秋季同日出雾站数频率百分比

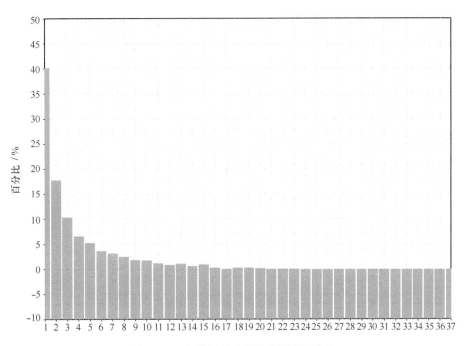

图 2.127　冬季同日出雾站数频率百分比

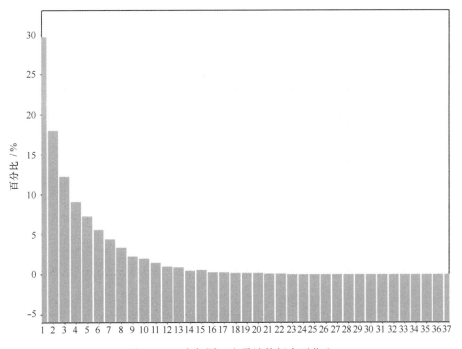

图 2.128　全年同日出雾站数频率百分比

2.5.4 海雾历史灾害统计

1）1949—1989年海雾灾害影响（表2.29）

表2.29 1949—1989年海雾灾害列表

时间	地点	航班取消	航运取消	船舶损失	人员伤亡	经济损失
1956.12.2	上海					
1958.2.3	上海	有				
1970.8.10	东海海域			两船相撞	死10人	
1974.12.16	湛江			触礁		
1975.2.4	广东沿海			一船触礁沉没		
1975.6.19	黄海			碰船、触礁		
1976.2.15	南海海域			碰船，两船沉没	死16人	
1978.2.4	上海外海			6船相碰		
1978.3.5	南海海域			一船触礁沉没	死2人	
1979.1.28	上海	有				
1979.1.31	珠江口			一船触礁爆炸	死21人	
1979.7.24	青岛市沿海			一船撞码头		550余万
1979.12	山东沿海			一船触礁沉没	死12人	
1980.2.12	广东沿海			一船触礁搁浅		
1980.11.7	山东沿海			两船相撞	死2人	100余万
1981.2.12	广东沿海			两船相撞，一船沉没		
1982.7.6	上海市沿海			两船相撞	伤10余人	
1983.1.16	上海	有	有			
1983.4.27	广东沿海			两船相撞	死2人	
1984.2.9	广东沿海			两船相撞，一船沉没	死2人	
1984.5.17	山东沿海			两船相撞，一船沉没		
1985.1.23	琼州海峡			两船相撞		
1985.12.25	上海	有				
1987.3.11	南海海域			两船相撞，一船沉没		
1987.4.23				两船相撞，一船沉没	失踪3人	
1987.12.10		有	有			
1988.2.6	南海海域			两船相撞		
1989.1.7	上海	有	有			
1989.2.16	上海	有	有			
1989.4.21	东海海域			两船相撞	死7人	360余万
1989.4.22	东海海域			两船相撞		20余万
1989.4.28	东海海域			一船搁浅		17余万
1989.6.7	福建东北海域			两船相撞，一船沉没	死10人	
1989.12.6	黄浦江口	有	有			
合计	34	8	5		死87人	1 047余万

2）1991—2009 年重大海雾灾害个例

① 1993 年 5 月 2 日清晨，浙江舟山群岛海域薄雾缭绕，海面像蒙上了一层面纱。这个季节正值冷暖气团在东海交汇的时期，海雾阵阵由南向北袭来，整个海上雾气濛濛，能见度极差。国家海洋局"向阳红 16"号海洋科学考察船，为执行大洋海底多金属结核资源调查任务，刚于 5 月 1 日从上海港启程前往太平洋中部的夏威夷预定作业海区行进。当考察船行驶在 29°12′N、124°28′E 海域，一艘 3.8 万吨的塞浦路斯籍"银角"号货轮，从侧面向"向阳红 16"号船右舷撞击，该轮巨大的船鼻如一把利斧插入考察船的机舱，瞬时机舱进水，主机失去动力，在第 3 声警钟因电源中断而未拉响时，就迅速沉没。造成近亿元的经济损失，严重影响了我国向国际有关组织承诺的大洋锰结核的考察任务，3 名科考人员因舱门变形无法打开而与船体沉没海底。这次海洋科学考察船沉没，是新中国成立以来罕见的事故（图2.129）。

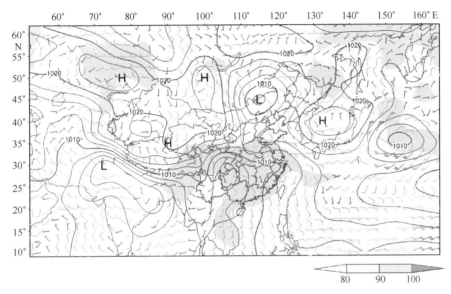

图 2.129　1993 年 5 月 1 日 08 时（北京时间）东亚地面形势分析图
图中蓝线为气压、阴影为相对湿度

② 2004 年 2 月 18—20 日的东部地区大雾天气过程。2 月 17—18 日，西南地区东部、江南东部及北部以及江淮地区先后出现降雨，近地面湿度增大，18 日，西南地区东部和南部、江南西部、华南西部开始出现大雾天气，大雾区域的覆盖面积有 21.05 万平方千米。19 日早晨，黄海南部、东海以及台湾海峡处于高压后部（详见图 2.130），受近地面暖湿东南气流、辐射冷却等作用影响，黄淮、江淮、江南中东部、华南的部分地区以及台湾海峡出现大范围大雾天气，气象卫星监测雾区面积约为 28.5 万平方千米。受大雾影响，上海市中心城区能见度一般在 400~500 米，郊区县都在 100 米以下。位于上海市外海域的吕四观测站在北京时间2 月 18 日 21 时 10 分至 23 时 05 分、19 日 3 时 15 分至 13 时 06 分以及 17 时 12 分至 20 时以上三个时段都分别观测到大雾天气。20 日晨，大雾覆盖范围进一步扩大，华北南部、黄淮、江淮、山东半岛、江南东部以及黄海、东海部分海区均为大雾所笼罩，雾区面积约 44.6 万平方千米。江西南昌昌北机场有 13 个航班延迟起飞或降落，部分高速公路被迫关闭。

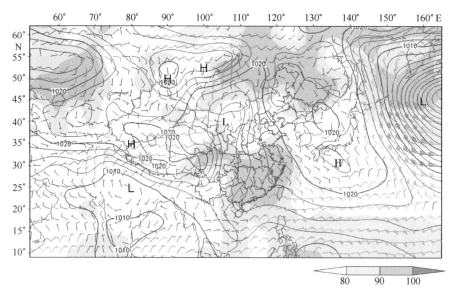

图 2.130　2004 年 2 月 19 日 08 时（北京时间）东亚地面形势分析图

图中蓝线为气压、阴影为相对湿度

③ 2005 年 2 月上旬和下旬，华南中东部地区出现大雾天气，珠江三角洲交通严重受阻。2 月 4—5 日，广东除北部部分地区外均被平流雾笼罩，2 月 4 日出现的大雾虽然随午后气温升高而变淡，但整天大雾覆盖区的能见度都较低，尤其是珠江三角洲地区，多数地方的能见度在 1 千米以下。4 日开始全省高速公路部分段实行封闭，广海南线严重塞车，客运班车出现迟到、误点，开往江西、四川、贵州、湖北、河南、湖南及省内韶关方向的班线也周转受阻。广州白云国际机场能见度只有 350 米左右，但由于机场采用了先进的盲降系统和跑道助行灯光系统，飞机起降并未受到太大的影响。2 月 23 日，因受大雾袭击，广州及周边地区海、陆、空交通再次严重受阻。珠江口和珠江内航道均被大雾笼罩，珠江口桂山锚地附近水域能见度一度下降到了 200 米。23 日 10 时至 17 时，广州市区内 10 条轮渡全部停航，数百艘轮船抛锚珠江口，大约有 4 万人次的旅客出行受阻，大雾也波及了粤港航线。24 日早晨的大雾同样造成珠江航线上的轮渡被迫停航。从早上 6 时 50 分起至中午，广州市 15 条轮渡航线停航，至 24 日下午 2 时，各航线才陆续恢复。

④ 2006 年 3 月 5 日渤海和黄海北部为低压控制，黄海南部、东海、台湾海峡以及南海北部为高压后部控制，中国近海均受暖湿气流影响相对湿度较大极易产生海雾（见图 2.131）。3 月 5 日，渤海、黄海出现了大范围的大雾，位于山东半岛东部外海域的成山头观测站在北京时间 02 时 40 分至 20 时观测到大雾能见度为 30 米。长江口水域遭遇了近 7 年来最严重的大雾，深水航道先后三次封航，长江口水域也禁止大型船舶航行。3 月 6 日，能见度有所好转，长江口深水航道恢复通航。12 时 30 分，能见度再次恶化，长江口水域再次全面停航，数百艘船舶抛锚避雾；3 月 7 日 08 时 30 分，长江口水域再度恢复通航。3 月 7 日夜间，大雾再次在长江口弥漫。海事部门再次封锁航道，长江口水域全面停航，长江口航道没有出现大的装船事故。3 月 8 日，雾区主要出现在黄海南部、江苏南部等地，海雾面积有所减小。但仍然对长江下游入海口处的航运和公路运输带来严重影响。3 月 10 日，雾区主要出现在安徽南部、浙江北部、上海、江苏南部等地以及黄海中南部、东海北部海域，另外，在湖南、江

西和福建的部分地区也出现了大范围的大雾天气。

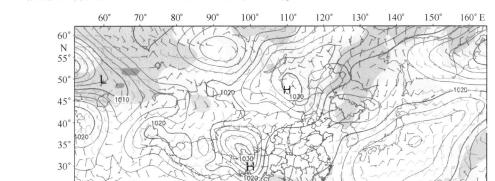

图2.131 2006年3月5日08时（北京时间）东亚地面形势分析图
图中蓝线为气压、阴影为相对湿度

⑤ 2007年5月12日发生"金盛"轮与"GOLDEN ROSE"轮碰撞事故。2007年5月12日03时许，山东鲁丰航运公司经营、JIN SHENG SHIPPING LIMITED公司所属圣文森特籍"金盛"轮与韩国YUN SUNG MARINE CORPORATION公司所属"GOLDEN ROSE"轮在38°14.4′N，121°41.96′E处（烟台港北偏东约42海里处）发生碰撞。造成"GOLDEN ROSE"轮沉没，船上16名船员失踪，构成重大事故。事故发生时有海雾发生，能见度不足100米。

⑥ 2008年6月15日，"金泰999"与"辽大旅渔85029"碰撞事故。2008年6月15日10时许，中国籍散货船"金泰999"轮由上海开往京唐港途中，在老铁山—成山头航路与烟—大航路交会处与渔船"辽大旅渔85029"发生碰撞，事故造成"辽大旅渔85029"轮沉没，2名渔民失踪。事发当时海面有大雾。

⑦ 2009年5月2日，"AFFLATUS"轮与"WEN YUE"轮碰撞事故。2009年5月2日07时许，由连云港压载驶往天津港的香港籍散货船"AFFLATUS"轮与由秦皇岛驶往韩国的伯利兹籍杂货船"WEN YUE"轮在威海靖子头以北约23海里处发生碰撞。事故造成"WEN YUE"轮沉没，船上8名船员死亡失踪。事发当时海面有大雾。

第3章 中国近海海洋环境灾害 综合风险评估与区划

3.1 概述

3.1.1 海洋灾害综合风险评估的意义

我国是一个海洋大国，依据《联合国海洋法公约》的有关原则，我国主张管辖的海域面积 300 多万平方千米，大陆海岸线长 18 000 千米以上，岛屿海岸线长达 14 000 千米，岛屿总面积约 8 万平方千米，其中面积 500 平方千米以上的岛屿 6 500 多个，最大的岛屿——台湾岛面积 3.6 万多平方千米，第二大岛屿——海南岛面积 3.36 万平方千米。

我国沿海地区在全国社会经济发展中占有举足轻重的地位。沿海省（区、市）总面积 125 万平方千米，占全国陆地总面积的 13%，承载人口近 5 亿占全国的 40%，国民生产总值（GDP）占全国的 58%，是中国"东部经济带"的最主要部分。其中沿海岸宽约 60 千米的狭长地带（海岸带）是中国人口最集中、经济最发达的区域，总面积仅 28.1 万平方千米，国内生产总值却占全国沿海省（区、市）的 50%、全国的 30% 以上。

同时，我国也是世界上海洋灾害最为严重的国家之一，海洋灾害已成为制约中国沿海地区社会经济可持续发展的一个重要因素。我国濒临的太平洋是海洋灾害最严重、最频繁的大洋，我国东部沿海经济带特别是沿海地区是全球最易遭受海洋灾害袭击地区之一。近几十年来，我国沿海地区海洋灾害造成的经济损失呈持续增长的态势，在各类自然灾害总损失中所占比例很大且呈明显上升趋势：海洋灾害造成的直接经济损失，20 世纪 80 年代每年 10 多亿至数十亿元，90 年代有的年份甚至超过 100 亿元；据统计自 20 世纪 80 年代以来，海洋灾害经济损失年均增长率为 30%。据中国国家海洋局海洋灾害公报的数据，仅就风暴潮、风暴海浪、海冰、赤潮等几种海洋灾害统计，1990—1999 年间直接经济损失总计 1 213 亿元，2000—2007 年间直接经济损失总计 1 049 亿元。近几十年以来，尽管我国的防灾减灾措施已使海洋灾害的灾情得到一定程度的控制，但由于我国海域海事活动不断增多、海岸带经济密度快速提高，仍大大增加了我国海域及海岸带承载体对海洋灾害风险的暴露；同时，由于我国海岸带及近海区域污染加重，也使海洋生物灾害发生的可能性增大。可以说，如不采取卓有成效的防灾减灾措施，随着我国海洋开发利用的不断深入和我国海洋经济的高速发展，以及受全球气候变化深刻影响，我国沿海地区海洋灾害将会继续呈上升趋势。

只有最大限度地减轻各类海洋灾害可能导致的人员伤亡、经济损失和环境退化，才能维持我国海洋经济的不断增长，才能保障我国沿海地区的可持续发展。为此，有必要进行我国沿海地区海洋灾害综合风险评估，为我国沿海地区实施海洋灾害综合风险管理提供基本依据。

3.1.2 海洋灾害的基本特征

一般而言，海洋灾害有广义和狭义之分。广义的海洋灾害指起源于海洋的灾害，主要包括风暴潮、海浪、海冰、海雾、海域地震、赤潮（以及其他生物性灾害）等突发性灾害，以及海岸侵蚀、海湾淤积、海咸水入侵、海平面上升、沿海土地盐渍化等缓发性灾害，此外还包括人类活动影响沿海带以及沿岸海洋自然条件改变所引发的灾害，例如由于沿海区域地表水干涸和地下水超采等所造成的海水入侵以及海洋污染所导致的灾害等；狭义的海洋灾害指起源于海洋水体的灾害，主要包括风暴潮、海浪、海冰、海雾、海啸等，而不包括来源于海洋上方大气圈和海水覆盖的海洋岩石圈的灾害。

就危害程度大体排序，威胁我国沿海地区的海洋灾害依次为风暴潮、海浪、赤潮、海冰、海岸侵蚀或淤积、沿海地面沉降、海平面上升、沿岸土地盐渍化、海咸水入侵、地震海啸，以及海上溢油等。风暴潮是对我国沿海地区威胁最大的海洋灾害。如 1922 年 8 月 2 日发生汕头地区的特大风暴潮，造成 7 万余人丧生，是 20 世纪我国死亡人数最多的一次风暴潮灾害。海浪灾害也非常严重。我国海区曾发生多起由海浪造成的严重海难事故，如 1979 年 11 月，渤海石油公司所属海洋石油勘探钻井平台"渤海 2 号"，在拖航中因遇暴风巨浪袭击而翻沉，船上 74 人除 2 人外全部遇难。赤潮灾害在我国沿岸海域逐渐呈上升趋势：20 世纪 70 年代共发现 15 次赤潮，80 年代增至 208 次，年平均逾 20 次，1990 年以后每年赤潮发生次数都在二三十次以上。我国渤海和黄海北部每年冬季都有结冰现象出现，有时造成严重海冰灾害，如 1969 年我国渤海发生严重冰冻，海冰推倒了"海一井"和"海二井"两座石油平台，毁坏和滞留了 125 艘船舶。我国大陆沿海虽然少有破坏性地震海啸史料记录，但不能排除我国是一个具有地震海啸潜在危险的国家，我国台湾沿海地区历史上曾数次遭遇海啸灾害袭击。同时，我国沿海地区缓发性海洋灾害诸如海岸侵蚀、港湾河口淤积、海平面上升、沿岸土地盐渍化、海咸水入侵、沿海地区地面沉降等，近年也有日益严重的趋势。目前约有 70%的沙质海滩和大部分处于开阔水域的泥质潮滩受到侵蚀。河口淤积问题已经涉及我国沿海几乎所有的重要河口。根据验潮资料分析，我国沿岸海平面上升速率为每年 1.4~2.0 毫米，并有逐渐增大的趋势。海水入侵，已使我国沿海大片土地盐渍化。在渤海莱州湾的一些区域，海水入侵的速度达到每年 500 多米，严重影响了沿海人民的生活和生产。我国沿海地面沉降已威胁沿海地区许多城市。

从分布区域看，我国沿海地区海洋灾害从北到南均有发生，但各区域的灾害特点有所不同。在东海和南海区域，台风风暴潮、海浪、海啸及赤潮等均会发生，南海区受海啸威胁较为严重；渤海、黄海区域海洋灾害种类齐全，除台风风暴潮、海浪、赤潮等，还有其独具的海冰灾害和温带风暴潮灾害。

3.1.3 海洋灾害风险综合评估研究过程

早期自然灾害风险评估研究主要针对工程项目。早在 1933 年，美国田纳西河流域管理局（TVA）在田纳西河流域综合开发治理过程中进行的一项重要的前期工作就是风险评估，目的是为田纳西河流域综合开发与整治规划的制定、一系列水利工程方案的设计与优化等提供了决策依据。该项研究同时也探讨了洪水灾害风险评估的理论和方法，开创了自然灾害风险评估之先例。其后，西欧、日本、印度等国纷纷效仿，相继开展了洪水灾害风险评估，从而大大推动国际自然灾害风险评估研究工作的深入。美国政府从里根总统时代起开始斥巨资资助灾害风险评估研究。成立于 1981 年的美国风险学会（Society for Risk Analysis，SRA）迅速成为一个国际性学术组织，相继在欧洲、日本、大洋洲建立了分会。近 20 年来随着一些边缘学科和交叉学科的兴起，自然灾害的风险评估研究不仅注重自然灾害本身，而且将其与社会、经济特性有机地结合起来，日趋强调自然灾害的社会、人文因素。

自 20 世纪 70 年代起，国外部分地理学家们开始关注特定区域自然灾害合成风险分析问题。其后大约 20 年的时间里，这方面的理论研究和方法探索进展甚微，之所以如此，原因在于这类研究未能引起区域规划领域学者和专家的重视。尽管基于单种灾害（诸如沿海地区的洪灾，江河流域的洪灾，地震，核电站的核泄漏）的区域规划研究已成惯例，但是针对特定区域的多种灾害合成风险分析，直到 20 世纪末才得到相关研究领域学者和专家的充分重视。进入 21 世纪以来，这方面理论研究和方法探索有了长足的进展。出现这一转变的主要原因是人们认识到：① 随着经济和社会的发展，人类所面临的灾害风险也相应地不断增加，如果仍如以往，只着眼独立应对单种灾害，对整体减轻区域灾害风险而言，未必能达到预期的效果；② 为了促进区域经济和社会的可持续发展，应尽可能从整体上减轻区域灾害风险，为此必须研究区域多种灾害综合风险分析的理论和方法。

我国自 20 世纪 50 年代以来，针对地震、洪涝、干旱等几个灾种，开始了自然灾害风险分析的相关研究。20 世纪 90 年代我国参与"国际减灾十年"活动之后，海洋灾害风险分析引起学术界和有关管理部门更为密切的关注。近 20 年来，我国针对影响国民经济发展较大的海洋灾害（如风暴潮、赤潮、巨浪和海冰等），在灾害诱因、形成机理、危害因子和发展规律方面的研究取得了长足的进步，但迄今我国沿海地区海洋灾害风险综合集成方面的研究仍处于方兴未艾的阶段。

沿海地区海洋灾害风险分析之要义，在于对沿海地区遭受不同强度海洋灾害致灾因子袭击的可能性，以及在该致灾因子作用下沿海地区可能形成的不利后果的可能性，进行定性分析和定量估算。本章依据区域灾害系统论的观点，将中国沿海地区海洋灾害看作为一类特定的自然灾害系统，在厘定致灾因子、承灾体易损性、灾害风险等基本概念的基础上，构建了中国沿海地区主要海洋灾害风险分析的概念框架，提出中国沿海地区海洋灾害风险分析指标体系，构建中国沿海地区海洋灾害风险综合集成分析的基本程式和定量模型，以期为中国沿海地区海洋灾害综合风险管理提供参考和依据。

中国沿海地区海洋灾害风险综合集成分析目前存在以下几个突出困难：① 海洋灾害史料是海洋灾害风险分析的基础，但目前中国海洋灾害史料的整理还不够系统和完善，多集中于风暴潮灾害方面，其他种类海洋灾害的史料没能充分发掘，难以满足建立海洋灾害风险概率模型的需要；② 对各类海洋灾害生成机制的了解的详略，紧密依赖于相关海洋基础学科研究的深入程度，中国沿海地区海洋灾害致灾因子种类繁多，既有突发性海洋灾害，也有缓发性海洋灾害，既有源于自然原因的，也有源于人为原因的，而且许多类海洋致灾因子具有动态变化的特征，这无疑大大增加了深入了解各种海洋灾害生成机制的难度；③ 中国以往有关海洋灾害风险分析的研究，多以海洋灾害致灾因子为主，尚未与沿海地区社会经济特性密切结合，目前急需进行的一项工作是依据中国沿海地区不同的海洋灾害种类，以及中国沿海地区自然、社会、经济、环境特征，建立相应的易损性指标体系，规范地评估中国沿海地区各类海洋灾害承灾体易损性特征；但一方面由于海洋灾害致灾因子种类繁多，另一方面由于自然、社会、经济、环境特征复杂，中国沿海地区海洋灾害承灾体易损性评估的任务将十分浩繁，需要许多先期的基础性工作。

3.2　海洋灾害的综合风险评估原理

3.2.1　引言

若以致灾因子源地为基准，海洋灾害可被划分为自然灾害的一个重要类别——源自于海洋的自然灾害。若以灾害所作用的范围为基准，沿海地区海洋灾害可以视为相对于沿海地区这一类特定区域的灾害。由此可知，区域自然灾害风险评估的基本概念和一般原理自然适用沿海地区海洋灾害。

目前，关于区域多种灾害的合成风险评估还没有成熟、通用的方法（W. Marzocchi et al.，2009）。现有的方法存在以下主要缺陷：① 通常是定性的；② 对不同种类的灾害，采用不同的分析框架和分析程式独立完成，而且时空分辨率往往不同，导致不同种类的灾害风险分析结果难以比较；③ 现有的评估方法，隐含了各类灾害相互独立的假设，从而忽略了各类灾害之间的相互影响和连锁效应，而实际上多种灾害的合成风险往往会比将各个灾害风险源视为独立而单独评估出的风险值高。

海洋灾害风险综合集成分析，需要克服上述缺陷，提出新的方法。新的方法应具有以下主要功能：① 能采用相同的时间、空间分辨率对与研究区域相关的各类灾害的风险进行定量地评估；② 能对各类区域灾害包括自然灾害和人为灾害的风险进行比较和排序；③ 能对区域各类灾害之间的连锁效应进行评估；④ 能对区域多种自然灾害的风险进行定量地合成。

显而易见，区域多种自然灾害合成风险评估涉及多学科、多领域，而区域单种灾害的风险评估无疑是区域多种灾害合成风险评估的基础。一般说来，区域多种灾害合成风险评估可大致分为两个阶段：一是将单种灾害风险评估的程式及表达归一化，以便于各个灾害种类风险的比较和排序；二是提出区域多种灾害风险合成的程式，建立区域多灾种合成风险评估的模型，定量地求取合成风险。

本节在厘定自然灾害风险分析中常用的致灾因子、承灾体、脆弱性、灾害风险几个概念的涵义的基础上，论述区域自然灾害综合风险评估的原则和原理，给出我国近海地区海洋灾害合成风险分析的框架设计（内容包括我国近海地区海洋灾害合成风险分析的基本程式和内容），尝试为实施中国沿海地区主要海洋灾害综合风险管理提供参考和依据。

3.2.2　有关灾害风险的基本概念

近年，自然灾害风险分析受到众多学科（包括自然科学、社会科学、管理科学）研究者的关注，但不同学科的研究者使用的致灾因子、承灾体、脆弱性、灾害风险等几个基本概念，所指的内涵和外延往往不尽一致，这就导致了人们理解和使用自然灾害风险分析结果时易出偏差。所以有必要厘清有关灾害风险的几个基本概念的涵义。

1）承灾体与致灾因子

一般而言，承灾体可以被理解为承受灾害的对象（Object of Hazard Effect）。

一些学者（Omar D. Cardona 2004，2005）用系统或系统的暴露部分表示承灾体，而将可能来源于系统内部，也可能来源于系统外部的风险因素界定为致灾因子（Natural Hazard），并且认为可以用一定时间段内某一特定位置上一定强度的过程出现的概率来表达。Aimilia Pistrika 等（2007）认为致灾因子是潜在的损害源，具体地说，是有可能导致生命损失、自然系统或人造系统损毁的威胁或态势，这种威胁或态势既可能源于承灾体的外部（如地震、洪水或人为的破坏行为），也可能源于承灾体的内部（如导致损毁的堤坝破裂），其本质特征表现在可能导致承灾体损毁。国际减灾战略（UNISDR，2009）定义致灾因子为："可能造成人员伤亡或影响健康、财产损失、生计和服务设施丧失、社会和经济混乱或环境破坏的危险的现象、物质、人类活动或局面"。美国联邦紧急事务管理局（Federal Emergency Management Agency，FEMA）给出的定义是："潜在的能够造成死亡、受伤、财产破坏、基础设施破坏、农业损失、环境破坏、商业中断或其他破坏和损失的事件或物理条件"。联合国开发计划署（UNDP，2004）给出自然致灾因子的定义："自然致灾因子是指发生在生物圈中的自然过程或现象，这种自然过程或现象可能造成破坏性事件，并且人类的行为可以对其施加影响"。

当致灾因子达到某种强度，超过人们的应对能力（coping capacity）而无法控制时，给人类的生命财产造成了较大损失，潜在危险变为真实的损失时，致灾因子就导致了灾害的发生。这里的应对能力是指人员、机构和系统运用现有技能和资源应对和管理不利局面、突发事件或灾害的能力。

总之，致灾因子指可能造成人员伤亡、财产损失和环境退化的各种自然现象和社会现象，灾害则表现为致灾因子与人类社会相互作用的结果。

2）承灾体与脆弱性

目前，脆弱性这一概念已经成为一个贯通自然科学和社会科学的重要概念，广泛应用于气候变化、环境变化、生物物理、风险管理和灾害管理研究之中。由于研究对象的不同，脆弱性的定义也存在很大差异，目前并没有一致认可的定义。即使在同一研究领域，学者们对于脆弱性的理解也不尽相同。一些西方学者对于脆弱性（vulnerability）的认识也往往与风险（risk）、致灾因子（hazard）等概念重叠。

脆弱性一词是从英文 Vulnerability 翻译而来，其通常的含义是容易受到破坏或伤害的意思。追根溯源可以发现，20 世纪 70 年代，英国学者把"脆弱性"的概念引进到自然灾害研究领域。奥基夫等人在《自然》杂志上发表了一篇题为《排除自然灾害的"自然"观念》的论文，指出自然灾害不仅仅是"天灾"（Act of God），由社会经济条件决定的人群脆弱性才是造成自然灾害的真正原因，脆弱性是可以改变的，应该排除自然灾害的"自然"观念，采取相应的预防计划减少损失。可以说，把"脆弱性"概念引进到自然灾害分析过程中，是重视灾害发生发展过程中的人文因素的具体表现，强调了人类社会在与致灾因子相互作用过程中的重要性。

自然科学研究对象往往是自然生态系统，研究者经常从研究环境变化角度定义生态环境的脆弱性；社会科学研究对象是人文社会经济系统，学者们的定义多注重造成人类社会脆弱性的经济、社会和政治关系。若从灾害经济的角度分析，一般认为脆弱性是指个人、团体、财产、生态环境等易于受到某种特定致灾因子影响的性质。说到底，脆弱性关注的是研究对象内在的风险因素，强调灾害中的人类因素，反映个人和由物质、经济、社会和环境等构成的集合体易于受到影响或破坏的状态，表明其易于受到致灾因子影响的特征。

2009 年修订的国际减灾战略中阐释了脆弱性的涵义："社区、系统或资产易于受到某种致灾因子损害的性质和处境"。此外，布莱基在其 1994 年出版的《风险之中：自然致灾因子、人类脆弱性和灾害》一书中，给出了自然灾害背景下的脆弱性的初步定义："关于预测、处置、抵御和从自然灾害影响中恢复过来能力的个人或团体的性质"。这一概念被红十字会与红新月会国际联合会所认可，并在此基础上进一步加以完善，把这一概念扩大到包含人为灾害的所有灾害，其定义为："关于预测、处置、抵御和从自然或人为灾害影响中恢复过来能力的个人或团体的性质"。Aimilia Pistrika at el.（2007）认为脆弱性表示源于承灾体自然、社会、经济、环境等特定属性的一系列状态或过程（conditions and processes），这里的所谓特定属性指某一社区遭受灾害袭击时的敏感性（susceptibility）。考虑到承灾体暴露（exposure）特征，他们建议承灾体脆弱性分析分成两个层面，首先进行承灾体暴露特征分析，继而进行承灾体脆弱性分析。他们将脆弱性特征归结如下：① 多维（multi-dimensional）——可具有不同的自然空间，可相对于不同层次的社会组织；② 多尺度（scale）——可取不同的时空单元，可相对于诸如个人、家庭、地区、特定系统等不同的分析单元；③ 动态（dynamic）——对特定的灾害过程，脆弱性随时间而变化；④ 相对于某一特定灾害，承灾体脆弱性评估通常可从其自然特征、经济特征、社会特征、文化特征几个方面着手，但通常不容易给出定量评估结果。Laoupi and Tsakiris（2007）建议用数值分布在 0~1 之间的一个函数表示易损性的值，对承灾体易损性加以标定。

综上所述可以看出，在灾害风险分析研究中，关于脆弱性的含义、脆弱性的评估方法存在着许多争议。脆弱性涉及社会、经济、环境和工程等各个方面，不同学科学者使用脆弱性概念时，所指不尽相同，存在多样性，究其原因在于不同学科（公共健康、气候学、工程科学、地理学、生态学以及其他与自然灾害相关的学科）的学者的学术背景不同，关注的问题的焦点不同，建立脆弱性基本概念时往往采用了不同的假设。尽管如此，不同领域的研究显示出以下共识：即脆弱性表示承灾体系的内部风险特征（internal side of risk），是系统的一种内部属性，更具体地说，脆弱性表示的是处于风险中的承灾系统的暴露元素（或社区）的一种内部属性。随着有关脆弱性概念讨论的深入，目前形成了多维度的脆弱性概念（主要是由地震学和工程学的研究中引入的）：脆弱性表示的相对于致灾因子，承灾体的自然特征、经济特征、社会特征、环境特征和制度特征等（physical, economic, social, environmental and institutional aspects）多维度要素所决定的一种内部属性（Jörn Birkmann, 2004；Tingyeh WU and Kaoru TAKARA, 2008；Sergio Boncinelli, 2007；Omar D Cardona, 2003）。

3）风险

富尼埃·达尔贝（1979）深入研究了自然灾害背景下的风险概念，强调风险不仅在于自然现象的强度，而且在于暴露元素的脆弱性。联合国救灾组织（UNDRO，1991）定义了自然灾害背景下的风险概念，认为风险是由于某一特定的自然现象、特定风险与风险元素引发的后果所导致的人们生命财产损失和经济活动的期望损失值；2004 年，联合国国际减灾战略把风险的概念扩大到自然灾害和人为灾害，其定义是：自然致灾因子或人为致灾因子与脆弱性条件相互作用而导致的有害结果或期望损失（人员伤亡、财产、生计、经济活动中断、环境破坏）发生的可能性。其在 2009 年术语表中的表述更加简化，强调灾害风险是"事件发生

145

概率与其负面结果的综合"，定义灾害风险为未来的特定时期内特定社区或社会团体在生命、健康状况、生计、资产和服务等方面的潜在灾害损失。

任鲁川（1999）在讨论区域自然灾害风险的含义时，基于可能性风险概念，将自然灾害风险分为致灾因子风险（有时也称之为危险性如地震学中的地震危险性）和灾害损失风险两类。致灾因子风险指在一定的时间段内相对于一定的区域某一类致灾因子发生的可能性；而灾害损失风险指在一定的时间段内某一类承灾体遭遇某一类致灾因子袭击导致一定程度灾害损失的可能性。这里所说的灾害损失，可以大致划分为人员伤亡、经济损失（包括直接经济损失和间接经济损失）、环境退化损失三个主要类别。黄崇福（1999）从认识论的角度划分灾害风险类别，指出自然灾害科学研究所关注的主要是真实风险、统计风险、预测风险。真实风险是真实的不利后果事件。真实风险分析对应于灾后损失调查与统计——灾后损失评估。统计风险是历史上不利后果事件的回归。统计风险分析实际上是在灾害史料满足统计分析条件下统计求得的致灾因子、灾害损失的发生概率。预测风险是对未来不利后果事件的预测。得到预测风险必备条件是人们对某类灾害致灾因子和该类致灾因子导致某类承灾体灾害损失的生成机制已有透彻地了解和把握。

Aimilia Pistrika 和 George Tsakiris（2007）、Gary Shook（1997）论及自然灾害损失风险时特别指明，它是由致灾因子风险与承灾体脆弱性耦合而生，由二者共同决定，强调由致灾因子风险和承灾体脆弱性这两个参数表示灾害损失风险，其数学关系式的形式通常相当复杂，其量值不是简单的致灾因子风险与承灾体易损性的相加，如为简便计取最简单的形式，则可将其表示为致灾因子风险与承灾体易损性的乘积，但必须注意到，此时将承灾体的脆弱性标定为0~1之间的无量纲的数值，也仅只是一定意义上的定量化，不可避免带有人为特征。

容易看出，风险的定义包含了两个因素即致灾因子和脆弱性，风险的大小不仅与致灾因子有关，而且与人类社会的易损性密切相关。在其他各种因素相同的条件下，致灾因子的强度、频率越大，则风险越大。脆弱性不同的人群或地区，即使面临完全相同的致灾因子，其期望损失也会不同，即面临不同的灾害损失风险。

常见的灾害损失风险表达式有：

风险（Risk）= 致灾因子（Hazard）×脆弱性（Vulnerability）；

风险（Risk）= 概率（Probability）×损失（Loss）；

风险（Risk）= 概率（Probability）×结果（Consequence）。

3.2.3 海洋灾害风险综合评估的原则

中国沿海地区海洋灾害是中国沿海这一特定区域的灾害。

区域灾害合成风险分析应遵循以下基本原则（Stefan Greiving 2006）：① 不只是面向单种区域灾害，而是面向与区域有关的多种灾害；② 仅面向与区域有关的灾害，那些不同区域普遍存在的灾害和事故（如传染病和交通事故等）不再考虑之列；③ 着眼于区域相关、威胁区域整体的灾害风险，而不考虑针对单体的灾害风险（如行驶的汽车对驾驶者的风险或吸烟对吸烟者健康的风险）；④ 全面考察与区域灾害损失风险相关的要素，包括致灾因子风险和承灾体易损性。

区域灾害风险分析包括区域灾害风险辨识、区域灾害风险估算和区域灾害风险评估等内容。区域灾害风险辨识着重于分析和描述该区域所面临的灾害致灾因子对区域的致灾作用和可能影响。区域灾害风险估算，在描述处于自然灾害致灾因子作用和影响范围中的人口分布、经济布局、环境体系等要素的特征的基础上，阐明灾害事件的形成原因，估计不同种类不同强度灾害事件发生的可能性。风险评估的主要目的是为灾害风险管理者权衡风险大小实施风险管理提供依据和准则。

依据区域灾害系统理论，如果沿海地区海洋灾害被视为一类特定的自然灾害系统，则可将其再分为次一级的三个子系统——海洋灾害致灾因子子系统、海洋灾害承灾体子系统、海洋灾害损失子系统。沿海地区海洋灾害风险分析可对上述三个次级子系统依次展开。主要内容包括：海洋灾害致灾因子风险估算、海洋灾害承灾体易损性评估、海洋灾害损失风险估算。

参照上述，我们倾向于将具体自然灾害类别界定为致灾因子，至于致灾因子危险性，则用可以体现致灾因子特征的一定的要素（可以依据一定原理选定，且可以量化表示）出现的强度、频率来表征。例如，我们可以视风暴潮为致灾因子，选最大增水和最高潮位为体现其特征的要素，而将在一定的时间段内沿海某一特定位置上最大增水和最高潮位的强度与频率表示为风暴潮致灾因子危险性。

进行中国沿海地区主要海洋灾害致灾因子危险性估算，应针对海洋灾害不同的种类，选取表示其致灾因子特征的要素，并以之为据，分析中国沿海地区各个主要海洋灾害致灾因子的地理分布、强度、频度、影响范围及主要作用对象的特征，这种分析应着重于对中国沿海地区人员人身安全的威胁和对社会经济发展的负面作用。如某一种特定的海洋灾害致灾因子要素的观测记录数据完备，满足统计分析的条件，则可尝试建立其概率风险估算模型；如已有较完备描述某一种特定海洋灾害致灾因子生成机制的理论，则可尝试建立其预测风险模型。

显而易见，不同海洋灾害种类往往对应于不同的承灾体。进行中国沿海地区主要海洋灾害承灾体易损性评估，首先要依据海洋灾害致灾因子的类别确定与之相应的承灾体。再依据风险分析目标，选取承灾体的维度、尺度，并分析其动态变化特征。参照各类主要海洋灾害的承灾体的自然、经济、社会、环境等方面的特征，分别建立可用于标定承灾体易损性的易损性函数，从而在一定的程度上实现中国沿海地区海洋灾害承灾体易损性评估的定量化。此外，承灾体暴露特征分析实际上可以隐含在承灾体自然特征的脆弱性评估之中，本书就不再独立讨论。

在已经估算出中国沿海地区各类海洋灾害致灾因子危险性，而且标定出了与之相应的承灾体的脆弱性的情形下，则将二者耦合（最简单的耦合可以取乘积的形式），就可评估中国沿海地区遭遇不同类别不同强度海洋灾害致灾因子袭击时的风险。

3.2.4 海洋灾害风险综合评估的基本程式

依据中国沿海地区海洋灾害风险分析基本原则和一般原理，本节提出中国沿海地区海洋灾害合成风险一般程式。包括以下主要环节：① 中国沿海地区单元划分；② 主要海洋灾害致灾因子辨识；③ 海洋灾害致灾因子危险性评估；④ 海洋灾害承灾体的脆弱性评估；⑤ 海洋灾害风险评估。中国沿海地区海洋灾害风险分析的主要内容如下。

1）确定中国沿海地区的范围，将其划分为区域单元

中国沿海地区的区域单元划分可以从以下两种方法选一：① 按照一定行政区域划分区域单元，譬如以行政县（市）为基本单元；② 按一定经纬度间隔划分地理网格。前一种划分的方法便于人口分布、经济数据的统计，缺点是基本单元不规则。后一种划分方法的长处在于

基本单元规则统一，但如何赋予每一个基本单元人口以及相关的经济等数据，需要选取适当的方法近似处理。

2) 海洋灾害危险性辨识

本环节的第一部分内容为海洋灾害危险性辨识。因为海洋灾害危险性是由海洋灾害致灾因子对沿海地区作用的强度、频度等共同决定的，故中国沿海地区海洋灾害危险性辨识，一方面要辨识威胁中国沿海地区的海洋灾害种类，分析各类海洋灾害对中国沿海地区的作用机制；另一方面要分析中国沿海地区各个区域单元各类海洋灾害的危险性。完成这一环节评估内容有两个主要途径：① 海洋灾害致灾动力学分析；② 统计分析海洋灾害历史资料。

本环节的第二部分内容为海洋灾害危险性估算，包括两个层次即单种海洋灾害致灾因子危险性估算和多种海洋灾害致灾因子综合危险性估算。需要先期完成的基础工作包括建立各类相关海洋灾害的致灾因子危险性指标体系和提出多种海洋灾害致灾因子危险性合成原则。本书将具体海洋灾害界定为致灾因子，至于海洋灾害致灾因子危险性指标，采用体现海洋灾害致灾因子特征的且可以量化的要素来表示，综合分析所选要素不同量值出现的强度与频率作为该类海洋灾害致灾因子危险性。至此可以基于各类海洋灾害的致灾因子危险性估算结果并绘制各类海洋灾害致灾因子危险性图。接着，可依据所选取的海洋灾害致灾因子危险性合成准则，进行海洋灾害致灾因子综合危险性估算，并绘制海洋灾害综合危险性图。

3) 海洋灾害脆弱性评估

完成这一环节的工作的关键，一是建立脆弱性概念，一是提出脆弱性评估方法，主要目标在于建立一个评估中国沿海地区不同区域单元脆弱性的平台。

本书中中国沿海地区海洋灾害脆弱性评估采用多维度脆弱性概念。具体做法是，首先基于多维度脆弱性概念建立各个海洋灾害的脆弱性评估指标体系，继而依据该指标体系，对中国沿海地区各个区域单元进行标定，完成中国沿海地区相对于单种海洋灾害的脆弱性评估，并绘制出相应的脆弱性评估图，之后，选定多种海洋灾害的脆弱性合成准则，据之合成得出中国沿海地区各个区域单元相对于多种海洋灾害的脆弱性，并绘制出相应的中国沿海地区海洋灾害综合脆弱性评估图。

4) 海洋灾害综合风险评估

Aimilia Pistrika 等（2007）以及 GaryShook（1997）都曾指出，自然灾害风险由致灾因子危险性与承灾体脆弱性耦合而成，由二者共同决定，并强调由致灾因子危险性和承灾体脆弱性这两个参数表示灾害风险的数学关系式的形式通常相当复杂。从国外已有的相关研究看，依据致灾因子危险性和承灾体脆弱性定量计算灾害损失风险时通常采用简化处理的方法。例如一种处理方法是，将承灾体的脆弱性标定为 0~1 之间的无量纲的数值，再将自然灾害风险表示为致灾因子危险性与承灾体脆弱性的乘积（Gary Shook，1997）。又如，另一种处理方法是，将灾害致灾因子综合危险性值与承灾体脆弱性评估值结合，采用德尔费法（The Delphi Method）进行灾害综合风险的估算。这种处理方法借鉴于环境影响评估中的生态风险分析方法，具体的做法是，首先将灾害致灾因子综合危险性等级数和承灾体脆弱性综合指数等级排列成矩阵，然后将每一级的灾害致灾因子综合危险性等级数分别与脆弱性综合指数相加，以求得的和值作为灾害综合风险值（Stefan Greiving，2006）。

参照上文所述，中国沿海地区海洋灾害综合风险分析，要先行提出综合海洋灾害风险的准则，再依其完成中国沿海地区灾害综合风险评估。具体的综合分析方法，可选择上文提到的方法，或研究提出新的方法，最后按评估结果绘制出相应的海洋灾害综合风险图。

3.3　海洋灾害综合风险评估模型

3.3.1　引言

本章参考欧洲多重风险评估（multi-risk assessment）模型，提出我国沿海地区海洋灾害综合风险评估模型，依据该模型，利用我国沿海地区主要海洋灾害的资料进行案例研究，可评估分析我国近海区域海洋灾害致灾因子综合危险性和承灾体脆弱性特征，得到我国近海区域海洋灾害致灾因子综合风险图、相对于各类海洋灾害的脆弱性分布图、海洋灾害综合风险图。

3.3.2　欧洲多重风险评估模型简介

欧洲多重风险评估模型最初被应用于超国家的区域尺度，即扩大后的欧盟区域的风险评估，但从原理上讲，它也适应于与灾害风险有关的任何空间尺度，针对同一地区，对各个致灾因子所导致的风险，采用统一的时间尺度进行评估。同时，该模型考虑了各个致灾因子之间的触发和连锁效应，这是它优于其他类似模型的原因所在（Stefan Greiving，2006）。

欧洲多重风险分析基本程式如下：

（1）致灾因子（风险源）（hazards/risk sources）辨识

具体内容包括：① 风险源（自然的和人为的）辨识；② 成灾过程及灾害传播途径的确定；③ 分析主要灾害及其次生灾害过程，定义单种灾害风险和多重灾害风险。

（2）承灾体暴露特征和脆弱性特征分析

具体内容包括：① 对各类相关灾害的暴露定义；② 分析各类相关灾害损失强度的分布；③ 脆弱性构成元素（诸如处于风险中的入口、基础设施、建筑物等）的辨识。

（3）风险评估

具体内容包括：① 定义各类损毁（如人员伤亡、建筑物和基础设施及生命线工程的损毁、经济损失、环境退化等）；② 估计整体损毁水平；③ 单种灾害风险和多重灾害分析评估；④将估计得到的多重灾害风险值与区域可接受分析水平进行比较。

欧洲多重风险评估模型的主要输出成果图件：

a. 单灾种致灾因子图

欧洲多重风险分析模型中，致灾因子的强度用其发生的频率和量级数据表示，对于每一种与空间相关的灾害，给出一张单独的致灾因子图（hazard map），显示该致灾因子发生的地区和强度。欧洲多重风险评估模型中选定的致灾因子包括雪灾、干旱、地震、极端温度、洪灾、森林大火、滑坡、风暴潮、海啸、火山爆发、空难、化工事故、核事故、与石油有关的事故等共计14个类别。

b. 综合致灾因子图

将每一类致灾因子强度划分为 5 个等级，再根据专家意见应用 Delphi 方法判断不同致灾因子的相对重要性，并以百分比表示，然后将所有单个致灾因子的信息综合起来表达在一张图上，得到综合致灾因子图（integrated hazard map），用之以反映每一个地区所有灾害发生的可能性（overall hazard potential）。容易看出，所谓综合体现在对所有单个致灾因子的强度求加权和——即每个致灾因子的 Delphi 权重和对应致灾因子强度序列（1~5）相乘后再求和。

c. 综合脆弱性图

依据欧洲多重风险评估模型，区域脆弱性是由灾害暴露和应对能力决定的。把与潜在灾害有关的灾害暴露和应对能力的信息结合起来，制作出反映每一个地区总体的脆弱性的图件——综合脆弱性图（vulnerability map）。其中，灾害暴露由 3 个指标进行度量：① 用地区人均 GDP 指标度量一个地区的基础设施、工业设备、生产能力、居民建筑等灾害暴露程度；② 人口密度指标代表暴露区内可能的受害人口；③ 自然区的破碎化程度（the fragmentation of natural areas）表示生态脆弱性。以人均 GDP 作为刻画应对能力的指标，反映一个地区应对和处理灾害影响的响应潜力。欧洲多重风险评估模型中，区域脆弱性划分为 5 个等级，各种脆弱性指标所取的权重如图 3.1 所示。

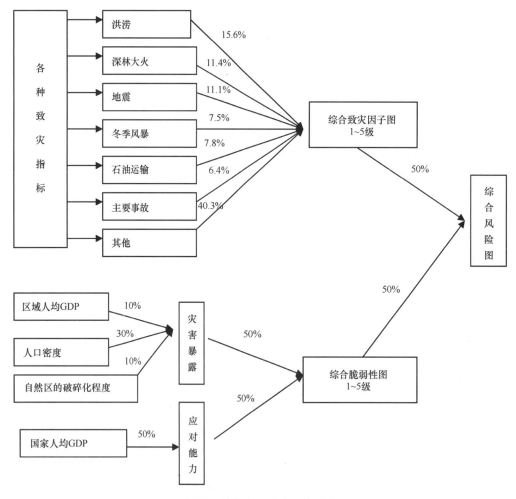

图 3.1　欧洲多重风险评估程式

d. 综合风险图

把综合致灾因子图和区域脆弱性图的信息结合起来，可以制作出反映评估区域综合风险的图件——综合风险图（integrated risk map）。综合风险图的获取方法源于环境影响评价中的生态风险分析方法，首先将总的致灾因子强度等级和脆弱性综合指数等级排列成一个 5×5 的矩阵，然后把每一级的致灾因子强度等级数的和分别与脆弱性指数等级加和，共得到 10 个综合风险等级。由于同一综合风险等级会具有不同风险成分，因此还需要在研究每个评估区域的风险特征基础上决定每个地区的综合风险等级，从而制作出综合风险图。

欧洲多重风险评估模型使用的评估方法依然存在一些有待研究的问题——如权重选取、未来构成风险的参数变化、数据质量、度量局限及数据空间匹配问题等。其中，度量局限表现在，用于应对能力的指标有些是可以定量的，而另外一些重要的指标（如社会凝聚和组织结构）却是无法定量的。数据空间匹配问题针对的是，致灾因子区和风险管理制度安排之间的适应性和兼容性问题。

3.3.3 中国沿海地区海洋灾害综合风险评估模型

由于海洋灾害的形成机制、危害程度不同，对中国沿海海洋灾害综合风险评估与区划时，主要考虑的是风暴潮、海浪、海冰、海啸、赤潮、海雾等突发性海洋灾害。风险评估内容包括各海洋灾害单灾种危险性评估、海洋灾害综合危险性评估、承灾体脆弱性评估及海洋灾害综合风险评估。中国沿海地区海洋灾害综合风险流程与技术路线分别见图 3.2 和图 3.3。

依据上述技术路线评估中国沿海地区 5 类突发性海洋灾害的综合风险，需要先期完成两项工作。一项工作是确定有关指标，包括 5 类海洋灾害的致灾因子危险性指标，承灾体脆弱性指标。另一项工作是确定权重系数。一是确定海洋灾害综合危险性计算时 5 类海洋灾害致灾因子危险性各自所占的权重以及采用的权重系数；二是承灾体脆弱性计算时区域单元人均 GDP、人口密度等各自所占权重以及采用的权重系数。

3.4 海洋灾害风险评估与区划

本次海洋灾害风险评估与区划工作中，海洋灾害风险评估主要基于历史数据统计法，考虑的灾种为风暴潮（含近岸浪）、海冰、海雾、赤潮等海洋灾害。首先搜集风暴潮、海冰等海洋灾害的历史数据，分析 174 个沿海县各类海洋灾害危险性并对其进行分级，同时采用 1 千米栅格社会人口、GDP 数据对 174 个沿海县进行承灾体脆弱性分析，综合考虑沿海各县的各灾种危险性和承灾体脆弱性进行风暴潮、海冰等灾害的风险评估；此外，依据沿海各区域风暴潮、海冰等各类海洋灾害的特点以及造成的灾害，分别给各类灾害赋予不同权重，综合分析了 174 个沿海县的海洋灾害风险，利用 GIS 技术分别绘制了渤黄海、东海、南海风暴潮（含近岸浪）、海冰、海雾、赤潮等各灾种灾害风险及区划图和综合灾害风险及区划图等。

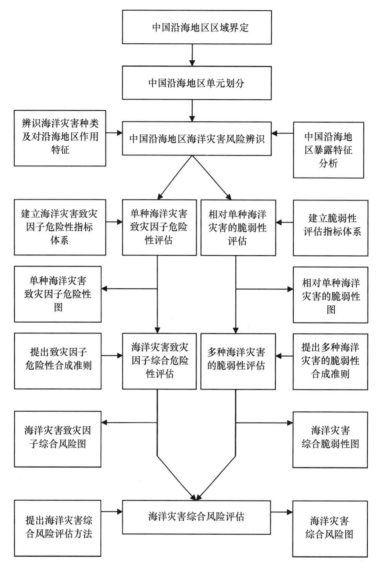

图 3.2　沿海地区海洋灾害综合风险集成流程图

3.4.1　海洋灾害承灾体脆弱性分析

在本书中，对沿海海洋灾害脆弱性评估中主要考虑的方面是人口和经济分布，使用的数据为 2002 年中国沿海分辨率为 1 千米的人口和 GDP 的栅格数据，分别是 GDP_ 2002_ 1 千米和 POP_ 2002_ 1 千米。目前，防灾减灾的目的是保护人民生命财产安全，特别是保护生命安全被放在第一位，因此在处理人口和 GDP 栅格数据时，人口和经济数据被赋予不同的权重，其中人口所占权重为 0.6，经济所占权重为 0.4，将得到的数据进行归一化处理，并分为四级，表示承灾体脆弱性等级。并在此基础上分别绘制了渤黄海、东海和南海的海洋灾害脆弱性分布图（图 3.4~图 3.6），其中，Ⅰ级表示脆弱性等级最高。

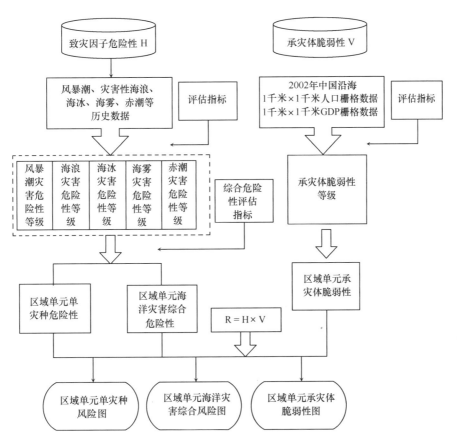

图 3.3　中国沿海地区综合海洋灾害风险评估技术路线

对我国近海海浪灾害脆弱性评估中主要考虑的方面是海上主要石油生产区、海上主要渔业捕捞区和海上主要航道。综合考虑各种要素之后，将我国近海 16 海区划的脆弱性划分为四级，并在此基础上绘制中国近海海区海浪灾害脆弱性分布图（图 3.7），其中，Ⅰ级表示脆弱性等级最高。

3.4.2　海洋灾害致灾因子危险性评估

1）风暴潮灾害危险性评估

为了获取我国沿海风暴潮灾害数据，掌握风暴潮灾害危险性分布，选取我国沿海 60 个典型的、具有长时间序列潮位资料的验潮站，这些潮位站分布在沿海的各个省市，大部分验潮站的资料时间序列在 30 年以上，部分站的资料时间序列在 50 年以上，基本可以代表全国沿海的风暴潮及灾害情况。据统计，新中国成立后（1949—2007 年）共发生黄色以上级别的台风风暴潮 217 次，橙色以上级别的 118 次；黄色以上级别温带风暴潮 63 次，橙色以上级别的 12 次。

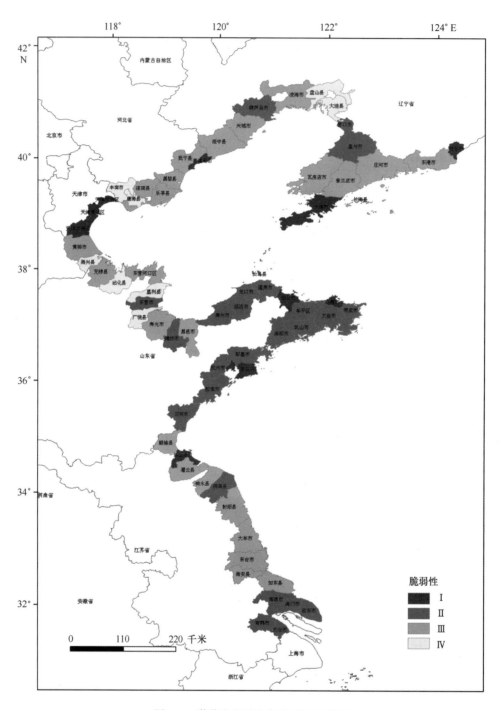

图 3.4　渤黄海海洋灾害脆弱性分布图

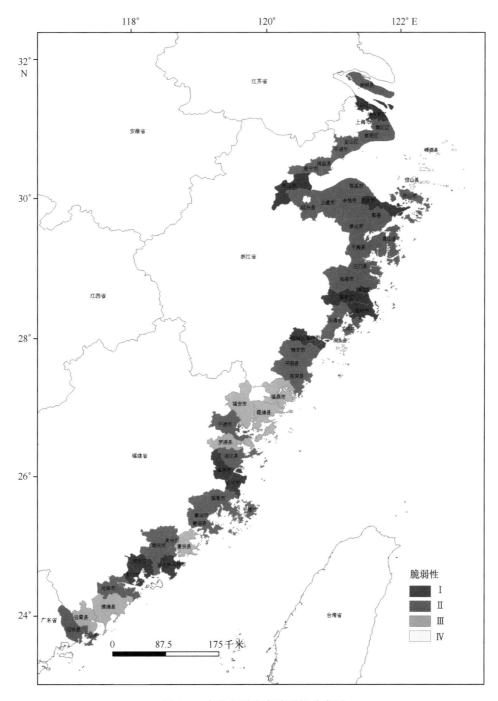

图 3.5 东海海洋灾害脆弱性分布图

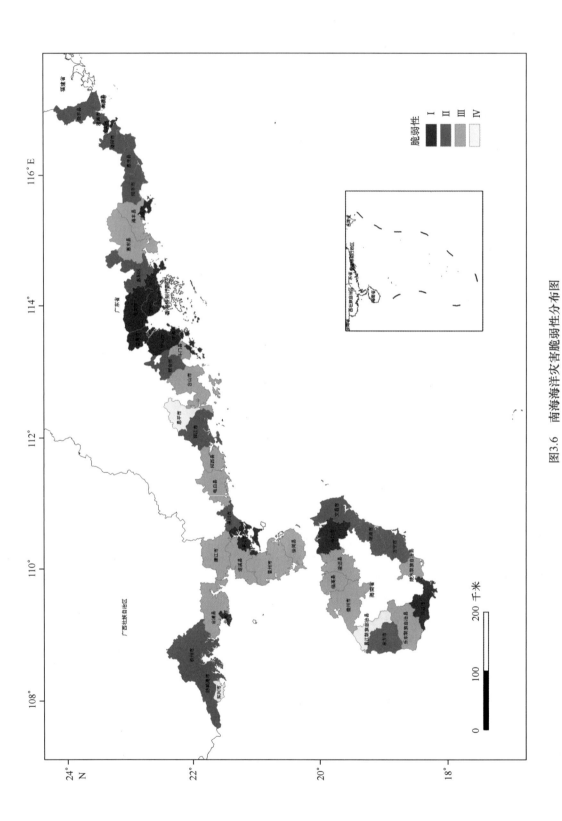

图3.6 南海海洋灾害脆弱性分布图

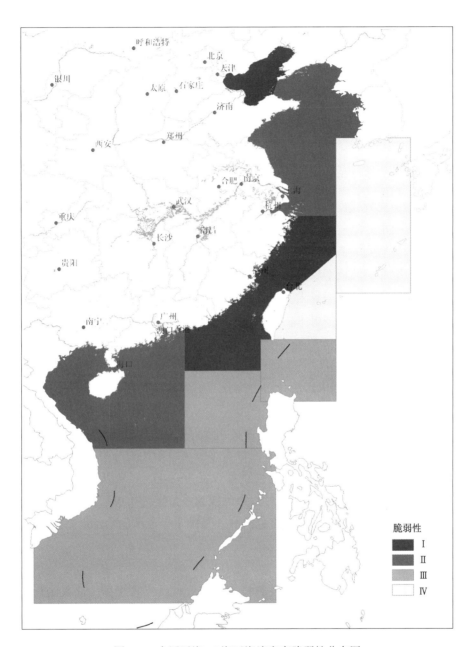

图 3.7　中国近海 16 海区海浪灾害脆弱性分布图

为了突出橙色以上风暴潮灾害级别的重要性，在风暴潮灾害的统计中我们引入了风暴潮灾害灾度的概念，灾度就是灾害程度，是将灾害级别（红、橙、黄）乘以灾害权重，见公式（3.1），灾害级别是以一次过程的高潮位超过当地警戒潮位的数值来划分的。

$$D_G = W_R \times 10 + W_O \times 5 + W_Y \times 1 \tag{3.1}$$

公式（3.1）中，D_G 代表灾度；W_R 代表红色级别，W_O 代表橙色级别，W_Y 代表黄色级别。

根据灾度公式按照每个验潮站各灾害级别出现的次数以及各级别灾害权重，计算出每个验潮站的灾度，将灾度值进行归一化处理并划分为四级，分别表示风暴潮灾害危险性等级，其中最高级别为Ⅰ级，表示危险性最高。

2）海啸灾害危险性评估

依据我国沿海历史海啸资料，以及所在区域遭受潜在海啸威胁的可能性，将海啸危险性分为四级（图3.8~图3.10）。其中最高级别为Ⅰ级，表示危险性最高。

Ⅳ级：遭受海啸影响的概率很小，潜在影响程度很小；

Ⅲ级：遭受海啸影响的概率较小，潜在影响程度较小；

Ⅱ级：遭受海啸影响的概率较大，潜在影响程度较大；

Ⅰ级：遭受海啸影响的概率很大，潜在影响程度很大。

3）海浪灾害危险性分析

在中国近海16个海区海浪灾害统计中，充分考虑4米以上灾害性海浪过程次数起到的关键作用，将其作为海浪灾害的决定因子。

利用1968—2009年的42年中国近海各海区4米以上、6米以上和9米以上灾害性海浪过程发生次数的历史数据，进行中国近海16海区海浪灾害危险性划分，其中考虑到致灾强度的原因，将9米以上的灾害性海浪过程数的权重系数定为0.75，6米以上灾害性海浪过程数的权重系数定为0.2，4米以上灾害性海浪过程数的权重系数定为0.05。最后将各海区的危险性指数划分为四级，分别表示海区海浪灾害危险性，其中Ⅰ级表示危险性最高。

4）海冰灾害危险性分析

在海冰灾害的统计中引入了海冰灾度的概念，灾度就是灾害程度。而决定海冰灾害程度的最主要因子是海冰的厚度。

因为历史上海冰观测资料较为匮乏，采用数值模拟、数理统计分析、动力-统计相结合的方法，利用长时间序列的大气资料和海洋资料，进行历史冰情模拟和后报，弥补历史冰情资料的残缺部分，建立长达56年的中国海冰逐年演变历史序列。在此基础上利用历史冰情资料和海冰数值模拟结果，根据统计分布理论，推算极端情况和统计意义上的海冰状况和参数特征，制作了渤海和黄海北部5年、10年、20年、50年和100年重现期的海冰范围、冰厚专题图。

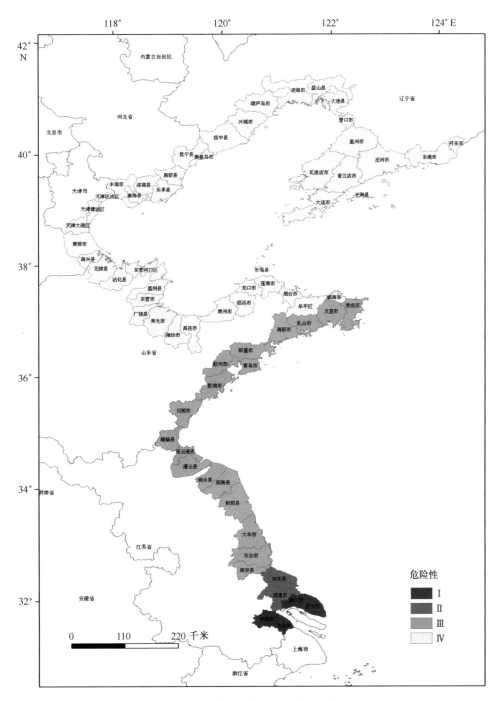

图 3.8　渤黄海海啸灾害危险性图

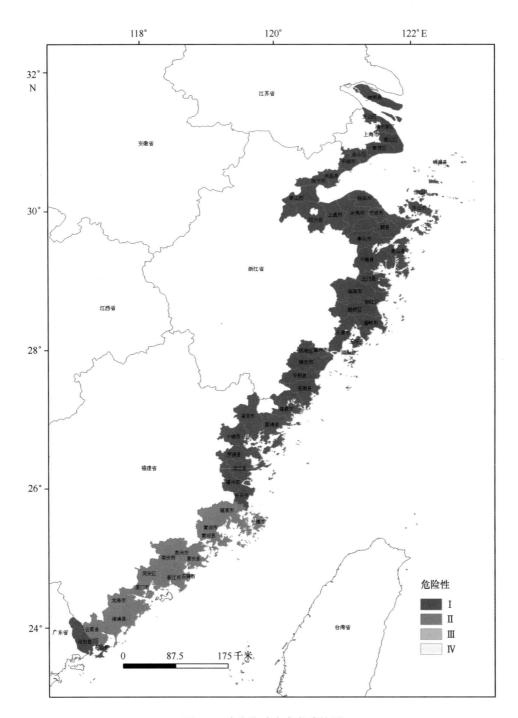

图 3.9 东海海啸灾害危险性图

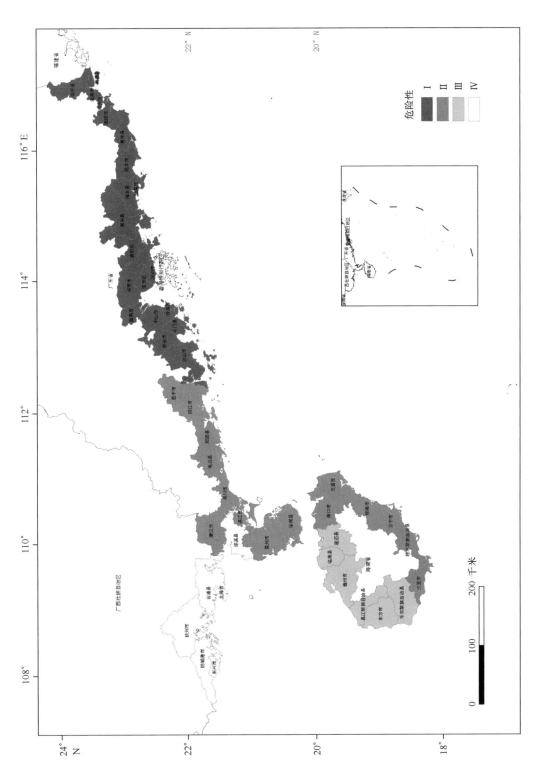

图3.10 南海海啸灾害危险性图

根据渤海和北黄海沿岸海域的多年一遇的海冰厚度分布状况，同时参考相应岸段的海冰覆盖范围，将海冰灾度值划分为四级，分别表示海冰灾害危险性，其中Ⅰ级表示危险性最高。

5）赤潮灾害危险性分析

采用1933—2009年的统计数据。（其中主要记录的赤潮事件发生在1985年以后），分析沿海各区域赤潮灾害的发生次数、面积等，采用赤潮发生次数来进行等级划分。所在区域年均赤潮发生超过2次的区域为Ⅰ级，小于两次大于1次的为Ⅱ级，小于1次大于0.5次的为Ⅲ级，低于0.5次的为Ⅳ级，其中Ⅰ级表示危险性最高。

6）海雾灾害危险性分析

利用1964—2000年中国近海沿岸多个气象站雾观测资料，统计分析多年平均年雾日数（简称为N，以当日内观测到海雾现象定义为一个雾日。）以此为标准进行等级划分：

N≤10天，为等级Ⅳ，表征海雾灾害轻；

10天<N≤30天，为等级Ⅲ，表征海雾灾害较轻；

30天<N≤60天，为等级Ⅱ，表征海雾灾害重；

60天<N，为等级Ⅰ，表征海雾灾害严重。其中1级表示危险性最高。

7）海洋灾害危险性

我国沿海海岸线较长，横跨亚热带、温带等多个气候带，沿海各区域的海洋灾害有所区别。渤海、黄海突发性海洋灾害分别为风暴潮（含近岸浪，下同）、海冰、海雾和赤潮等；东海和南海海洋灾害则分别为风暴潮、海雾和赤潮等。

分析各海区海洋灾害时，考虑到不同海区的海洋灾害的差异，以及各海洋灾害成灾特点及造成的损失等各方面因素，赋予各灾种不同权重，计算海洋灾害综合危险性。

在渤海、黄海沿海区域，造成严重的海洋灾害为风暴潮和海冰，风暴潮又包括台风风暴潮和温带风暴潮。为了合理为各灾种取权重值，依据1989—2010年国家海洋局出版的《中国海洋灾害公报》（以下简称《公报》），分别统计了各灾种（绝大部分为风暴潮和海冰）在渤海、黄海造成的损失，其中风暴潮灾害损失占70%以上，考虑到1969年发生的特大海冰灾害未计入损失统计中，因此将海冰权重增大，同时考虑到赤潮灾害损失统计难度较大，《公报》中所反映的赤潮损失可能偏小，海雾灾害造成损失则又少于赤潮。综合以上各种因素，风暴潮灾害权重取值0.5，海冰灾害权重取值0.35，赤潮灾害权重取值0.1，海雾灾害权重取值0.05。

在东海和南海沿海区域，主要海洋灾害为风暴潮。依据《公报》，风暴潮灾害损失约占全部海洋灾害的94%，同时考虑到赤潮灾害损失统计难度较大，《公报》中所反映的赤潮损失可能偏小，海雾灾害造成损失则又少于赤潮。综合以上各种因素，风暴潮灾害权重取值0.85，赤潮灾害权重取值0.1，海雾灾害权重取值0.05。

据此，分析计算了174个沿海县的海洋灾害危险性，并利用GIS绘制了各海区海洋灾害危险性图。其中Ⅰ级表示危险性最高。

由于在历史资料中，记载的海啸灾害事件较其他灾害明显偏少，而我国沿海既受局地海啸的威胁，也面临着来自太平洋的越洋海啸的威胁，海啸灾害的潜在风险很高。因此在综合考虑海洋灾害时，海啸没有纳入其中，作为单一灾种分析其危险性和风险（图 3.8～图 3.13）。

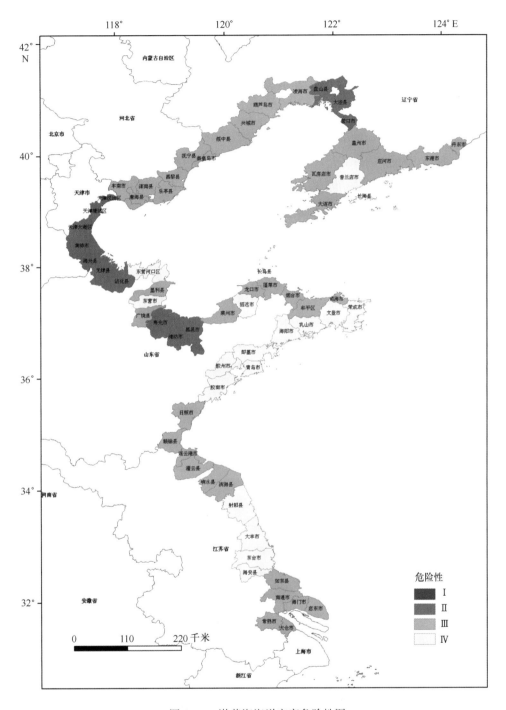

图 3.11　渤黄海海洋灾害危险性图

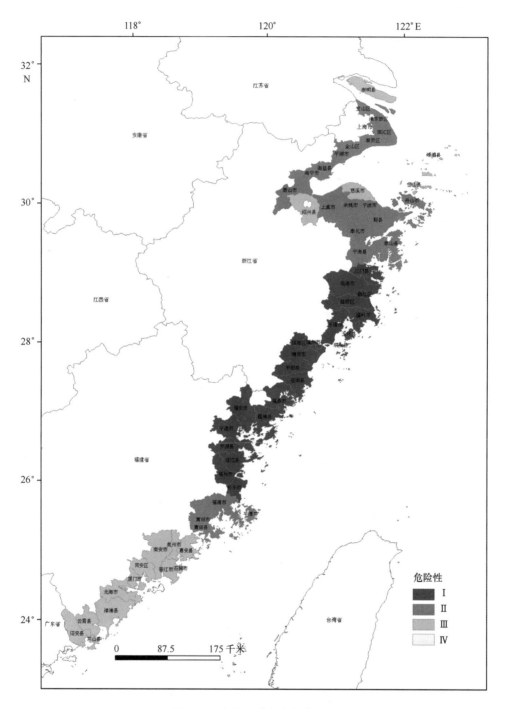

图 3.12　东海海洋灾害危险性图

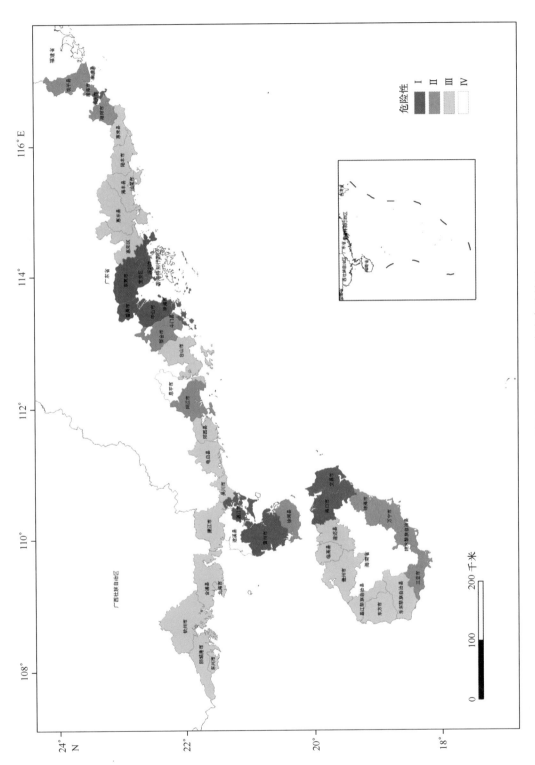

图3.13 南海海洋灾害危险性图

3.4.3 海洋灾害风险评估与区划

依据分析得到的风暴潮、海冰等海洋灾害综合危险性，以及沿海承灾体脆弱性结果进行风暴潮风险评估。采用自然灾害风险的定义及其数学表达式，海洋灾害风险表达为：

$$R = H \times V \tag{3.2}$$

其中，R（Risk）代表风险，H（Hazard）代表危险性，V（Vulnerability）代表脆弱性。

在分析沿海县各灾种危险性（四级）、海洋灾害综合危险性（四级）与承灾体脆弱性（四级）的基础上，按照上述公式，分别得到沿海县各灾种风险评估结果（16级）与海洋灾害综合风险评估结果（16级），据此划分为四级风险，并绘制了以沿海县为单元的灾害风险评估与区域图。其中，Ⅰ级表示风险最高。

从沿海海洋灾害风险评估与区划中，可以看出沿海各县的海洋灾害各灾种风险和综合风险，从而为有效规避风暴潮（含近岸浪）、海冰、赤潮等海洋灾害影响，科学安排沿海地区经济发展布局，有效防御海洋灾害提供科学依据。表 3.1~表 3.3 和图 3.14~图 3.22 分别为渤黄海、东海和南海海洋灾害危险性及风险评估及区划结果。

表 3.1　渤海、黄海海洋灾害风险评估及区划表

序号	县名	海啸危险性等级	综合危险等级	综合风险等级
1	盘山县	Ⅳ	Ⅲ	Ⅳ
2	凌海市	Ⅳ	Ⅲ	Ⅳ
3	大洼县	Ⅳ	Ⅲ	Ⅳ
4	葫芦岛市	Ⅳ	Ⅲ	Ⅲ
5	兴城市	Ⅳ	Ⅲ	Ⅳ
6	营口市	Ⅳ	Ⅲ	Ⅲ
7	绥中县	Ⅳ	Ⅲ	Ⅳ
8	盖州市	Ⅳ	Ⅲ	Ⅲ
9	丹东市	Ⅳ	Ⅳ	Ⅲ
10	抚宁县	Ⅳ	Ⅳ	Ⅳ
11	东港市	Ⅳ	Ⅲ	Ⅲ
12	庄河市	Ⅳ	Ⅲ	Ⅲ
13	瓦房店市	Ⅳ	Ⅲ	Ⅳ
14	秦皇岛市	Ⅳ	Ⅲ	Ⅲ
15	普兰店市	Ⅳ	Ⅳ	Ⅳ
16	昌黎县	Ⅳ	Ⅲ	Ⅳ
17	丰南市	Ⅳ	Ⅲ	Ⅳ
18	滦南县	Ⅳ	Ⅲ	Ⅳ
19	乐亭县	Ⅳ	Ⅲ	Ⅳ
20	长海县	Ⅳ	Ⅳ	Ⅳ

续表 3.1

序号	县名	海啸危险性等级	综合危险等级	综合风险等级
21	唐海县	IV	III	IV
22	大连市	IV	III	II
23	天津汉沽区	IV	II	II
24	天津塘沽区	IV	II	II
25	天津大港区	IV	II	II
26	黄骅市	IV	II	III
27	长岛县	IV	IV	IV
28	海兴县	IV	II	IV
29	无棣县	IV	II	III
30	沾化县	IV	II	IV
31	东营市	IV	IV	IV
32	东营市河口区	IV	IV	IV
33	蓬莱市	IV	III	III
34	龙口市	IV	III	III
35	垦利县	IV	III	IV
36	烟台市	IV	III	III
37	威海市	IV	III	III
38	招远市	IV	IV	IV
39	牟平区	III	III	III
40	莱州市	III	III	III
41	文登市	IV	IV	IV
42	荣成市	IV	IV	IV
43	广饶县	IV	III	IV
44	寿光市	III	III	III
45	潍坊市	IV	II	II
46	乳山市	III	IV	IV
47	昌邑市	III	II	III
48	海阳市	III	IV	IV
49	即墨市	III	IV	IV
50	胶州市	III	IV	IV
51	青岛市	III	IV	IV
52	胶南市	III	IV	IV
53	日照市	III	IV	IV
54	赣榆县	III	IV	IV

序号	县名	海啸危险性等级	综合危险等级	综合风险等级
55	连云港市	Ⅲ	Ⅳ	Ⅲ
56	灌云县	Ⅲ	Ⅳ	Ⅳ
57	响水县	Ⅲ	Ⅳ	Ⅳ
58	滨海县	Ⅲ	Ⅳ	Ⅳ
59	射阳县	Ⅲ	Ⅳ	Ⅳ
60	大丰市	Ⅲ	Ⅳ	Ⅳ
61	东台市	Ⅱ	Ⅳ	Ⅳ
62	海安县	Ⅱ	Ⅳ	Ⅳ
63	如东县	Ⅰ	Ⅳ	Ⅳ
64	南通市	Ⅰ	Ⅳ	Ⅳ
65	海门市	Ⅳ	Ⅳ	Ⅳ
66	启东市	Ⅳ	Ⅲ	Ⅲ
67	常熟市	Ⅳ	Ⅳ	Ⅳ
68	太仓市	Ⅳ	Ⅳ	Ⅳ

表 3.2　东海海洋灾害风险评估及区划表

序号	县名	海啸危险等级	综合危险等级	综合风险等级
1	崇明县	Ⅰ	Ⅲ	Ⅲ
2	浦东新区	Ⅰ	Ⅱ	Ⅱ
3	宝山区	Ⅰ	Ⅱ	Ⅱ
4	南汇区	Ⅰ	Ⅱ	Ⅱ
5	奉贤区	Ⅰ	Ⅱ	Ⅱ
6	金山区	Ⅰ	Ⅱ	Ⅱ
7	嵊泗县	Ⅰ	Ⅲ	Ⅳ
8	平湖市	Ⅰ	Ⅱ	Ⅲ
9	海盐县	Ⅰ	Ⅱ	Ⅲ
10	岱山县	Ⅰ	Ⅲ	Ⅳ
11	海宁市	Ⅰ	Ⅱ	Ⅲ
12	萧山市	Ⅰ	Ⅱ	Ⅱ
13	慈溪市	Ⅰ	Ⅲ	Ⅲ
14	余姚市	Ⅰ	Ⅱ	Ⅲ
15	舟山市	Ⅰ	Ⅱ	Ⅱ
16	上虞市	Ⅰ	Ⅱ	Ⅲ

续表 3.2

序号	县名	海啸危险等级	综合危险等级	综合风险等级
17	绍兴县	I	III	III
18	宁波市	I	II	II
19	鄞县	I	II	III
20	奉化市	I	II	III
21	象山县	I	II	II
22	宁海县	I	II	III
23	三门县	I	I	II
24	临海市	I	I	II
25	椒江区	I	I	I
26	路桥区	I	I	I
27	乐清市	I	I	II
28	温岭市	I	I	I
29	玉环县	I	I	II
30	瓯海区	I	I	I
31	温州市	I	I	I
32	洞头县	I	I	IV
33	瑞安市	I	I	II
34	平阳县	I	I	II
35	苍南县	I	I	II
36	福鼎市	I	I	III
37	福安市	I	I	III
38	霞浦县	I	I	III
39	宁德市	I	I	II
40	罗源县	I	I	III
41	连江县	I	I	II
42	福州市	I	I	I
43	长乐市	I	I	I
44	福清市	II	II	II
45	莆田县	II	II	II
46	平潭县	II	II	II
47	莆田市	II	II	II
48	泉州市	II	III	III
49	南安市	II	III	III
50	惠安县	II	III	IV

续表 3.2

序号	县名	海啸危险等级	综合危险等级	综合风险等级
51	同安区	II	III	II
52	晋江市	II	III	III
53	石狮市	II	III	III
54	厦门市	II	III	II
55	龙海市	II	III	III
56	漳浦县	II	III	IV
57	云霄县	II	III	IV
58	诏安县	I	III	III
59	东山县	I	III	III

表 3.3 南海海洋灾害风险评估及区划表

序号	县名	综合危险等级	海啸危险等级	综合风险等级
1	澄海市	II	I	II
2	饶平县	II	I	III
3	潮阳市	II	I	III
4	南澳县	III	I	IV
5	汕头市	I	I	I
6	海丰县	III	I	IV
7	惠来县	III	I	III
8	陆丰市	III	I	III
9	东莞市	I	I	I
10	汕尾市	III	I	III
11	宝安区	I	I	I
12	新会市	II	II	III
13	深圳市	I	I	I
14	番禺市	I	II	I
15	惠东县	III	II	IV
16	中山市	I	II	I
17	恩平市	IV	II	IV
18	钦州市	III	IV	III
19	台山市	III	II	IV
20	惠州市惠阳区	III	II	III
21	珠海市	I	II	I

续表 3.3

序号	县名	综合危险等级	海啸危险等级	综合风险等级
22	斗门县	II	II	III
23	阳江市	II	II	III
24	防城港市	III	IV	III
25	电白县	III	II	IV
26	合浦县	III	IV	IV
27	阳西县	III	II	IV
28	廉江市	III	II	IV
29	东兴市	III	IV	IV
30	吴川市	III	II	III
31	北海市	III	IV	III
32	遂溪县	IV	IV	IV
33	湛江市	I	II	I
34	雷州市	I	II	III
35	徐闻县	III	II	III
36	文昌市	I	II	II
37	海口市	I	II	I
38	澄迈县	III	III	IV
39	临高县	III	III	IV
40	儋州市	III	III	IV
41	昌江黎族自治县	III	III	IV
42	琼海市	II	II	III
43	东方市	III	III	III
44	万宁市	II	II	III
45	乐东黎族自治县	III	III	IV.
46	陵水黎族自治县	II	II	III
47	三亚市	II	II	II

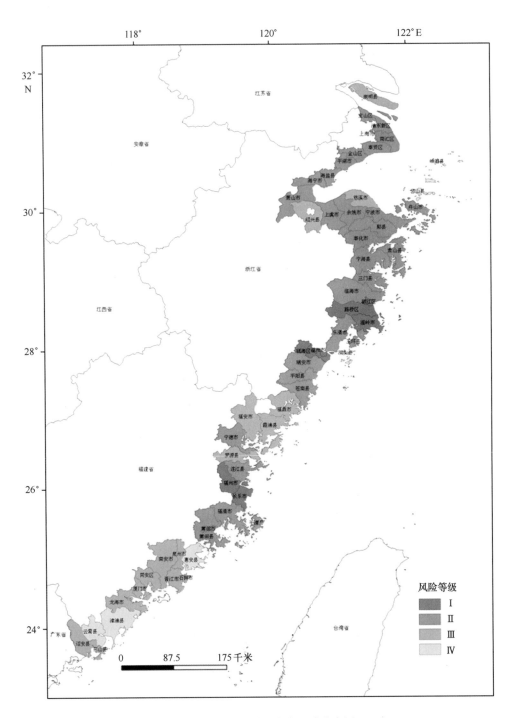

图 3.14 东海风暴潮灾害风险分布图

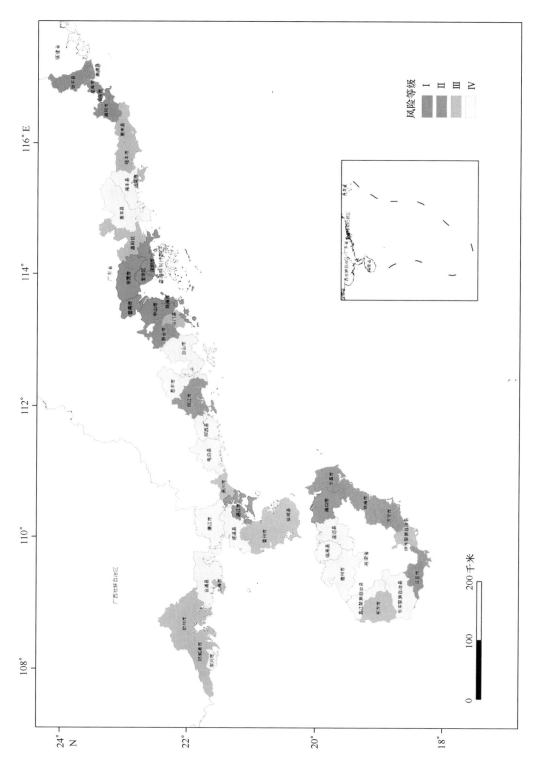

图3.15　南海风暴潮灾害风险分布图

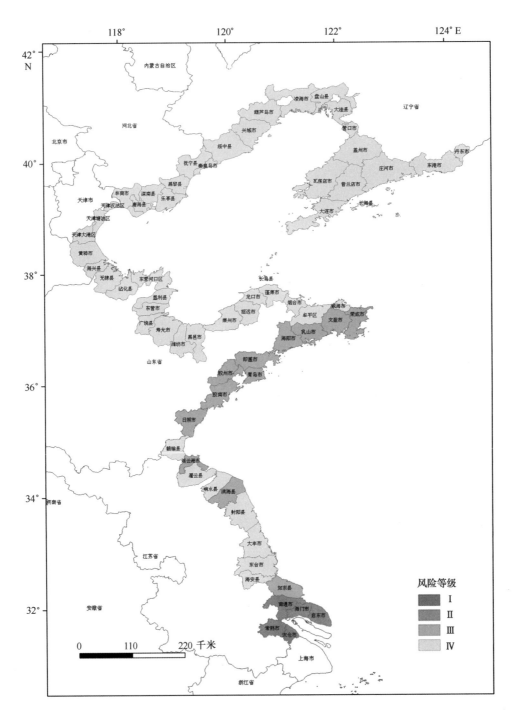

图 3.16　渤黄海海啸灾害风险分布图

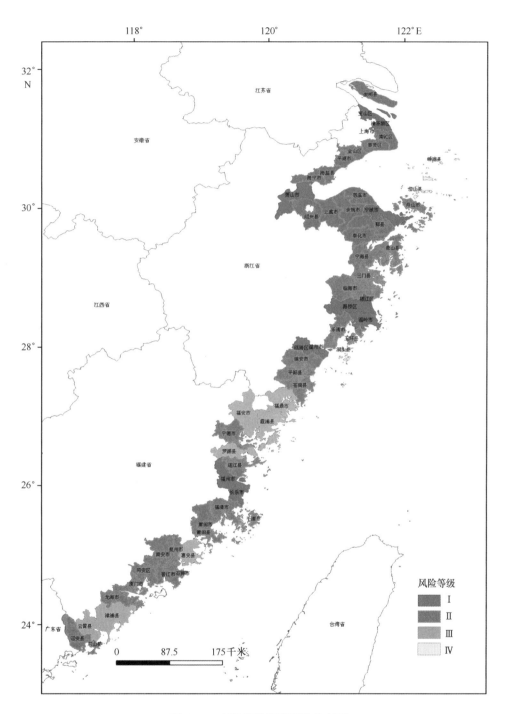

图 3.17　东海海啸灾害风险分布图

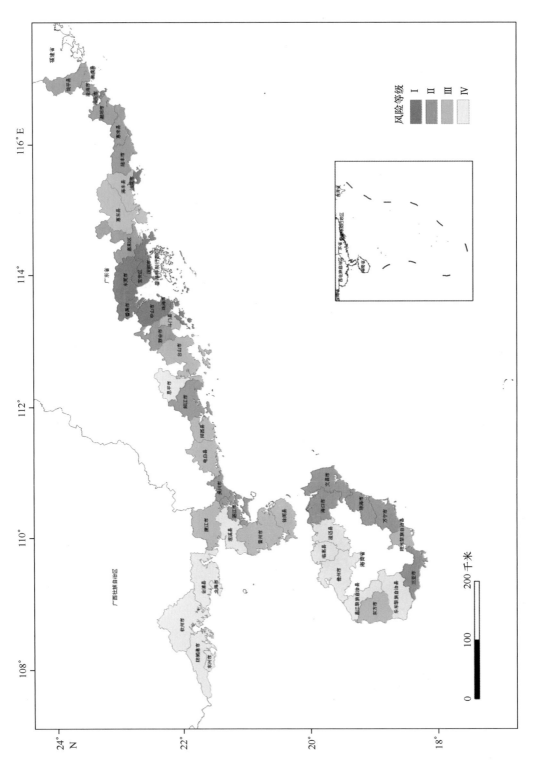

图3.18 南海海啸灾害风险分布图

风险等级
- I
- II
- III
- IV

图 3.19　中国近海 16 海区海浪灾害风险分布图

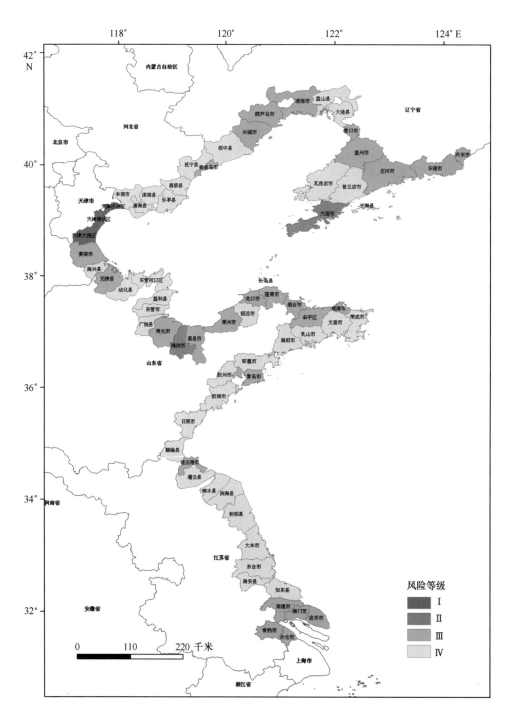

图 3.20　渤黄海海洋灾害风险分布图

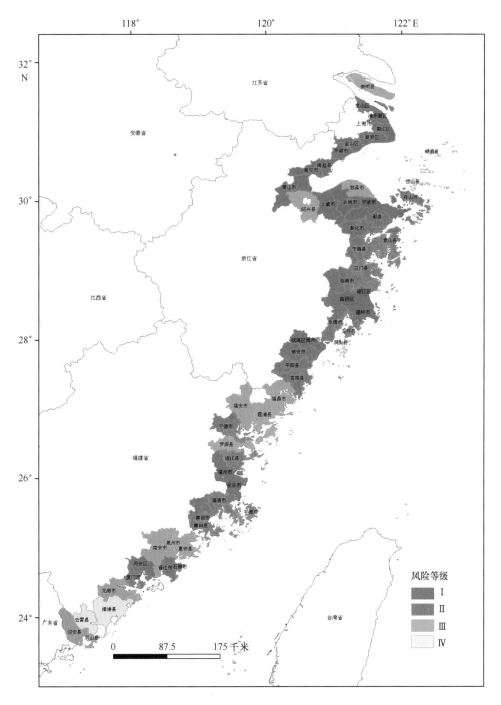

图 3.21　东海海洋灾害风险分布图

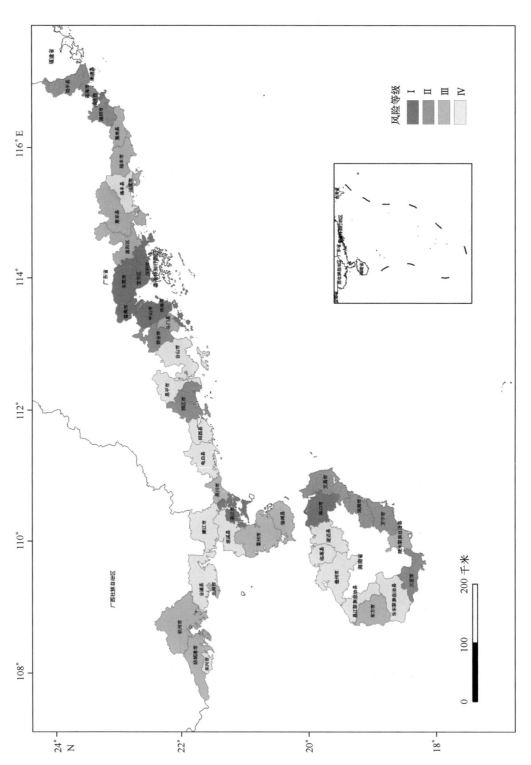

图3.22　南海海洋灾害风险分布图

第4章 海洋环境灾害对社会经济发展影响评价

我国遭受的海洋灾害种类多、灾害重，是西太平洋沿岸海洋灾害最为严重的国家之一。据不完全统计，20世纪70年代以前，我国仅风暴潮造成的死亡人数就超过10万人。"十五"期间，海洋灾害造成的直接经济损失达630亿元，死亡人数约1 160人，特别是2005年，海洋经济损失近330亿元，占同期海洋经济总产值近2%。"十一五"期间，海洋灾害造成的直接经济损失近750亿元，死亡人数约1 000人。随着我国沿海区域经济发展战略的实施，大量经济产业要素和人口向沿海聚拢，沿海地区海洋灾害风险进一步加剧，海洋灾害造成的经济损失呈现明显上升趋势。

我国自1989年起编制《中国海洋灾害公报》，统计了历年海洋灾害造成的直接经济损失和人员死亡（含失踪）人数（见图4.1）。

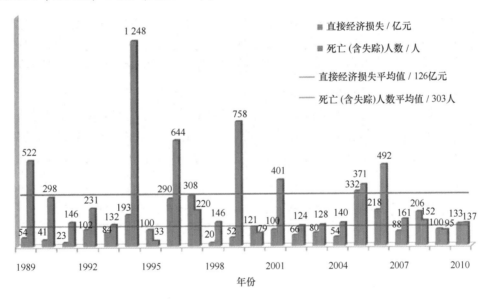

图4.1 1989—2010年海洋灾害直接经济损失和死亡（含失踪）人数

4.1 风暴潮灾害对社会经济发展影响评价

4.1.1 风暴潮灾害对社会经济发展影响

风暴潮灾害不仅在我国，在世界上也是严重的海洋灾害之一，历史上曾造成严重的损失，对社会经济产生巨大影响。在孟加拉国，1970年11月一次风暴潮使30万人丧生，1991年4月29日的风暴潮又使14万人葬身海洋；1953年2月发生在荷兰的风暴潮淹没土地80万英亩，2 000 多人因此死亡；2005 年美国 "Katrina" 风暴潮重创新奥尔良，1 000 余人死亡；2008 年 5 月缅甸 "Nargis" 风暴潮几乎淹没整个伊洛瓦底江三角洲，13 万余人死于非命。

从我国沿海风暴潮灾害分析中可以看出，沿海省（自治区）、市均不同程度遭受风暴潮灾害影响，其中尤以河口地区为重，主要是由于河口地区地势平坦、开阔，易于发生强风暴潮，历史上严重风暴潮灾害基本上都发生在这些区域，同时由于河口地区地理位置优势，大部分为经济高速发展区，重要生命线工程、大型企事业等重要部门较为集中，人口也非常密集，虽然高标准防潮设施的修筑在一定程度上降低了灾害发生的频率，但是受高标准堤防保护的区域往往有着更密集的人群和更发达的经济，因此一旦发生灾害，损失将不可估量。

随着我国沿海区域经济发展逐步发展，沿海地区海洋灾害风险进一步加剧，风暴潮灾害造成的经济损失呈现明显上升趋势。20 世纪 60 年代一次强潮灾的直接经济损失为几十万元，70 年代为几百万元，80 年代是几千万元，90 年代以后强潮灾损失则高达几亿甚至几十亿、几百亿。由此可见，风暴潮灾害危害程度不断加剧，对社会经济发展影响日趋严重。从近 10 年的风暴潮灾害损失中可以说明这一点，"十五"期间，我国风暴潮灾害造成死亡（含失踪）377 人，占全部海洋灾害死亡（含失踪）人数的 32%，直接经济损失 611 亿元，占全部海洋灾害损失的 96%。"十一五"期间，风暴潮灾害直接经济损失增加约 6%，死亡（含失踪）人数增加约 23%。《中国海洋灾害公报》统计数字表明，在海洋灾害损失中，风暴潮灾害造成的损失约占 90% 以上，为海洋灾害之首。

鉴于海洋灾害的严重影响程度，为了更好地利用海洋，开发海洋，必须做好海洋环境预报，特别是海洋灾害预警报，努力减轻海洋灾害造成的人民生命和财产损失。我国于 1970 开始开展风暴潮预警报，自此风暴潮灾害死亡人数大幅减少，由之前的动辄数万人、数千人死亡到目前的百人、十人或者更少，这其中风暴潮预警报发挥了重要的作用。然而随着海洋经济的蓬勃发展，海洋产业增加值不断提高，海洋灾害经济损失呈现明显上升趋势，此外在全球气候变化的背景下，海洋灾害风险进一步加大。因此，需要不断提高海洋灾害的预警报服务能力，以便更好地适应新形势下我国海洋环境预报和海洋防灾减灾的需求。

4.1.2 历史典型风暴潮灾害个例

1）6903 风暴潮灾害

6903 号台风（Viola）于 7 月 28 日（农历六月十五日）11 时至 12 时在广东省惠来沿海登陆，登陆时近中心最大风速 52 米/秒，中心气压 936 百帕（创 1949—2012 年登陆粤东沿海的台风中心气压最低值）（见图 4.2，图 4.3）。由于台风强度强，风速大，移动快，范围广，在广东省东部沿海造成了特大风暴潮灾害。福建、广东沿海有 6 个站的最大增水超过 1.0 米，其中广东东溪口站增水超过 3.00 米（逐时数据缺测，据高潮位数据推测），汕头站最大增水 2.98 米；9 个站的最高潮位超过当地警戒潮位，其中汕头站最高潮位超过当地警戒潮位 1.60 米。香港大埔滘、芝麻湾和北角最大增水分别为 0.98 米、0.82 米和 0.70 米。

广东省 15 个县的 93 万人受灾，1 554 人死亡（其中广州军区汕头牛田洋农场接受 "再教育" 的大学生 83 人、解放军 470 人），受伤 10 347 人；农业受灾面积达 87.7×10³ 公顷；616 头耕牛、16 679 头生猪被淹死；10.52 万间房屋倒塌；3 033 艘船只沉没；180 千米海堤决口。因灾直接经济总损失 1.98 亿元，其中水利工程损失 0.11 亿元。

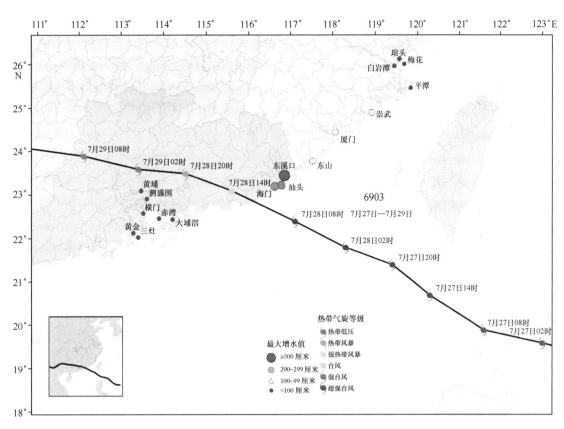

图 4.2　6903 号台风期间沿海潮位站风暴增水分布

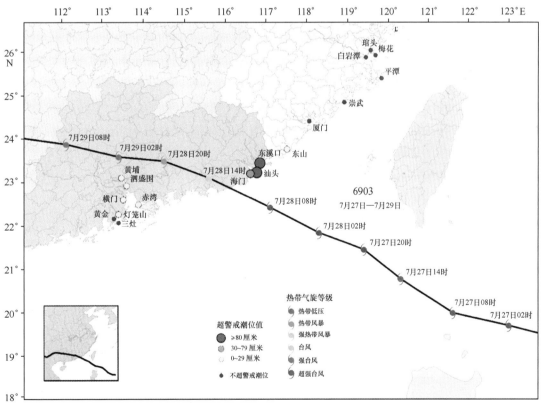

图 4.3　6903 号台风期间沿海潮位站最高潮位与当地警戒潮位关系

　　罕见的风暴潮灾害主要发生在粤东地区，汹涌的潮水冲毁海堤，夷平村庄，淹没良田。汕头至珠江口一带狂风推着潮水，裹着大雨，横冲直闯，几人合抱的大榕树被连根拔起，50~60吨重的机帆船被潮水抛入内陆，数千吨的货船被搁置岸边。汕头、澄海、揭阳、潮阳、饶平、普宁等市、县部分城镇、村庄被海水淹浸达2米以上，汕头市一些钢筋混凝土结构的两层楼被冲倒，市区成为泽国；饶平、澄海、潮阳、惠来等沿海较低处水深达4米，广州军区汕头牛田洋农场长8.5千米、高3.5米的大堤被削剩1.5米高，62处被冲垮，决口长2.6千米。

　　香港3条小艇毁坏或翻沉。

2）8007风暴潮灾害

　　8007号台风（Joe）于7月22日（农历六月十一日）20时在广东省徐闻沿海登陆，登陆时台风近中心最大风速38米/秒，中心气压961百帕（见图4.4、图4.5）。受其影响广东省、广西壮族自治区、海南省沿海有11个站的最大增水超过1.0米，广东南渡站增水最大，达5.85米（我国沿海有记录以来最大，居世界第三位），广东湛江站最大增水4.97米；有5个站的最高潮位超过当地警戒潮位，其中南渡站最高潮位为5.94米（珠江基面起算），创该站历史最高潮位记录，超过当地警戒潮位2.94米，湛江站最高潮位6.90米（当地水尺零点起算），创该站历史最高潮位记录，超过当地警戒潮位2.17米。香港有两个站最大风暴增水超过1.0米，其中芝麻湾和尖鼻嘴的最大风暴增水分别为1.07米和1.02米，大埔滘、北角等站的最大风暴增水接近1.0米。

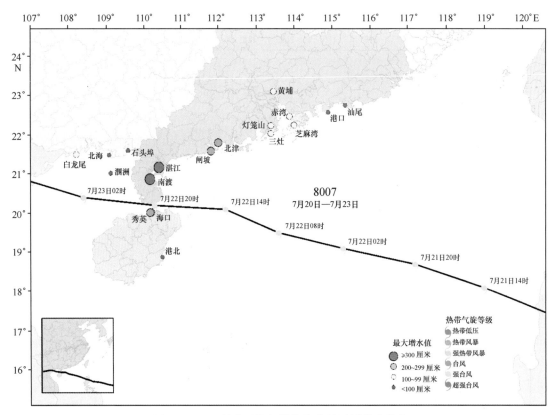

图 4.4　8007号台风期间沿海潮位站风暴增水分布

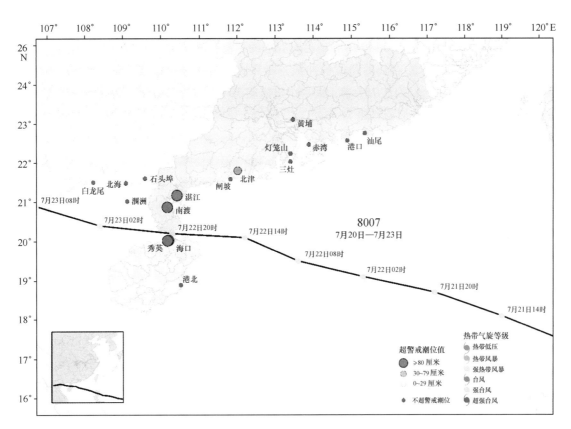

图 4.5　8007 号台风期间沿海潮位站最高潮位与当地警戒潮位关系图

所有受影响省、自治区因灾共死亡（含失踪）455 人，其中广东省死亡 296 人，失踪 137 人；海南省死亡 21 人；广西壮族自治区死亡 1 人。因灾直接经济损失 5.398 亿元，其中广东省 4 亿元，海南省 1.398 亿元。

8007 号台风风暴潮造成的损失是灾难性的，湛江、海南、佛山、肇庆等 4 个地区 22 个县受灾，死亡 296 人，失踪 137 人，受伤 652 人，无家可归的灾民有 2 855 户，共 11 949 人；29×10⁶ 公顷农作物受灾；7.3 万间房屋倒塌，47 万多间损坏；354 条江、海堤围崩决，长 526 千米，3 245 艘船只沉、损，2 座水库溃决，393 座涵闸损坏。

由于潮水上涨非常迅猛，在短短的数小时内就淹没了雷州半岛东部及海南岛东北部沿海的村庄、城镇、港口、码头、海堤，许多人来不及躲避，据现场群众反映"不到一袋烟的工夫全淹了"。湛江、海口市水深 1.0~1.5 米，许多商店被浸泡，沿海的建筑物因底部被海水掏空而倒塌。海康、徐闻、吴川、遂溪、湛江等县（市）343 条海堤被冲垮 320 条，占全部海堤（412 千米）的 93%，长 22 千米、堤顶高程 8 米（黄海基面）、堤顶宽 6 米的防御标准较高的海康大堤，在此次风暴潮灾害中被冲出 7 处缺口，堤顶被冲刷大半。

湛江港内停泊的印度孟买的一艘 2 万吨级远洋货轮 "DAMODAR GANGA" 号被风暴潮抛到防波堤边搁浅，另外一艘 5 万吨 "大连号" 油轮，被推上沙滩搁浅。湛江市东海岸堤围全部漫顶溃决，霞山区街道被淹。海康县花费 130 万元修建的油库，被全部摧毁。南渡河堤外油库一个 28 吨（含油重）的大油桶，被风浪抛过堤内千米远。

海南省 2 466.7 公顷晚稻被淹。海口 533.3 公顷土地被淹没。文昌县 486.67 公顷农作物受淹,其中罗豆农场 100 公顷农作物受淹;桂林洋农场 133.3 公顷农作物全部损失。全县江、海堤围损毁 34 条,497 段,长 1.9 千米;拦海农场的拦海大坝 5 处决口;滨海大道 4 千米的护坡全部被冲垮,300 米左右长的路段被冲毁;罗豆农场防潮堤被冲垮 3 处,长 138 米。澄迈县防潮堤被冲垮 31 处,约 5.7 千米;大、小机帆船 30 艘被打沉、冲走,146 艘损坏,大批渔网受损。临高新盈港防浪堤被冲坏 3 处,约 96 米。三江农场防潮堤被冲垮 21 处,共计 4.967 千米。

广西壮族自治区北海市 2 158 间房屋倒塌,6.167×10³ 公顷农田受淹,5 千米堤坝被冲垮。钦州市 4.307×10³ 公顷农田受淹,2 530 间房屋倒塌,1 人死亡,2 人受伤。防城港市 851 公顷农田受淹,336 间房屋倒塌,潮水冲垮堤坝 10 处约 1.1 千米,冲坏山塘 1 座。

香港 2 人死亡,1 人失踪,59 人受伤;4 艘越洋船舶遇事,1 条小艇受到损坏。

3) 9216 风暴潮灾害

9216 号(Polly)台风于 8 月 31 日 06 时(农历八月初四日)登陆福建省长乐沿海,登陆时台风近中心最大风速达 25 米/秒,中心气压 978 百帕,9 月 1 日 14 时其中心位于江苏北部时,在高空遇高压坝阻挡,致使黄海北部、渤海中南部出现 8~9 级、阵风 10 级的偏东大风(图 4.6,图 4.7)。受其影响,福建省、浙江省、上海市、江苏省、山东省、河北省、天津市、辽宁省沿海有 37 个站的最大增水超过 1.0 米,5 个站的最大增水超过 2.0 米,其中山东羊角沟站增水最大,为 3.04 米;浙江温州站增水次之,为 2.55 米,其中受陆域洪水部分影响;沿海 38 个站的最高潮位超过了当地警戒潮位,其中浙江鳌江站最高潮位超过当地警戒潮位 1.1 米,超过当地警戒潮位 1 米以上的还有福建琯头站和天津塘沽站,均为 1.03 米,塘沽站最高潮位为 5.93 米(当地水尺零点起算),创造新的历史最高纪录,并且保持至今;浙江温州、鳌江站最高潮位均创历史记录,浙江瑞安站创 1956 年以来的最高纪录。

8 月 28 日至 9 月 1 日的 5 天时间里,在大海潮、巨浪的共同影响下,东部沿海的六省二市先后遭遇特大风暴潮灾害,其中灾害最严重的是浙江省和山东省,其次是福建省和天津市。受影响省、市因灾共死亡(含失踪)343 人,其中福建省 13 人,浙江省 157 人,上海市 1 人,江苏省 14 人,山东省 144 人,辽宁省 14 人;直接经济损失 117.70 亿元,其中福建省 31.5 亿元,浙江省 35.2 亿元,上海市 0.46 亿元,山东省 41.51 亿元,河北省 3.2 亿元,天津市 3.99 亿元,辽宁省 1.84 亿元。

4) 0414 风暴潮灾害

2004 年第 14 号台风"云娜"(Rananim)8 月 12 日(农历六月廿七日)20 时在浙江省温岭县石塘镇沿海登陆,登陆时台风近中心最大风速 45 米/秒,中心气压 950 百帕,"云娜"登陆时强度维持不变,为发展过程中最强强度(图 4.8,图 4.9)。受其影响,浙江省、福建省沿海有 12 个站最大增水超过 1.0 米,其中浙江海门增水最大,达 3.22 米;浙江省沿海有 2 个站的最高潮位超过当地警戒潮位,其中海门站最高潮位超过当地警戒潮位 1.82 米,为历史第二高潮位。

浙江省因灾死亡(含失踪)22 人,直接经济损失 11.52 亿元;福建省直接经济损失 10.1 亿元;上海市直接经济损失 240 万元。

浙江省 22 人死亡,10 人受伤。42.3×10³ 公顷水产养殖受灾,16 439 个海水养殖网箱损

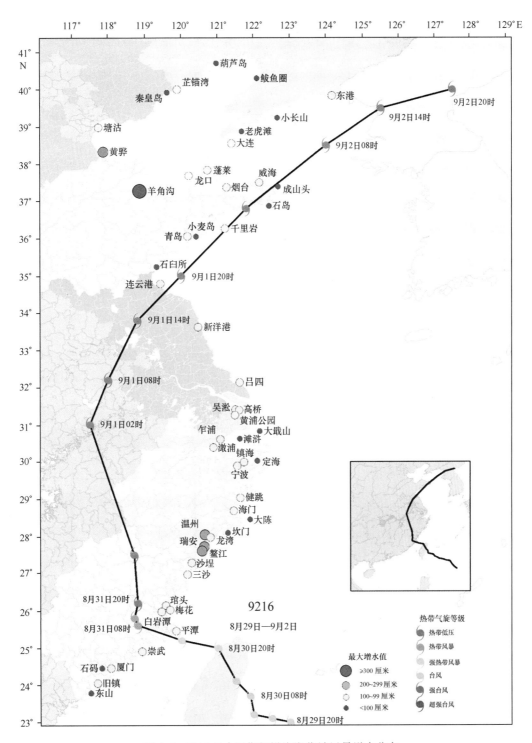

图 4.6　9216 号台风期间沿海潮位站风暴增水分布

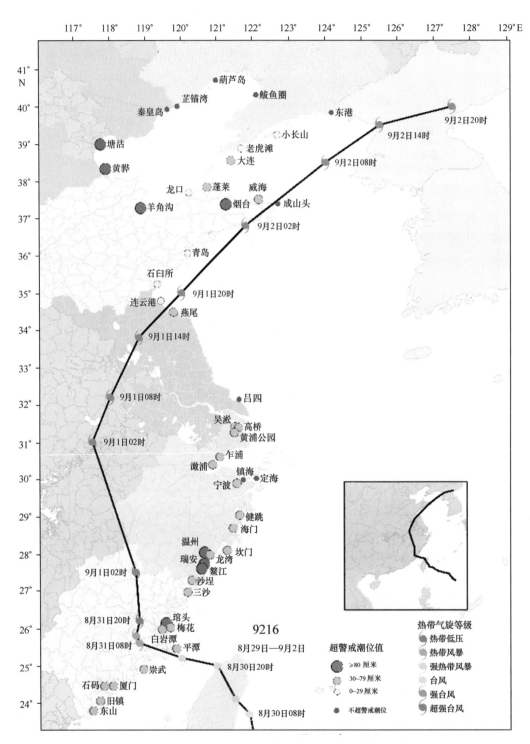

图 4.7 9216 号台风期间沿海潮位站高潮位与当地警戒潮位关系

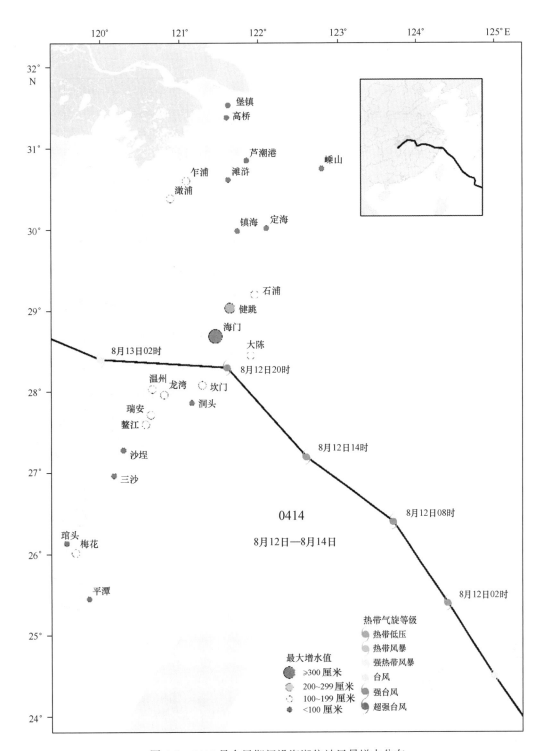

图4.8　0414号台风期间沿海潮位站风暴增水分布

毁，水产品损失138.9×10³吨；2 800处堤防损毁，长391.8千米，1 222处堤防决口，长88.2千米；200个码头受损；3 011艘渔船沉损。

温州和台州市沿海地区由于暴雨和沿海潮水位暴涨，农田大面积被淹；黄岩、永嘉等县城进水，永嘉县城在2米深的洪水中浸泡15小时之久；44.4万名群众一度被洪水围困。

福建省宁德、福州、莆田15个县市的107.5万人受灾，潮水淹没农田26.2×10³公顷；

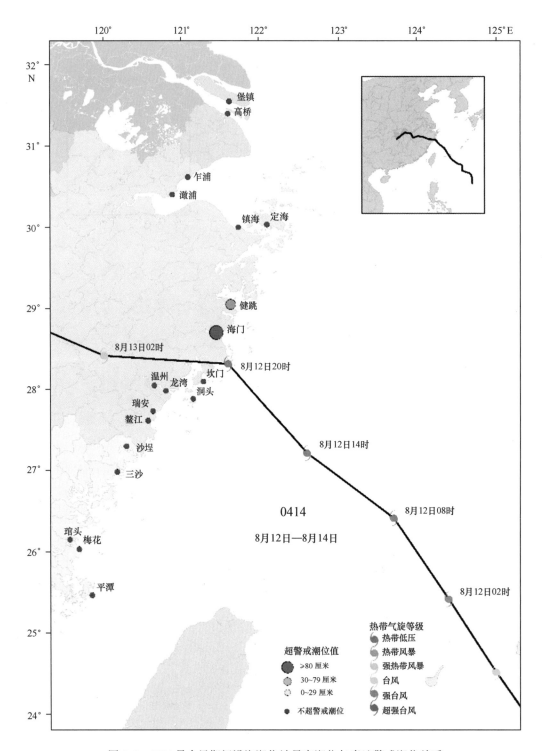

图 4.9 0414 号台风期间沿海潮位站最高潮位与当地警戒潮位关系

10 700 间房屋倒塌；1 398 处海堤损毁，长 64.1 千米；1 854 座海洋工程损毁。

上海市 220 公顷土地被潮水淹没，直接经济损失约 240 万元。

5）2003 年 10 月 11 日温带风暴潮灾害

2003 年 10 月 11—12 日受北方强冷空气影响，渤海湾、莱州湾沿岸发生了近 10 年来最强的一次温带风暴潮，来势猛、强度大、持续时间长，成灾严重。天津塘沽站最大增水 1.71 米，河北黄骅港站最大增水 2.33 米，最高潮位 5.69 米，超过当地警戒水位 0.89 米（图 4.10，图 4.11）。

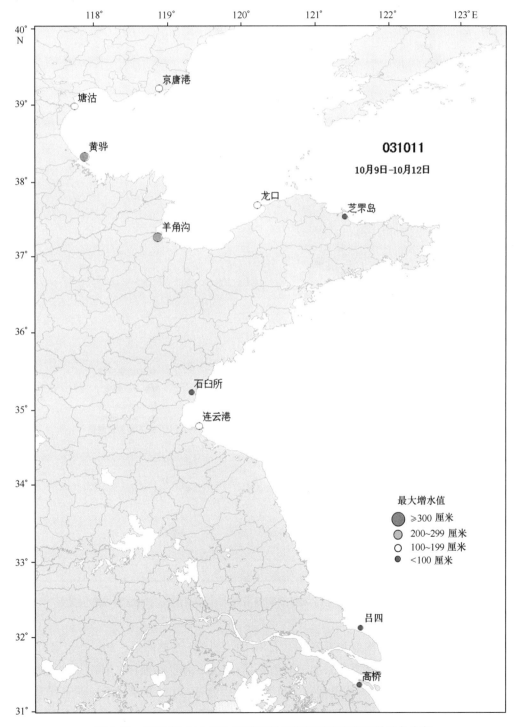

图 4.10　2003 年 "10.11" 温带风暴潮期间沿海潮位风暴增水分布

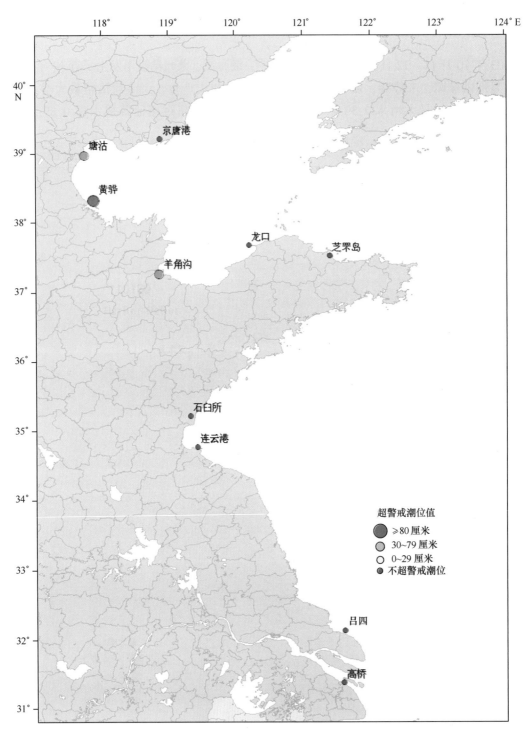

图 4.11 2003 年"10.11"温带风暴潮期间沿海潮位站高潮位与当地警戒潮位关系

河北省受灾最严重的是渔业和养殖业，1.8×10^3 公顷虾池被冲毁，590 万笼扇贝、3 000 多条网具受损；多座育苗室和海产品加工厂被毁坏；1 450 条渔船损坏。其次是盐业和航运的损失，全省损失原盐 15 万吨、盐田塑苫 480 万片、卤水 30 万立方米；港口航道淤积，航运受到较大影响。此外，海水淹没农田 1.8×10^3 公顷、冲毁土地 533 公顷；损坏房屋 2 800 多间；冲毁闸涵 775 座、泵站 69 座、海堤 4 千米。全省直接经济损失 5.84 亿元。

天津市新港船厂设备被淹，库存物资损失严重，部分企业停产。天津港遭受浸泡的货物有 37 万余件，计 22.5 万吨；740 个集装箱和 107 台（辆）设备遭海水淹泡。大港石油公司油田停产 1 094 井次。229 公顷鱼池被淹；156 条渔船、27 排渔网损毁；7.3 千米海堤受损；1 间房屋倒塌，544 间房屋损坏。全市 1 人失踪；直接经济损失约 1.13 亿元，山东省 26.6 万人受灾；2.77 万间房屋损毁；沿海地区水产养殖、原盐加工及部分种植业损失严重。全省直接经济损失 14.32 亿元。

4.2　海浪灾害对社会经济发展影响评价

海浪灾害不仅是造成我国沿海经济损失和人员伤亡最严重的海洋灾害之一，还是最频繁发生的海洋灾害之一。海浪灾害的主要特点：发生频率高，发生范围广。随着沿海产业结构的不断调整，海浪灾害导致的人员伤亡与经济损失呈明显增加的趋势，应该引起国家和沿海各级政府主管海洋部门的领导和广大从事涉海行业人员的高度重视。

1949 年新中国成立后，由于党和人民政府极为重视抗灾救灾工作，一次海浪灾害造成几十、数百人丧生的海难事件已不多见。但在沿海经济快速发展的今天，应充分地认识到我国近海是世界上海难事件发生最频繁、最严重的国家之一。

4.2.1　海浪灾害灾情统计分析

我国沿海是频繁遭受台风海浪侵袭最严重的国家之一。据统计，西北太平洋和南海海域是全球台风最为活跃的海域，约有 30% 的热带气旋在这里生成。登陆我国的热带气旋平均每年 7 个，约为美国的 4 倍、日本的 2 倍和苏联的 30 多倍。根据 1968—2008 年的 41 年海浪实况资料统计分析，中国近海共出现 48 次重大和特别重大台风海浪灾害过程。需要注意的是，由于风暴潮和海浪共同作用下造成的灾害损失难以分离，因此部分海浪造成的人员死亡（含失踪）和直接经济损失、统计在风暴潮灾害中，可以参考《中国风暴潮灾害史料集》。

表 4.1　1968—2008 年中国近海台风引起重大和特别重大海浪灾害灾情统计表

序号	致灾原因	发生时间	成灾地点	直接经济损失/亿元	死亡（失踪）人数/人	损毁船只/艘	灾情等级
1	6903 号台风	1969.7.28—29	广东省汕头	—		3 033	特别重大
2	7315 号台风	1973.10.10—11	福建省	0.05	—	1 145	特别重大
3	7908 号台风	1979.8.2—3	广东省	—	—	1 824	特别重大
4	8007 号台风	1980.7.22—23	广东省	4		3 245	特别重大
5	8114 号台风	1981.9.1—2	浙江省			621	特别重大
6	8509 号台风	1985.8.18—20	山东青岛辽宁大连			457	特别重大
7	8616 号台风	1986.9.5—6	广东省	—	—	1 464	特别重大

续表 4.1

序号	致灾原因	发生时间	成灾地点	直接经济损失/亿元	死亡（失踪）人数/人	损毁船只/艘	灾情等级
8	8908 号台风	1989.7.18—19	广东省	1.47	—	536	特别重大
9	8923 号台风	1989.9.15—16	浙江省	—	184	2 094	特别重大
10	9005 号台风	1990.6.24—25	福建省	—	5	500	特别重大
			浙江省	1.42	7	220	
11	9006 号台风	1990.6.29—30	福建省	—	31	383	特别重大
12	9012 号台风	1990.8.20—21	福建省	—		157	特别重大
13	9018 号台风	1990.9.8—9	福建省	—		1 072	特别重大
			浙江省	—		71	
14	9111 号台风	1991.8.15—16	广东省	—	21	1	重大
15	9207 号台风	1992.7.22—23	广东省	7.08	—	147	特别重大
16	9216 号台风	1992.8.28—9.1	山东省		18	1	重大
17	9316 号台风	1993.9.17—18	广东省		25	2	重大
18	9406 号台风	1994.7.11—11	福建省	—	—	171	特别重大
19	9415 号台风	1994.8.16—17	山东省		11	478	特别重大
20	9417 号台风	1994.8.21—22	福建省	—		63	特别重大
			浙江省	—		700	
21	9418 号台风	1994.9.1—2	福建省	—		418	特别重大
22	9430 号台风	1994.10.10—11	福建省	0.06	2	71	重大
23	9504 号台风	1995.7.30—31	广东省	—		241	特别重大
			福建省	—		254	
24	9505 号台风	1995.8.11—12	广东省	—		930	特别重大
25	9508 号台风	1995.8.28—28	海南省	—	17	143	特别重大
26	9509 号台风	1995.8.31—31	广东省	—		1 631	特别重大
27	9516 号台风	1995.10.11—11	海南省	0.2	4	74	重大
28	9607 号台风	1996.7.26—27	福建省	—		270	特别重大
29	9615 号台风	1996.9.9—10	广东省	2.2	—	6 300	特别重大
			广西	1	149	1 272	
30	9618 号台风	1996.9.18—22	海南省	4	120	200	特别重大
31	9711 号台风	1997.8.18—21	浙江省	—		252	特别重大
			江苏省	—		110	
			山东省	—		451	
			辽宁省	—		989	
32	0205 号台风	2002.7.4—5	浙江省	1.2	—	1 200	特别重大
33	0218 号台风	2002.9.12—12	广东省	0.155	25	12	重大
34	0312 号台风	2003.8.24—26	广东省	—		151	特别重大
			广西	—		63	

续表4.1

序号	致灾原因	发生时间	成灾地点	直接经济损失/亿元	死亡（失踪）人数/人	损毁船只/艘	灾情等级
35	0406 号台风	2004.6.18—20	辽宁旅顺	0.052	—	94	重大
36	热低压	2004.7.27—27	广东省	0.1	22	1	重大
37	0414 号台风	2004.8.14—14	浙江省	—	4	2 975	特别重大
38	0418 号台风	2004.8.25—26	福建省	—	2	885	特别重大
39	0505 号台风	2005.7.19—19	福建省 浙江省	—	—	1 366 668	特别重大
40	0509 号台风	2005.8.5—6	浙江省	—	—	1 790	特别重大
41	0601 号台风	2006.5.17—18	广东省	—	—	1 448	特别重大
42	0608 号台风	2006.8.10—10	福建省	—	180	2 091	特别重大
43	0713 号台风	2007.9.19—20	浙江省	—	—	58	重大
44	0716 号台风	2007.10.7—8	浙江省	—	—	658	特别重大
45	0725 号台风	2007.11.22—22	南海南部	—	35	2	特别重大
46	0801 号台风	2008.4.7—8	海南省	0.35	17	3	重大
47	0808 号台风	2008.7.28—29	福建省	—	—	647	特别重大
48	0814 号台风	2008.9.23—24	广东省	0.007 7	22	4 064	特别重大
		合计		19.334	901	50 164	—

我国沿海在冬半年，特别是秋末、初春的隆冬季节常发生由强冷空气与温带气旋引起的灾害性海浪过程。发展强烈的气旋与强冷空气配合，在 30°N 以北海面常常形成灾害性海浪，浪区中心最大波高可达 10 米，仅次于台风造成的海浪场。根据 1968—2008 年的 41 年海浪实况资料统计分析，中国近海共出现 21 次强冷空气与温度气旋引起的重大和特别重大海浪灾害过程，共沉损渔船 5 707 艘，死亡（含失踪）1 001 名（表 4.2）。

表 4.2　1968—2008 年中国近海强冷空气与气旋引起重大和特别重大海浪灾害灾情统计表

序号	致灾原因	发生时间	成灾地点	直接经济损失/亿元	死亡（失踪）人数/人	损毁船只/艘	灾情等级
1	冷空气	1979.11.25—26	渤海	—	72	—	特别重大
2	冷空气与气旋配合	1989.10.31—31	山东省	1	42	3	特别重大
3	气旋	1990.4.30—5.1	山东省	3.44	22	205	特别重大
4	冷空气与气旋配合	1993.2.21—24	东海北部	—	20	1	重大
5	冷空气	1993.3.24—24	东海	—	29	1	重大
6	冷空气	1995.11.7—8	山东省 东海	— —	152 77	276 3	特别重大
7	冷空气	1996.2.9—9	浙江省	—	42	1	特别重大
8	冷空气与气旋配合	1999.3.19—19	黄海北部	0.02	16	5	重大
9	冷空气与气旋配合	1999.4.13—13	黄海北部	0.05	34	5	特别重大
10	冷空气	1999.11.24—24	山东省	—	280	1	特别重大

续表 4.2

序号	致灾原因	发生时间	成灾地点	直接经济损失/亿元	死亡（失踪）人数/人	损毁船只/艘	灾情等级
11	冷空气与气旋配合	2002.3.18—18	浙江省	0.075	28	5	重大
12	温带气旋	2002.4.5—5	山东省	0.01	22	5	重大
13	冷空气与气旋配合	2003.10.11—12	渤海海域	0.5	40	2	特别重大
14	温带气旋	2004.6.16—16	山东日照	0.022	4	57	重大
15	温带气旋	2005.4.12—12	广东省	0.2	16	2	重大
16	冷空气	2005.12.4—7	浙江省	0.05	26	4	重大
17	冷空气	2006.2.17—20	台湾海峡	0.4	35	1	特别重大
18	冷空气与气旋配合	2007.3.3—6	辽宁大连	—	—	3 128	特别重大
			山东省	—	3	1 905	
19	冷空气	2007.10.28—28	黄海	0.682 3	19	2	重大
20	冷空气	2007.12.6—6	东海北部	0.037 2	16	1	重大
21	冷空气	2008.11.6—9	辽宁省	0.117	6	94	重大
	合计			6.6	1 001	5 707	10/11

4.2.2 海浪灾害对沿海社会经济影响评价

近些年，我国海洋经济持续高速发展，海洋渔业、运输业、油气业、养殖业、旅游业等行业产值不断增长。据统计，2001 年到 2009 年中国海洋生产总值年均增长率为 16.3%，远高出同期国民生产总值的平均增长率。在沿海地区，海洋经济产值占当地同期 GDP 的比重也在逐年上升，例如，浙江省 2001 年海洋经济产值为当年浙江省 GDP 的 7.15%，2006 年上升到 8.20%，全国涉海劳动力已达到 3 100 万人。

根据 1968—2008 年灾害性海浪分布与海浪灾害历史资料统计分析，广东省东部沿海地区、浙江省南部沿海地区发生灾害性海浪过程的频次最高，其次为福建省沿海地区、海南省东部沿海地区，再次为山东省南部沿海地区、江苏省沿海地区、上海市沿海地区、浙江省北部沿海地区和广东省西部沿海地区，其余沿海地区发生灾害性海浪过程的频次偏少。

统计资料显示，沿海地区发生一次特别重大海浪灾害造成的直接经济损失通常可达到所在沿海省（市、自治区）当年海洋经济产值的 1%，影响了海洋经济的高速发展和涉海工作人员的生命财产安全。

随着全球气候变化和海平面上升的环境背景、沿海地区海洋经济高速发展的社会经济背景，历史上同等强度的灾害性海浪过程对沿海地区的影响将更为巨大。

4.3 海冰灾害对社会经济发展影响评价

4.3.1 历史海冰灾害及对社会经济影响

海冰对海上交通运输、生产作业、海上设施及海岸工程等所造成的严重影响和损害称为海冰灾害。历史上，我国渤海及黄海北部等结冰海区多次发生海冰灾害，对人民群众的生产、生活以及国民经济建设和国防建设的危害都很大。

海冰灾害不仅发生在重冰年和偏重冰年，即使在常冰年甚至偏轻冰年也会发生海冰灾害，只是海冰灾害规模和程度不同。表 4.3 是 1950 年以来我国的海冰灾害汇编。

表 4.3　历史海冰灾害汇编

年份	冰情	灾害简况	资料来源
1951	常冰年 局部封冻	塘沽港封冻	调访
1955	常冰年 局部封冻	塘沽沿海封冻	调访
1957	重冰年	冰情严重，船舶无法航行	中国海洋灾害 40 年资料汇编
1959	常冰年返冻	塘沽沿海不少渔船被冻在海上	调访
1966	常冰年返冻	莱州湾西部黄河口沿海在短时间内被冰封，离岸 15 千米，约 400 艘渔船和 1 500 名渔民被冰封冻困在海上	中国海洋灾害 40 年资料汇编
1968	偏重冰年 局部冰封	龙口港封冻，3 000 吨的货轮不能出港	黄、渤海冰情资料汇编
1969	重冰年 渤海冰封	"海二井"生活平台、设备平台和钻井平台被海冰推倒；"海一井"平台支座钢筋被海冰割断。进出塘沽和秦皇岛等港的 123 余艘客货轮受到海冰严重影响。其中，有 58 艘受到不同程度的破坏，部分船只船舱严重进水	1969 年渤海冰封调查报告；黄、渤海冰情资料汇编
1971	常冰年 局部封冻	滦河口至曹妃甸海面封冻	调访
1974	常冰年 局部封冻	辽东湾冰情偏重，两艘货轮因走锚相撞	调访
1977	偏重冰年	"海四井"烽火台被海冰推倒，秦皇岛有多艘船只被冰困住，需破冰引航	中国海洋灾害 40 年资料汇编
1979	常冰年	辽东湾发生海底门堵塞事故 1 起	调访
1980	常冰年 局部封冻	龙口港封冻，万吨级"津海 105 号"、"工农兵 10 号"和"战斗 10 号"等客货在锚地被海冰所困，呼救求援。最终在"C722"破冰船破冰引航下方脱离危险	中国海洋灾害 40 年资料汇编
1986	常冰年 局部封冻	3 艘万吨级货轮在大同江口受困，由破冰船破冰引航方脱险	中国海洋灾害 40 年资料汇编
1990	常冰年	辽东湾封冻，2 艘 5 000 吨货轮受阻，走锚 37 起	调访
1995	偏轻冰年	在冰情严重期间，辽东湾海上石油平台及海上交通运输受到一定影响。2 月 3 日 18 时 1 艘 2 000 吨级外籍油轮受海冰的碰撞，在距鲅鱼圈港 37 海里附近沉没，4 人死亡	海洋灾害公报

年份	冰情	灾害简况	资料来源
1996	常冰年	在冰情严重期间，辽东湾海上石油平台及海上交通运输均受到威胁，1月下旬辽东湾JZ20-2石油平台遭受海冰碰撞，引发石油平台强烈震动，在此期间，破冰船昼夜连续破冰作业，保证平台安全。1月上旬末天津塘沽港至118°E的海域布满了约10厘米厚的海冰，使大批出海作业的渔船不能返港	海洋灾害公报
1998	偏轻冰年	鸭绿江入海口结冰较厚，受上涨潮水的影响，冰排被潮水迅速堆起，骤然间受冰排的挤压和撞击，码头17处严重破坏，11艘船只，19艘船舶严重受损，险情持续6天之久，造成了较严重的经济损失	调访
2000	偏重冰年	辽东湾海上石油平台及海上交通运输受到影响，有些渔船和货船被海冰围困	调访
2001	偏重冰年	辽东湾北部港口处于封港状态，秦皇岛港冰情严重，港口航道灯标被流冰破坏，港内外数十艘船舶被海冰围困，海上航运中断，锚地40多艘货船因流冰作用走锚；天津港船舶进出困难，海上石油平台受到流冰严重影响	调访、新闻媒体、海洋灾害公报
2006	偏轻冰年	莱州湾底沿岸多个港口处于瘫痪状态，冰情给海上交通运输、海岸工程和沿海水产养殖等行业造成严重危害和较大经济损失	中国海洋报
2007	偏轻冰年局部冰灾	葫芦岛龙港区渔民村先锋渔场发生罕见冰灾，坚硬冰块在风、浪、流作用下涌上岸，推倒或压塌民房，致使14人被困，葫芦岛边防官兵冒着冰块塌陷的危险，进行抢险，并救出被困人员	调访报告
2010	偏重冰年	山东省船只损毁6 032艘，港口及码头封冻30个，水产养殖受损面积148.36×10³公顷，因灾直接经济损失26.76亿元；河北省因灾直接经济损失1.55亿元；辽宁省船只损失1 078艘，水产养殖受损面积58.71亿元，港口及码头封冻226个	海洋灾害公报

4.3.2 特大、重大海冰灾害个例

4.3.2.1 1968—1969 年冬季渤海冰情介绍

1）1968—1969 年冬季渤海冰封概况

根据 1968—1969 年的冰情资料，将渤海结冰过程分为初冰期、冰情迅速发展期、冰封期和解冻期，概述如下。

（1）初冰期

1969 年渤海的初冰期比常年晚 20 余天。葫芦岛、秦皇岛、芷锚湾的初冰日分别为 12 月 12 日、13 日和 16 日；大沽锚地和龙口的初冰日分别在 12 月 31 日和 1 月 1 日。渤海初冰期

的冰情变化：从初冰日起至 12 月 27 日，葫芦岛、秦皇岛、芷锚湾以初生冰为主，冰量一般为 30%～40%；12 月底到 1 月底冰情有所发展，渤海近岸带，由北向南相继出现厚冰。辽东湾沿岸的固定冰最大厚度为 22 厘米，最大宽度为 220 米。

（2）冰情迅速发展期

1 月 26 日—2 月 1 日，一股强冷空气侵入渤海，8～9 级的北到东北风持续 144 小时，2 月 3 日又有一股弱冷空气侵入渤海。这两次冷空气持续近 10 天之久，使气温急剧下降，冰情迅速发展。冰的边缘向外扩展，冰层加厚，海冰开始出现堆积现象，船只在冰区航行开始感到困难。

2 月 2 日"战斗 90 号"（吨位：19 000 吨，航速：6 米/秒）由大连驶向秦皇岛，在老铁山水道以西约 10 海里（38°41′N，120°52′E）处发现初生冰。船向西北方向继续前进 8.5 千米（38°54′N，120°37′E），遇到一望无际的冰海，船被 35 厘米的厚冰层挟住，航行困难。

2 月 11 日以后，渤海冰情更加严重，航行更加困难。2 月 12 日"工农兵 10 号"（马力：1 200 匹）在大沽锚地附近被 30～40 厘米的厚冰所包围。13 日，"战斗 38 号"、"战斗 40 号"和两艘外轮在渤海湾、"工农兵 15 号"在龙口、"战斗 90 号"在渤海中部，同时被冰挟住，船只处于危险状态。14 日负责破冰抢捞的"海拖 221"（吨位：700 吨，马力：1 200 匹，航速：7 米/秒），在大沽灯船以东约 2 千米处，发现冰的堆积高度为 4～5 米，航行极为困难。2 月中旬，冰的外缘扩展到 120 度附近。

（3）冰封期（2 月 15 日—3 月 15 日）及冰区的划分

从 2 月 15 日起，冰封线由渤海中部迅速向东扩展，致使整个渤海冰封。2 月 20—23 日，流冰边缘线在渤海海峡以西约 20 海里。2 月 27—28 日，除老铁山水道和猴矶水道外，渤海海面几乎被海冰所覆盖。在冰封期间，渤海海面大致可分为 4 个区域（图 4.12）。

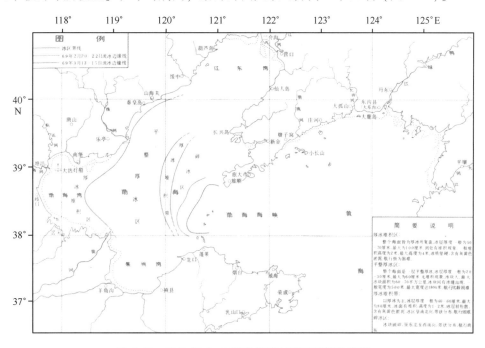

图 4.12　1969 年 2—3 月渤海冰封严重冰情分布图

厚冰堆积区：海面多被两层以上（多者四层）的厚冰所覆盖，冰层间含有灰黄和灰褐色淤泥。一般厚度为 50～70 厘米，最大厚度为 1 米。冰面到处有冰块堆积现象，一般高度为 1～

2 米，最大叠加厚度为 4 米左右，冰质坚硬，航行极为困难。这里既有原、地形成的海冰，也有外海和附近沿岸漂来的海冰。厚冰堆积区是整个渤海冰情最严重的区域，大沽锚地附近尤为严重。

平整厚冰区：海面被一层白色的硬冰覆盖，一般厚度为 20~30 厘米，最大厚度为 60 厘米。冰块大，冰面较平整，少见堆积现象。3 月 5 日在该区进行空中观测，发现冰块面积一般为 30~40 平方千米，最大为 60~70 平方千米。冰块间有东北—西南向的冰缝，一般宽度为 500 米，最宽约 2 000 米，船可沿冰缝水道航行。2 月 14 日 19 时，"战斗 90 号"曾在该区（38°51′N，119°58′E）被约 30 厘米的厚冰所挟，后经从秦皇岛港来的两条船破冰引导，才于 15 日到达秦皇岛港。该区的平整厚冰是原地冻结而成的。

厚冰堆积带：冰呈南北向带状分布，一般厚度为 40~60 厘米，最大厚度为 80 厘米，由两层以上单冰组成，层间含有灰黄色淤泥。冰面有堆积现象，高度为 1~2 米，船只航行非常困难。这个厚冰带，是由于偏东大风以及波浪、潮流的作用，使大量浮冰向西漂移，受到平整厚冰区的阻挡，被迫在该区堆积和冻结而成。

碎冰区：冰块破碎，呈东北—西南向的带状分布，冰层厚度为 30 厘米，最大为 60 厘米。冰水交替出现，冰量由西向东逐渐减少。该区是冰封的外缘，薄冰受到风、浪和流的作用，冰块破碎，对航行影响不大。

（4）冰封解冻期（3 月 15 日—4 月 4 日）

从 3 月 15 日以后，海冰开始融化，冰情随气温的不断回升而逐渐好转。到 3 月下旬，冰块解体，堆积现象基本消失，只有浮冰尚随风和流漂移，在偏东风和涨潮流作用时，大量浮冰向渤海湾西部聚集，而在偏西风和落潮流作用时，渤海湾的浮冰被驱向外海，逐渐融化。这样往复几次，冰量显著减少，4 月 4 日渤海湾的浮冰几乎全部消失，4 月 6 日仅在大沽浅滩上留有少量的厚冰残迹。终冰期比往年推迟 40 余天。

在冰封解冻期，流冰的破坏力应予以重视。3 月 27 日、28 日，海冰在风流和流的作用下，把"海—井"的拉筋全部割断，造成很大威胁。

综上所述，1968—1969 年度，渤海冰情有以下特点：初冰期比常年晚 20 余天，冰期维持近 4 个月之久。冰封范围广，最严重时，除海峡水区外，渤海海面几乎全被海冰覆盖。另外，冰层之厚，冰质之坚硬，破坏力之大，堆积程度之甚，均是有记载的 50 余年以来最为严重的一次，但唯有龙口港的冰情较上一年度偏轻。

2）1968—1969 年渤海冰封的主要原因

通过资料分析，认为频繁的寒潮所带来的长时间的低温和大量的降雪是 1969 年渤海冰封的主要原因，而盛行的东北风对渤海湾冰的堆积则起着决定性的作用。

寒潮侵袭我国的路径，大致可以分为三路：西路由新疆北部侵入，向东南方向移动；中路由蒙古南下，向南偏东方向移动；东路由我国东北平原南下。中、东两路寒潮直接影响渤海海区，所带来的降温、大风远远超过西路。常年，西路和中路的频率大致相等，各为 40% 左右，东路较少。寒潮过后，有短时间的回暖过程。

1969 年冬季寒潮的入侵情况，与常年极不相同。从路径上说，中路最多，占 60%，东路次之，占 24%，西路最少，只占 16%。另一特点是比常年频繁，从 12 月初到 3 月中旬，共有 23 次冷空气侵入，平均 4 天多就有一次。同时，冷空气侵入后持续的时间特别长，回暖过程极不明显，因此造成了渤海海区长时间的低温天气。例如，1月26日的强寒潮一直持续到2月1日，达7天之久。2月12日的寒潮也持续了4天之多，直到3月份仍然不断有强冷空气侵入，造成了典型的春寒天气。

中、东两路寒潮的频繁侵入，造成了渤海海区的东—东北风盛行，偏东大风把外海的大量浮冰吹到渤海湾内，形成了历史上未曾有过的严重堆积现象。

长时间的低温是造成冰封的主要原因。由于中、东两路寒潮的频繁侵入和长期持续，使得渤海海区1969年1—3月份的气温比常年同期偏低。常年1月份的气温最低，2月份有明显的回升。而1969年冬天冷得晚，春天来得迟，早春天气寒冷，2月、3月份的低气温是历史上同期所少有的。

分析历史资料得出：12月和1月的低温使海冰形成，2月份的低温则对冰情的发展起着决定性的作用。因为1月份的平均气温通常都是最低的，常年都有海冰出现。2月份如果继续维持低温，则必然使冰情加重，甚至形成冰封。在历史上，只有1936年和1957年的2月份平均气温低于-5℃，这两年的冰情都比较严重。1969年2月份的低温是历史上同期未曾有过的，是造成当年渤海冰封的主要原因。实际上1月下旬，渤海海面已经形成了不少浮冰，2月份的低温，特别是中旬的强冷空气的持续侵入，则使冰情迅速发展并形成渤海冰封。3月份的低温也是历史上同期所未有的，上半月的平均气温低达-3℃。3月份的低温使冰封继续维持，不易解除。直到3月下旬气温急剧上升，才使渤海解冻，4月初海冰才全部融化。

长时间的低气温是造成1969年渤海冰封的主要原因，2月、3月份的历史上同期未曾有过的低气温是造成渤海严重冰封并长期维持的关键。入冬以后，气温急剧下降。当气温稳定的低于水温之后，海水就向大气放热，水温迅速下降。通常，气温在1月份最低，2月份开始回升。水温则是在2月份最低，3月份开始回升。常年2月份，渤海中部的水温在1~2℃，渤海湾的水温低于1℃，辽东湾的水温在-1℃上下，接近冰点。这时，如有强冷空气侵入，水温将继续下降，容易结冰。

1969年1月、2月份渤海海区的水温比常年普遍偏低。秦皇岛站1月、2月份的平均水温比为-1.6℃，比常年同期的平均水温偏低很多，其他各站的情况也大致如此。这样低的水温，是海水结冰的有利条件。在1月、2月份长时间的低气温影响下，海水充分散热冷却，形成了严重冰封。结冰以后，表层水温不再下降，直至海冰消失，水温一直为冰点温度。

降雪是冰情加重的又一原因。在冷空气入侵之后，水温随气温的降低而降低。雪的温度接近于气温，比水温低得多。因此，降雪会促使水温加速降低。当水温降到0℃以下时，降雪就不会融化，而是浮在水面上形成"黏冰"。在水温接近冰点时，大量的降雪不仅使水温下降，同时也增加凝结核，使海水迅速结冰。在冰层形成之后，降雪会增加冰的厚度，使冰情加重。历史上的几次严重冰情都是在持续低温伴有大量降雪的情况下发生的。

渤海海面的降雪量也很大，船舶报告称："雪下得很大，能见度极坏，船头看不到船尾。"1969年2月中旬和3月上旬，整个渤海海区有三交较大的降雪，使冰层大为增厚。3月7—8日，在渤海海面观测到冰层的上面有一层厚约10厘米的"雪冰"。由此可见，1969年冬季的大量降雪，使渤海的冰情加重，也是造成严重冰封的原因之一。

1969年冬季盛行的偏东风是渤海湾冰层严重堆积的原因。风和流的作用决定着浮冰的漂流速度和方向，向岸风和涨潮流使海冰在近岸区堆积，相反，离岸风和落潮流使海冰疏散。常年冬季，渤海海区盛行北—西北风，渤海湾的浮冰漂向外海，近岸的堆积现象很轻。

1969 冬季，渤海海区的风向和常年极不相同，盛行东—东北风，使海冰在渤海湾发生严重堆积现象。常年 1 月、2 月份 5 级以上的偏西风的持续时数大大超过偏东风的持续时数，3 月份两者比较接近。1969 年的情况与往年大不相同。1 月、2 月、3 月份的偏东风都占压倒性优势，共计持续 288 小时，偏西风仅有 31 小时。位于渤海海峡的北隍城岛和莱州湾东岸的龙口港的风向，也是类似的情况，盛行东—东北风。

由于广大的海面上盛行东—东北风，使曹妃甸以东海面上的大量浮冰拥向渤海湾，再加上渤海湾的形状类似一只口袋，有利于冰的堆积，因此，在整个渤海海区，渤海湾的堆积现象最为严重，是历史上未曾有过的。例如，3 月 5—7 日，渤海湾风力微弱，天气晴，大沽灯船附近海面之冰开始融化，堆积减轻，航行尚易。可是在 8—10 日连续 3 天 5~7 级东北大风的作用下，外海的浮冰向湾内大量拥来，堆积现象显著加重，冰层的叠加厚度达到 4 米，航行极为困难。由此可见，偏东大风对于渤海湾冰的堆积起着决定性的作用。

龙口港的冰情和渤海湾恰恰相反。由于湾口朝西，1969 年冬季盛行的偏东风，使湾内冰量减少。因此，冰情反比上一年度偏轻。

综上所述，造成 1969 渤海冰封的主要原因是 1 月、2 月份的长时间的低温，尤其是 2 月份出现了历史上同期未曾有过的低温，是使冰情加重造成冰封的关键；结冰后的大量降雪使冰层加厚，冰封加重；3 月份的低温则使冰封长期持续，不易解除；盛行的东—东北风造成了渤海湾冰层严重的堆积现象。

3）1969 年冰封的危害

由于过去对渤海冰情认识不足，在海运和海上建设中，对冰情的危害性没有足够的估计，因而 1969 年的严重冰封给海运造成了严重影响，使海上建筑物遭到了破坏。

2 月 21 日 13 时许，"海二井"生活平台被大面积厚冰推倒。当时天气晴好，东南风 1~2 级，刚开始涨潮。实际上，在落潮过程中的 06—07 时，生活平台的 5 根钢管桩已被全部推断，因为有钻井平台支撑，尚未倒塌，在 13 时许开始潮涨时，便倒塌坠入海中。

"海二井"设备平台和钻井平台于 3 月 8 日 16 时 42 分被浮冰推倒。这时是涨潮流速最大时刻，流向为西向，每小时 1.8 海里。"海二井"平台有 15 根空心钢管桩，管桩由锰钢板制成（16 号 22 毫米），直径为 850 毫米，长 41 米，打入海底 28 米，由导管架固定成三个互不连接的平台底座。平台虽然结构坚固但仍然发生了倒塌，可以看出海冰的水平推力之大是何等惊人。这种破坏力是海上建筑安全系数中不可忽视的参量。

在 3 月 27 日和 28 日两天内，冰量虽然显著减少，但危害性仍然很大。流冰在风浪和涌浪的作用下，将"海二井"平台支座的拉筋全部割断。拉筋多是直径为 25 毫米的钢管，由此可见这一破坏力也是很大的。

另外，冰封期间，天津港务局回淤研究站设在横堤口附近的平台被冰推倒。天津航道局设在航道上的灯标全部被冰挟走，去向不明。

渤海冰封不仅造成海上建筑物被破坏，同时给海上船只航行带来了很大困难，使海运受到了严重影响。据不完全统计，2 月 5 日到 3 月 6 日一个月的时间内，进出天津港的 123 艘客货轮中有 7 只被海冰推移搁浅，19 只被冰挟住不能航行，25 只在破冰船救助下方能进出港口。"若岛丸"、"娜支春"等 5 只万吨货轮在航行中螺旋桨被海冰碰坏，"瑞明丸"被海冰挤压前舱进水。天津港务局"火炬 1"等引水船螺旋桨被冰碰坏，船体变形，不得出港。

4.3.2.2 2009—2010年冬季渤海冰情介绍

1）2009—2010年冬季渤海天气概况

从季度气温趋势、北极涛动等方面分析了2009—2010年冬季渤海气温，具有如下特点和规律。

（1）季度气温趋势

沿渤海、黄海海域选取营口、北京、天津、大连和烟台共5个气象站，进行了自1951年以来12月至次年2月即冬季的气温趋势分析（图4.13），气候值取1971—2000年30年平均值。20世纪80年代中期以前，冬季季度气温多年比气候值低，处于偏冷阶段；80年代末至今，多数年份冬季气温较气候值高，处于偏暖阶段，其中只有少数年份偏冷即1999—2000年、2004—2005年和2009年。

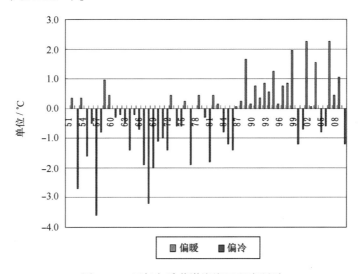

图4.13　历年冬季黄渤海海区温度距平

华北地区冬季低温天气与北半球大气环流指数的相关性分析：用华北地区1月气温和大气环流特征量进行相关分析，发现其与北极涛动指数、极涡面积指数、北半球极涡中心位置指数有较好的相关性。

（2）北极涛动

2009年11月份开始北极涛动指数开始进行调整，进入12月份后北极涛动指数开始出现负距平，2010年1月中旬恢复到0距平附近，之后又进入较长时期的负距平阶段。中纬度地区西风减弱，盛行经向环流，使对流层低层出现强的北风异常，冷空气从较高的纬度输送到较低的纬度，导致中高纬度地面气温降低。这是渤海海域气温偏低的最主要原因之一。

（3）极涡特征

从2009年11月开始，极涡出现明显异常，极涡强度偏强、面积总体偏大、位置总体偏南。12月以后，这种异常特征更加明显，致使北极地区冷空气不断向南扩展，造成东亚地区冷空气活动频繁，我国西北北部、东北大部和华北北部地区气温异常偏低。

综上所述，由于2009—2010年冬季北半球高纬度地区的极涡异常，在北半球高纬地区产生了异常强大的冷源，配合北极涛动负距平产生的异常经向环流，使冷空气源源不断地向南输送，由此产生了冬季北半球中高纬度地区的极端冷事件。

2）2009—2010年冬季渤海海冰发展过程

2009—2010冬季渤海初冰较早。根据卫星云图监测显示，2009年11月下旬辽东湾底即出现大面积初生冰，时间较往年提前了半个月左右，12月4—5日中等强度冷空气后，6日卫星遥感监测到辽东湾浮冰范围达22海里；但因冰厚较薄，12日天气回暖后辽东湾浮冰范围缩至11海里，其后海冰范围稳步增加，经16—19日强冷空气洗礼，19日辽东湾浮冰范围达到30海里。

进入2010年1月份，渤海冰情发展迅速。1月上旬辽东湾发展迅速，浮冰范围从2009年12月31日的38海里迅猛增加到1月12日71海里；1月中旬莱州湾冰情发展迅速，浮冰范围从1月9日16海里迅速增加到18日39海里，22—24日连续维持在46海里。

辽东湾2月上旬冰情发展迅速，浮冰范围从1月31日的52海里迅速发展到2月13日（图4.14）的108海里，2月下旬逐渐融化；渤海湾2月浮冰范围基本维持在10~20海里左右，冰厚、密集度逐渐减小；莱州湾浮冰范围从2月1日的14海里逐渐减少，到月底基本无冰；黄海北部浮冰范围从2月13日的32海里到月底减小到小于5海里。

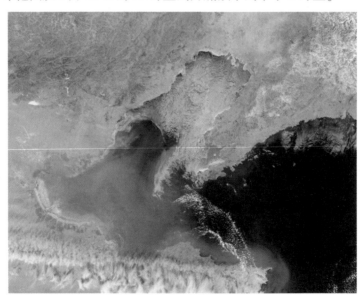

图4.14　2010年2月13日渤海海冰MODIS遥感图像

自2月20日进入融冰期，辽东湾冰情逐步缓解，但在3月上旬末期发生了明显的返冻现象，从3月7日到9日，短短2天，浮冰范围从30海里增长到60海里左右，但冰厚较薄，随后快速融化，13日仅在辽东湾底的河口浅滩和东岸有少量浮冰（图4.15）。

3）2009—2012年冬季渤海海冰主要特点

（1）发生时间早，发展速度快

根据海冰卫星遥感监测，2009年11月中旬于辽东湾底部发现初生冰，时间较上一年提前了15天左右；进入2010年，受持续寒潮影响，海冰迅速发展，在1月上旬出现了近30年

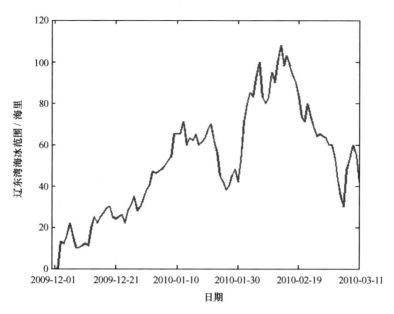

图 4.15　2009—2010 冬季辽东湾海冰范围逐日变化

同期最严重的冰情，辽东湾的海冰外缘线在 12 天内增长了 33 海里，莱州湾 9 天内增长了 23 海里。

（2）分布范围广，覆盖面积大

2010 年 1 月 22 日渤海湾海冰外缘线达到 30 海里；1 月 23 日莱州湾的海冰外缘线达到 46 海里；2 月 13 日辽东湾超过 90% 的海面被冰层覆盖，海冰外缘线达到 108 海里，接近 30 年最大浮冰范围；2 月 13 日黄海北部海冰外缘线达到 32 海里。

（3）海冰厚度大，冰情较为严重

根据观测数据分析，渤海及黄海北部平整冰一般冰厚较上年度偏厚 10 厘米左右，沿岸固定冰宽度明显超上一年。2010 年在辽东湾底和东岸的现场调查发现，从岸边延伸出去的固定冰宽度，达到了 10 千米以上；固定冰厚度达到 40~60 厘米，且岸边堆积现象明显，堆积冰厚达到 1~3 米。

（4）返冻现象明显，冰情有反复

辽东湾冰情反复，浮冰范围从 2010 年 1 月 12 日的 71 海里减少到 1 月 26 日的 38 海里，其后增加到 2 月 13 日的 108 海里；3 月上旬后期渤海辽东湾出现了返冻现象，部分海面重新冻结，海冰范围明显增大，从 3 月 7 日的 30 海里增加到 3 月 9 日的 60 海里，但冰厚较薄，以初生冰、冰皮为主，维持时间很短，其后快速融化。

（5）受灾区域广，渔业损失大

2009—2010 年冬季渤海及黄海北部海冰冰情属偏重冰年。由于严重冰情发生早、发展快，严重冰期长，海冰分布范围广，对我国黄渤海沿岸各省（市）社会、经济造成了严重影响，据统计，冰灾造成的直接经济损失近 66 亿元。

4.4 海雾灾害对社会经济发展影响评价

4.4.1 海雾灾害对社会经济影响的综合评价

1) 海雾灾害对我国社会、经济发展的危害

沿海地区是我国城镇、人口、财产密度最高和社会经济最发达的地区,海雾灾害对人民生命财产和社会经济发展具有重要影响,主要体现在海上的交通运输、海洋工程、海上养殖捕捞、沿海高速、机场以及滨海休闲观光等。主要会导致物流运输业、海洋工程业、海洋渔业以及旅游业等行业的经济损失,严重时会有人员伤亡。特别是近几十年来,沿海地区社会经济持续高速发展,海上运输、资源开发等行业蓬勃兴起,海雾灾害的破坏作用越来越显现,造成的危害越来越严重。

海雾持续比较长且分布范围较广时,排放在其中的二氧化硫、氮氧化合物等与之作用,极易形成酸性雾。由于雾区风速较小,酸雾不易扩散,一旦这种酸性雾蔓延到海岸上,将会对建筑物、动植物,尤其是人体造成严重危害。长时间的雾天会对人们的心理以及身体健康产生不好的影响。随着我国海上交通运输业和海洋石油天然气开发产业的快速发展,海雾的影响越来越明显,也越来越受到人们的关注。具体表现为以下几个方面:

①沿海地区发生浓度较大的雾时,对陆面和海上的交通安全带来巨大影响。一方面,由于雾会使光线发生散射,并能吸收光线,导致能见度降低,致使驾驶员估计车距、车船速不足,对交通标志、路面设施以及来船信号灯识别困难,容易造成碰撞事故;另一方面,由于雾水与积灰、尘土混合减少车辆与路面的摩擦系数使得轮胎与路面的附着系数减少,特别是冬季,冰雾会在道路表面形成一层薄冰,使附着系数下降更为明显,从而导致制动距离延长、行驶打滑、制动跑偏等现象发生。再者,由于大雾朦胧,使驾驶员心理压力增大,一旦发生意外,惊慌失措采取措施不当而引发交通事故。因此大雾经常造成高速公路封闭、海上航运中断、机场关闭、航班延误,从而引起居民的出行不便。

②海雾对沿海居民的健康带来严重危害。雾天非常不利于空气中污染物的扩散,容易形成中度或重度空气污染,街道两旁空气中的汽车尾气更不易扩散,加重污染。在这种天气条件下,急性上呼吸道感染、流行性感冒、急性肺炎、衣原体肺炎、支原体肺炎、流行性脑脊髓膜炎等呼吸道疾病容易发生。加上雾天湿度较大,关节、腰腿痛等发病率显著提高。

③海雾对沿海居民日常生活带来极大的不便。雾气附着在输电线路瓷瓶、吊瓶等绝缘设备表层,造成输变电设备绝缘性能下降,导致高压线路短路和跳闸,即所谓的"污闪灾害"。大雾破坏了高压输电线路的瓷瓶绝缘,造成大面积停电,影响沿海居民日常生活。

此外,海雾灾害引发的渔船碰撞事故、鱼类死亡、人员伤亡等,在产生经济损失的同时,还会给海洋劳动者带来心理阴影,给死者家庭带来很大的心理创伤。

2) 海雾灾害个例

由于海雾主要是对能见度产生影响,可以说是一个环境因子,不能作为充分条件,所以对海雾灾害的认定比较困难,另外对雾灾,特别是海雾灾害的研究还处于探索阶段。我们试

图以图 4.16 表示海雾灾害的灾害链。并在收集到的灾害数据中找出一些相关的影响个例。

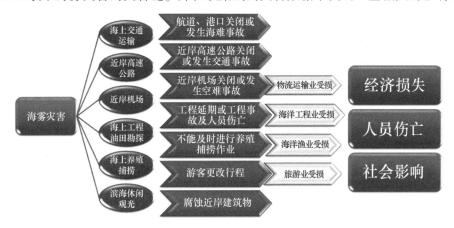

图 4.16　海雾灾害链

（1）海上交通运输

1993 年，执行海洋科学考察任务的"向阳红 16"与塞浦路斯籍"银角"号货轮擦击而造成近亿元的经济损失，严重影响了我国向国际有关组织承诺的大洋锰结核的考察任务，并有 3 名科考人员因舱门变形无法打开而与船体沉没海底。

2005 年 1 月 26 日武汉黄石市鄂东海运责任有限公司所属"明辉 8"轮在南澳岛东侧海域与福建省协通船务企业有限公司所属"闽海 102"轮雾中发生碰撞，造成"明辉 8"轮 3 人死亡、1 人失踪。

2005 年 1 月 28 日福建省福清市通达船务有限公司的"通达 388"轮在石碑山角西南侧海域与湖北琴台船务有限公司的"南方 99"轮雾中发生碰撞，造成"通达 388"轮 4 人失踪。

（2）海上石油开发

1970 年 8 月 10 日，250 马力钢壳渔轮 353 号在转移渔场途中因雾影响能见度差，23 时10 分在 $32°01'N$，$122°35'E$ 处与大庆 15 号油轮相撞沉没。12 名船员遇难。

1979 年 7 月 24 日，因海雾影响，一艘巴西籍 5 万吨油轮在青岛胶州湾西部撞击黄岛油港码头，经济损失 550 余万元。

1998 年 2 月 4 日 9 时 15 分，在深圳机场客运码头 1 号、2 号浮灯附近，由于浓雾能见度差，"宇航 2 号"高速客船与"潮供油 8 号"油船发生碰撞。

（3）海洋工程施工

2008 年 6 月 12 日 22 时 50 分许，由港内泊位驶往引航地点的"青港拖 10"轮与施工船舶"苏连海 6618"轮（由港外运砂到青岛港建港四期工程施工区）在青岛港 303 号浮标附近水域发生碰撞，造成"苏连海 6618"轮沉没，1 人失踪。事发当时海面有薄雾。

（4）水养殖及海洋渔业捕捞

2009 年 5 月 12 日 04 时 20 分，自汕头港驶往天津港的中国籍散货船"新晨捷"轮与辽宁锦州籍木质渔船"辽锦渔 15052"轮在石岛港东南约 20 海里处发生碰撞。事故造成"辽锦渔 15052"轮全损，8 名渔民死亡。事发当时海面能见度不良。

2008 年 4 月 7 日 23 时 12 分，葫芦岛籍木质捕捞渔船"辽葫渔 35181"在石岛附近海域捕鱼作业时与 1 艘由北向南航行的不明船舶发生碰撞。事故造成"辽葫渔 35181"船体严重受损，没有人员伤亡。事发当时，海面微风轻浪，能见度不足 0.5 海里。

（5）港口作业和沿海交通运输

1987 年 12 月 10 日上海大雾，黄浦江轮渡因雾停开数小时，陆家嘴渡口乘客急于上船，纷纷前拥，人群拥挤酿成死 11 人、伤 76 人的重大交通事故。

1990 年 1 月 21—22 日，辽宁海城大雾迷漫，致使发生火车与汽车相撞的重大交通事故，造成 16 人死亡，25 人受伤。

2006 年 11 月 2 日，江苏境内遭遇入秋以来的最大一场雾，因能见度极低，在宁通高速六和横梁段，发生一起 29 辆车连环相撞的事故，截至 2 日下午 5 时，共有 2 人死亡，11 人受伤；同日因为大雾，镇江沿江公路发生一起重大车祸，一辆散装水泥槽罐车发生事故后槽罐脱落，被一辆运输危化品的槽罐车追尾，车内一男子不幸身亡；同日上午 9 时 40 分左右，位于连云港境内汾灌高速 76 千米的海州段发生重大车祸，短短几分钟内，共 23 辆车追尾相撞，致 9 辆车报废，2 人死亡。

4.4.2 海雾灾害对区域经济影响的统计评价

1）我国历史海雾事件统计

通过摘录《气象大典》《气象灾害》以及走访地方海事部门，获得部分海雾灾害及损失数据，整理如表 4.4。由于海雾灾害数据的获取以及灾害损失的调查统计比较困难，统计得到的数据并不能完全代表当年的海雾致灾情况。

表 4.4 历年海雾灾害数据统计表

年份	次	航班取消/班	航运取消/班	船舶损失/艘	人员伤亡	经济损失/万元
1949—1990	34	8	5	49	死 87 人	约 1 047 万
1990	8		5	1	死 24 人伤 50 人	10 万元
1991	7	2	6	1	死 17 人伤 24 人	
1992	2		5		死 2 人伤 17 人	
1993	6	1	3	3	死 7 人	上亿元
1994	8	4	6	1	死 3 人伤 8 人	45 万
1995	5	1		1	死 10 人伤 27 人	约 100 万
1996	4	3	2		死 2 人	
1997	5	3	3	1	死 9 人伤 34 人	
1998	9	7	4	2	死 9 人伤 23 人	
1999	9	6	5	1	死 4 人伤 48 人	
2000	9	5		3		

下面，我们根据收集的数据对海雾灾害比较严重的山东半岛、长江口、浙江沿海、台湾海峡等的海雾及其造成的经济损失和人员伤亡进行分析，希望能够窥一斑而见全豹，了解我

国沿海海雾的灾害及影响情况。

2）山东半岛沿海海雾灾害对社会经济发展综合评价

（1）山东海域海雾灾害事故的时间分布

通过走访山东海事部门，获得了 2006—2009 年山东海域由于海雾引起的海上事故及时间分布（表 4.5）。表 4.6 为山东半岛雾季（4—7 月份）的事故统计，可以看出 4 年（2006—2009 年）中雾季（4—7 月份）累计发生 82 起事故，约占 4 年事故总数 45.6%。其中，雾中事故 40 起，占雾季事故总数 48.8%。

表 4.5　2006—2009 年山东海域事故统计表

月份	2006 年/次	2007 年/次	2008 年/次	2009 年/次	合计
1	4	3	7	1	15
2	1	3	0	5	9
3	2	10	1	2	15
4	5	7	9	5	26
5	10	9	4	4	27
6	5	7	6	2	20
7	4	3	2	0	9
8	4	1	2	0	7
9	2	4	9	4	19
10	5	0	6	3	14
11	2	2	1	5	10
12	0	1	3	3	7
合计	44	50	50	34	178

表 4.6　2006—2009 年山东海域雾季（4—7 月份）事故统计表

月份	2006 年/次	2007 年/次	2008 年/次	2009 年/次	合计
4	5	7	9	5	26
5	10	9	4	4	27
6	5	7	6	2	20
7	4	3	2	0	9
合计	24	26	21	11	82
雾中事故	15	10	7	8	40

（2）山东海域海雾灾害事故多发地分布

山东半岛沿岸大小港口密布，亿吨大港有青岛港、日照港、烟台港，重点通航水域有辽鲁客滚船航线、成山头定线制水域等，是我国海上航运的枢纽，同时，这些港口和航线也是海雾事故的多发区。特别是成山头海域，是我国重点通航海域之一，也是南北水运大通道。据不完全统计，通过成山头水道的船舶约为 16.3 万艘次/年，而这里又有"雾窟"之称，年平均雾日达到 80 多天，给航行安全带来严重影响。

（3）山东海域海雾灾害对社会经济发展综合评价

据不完全统计，近 50 年山东海域因雾造成的海事和海难事故近百起，造成人员伤亡，帆船触礁、沉没，搁浅。此外，受雾影响，各类船只常常误入海带、紫菜养殖区，不仅使海产品受到不同程度的破坏，而且"缠摆""打摆"等对船只的正常航行威胁很大。因雾导致船只抛锚或减速造成的人力、物力和时间的浪费，更是无法估量。

3）长江口海雾灾害对社会经济发展综合评价

（1）长江口海雾灾害事故时间分布

表 4.7 是长江口海雾事故各月多年发生次数统计。在 14 次严重事故中，12 月发生次数最多，为 5 次，占总数的 35.7%，其次是 1 月和 2 月，皆为 3 次，占总数的 21.4%，3 月、4 月、5 月皆为 1 次，占总数的 7.1%。因此 12 月、1 月、2 月是上海市、长江口海雾事故的多发时间，应引起预报和航运的重视。3—5 月海雾事故也会出现，6—11 月在 14 次事故中未出现一次。

表 4.7 1973—2009 年长江口海雾灾害事故各月多年发生次数统计

月份	1	2	3	4	5	6	7	8	9	10	11	12
次数	3	3	1		1	1						5

（2）长江口海雾灾害事故多发地分布

表 4.8 是 1973—2009 年长江口 14 次海雾事故发生地点统计。上海市、长江口海雾经常同时出现，但事故地点是在上海或长江口的局部地区。在 14 次事故中，洋山发生事故最多，为 4 次，占总数的 28.6%，这是由于随着上海国际航运中心的建立，国际船只往来都集中在洋山。上海市、长江口发生事故 3 次，占总数的 21.4%，其中 2007 年 2 月 11 日吴淞口和洋山同时出现海雾灾害，表 4.8 中统计为洋山事故。长江口北水道、龙华机场、江湾、外高桥等地各发生一次，占总数的 7.1%。

表 4.8 1973—2009 年长江口海雾灾害发生地点统计

地点	吴淞口	长江口北水道	龙华机场	江湾机场	黄浦江上海市长江口	洋山	外高桥
次数	1	1	1	1	3	4	1

4）浙江沿海海雾灾害对社会经济发展综合评价

（1）浙江沿海海雾灾害事故时间分布

表 4.9 是浙江沿海海雾事故各月多年发生次数统计，在 11 次严重事故中，12 月发生次数最多，为 3 次，占总数的 27.3%，其次是 1 月和 3 月，皆为 2 次，占总数的 18.2%。与长江口不同，8 月、9 月两月也都出现了海雾事故，5 月、8 月、9 月皆为 1 次，各占总数的

9.1%。因此12月、1月、3月是浙江沿海海雾灾害的多发时段。6月、7月、10月和11月未出现海雾事故。

表4.9 1993—2008年浙江沿海海雾灾害事故各月多年发生次数统计

月份	1	2	3	4	5	6	7	8	9	10	11	12
次数	2	1	2		1			1	1			3

（2）舟山海雾灾害对社会经济发展综合评价

舟山海域海雾多发季节为每年的3—6月，其中4—5月尤为突出。3—6月海雾生成的概率占全年的65%~75%，这主要是由于入春以后，环流开始调整，暖湿气团加强并北抬，而海面相对为冷水区，大气底层的暖湿空气流经海面时，极易凝结产生平流雾。统计表明，由海雾造成的事故占总数的22%，其发生时间最早为3月份，最晚为12月31日，主要集中在每年的4—5月，占总数的55%，发生地点大多分布在国际航运水道。

按照渔业管理部门的统计，凡经济损失在1万元以上，或有人员失踪、死亡的就计为渔业海损事故。1995—2000年全市共发生渔业海损事故240起，经济损失9 800万，沉船283艘，死亡259人，其中直接由气象灾害引起的海损事故为114起，经济损失2 700万，沉船89艘，死亡51人。在统计的气象海损事故中，沉船发生的概率为82%，其中海雾引发沉船近占40%，人员失踪或死亡的概率为50%。

5）台湾海峡海雾灾害对社会经济发展综合评价

据福建省海事局较完整的船舶海损事故资料统计分析，1994—2003年在台湾海峡共发生船舶交通事故131起，其中碰撞事故61起，占46.6%。发生事故的船舶主要是干杂货船，总体上看事故船舶较小，1 000总吨以下的占总数的60%。30起碰撞事故涉及渔船，其中绝大多数是发生在距岸较近的渔船密集的海域。交通事故发生时间大多数为晚上，占62.6%，其中碰撞事故有近40起发生在夜间。台湾海峡一年四季有雾，西岸以3—5月最多，碰撞事故易发生在能见度不良的水域，占碰撞事故总数的64%。

6）宁德海雾灾害对社会经济发展综合总评价

据国家海洋局宁德海洋环境监测中心站调查，2007—2008年度宁德辖区海损事故共24起，其中由于海雾所造成的海损事故6起，占总数的25%，发生时间见表4.10，其中一次时间不明，其他5次事故中有3次发生在6月，占总数的60%，另外两次分别发生在3月和5月，各占总数的20%。5次海损事故经济损失共433万元，2人失踪。

表4.10 2007—2008年宁德辖区海雾灾害事故多年各月发生次数统计

月份	1	2	3	4	5	6	7	8	9	10	11	12
次数			1		1	3						

7）厦门海雾灾害对社会经济发展综合总评价

据国家海洋局厦门海洋环境监测中心站调查，2001—2009年度厦门辖区由于海雾所造成的海损事故共 43 起，发生时间见表 4.11。可以看出 2 月和 4 月发生次数最多，为 10 次，各占总数的 23.3%；其次是 5 月为 5 次，各占总数的 11.6%；10 月和 11 月无事故发生，9 月和 12 月也仅有 1 次事故。

表 4.11　2001—2009 年厦门辖区海雾灾害事故多年各月发生次数统计

月份	1	2	3	4	5	6	7	8	9	10	11	12
次数	2	10	5	10	5	3	3	3	1			1

表 4.12 为 2001—2009 年厦门辖区海雾灾害经济损失和人员失踪统计。9 年间，由于海雾造成的海损事故总计损失 1 758 万元，其中 2005 年最多，为 698 万元，2004 年最少，为 35 万元。失踪人数共 4 人，2001 年最多，为 2 人。

表 4.12　2001—2009 年厦门辖区海雾灾害事故经济损失和人员失踪统计

年份	2001	2002	2003	2004	2005	2006	2007	2008	2009	合计
经济损失/万	180	209	70	35	698	232	274	61	180	1 758
失踪人数/人	2				1			1		4

第 5 章　海洋环境灾害防灾减灾的对策建议

5.1　风暴潮灾害的防灾减灾对策建议

近年来党和国家把建立、健全各种自然灾害预警和应急响应机制，提高政府应对突发事件和风险的能力放到政府各项工作的首位。国务院颁布的《国家综合减灾"十一五"规划》指导思想中指出"建立健全综合减灾管理体制和运行机制，着力加强灾害监测预警、防灾备灾、应急处置、灾害救助、恢复重建等能力建设，扎实推进减灾工作由减轻灾害损失向减轻灾害风险转变，全面提高综合减灾能力和风险管理水平，切实保障人民群众生命财产安全，促进经济社会全面协调可持续发展"。

2005 年联合国减灾战略做出了重大调整，从减轻灾害损失（DR）调整为减轻灾害风险（DRR）；从单纯的减灾调整为把减灾与可持续发展结合起来，强化灾害风险管理，风险转移，将减轻灾害风险纳入到政府的各项规划中。

风暴潮灾害的应急管理与风暴潮灾害风险评估、风暴潮监测预警能力、沿海地区防潮能力以及各级政府重视程度和公众教育程度密不可分。现把我国风暴潮灾害预警和应急管理方面主要存在的问题以及对策与建议阐述如下。

5.1.1　加强海洋防灾减灾法制建设

1）问题与现状

沿海地区作为海洋经济的高发展区和海洋灾害高风险区，如何协调沿海地区经济发展与海洋灾害风险的矛盾，保证经济平稳发展，社会和谐进步，法制建设是必不可少的。目前，诸多事件反映出我国在海洋防灾减灾法制建设方面比较薄弱。沿海重大工程设计标准未充分考虑海洋灾害的影响，大连福佳大化石油化工 70 万吨芳烃项目投产运行中，受 2011 年第 10 号台风"梅花"影响，两段防波堤发生垮塌，一度出现较大险情；由于"围海造地"和过度砍伐，海岸带重要的生态防护屏障日益减少，中国天然红树林面积已由 20 世纪 50 年代初的约 5 万公顷下降到目前的 1.5 万公顷，70%的红树林丧失。国际海岸侵蚀控制联合会的生态学家们通过实验证明：具有红树林、珊瑚礁等滨海湿地自然生态系统的地区在面临同样的海洋灾害时，90%的试验区海岸都因为有严密的防护而得以挽救，反之，没有这一生态工程保护的沿海村镇则损失殆尽。

2）对策与建议

① 规范沿海核电站、大型重化工、储油储气以及危险品储存基地等工程的设计标准，提

高抵御重、特大海洋灾害的能力；沿海大型工程建设时应充分考虑所在区域的风暴潮等海洋灾害风险，特别要加强抵御极端灾害事件的能力。

② 规范沿海围海造地行为。"围海造底"虽然短期解决了土地紧张问题，但是失去了生态功能，人类的经济生产、社会活动也无法保障。鉴于多次重大教训，以"围海造田"闻名的荷兰，也不得不将已经围起来的土地"还淤、还湿"。应规范沿海围海造地行为，自然生态系统的功能不能因过多的人为干扰而遭到破坏。

③ 规范沿海城市规划，规避风暴潮等海洋灾害风险。沿海经济规划区存在不同程度海洋灾害风险，针对海洋灾害特点，规划城市发展，合理配置经济区、居民区、生产基地，避免在海洋灾害高风险区聚集高密度居住人群和重要的设施，同时要严格建立健全防灾减灾各项措施。

5.1.2 加快风暴潮等海洋灾害风险评估与区划工作的进展

1）问题与现状

海洋灾害风险评估与区划对于沿海地区海洋防灾减灾、制定区域发展规划、开发利用土地资源、进行区域环境评估、建设沿海重大工程等具有十分重要的意义，同时也是制定沿海地区减灾规划不可或缺的依据。

我国海洋灾害风险评估与区划和发达国家相比，起步较晚。美国于上世纪90年代起逐步将海洋防灾减灾的重点转移到海洋灾害风险评估与区划工作中，制作了大比例尺的风暴潮灾害疏散图；日本针对不同的应用对象（政府部门和家庭）分别制作了海啸淹没和疏散图；秘鲁也制作了海啸淹没和疏散图。我国于2006年在河北省、浙江省等部分试点区域开展了风暴潮灾害风险评估与区划，并应于实际防灾工作中，取得了良好的效果。但是沿海大部分灾害风险较大的区域尚未开展系统性风险评估与区划工作，特别是在当前我国海洋经济迅速发展、大型工程不断向沿海聚集的情形下，开展风暴潮等海洋灾害风险评估与区划工作，提高沿海大型工程、设施抗灾、防灾能力迫在眉睫。

2）对策与建议

尽快在全国开展海洋灾害风险评估和区划工作。针对沿海地区海洋灾害特点，分别开展风暴潮等单灾种和综合海洋灾害的风险评估和区划工作，制作不同比例尺海洋灾害风险区划图和疏散图，应用于各级政府、应急管理以及社区等部门。

在浙江、福建、广东等风暴潮、海啸等海洋灾害的严重区，以县级为基本单元，先行开展灾害风险评估与区划。为沿海地区海洋经济建设布局，海洋资源开发与利用，风暴潮等海洋灾害防御等提供决策依据。此外，由于沿海的不断开发和利用，承灾体也在不断变化，因此海洋灾害风险评估和区划应纳入海洋防灾减灾的常态化工作中。

5.1.3 提高沿海风暴潮等海洋灾害防御能力

1）问题与现状

面对海洋灾害对沿海地区造成的巨大破坏，建设高标准的有效的海洋灾害防御工程是一项十分重要和紧迫的任务，也是一项开支巨大的项目。高标准的海堤是沿海地区重要的防御海洋灾害的屏障之一，是沿海地区社会经济发展的生命线。我国沿海海岸线漫长，从北到南的海堤建设能力由于各省、市、自治区的海岸带属性以及经济能力的差异，而导致海堤防御能力存在很大的差别。目前沿海各省海堤的达标情况，只有天津、上海、江苏、浙江和福建、广东沿海部分经济发达的地区达标的海堤较多，防御的能力较强。其他沿海省、市、自治区高标准的海堤较少，抵御海洋灾害的能力存在较大缺陷。

2）对策与建议

依据各省遭受海洋灾害的特点，建设高标准的海堤，并合理配置海堤的防护设施：防波堤坝、大型的消浪构件、泄洪闸门以及海堤内的干渠等。对于重点地区如河口，喇叭形海湾、沿海重要大、中型城市等重灾区，提高风暴潮等海洋灾害防御能力具有十分重要意义。

河北、辽宁、广西等省（自治区）由于遭受风暴潮等海洋灾害的次数相对较少，海堤标准较其他省份明显偏低，防御能力存在较大隐患，一旦遭受强风暴潮、海浪等海洋灾害的袭击，极易发生危险。因此，各地区要普查本省（市、自治区）海堤的现状，查找薄弱区、危险区，增加投入，尽快提高灾害防御能力。

尽管海堤等大量的工程设施对于沿海风暴潮灾害防御起到了重要的作用，但在极少数严重风暴潮灾害面前，有时也显得力不从心。如 2005 年美国新奥尔良市受到"卡特琳娜"飓风风暴潮的严重侵袭，曾经被认为十分坚固的防潮大堤在风暴潮和近岸浪的共同作用下大部分决堤，海水涌入城区，造成无法估量的损失。因此，不能只一味地强调修建高标准的海堤来加强防御灾害的能力，更重要的是，各级政府相关部门应脚踏实地保护好沿海地区原生态自然系统，始终坚持"保护优先、适度干预"的策略，尽可能地将受到破坏的沿海自然生态系统进行恢复，加大红树林等能有效保护和减少灾害侵蚀的生态系统群落的建设，在合理规划沿海经济活动的同时，争取达到自然防护和人工防护的和谐统一，实现人类安全及区域可持续发展。

5.1.4　提高风暴潮等海洋灾害观测能力

1）问题与现状

近年来，我国的海洋观测能力取得了较大的进步，建成了由 107 个沿岸海洋观测站（点）、30 余个海上浮标、3 对地波雷达、3 颗海洋卫星等组成的立体观测网，为风暴潮等海洋灾害预警报提供了实时观测数据。但是，与美国、英国、日本等发达国家相比，我国沿岸和近海海洋观测站点明显偏少，不仅分布不均，布局也不尽合理；此外，观测要素密度、数据获取效率远不能满足海灾害洋预警报发布的需求。

2）对策与建议

加强海洋观测系统布局与规划研究，提升海洋灾害风险区的综合观测能力。针对重大海洋灾害如风暴潮、巨浪、海啸等灾害的重灾区和频发区，结合沿海海洋经济的发展需求，着力开展观测布局与规划研究，大力推进目标性海洋灾害观测能力建设，在风暴潮等海洋灾害频发和影响严重地区进行空间和时间的加密观测，提高观测资料的实时获取能力，保障观测资料获取的时效和精度。

继续做好沿海观测站点所属部门的协调工作，以保证我国沿海观测站、点布局合理、资源有效利用。在这方面英国潮汐管理委员会的经验值得借鉴。该委员会出色协调了各验潮站所属部门，做到资料共享。在英国新建验潮站必须经潮汐管理委员研究同意，以保证验潮站的布局合理。

利用现代通信技术和网络技术，采取有线与无线相结合，光纤通信与微波、卫星通信相结合，建立多渠道的海洋观测信息传输系统，实现观测数据的高速、稳定传输。

5.1.5 提高风暴潮等海洋灾害预警能力

1）问题与现状

近年来，我国海洋灾害的预警报特别是海洋灾害数值预报取得了可喜的进展和长足的进步，例如风暴潮数值预报精细化程度和准确度不断提高，我国先后自主研发了高分辨率台风风暴潮集合数值预报系统、温带风暴潮数值预报系统等，精细化程度由数千米提升至百米甚至数十米，预报准确率和预报时效也在不断提高，在风暴潮防灾减灾中发挥了关键的作用，在很大程度上减轻了灾害损失。但是，随着沿海防灾减灾工作的细致化，对海洋灾害预警能力也提出了更高的要求，主要体现在：风暴潮等海洋灾害的数值预报精细化程度、时效和准确度仍需提高；针对不同的承灾体发布精细化、针对性较强的预报产品逐步被提上日程；单一要素预报警报和向目标型综合预报保障能力也有待于进一步提高。

2）对策与建议

加强我国海洋灾害的预警报技术研究，提升我国重大海洋经济区的海洋灾害精细化预报保障能力。加强风暴潮等海洋灾害的发生机理和发展规律研究；不断提升海洋灾害应急预警能力，在重大海洋灾害影响我国近海期间开展3~6小时短时临近预报；着力提升海洋灾害精细化预报水平，提高海洋灾害频发区、重要港湾、沿海重要基础设施、关键经济目标和典型人口密集区的近岸、近海精细化数值预报水平和综合预警能力。

5.1.6 提升社区风暴潮等海洋灾害防灾减灾和应急能力建设

1）问题与现状

沿海社区急需制订风暴潮防灾减灾应急预案。风暴潮灾害是一种突发性的海洋灾害，为了有效地防灾减灾，必须预先制订突发性的海洋灾害应急预案，以便灾害来临时及时对危险区的居民和物资进行疏散。美国自20世纪80年代起，就已经在风暴潮、海啸灾害的频发区逐步制订了海洋灾害应急预案，在几次特大风暴潮、海浪灾害中提前疏散出大量的人员和物资，大大减轻了损失。2006年我国已经颁布和实施了风暴潮灾害应急预案，但我国沿海社区防灾减灾和应急能力建设尚处于空白，由于沿海社区分布复杂和预警信息传递不畅，加上目前并没有形成有效的社区防灾减灾和应急预案，因此在突发性和重大海洋灾害面前，缺少有效地，针对性强的防灾减灾和应急响应对策。

2）对策与建议

建议沿海省（自治区、直辖市）、市（县、乡）各级人民政府，结合国家预案制订本地区风暴潮灾害应急预案。参考有关国家的经验，例如，孟加拉国低洼地区的高脚屋、日本奥尻岛沿海的高台和纪势町县的应急避难所等，建立本社区的风暴潮灾害避难所。规划本社区应急疏散路线图、固定各社区防灾减灾志愿者等。

建立社区海洋灾害应急指挥系统。海洋灾害严重的沿海省（自治区、直辖市）、地（县、市）各级人民政府，应逐步建立本地区海洋灾害应急指挥系统。

充分发挥无线网络、广播、电子屏等多种信息传播工具，建立海洋灾害快速发布系统，使得可能受到海洋灾害威胁的居民或游客等第一时间接受到灾害预警信息。

5.1.7　加强风暴潮等海洋灾害防灾减灾宣传教育和知识普及

1）问题与现状

海洋灾害知识的宣传教育与普及在发达国家和发展中国家均得到很大的重视。例如：海洋灾害严重的孟加拉国对灾害的宣传、教育经验就值得我们重视。在孟加拉国，工程减灾与非工程减灾同等重要，为了减缓或减轻灾害的影响，孟加拉国政府坚定地相信，非工程减灾措施，也需要向工程减灾措施那样执行。截止到 1998 年 12 月孟加拉国政府举办各类灾害培训班和研讨会 183 次，有 10 099 人（各阶层代表）参加了风暴潮、海啸、海浪灾害的培训与研讨。风暴潮等灾害的防御知识已写入中小学教科书。虽然我国在"7·18 海洋宣传日"、"5·12 防灾减灾日"等活动中也进行了海洋防灾减灾知识的普及，但涉及的人群尚少，普及面也较窄，在全民范围内系统性地开展风暴潮、海啸、海浪灾害教育和避难知识宣传有待全面展开。

2）对策与建议

提高社会公众的防灾减灾意识及能力。收集历史海洋灾害资料，编写各种海洋防灾减灾科普材料，并免费分发给公众，使公众了解海洋灾害，提高对海洋灾害的风险意识。建议采用一些发达国家和发展中国家的先进经验，采用分期分批集中授课、定期或不定期举行演习等多种形式进行海洋灾害防灾减灾的普及和教育宣传，提高居民海洋灾害的救助和自救能力。

5.2　海啸灾害的防灾减灾对策建议

5.2.1　制订海啸减灾规划

由于在我国沿海海啸发生次数较少，因此对海啸灾害的防患意识有所欠缺，防御经验不足，备灾措施不完善。当海啸袭来时，有效的减灾规划能够帮助政府快速做出避灾指示，组织危险区域群众紧急疏散，同时有助于社区及个人快速反应，正确地采取避难措施，最大程度降低海啸灾害带来的损失。

沿海政府、企业、居民等均应提高海啸灾害防患意识，面对海啸灾害，政府有足够的应对能力，社区有充分的准备，公众具备相关的知识知道如何保护自己。

由于目前地震很难预测，也无法知道海啸何时发生，只有当地震海啸发生后才能做出预警。因此，要提前规划和建设海啸备灾设施，规划疏散地点、疏散路线；保障灾害发生时通讯系统、海啸信息快速发布系统的正常运行等。

5.2.2 有效落实海啸备灾措施

1）防护工程

防护工程可以减轻海啸带来的破坏，主要的防护工程有：海啸防护林带、可以防御海啸的建筑以及海墙、防波堤、防潮闸、河堤等（图 5.1）。

图 5.1 太平洋海岸防护港口的防波堤

沿海防护林带，简称"海防林"，是指沿海以防护为主要目的的森林、林木和灌木林。沿海防护林在防灾抗灾、护岸固沙、生态维护、景观美化等方面发挥着极其重要的作用。据报道，在 2004 年印度洋海啸中，泰国拉廊红树林自然保护区在广袤的红树林保护下，岸边房屋完好无损，居民生活未收到大的影响。而相距几十千米之外没有红树林保护的地区，村庄、民宅被海啸夷为平地。

防波堤是离岸或岸上的用于保护港口或海滩免受海啸袭击的建筑，如海墙、水门或其他能够耗散海啸能量的建筑（图5.2，图5.3）。但是如果海啸爬高足够高时，防护工程发挥的作用将会减弱。

图 5.2 日本带有阶梯的疏散路线的海墙，用于保护沿海城镇免遭海啸淹没

图 5.3 日本奥尻岛用于防护海啸波的水门
当地震激发了门上的地震传感器后，水门在几秒钟内自动关闭

2）城市规划

基于海啸备灾的城市规划主要任务是通过合理的土地利用，将保护生命财产的重要设施部署到安全地区（例如高地等）以尽可能减少损失。

但是将居民和重要设施全部部署在安全区域是非常困难的，在这种情况下，在风险区域依赖于中长期规划减轻灾害。规划应当着眼于减少建筑物受损（通过建筑物布局或加固等），例如风险区域应当作出限制措施以减少结构脆弱的建筑过度集中。因此，基于土地利用的海啸安全保障是很重要的，应在安全标准和土地用途之间保持平衡。危险区域的任何建筑都应当是能够防御海啸的，即可以保障自身安全也可以减轻对内陆地区的灾害影响。在城市建设规划中，公共设施、油气供应站等应当位于风险较轻的区域，而渔业等一般位于堤防靠海的一边。

海啸备灾也应当重点体现在交通运输网与公共设施的安全设计和建设上，这对于有效组织疏散和开展救援是很关键的。为了确保最充分的海啸备灾，评估潜在海啸风险是很重要的，因为历史海啸灾害无法完全反映目前或未来可能面对的情况。

3）灾害应对

建立有效的海啸监测、预警和通讯系统，确保能够在第一时间监测到海啸的发生、发展，并且预警信息能够第一时间发送至政府应急部门及沿海受灾地区社会民众手中。民众在收到预警信息后，应立即远离危险区域，疏散到安全地带或特定的安全设施（图5.4，图5.5）。

图5.4　日本奥尻岛沿海的高台，可用于海啸疏散也可作为观光点

图5.5　日本纪势町县应急避难所，同时也作为社区中心和防灾博物馆
该建筑共5层楼，有22米高，总面积320平方米，能够容纳500人

为更好的使公众了解安全知识，提升安全意识，海啸应急机构、教育机构应收集历史海啸灾害资料，编写海啸防灾减灾科普材料向公众发放。

政府和海啸应急机构需定期或不定期开展海啸防灾减灾演练，检验海啸应急响应流程和备灾设施；公众应充分利用海啸疏散图，按照疏散路线疏散至安全区域。图 5.6 为沿海警报器，发生海啸时可以迅速播放预警信息；图 5.7 为秘鲁沿海普库萨纳（Pucusana）区海啸淹没和疏散图。

图 5.6　沿海的海啸警报器

5.2.3　发展海啸灾害的救助与自助

1）海啸常识

海啸大部分是由地震引起的，虽然地震在世界各大洋频繁发生，但是大多数并不会引发海啸。海啸是一系列长波，每隔 10~60 分钟便有一个波峰涌至岸边，通常第一个波并非最大的波，海啸造成的灾害，往往在第一个海啸波到达后数小时内仍然持续，随后到达的海啸波往往夹带着大量的杂物。有些海啸波威力惊人，海水裹挟着杂物汹涌而至，摧毁房屋和建筑物，海水甚至可以把重达几吨的巨石、船只连同其他杂物一起冲到陆地上几百米远的地方。

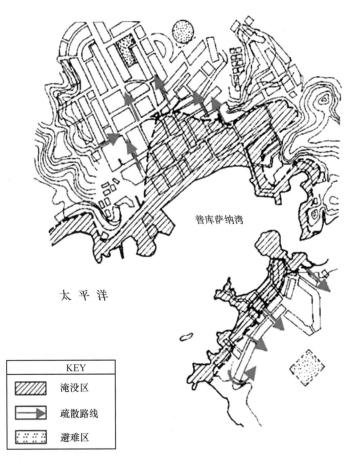

图 5.7 秘鲁沿海普库萨纳区海啸淹没和疏散图

海啸波通常不会倒卷或破碎，因此不要在海啸出现时冲浪，同时要注意的是海啸移动速度快于人的奔跑速度。有时海啸涌来之前，近岸区域海水退却令海底裸露，是海啸将要到达的先兆（图5.8）。海啸波可轻易将沿岸岛屿包围，因此即使并非面对海啸源的沿岸区域也存在危险。

2）陆地人员避灾事项

如果在学校得知海啸警报，应遵照老师和学校工作人员的指示采取行动；在家中得知海啸警报，应立即通知所有家人，均按照事先准备的应急预案采取行动。如居住于海啸危险区，应保持冷静，有秩序地撤离到避灾点或不受海啸影响的安全区域；在海滩或靠海近的地方感觉到地震，应立即跑往高处，不要等到海啸警报再行动。如在入海的河流、小溪边，也需要像在海边一样快速行动。

对于越洋海啸，通常有足够的时间做出应对；对于局地海啸，当感到地面晃动时，可能留给逃生的时间就非常短了，甚至只有几分钟的时间。

当收到海啸警报时，如不能迅速赶到地势高的区域，钢筋混凝土的高层建筑如酒店等是较为安全的避难场所；而低洼地区的房屋和小型建筑物，一般都不能抵御海啸的冲击，不要停留在这样的建筑中；远离低洼地区是明智的选择。

图 5.8　在 1957 年 3 月 9 日阿留申群岛海啸期间，夏威夷瓦胡岛北岸，人们正在探寻暴露出水的礁石，丝毫未注意到海啸波会在数分钟内返回并淹没沿岸区域

3）海上人员避灾事项

当收到海啸警报后，位于外海的船只一定不要返回港口。因为在辽阔大洋上，海啸对航行的船只没有影响，而在港口和码头，由于地形变化，海啸波导致海面迅速变化，产生的海啸流对船只有不可预测的危险性。位于港口的船只，应确保有足够的时间把船只驶往深水区域；对于小型船只、舰艇而言，如果发生局地海啸，最安全的做法可能是把船艇留着码头而人员撤离到高处；如遭遇恶劣天气，则危险性更大，撤离到地势高的区域可能是唯一的选择。

5.3　海浪灾害的防灾减灾对策建议

减轻海浪灾害是一项复杂的自然—社会—经济系统工程，它必须以现代科学技术为依托，树立科学减灾的战略观念，把依靠科学技术作为海浪减灾的根本途径。充分利用科学技术，可以有效地减轻海浪灾害。一次严重灾害性海浪过程的观测与预报的成功，可以减少人员伤亡 95% 以上，减少经济损失 20%~50%。准确的海浪预报和大风预报，再加上可靠的海上安全管理，可以大幅减轻海浪灾害损失。

总之，适当的减灾对策可以有效减轻海浪灾害的人员伤亡和经济损失。从分析全国海浪灾害的总体情况看，依据我国的海浪减灾方针，在今后一个时期，尤其是近 10 年内应采取的主要对策建议如下。

5.3.1 加快建设高标准的防御海洋灾害的基础设施

1）加快建设高标准防浪防潮海堤

面对海浪灾害对沿海地区造成的巨大破坏，建设高标准的有效的海洋灾害防御工程是一项十分重要和紧迫的任务，也是一项需要花费经济巨大的项目。高标准的防浪防潮海堤是沿海地区重要的防御海洋灾害的屏障之一，是沿海地区社会经济发展的生命线。我国沿海海岸线漫长，从北到南的海堤建设能力由于各省、市、自治区的海岸带属性以及经济能力的差异而导致海堤防御能力存在很大的差别。

加快建设高标准的海堤，并合理配置海堤的防护设施：防波堤坝、大型的消浪构件、泄洪闸门以及海堤内的干渠等配套设施，对于重点地区如河口，喇叭形海湾、沿海重要大、中型城市等重灾区提高海浪与海洋灾害的防御能力具有十分重要意义。图5.9 不同形式的防浪防潮海堤。

图5.9　不同形式的防浪防潮海堤

2）加快建设更多更好防浪避浪设施完备、航道畅通的渔港

在海上航行和作业的船舶遭遇灾害性海浪袭击时，船舶及时回港避浪是最可靠的防御措施。建设更多更好的航道保障航行畅通、建造防浪避浪设施完备的渔港，是一项十分重要和紧迫的任务，同时也是一项需要经费投入巨大的项目。我国是世界上渔船数量最多的国家，但在漫长的海岸线上，平均每230千米才有一座一级以上渔港。遭遇灾害性海浪袭击时，近

七成的渔船不能得到安全庇护。

近年来国家和沿海各级政府不断加大对渔港建设的投入，但由于基础薄弱、长期投入不足，与确保广大渔民生命财产安全的需求还有很大的差距。目前我国沿海渔港有 1 025 座，但其中具有防强台风能力的渔港仅有 140 座，76% 的渔港仍然是历史形成的天然港池，港池及掩护水域偏小，且码头设施陈旧老化、布局不合理。按照渔港容量安全性标准，全国渔港仅能容纳 9 万余艘渔船避浪，这与我国所拥有的海洋渔船 31.28 万艘的总量相比，相距甚远。增加投入，加快建设更多航道畅通、防浪避浪设施完备的渔港已是一项十分紧迫的任务。

5.3.2　加强海浪灾害发生机理及海浪灾害风险评估和风险区划的研究

海浪灾害的发生和发展有其复杂的背景和内在的联系。因此对海浪灾害发生规律、机理、群发和伴生特性以及它们在时间和空间变化规律等方面的研究，不只是海浪单一学科的问题，而是涉及气象、地球物理等学科的综合性问题。从减轻海洋灾害迫切性出发，这些问题主要如下。

海浪成灾规律研究。如风暴潮与海浪耦合机制研究；海浪发展变化与防灾理论及试验研究；浅水区域海浪数值模式研究以及海浪衍生灾害、次生灾害成灾规律研究等。

海浪强度与成灾强度关系、海浪灾害社会经济学研究以及灾害的评估方法研究等。重大、特大海浪灾害灾后综合性科学、技术和社会调查与研究等。

5.3.3　完善我国的海浪灾害观测与预警报系统

海浪实测资料对于海浪预报警报十分重要。国家在不断加大海洋环境要素立体观测网建设的同时，需加强海浪（特别是近岸浪）观测能力的建设。增加沿岸小型浮标观测海浪的站点，以满足预报技术发展和防灾减灾对资料的需求。同时在入海河口、沿海城市等海浪灾害重灾区、多发区增加沿海岸观测站，提高监测的密度和精度。

利用现代通信技术和网络技术，采取有线与无线相结合，光纤通信与微波、卫星通信相结合，加快建设海洋预警报信息传输系统，实现观测数据和预警报产品高速、稳定传输。

5.3.4　合理规划我国沿海地区的经济开发活动

合理规划我国沿海地区的经济开发活动，在保证现有滨海湿地、红树林等有效防护海洋灾害的自然生态系统的同时，加大滨海生态系统群落结构和生态功能保护力度，适度进行围海造地，保证自然资源和人类社会的和谐共处。

在海洋灾害风险评估和风险区划的基础上，合理制订沿海区域社会经济发展规划、优化开发利用土地资源，科学规划，建设沿海重大工程。同时海洋灾害风险评估与区划成果也是制定沿海地区减灾规划不可或缺的依据。综合灾害风险区划成果可指导沿海地区海洋环境要素监测设施的布设、防灾工程建设规划设计、防灾减灾重点区域的划定等。

5.3.5　建立和完善海洋灾害紧急救助组织

国际海事组织制订的《国际海上人命安全公约》和《国际海上搜寻救助公约》是国际上关于海上安全的两个重要公约。1986 年我国政府核准了《1979 年国际海上搜寻救助公约》，促进海上搜救措施和工作程序，以有效保障海上人身安全。1974 年我国正式成立全国海上安全指挥部［中国海上搜救中心（CMSRC）］组织协调全国的海上救助力量，负责海上中外船舶在我国海域失事遇险搜救工作。

为了避免和减轻海浪灾害所造成的经济损失和人员伤亡，近年来我国政府不断加强和完善建立海上应急救助机制，除了交通部总值班室外，专门设立了中国海上搜救中心、交通部海上救助打捞局等部门。沿海省、市、自治区各地政府相继制订了海浪灾害应急救助预案，以及与国家相应的海上应急救助机制，但海上及海岸防灾救灾工作应实行由政府组织、专业队伍与广大群众相结合的方式，在依靠政府和专业队伍作用的同时，充分发挥群众参与防灾救灾工作的积极性。一旦发生重大特大海浪灾害，能快速响应，有序救援，最大限度减少海浪灾害造成的人员伤亡和财产损失。

5.4 海冰灾害的防灾减灾对策建议

5.4.1 加强海冰灾害宣传教育，提高海冰防御意识

渤海和黄海北部每年虽然只有 3~4 个月的冰期，但其危害性不容低估。目前全球极端气候及海洋灾害事件频发，我国也不例外，随着环渤海地区经济的快速发展，海上生产、航运活动日益频繁，沿海地区的经济总量剧增，海冰灾害的风险必须引起高度重视。

在全球气候变暖背景下，社会公众对海冰灾害的危害性认识不足，防御海冰灾害意识不强。各级政府应通过各种行之有效的手段，加强海冰灾害宣传教育，提高防冰抗灾意识，普及海冰灾害的预防、避险、救助、减灾等知识和技能。

5.4.2 加强海冰监测和抗冰能力建设，提高海冰灾害的应对能力

我国的海冰监测开始于 1958 年全国海洋普查。1959 年国家制订了第一部海滨海冰观测规范，在渤海、黄海北部沿岸的海洋站进行海滨冰情观测。1958 年全国海洋普查后，我国海上船舶冰情观测曾一度中止。1969 年渤海冰封时恢复观测并开始启用飞机观测海冰。1973 年在全国海上安全指挥部领导下，正式用破冰船和飞机开展海上冰情常规观测；同年开始应用我国研制的卫星接收设备接收 NOAA 卫星遥感海冰图像。1986 年我国开始应用自行研制的"红外辐射计"和"微波辐射计"进行航空遥感测冰。2010 年国家海洋局启用我国首辆移动海洋灾害应急监测车"海洋一号"，它集合了海冰雷达监测，气象、风速、风向、水温、气压等相关的水文观测数据的监测功能，同时配备 GPS，具有无线电信息传输功能。灾害应急监测车可以随时深入到冰情严重灾区开展由点到面的全方位立体监测（图 5.10 和图 5.11）。

国家海洋局利用多种技术开展立体海冰观测，密切关注冰情演变，全方位采集海冰以及大气和海洋实时观测资料。依托卫星遥感、飞机航测、雷达、船舶和海洋站监测渤海冰情变化的同时，还组织渤海沿岸和环绕渤海海域的破冰船海冰调查，及时获取现场可靠的海冰监测数据。

但与需求相比，目前我国海冰监测能力、海上破冰和抗冰能力、应急救灾能力仍显不足，缺乏具有破冰和抗冰能力的监测船，海冰监视监测站点少。因此应当加大海冰监测和抗冰救灾的能力建设，建造具有破冰和抗冰能力的监测船，增加陆岸/海岛海冰监测站点和雷达测冰站，为抗冰救灾和海冰灾害预警提供基础保障。

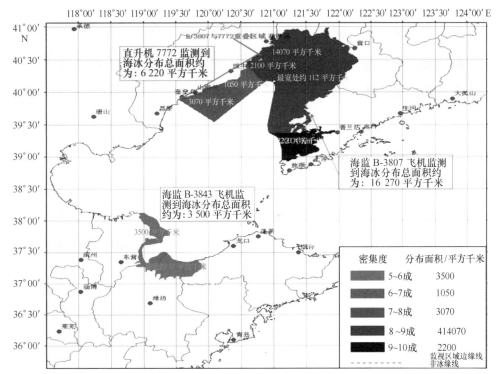

图 5.10 2010 年 1 月 23 日飞机航空遥感监测渤海海冰实况

海监 B-3807 飞机、B-3843 飞机、直升机 7772 共监测到海冰分布总面积约为 23 890 平方千米

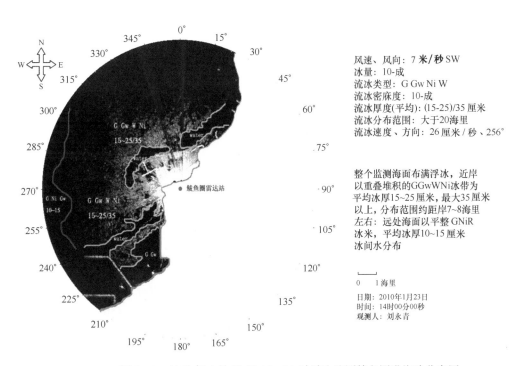

图 5.11 2010 年 1 月 23 日 14：00 时雷达监测鲅鱼圈港海冰分布图

5.4.3 提高海冰预测预警能力和水平，开展海冰灾害风险评估和区划工作

国家海洋预报中心于 1969 年开始研究并发布我国渤海、黄海区的海冰预报。40 年来，海冰预报为海上航运、海洋石油、海洋水产养殖和捕捞等部门提供安全生产保障，在防灾减灾工作中发挥了重要作用。

随着海洋经济的发展，对海冰预报提出了更高的要求，针对海上工程和航行船只等保障明确的海冰预报尤为迫切。因此，应加强海冰预测预警能力建设，提高海冰灾害防御的科学性、针对性、减轻海冰灾害造成的损失，并及时开展海冰灾害风险评估和风险区划工作，为灾后恢复重建、补偿和救助等工作提供依据，进一步规范海冰防灾减灾等工作。

第 2 篇　海洋地质灾害篇

第 6 章　海洋地质灾害定义、分类和分级

6.1　地质灾害的定义

6.1.1　地质灾害

地质灾害（Geological Hazard）指自然产生或人为诱发的对人民生命与财产安全、生活环境和国家建设事业造成危害或使人类生存与发展环境遭受破坏的地质现象。海洋地质灾害是在海岸带（包括海岛）及其近邻区海域由自然地质过程或人为作用造成的灾害性地质现象。

我国海洋地质灾害类型复杂，分布广泛。有地表的，也有地下的；有直接的，也有潜在的。除影响严重且分布广泛的地震、海岸侵蚀、海水入侵、海面上升、滨海湿地退化和港湾淤积等之外，还有大量潜在地质灾害，如活动断层、滑坡、活动沙体、易液化地层以及影响海岸工程的各种地质地貌体等。

6.1.2　灾害地质

灾害地质，系指对人类生命财产能够造成危害的地质因素，即有可能成灾的各种地质条件，包括某些地质体和地质作用。显然，这一概念并不表示灾害必定发生，而是可能已发生，或可能只是一种潜在威胁。灾害地质与地质灾害是两个在内涵和外延上，既有密切联系，又有重大区别的术语。

灾害地质研究的是给人类造成灾害的地质事件的形成、发展和分布规律及对人类的危害方式和特征。灾害地质是可能造成地质灾害的决定性环节，当人类活动涉及这些灾害地质分布区时，如果处理不当，就可能产生地质灾害。只有对造成地质灾害的各灾害地质要素研究清楚，才能为我们进行防治地质灾害提供科学依据。

6.2　地质灾害分类和分析

我国海洋地质灾害种类繁多，几乎涵盖了世界上所有的主要灾种。李培英按照灾害成因、分布位置、灾害过程持续时间，建立了海岸带地质灾害分类体系（表6.1）。

表 6.1　中国海岸带地质灾害分类

分布位置	持续时间类型	成因								
		构造	地震	火山	重力与水	海水动力	地下水	气动	海气相互作用	人为
地表地质灾害	突发型	地裂缝 断裂 火山 泥火山	断层 地裂缝 喷水 喷泥	熔岩流 泥流 火山火灾	山崩 滑坡 泥石流	海岸侵蚀 水道侵蚀 引起的滑塌 港口航道的骤淤		浅层气溢出火灾 海岸风沙	沙尘暴 风暴潮	工程诱发地震
	缓发型	断裂 升降运动 地裂缝 褶皱			水土流失 滑坡	海岸侵蚀 港口淤积 航道淤积 闸下淤积 拦门沙		浅层气引起的沉陷 麻坑沉陷	沙尘暴 荒漠化 盐渍化 沼泽化	地面沉降 湿地变异 海岸侵蚀 港口淤积 航道淤积
地层地质灾害	突发型	地震 坑道突水 突瓦斯	沙体液化		塌陷		岩溶引起的塌陷			岩爆 突水
	缓发型	断裂 块体位移		岩浆活动 地层滑动 地热害	塌陷		岩溶 地下热害 地下水污染			沙体液化 海水入侵

　　海底地质灾害的分类及分类原则目前尚没有统一，更多的是对海底灾害地质进行分类。目前已有灾的害地质分类方案很多，分类的原则大体包括：① 灾害地质因素的成因动力；② 灾害地质因素存在的空间部位；③ 灾害地质因素危险性（Carpenter G. B.，1980；李凡，1994；冯志强，1996；刘守全，2000；刘锡清等，2002）。

　　李培英等在进行我国大陆架油气资源区海洋环境调查与评价中，对灾害地质类型分类的研究中提出了海洋灾害地质分类的三原则，即赋存部位及危害对象原则、对海洋工程的直接或间接影响程度原则以及成因和发展趋势原则。依其赋存部位及其危害对象的不同，可将海洋灾害地质类型划分为两大类，即海底表面灾害地质类型和海底地下灾害地质类型。根据对工程的危害程度和防避措施的选择，以及对工程引起灾害的直接程度，可划分直接的和潜在的灾害地质类型两个亚类；根据成因和发展趋势原则将海洋灾害地质类型按其成因划分为 7 个亚类，即构造、重力、侵蚀、堆积、气动力、气候—海面变化和人为作用等 7 个成因类型（表 6.2）（李培英，2004）。

表 6.2　海洋灾害地质类型划分方案

类型划分		构造成因	重力成因	侵蚀成因	堆积成因	气动力成因	气候-海面变化成因	人为作用成因
海底表面灾害地质类型	直接灾害地质类型	地震	滑坡 塌陷、滑塌 蠕动 塌陷坑 泥流（浊流、碎屑流）	侵蚀陡坎 侵蚀海岸 冲刷槽、谷	潮流沙脊 活动沙丘 活动沙波 泥流（浊流、碎屑流）	麻坑 塌陷	侵蚀海岸 沙漠化海岸 盐渍化土地	地面沉降 沙漠化海岸 盐渍化土地 沉船
	潜在灾害地质类型	断崖 陡坎		侵蚀陡坡 海底峡谷 海底沟堑 凹凸地 侵蚀洼地 岩礁 不规则基岩面	风暴沉积 古三角洲 古海岸线 海底非活动 沙丘 浅滩 珊瑚礁		易损失湿地 古海岸线 古沙滩	
海底地下灾害地质类型	直接灾害地质类型	地震 活动断层 底辟			易液化砂层	浅层气	海水倒灌 （海水入侵）	砂土液化
	潜在灾害地质类型	深部断层	埋藏滑坡 古浊流层	古侵蚀面 （不整合面） 埋藏谷 埋藏古洼地 埋藏基岩面	埋藏古河道 古湖泊 古沙丘 古珊瑚礁 埋藏三角洲 软弱地层 埋藏沙波		埋藏古砂堤、 砂坝 埋藏泥炭层	

6.3　海岸带地质灾害分级

任何一种地质灾害，如海岸侵蚀，发生在不同地点的强度有可能不同；发生在此时和发生在它时的强度也有差异。为了评估不同时空同一种地质灾害的情况，从而提出合理的灾害防治与救灾措施，制订统一的灾害强度等级是非常必要的。

在系统整理收集海岸带地质灾害的形态特征和危险性的基础上，参考国家"908 专项"《海洋灾害调查技术规程——第二部分》中海岸侵蚀与海水入侵等级划分标准，以及国土资源部制定的陆地主要地质灾害——崩塌、滑坡、泥石流等灾害等级划分标准，本节对我国海岸带主要地质灾害等级进行了划分（表 6.3）。

表 6.3　海岸带主要地质灾害等级划分标准表

灾　种	指　标	灾　害　等　级			
		特大型	大型	中型	小型
崩塌	体积/×10⁴ 立方米	>100	10~100	1~10	<1
滑坡	体积/×10⁴ 立方米	>1 000	100~1 000	10~100	<10
泥石流	体积/×10⁴ 立方米	>50	50~5	5~1	<1
	流域面积/平方千米	>200	200~20	20~2	<2
岩溶塌陷及采空塌陷	影响范围/平方千米	>20	20~10	10~1	<1
地裂缝	影响范围/平方千米	>10	10~5	5~1	<1
地面沉降	沉降面积/平方千米	>1 000	100~1 000	50~100	<50
	累计沉降量/米	>2.0	2.0~1.0	1.0~0.5	<0.5
海水入侵	入侵范围/平方千米	>500	500~100	100~10	<10
海岸侵蚀	岸线变化速率　　砂质海岸 /（米/年）	≥3	2~3	1~2	<1
	粉砂淤泥质海岸	≥15	10~15	5~10	<5
	岸滩下蚀速率/（厘米/年）	≥15	10~15	5~10	<5
潮流沙脊	长度/千米	>20	5~20	1~5	<1
	高度/米	>10	5~10	2~5	<2
水下沙波（沙丘）	波长/米	>100	10~100	5~10	0.6~5
	波高/米	>5	0.75~5	0.4~0.75	0.075~0.4
水下滑坡	体积/×10⁴ 立方米	>2 000	500~2 000	100~500	<100

注：① 泥石流规模等级指标中：体积，指固体物质一次冲出量；②规模等级的多个指标不在同一级次时，按从高原则确定。

6.4　海洋主要地质灾害成因机制

6.4.1　海岸侵蚀成因

海岸侵蚀是指在自然力（包括风、浪、流和潮）的作用下，海洋泥沙支出大于输入，沉积物净损失的过程，即海洋动力造成海岸线后退和海滩下蚀的破坏性过程。海岸侵蚀灾害则是由海岸侵蚀造成的沿岸地区的生产和人民财产遭受损失的灾害，是海岸侵蚀的成链过程。作为一种自然现象，它既是海陆相互作用的结果，又是沿岸能量物质交换的产物，在世界各地普遍存在。人类不合理的开发活动，例如海滩资源与海底砂矿开采、水库截流（减少入海泥沙）等，都可加剧海岸侵蚀的过程。海岸侵蚀不仅会给沿岸地区人民的生产和生活带来严重影响，而它引起的环境恶化，还会导致海岸带开发的经济效益和社会效益的下降。

我国海岸侵蚀自 20 世纪 50 年代末期日渐明显，较发达国家迟约半个世纪。60 年代海岸侵蚀主要发生在粉砂淤泥质海岸。进入 70 年代，尤其是 70 年代末期以来，海岸侵蚀明显加剧。目前，约有 70% 的砂质海岸和大部分开敞的粉砂淤泥质海岸遭受侵蚀，已给沿岸人民的生产和生活带来构成潜在的威胁，造成巨大经济损失的海岸侵蚀灾害事件也时有发生。

6.4.2　海水入侵成因

海水入侵是由于滨海地区地下水动力条件变化，使淡水和海水之间的平衡遭到破坏，引起海水或高矿化咸水向陆地淡水含水层运移，而发生的水体侵入的过程和现象。沿海城市是人口高度集中和经济快速发展的地区，对淡水资源的过度需求导致超量开采，地下水水位持续大幅度下降，造成咸、淡水界面发生变化，海水向淡水含水层侵入，地下水矿化度增高，水质恶化。海水入侵的原因有自然的和人为的，但目前主要是由于沿海地区人口高度集中、城市化进程加快和经济高速发展，地下淡水开采量过大，地下水水位持续大幅度下降造成的。干旱少雨、水资源不足是背景条件，含水层导水性等水文地质特征是基础条件，不合理的人类活动是诱发条件，三者共同作用的结果导致沿海地区出现大范围的海水入侵。海（咸）水入侵导致沿海良田变坏或荒芜，粮食减产或绝产，居民人畜用水困难，地方病发病爆发，影响了人的健康，机井群报废，工业水源地破坏，工业设备锈蚀，从而给沿海地区带来严重的经济损失，严重地制约着沿海开放地区的社会经济发展。

6.4.3　港湾与航道淤积成因

港湾淤积是由于港湾周围及河流上游水土流失严重，河流泥沙含量高，湾内海水流通不畅，形成拦门沙的自然过程。淤积达到一定程度就形成灾害，使港口通航能力降低，甚至报废，或者需要大量投入用以清淤疏浚。近年来在内海进行大规模的网箱养殖，使海湾进出水通道堵塞，造成海水补排不畅，淤积严重。我国的淤积灾害分布范围非常广泛。

河口航道淤积，是在自然条件下，由于水动力作用形成淤积的过程。港口淤积，多是在人工开挖的港池、航道内，因人为活动而改变了动态平衡而形成的沉积过程。

港湾淤积的危害主要有：① 淤积较严重时，将影响航道运营，使得船只不能正常往来，或是降低船舶的装载量，增加运营成本（图 6.1）；② 淤积严重时，可能造成船只搁浅或撞船事故；③ 港湾淤积，淤泥质、腐殖土增加，海水含氧量降低，导致湾内大批鱼类死亡。因

图 6.1　广东汕头港集装箱码头前沿淤积现状图（摄于 2008 年 3 月 6 日）

此，港湾淤积不但影响当地经济的发展，对来往船只生命财产的安全亦会构成威胁。

6.5 海洋地质灾害研究现状

根据对海岸带地质灾害调查研究工作的了解和认识，将我国海岸带地质灾害调查研究划分为海岸带地质灾害个案记录阶段、地质灾害器测和不同灾种个案研究阶段以及海岸带灾害地质综合调查研究阶段等三个阶段。

6.5.1 海岸带地质灾害个案记录阶段

我国是一个具有 5 000 多年历史的文明古国。在这漫长的历史过程中，我们的祖先为了生存和发展，很早以前就开始观察和记录灾异现象，他们的观察和记录为我们今天的研究积累了大量宝贵资料。这些资料保存在我国的正史，如《二十四史》《资治通鉴》以及野史、类书、笔记和地方志中，其中以《二十四史》和地方志中的记录最多。

6.5.2 地质灾害器测和不同灾种个案研究阶段

社会发展到近代，科学技术不断进步，海岸带灾害地质的研究手段和仪器设备也随之改善，对灾害机理的研究也随之深化。

6.5.2.1 海岸侵蚀

1）国外海岸侵蚀研究

多年来，研究者利用观测和历史资料对比的方法对世界范围内海岸侵蚀现状进行了较为详细的研究。研究表明，日本 34 386 千米海岸线约有 66% 蚀退速率超过 1 米/年以上，需要采取工程措施保护的占日本海岸线总长的 47%（张聪义，1998 年）。

自 1972 年以来，美国启动了海岸带管理项目（CZMP），其主旨在于保持海岸带生态、资源的可持续发展以及提高政府管理效率。在该项目的框架下，美国在联邦政府、州等不同层面，开展了有关海岸侵蚀现状、特征、机理和防治措施等方面的研究，Massachusetts 还建立了海岸侵蚀数据库。研究表明，海岸侵蚀在 30 个沿岸州均有发生，24.4% 的海岸属于严重侵蚀海岸。美国大陆东、西两侧海岸、五大湖地区湖岸以及墨西哥湾海岸、阿拉斯加北部海岸侵蚀较为严重。

20 世纪 80 年代中期欧共体联合开展了海岸侵蚀与防护的 CORIN 研究计划（CORIN COASTAL EROSION），该计划联合了欧洲的许多发达国家，分三个阶段，持续 12 年（从 1986 到 1998），对海岸的长短期演变规律、泥沙的运动机理、海岸侵蚀的程度和规律以及预报模型和防护措施做了系统研究。近年来欧共体又开展了 SEDMOC（Sediment Transport Modeling in Marine Coastal Environments，1998—2002）、HUMOR（Human interaction with large scale coastal morphological evolution，2001—2005）和 EUROSION（Living with Coastal Erosion in Europe：Sediment and Space for Sustainability，1999—2004）的研究计划，对该问题做进一步的深入研究。CORIN 计划研究表明，欧洲有 55% 的岸线稳定，19% 的岸线处于侵蚀状态，8% 的岸线处于淤涨状态（European Environment Agency，1995）；EUROSION 计划研究表明，欧盟国

家有 15% 的岸线在遭受侵蚀 ［National Institute for Coastal and Marine Management of the Netherlands（RIKZ），2004］，具体如表 6.4。

表 6.4　部分欧洲国家海岸侵蚀状况　　　　　　　　单位：千米

国家（地区）	岸线长度	侵蚀岸线长度	人工护岸岸线长度	已建人工护岸但仍遭受侵蚀岸线长度	受海岸侵蚀影响的岸线长度
比利时	98	25	46	18	53
塞浦路斯	66	25	0	0	25
丹麦	4 605	607	201	92	716
爱沙尼亚	2 548	51	9	0	60
芬兰	14 018	5	7	0	12
法国	8 245	2 055	1 360	612	2 803
德国	3 524	452	772	147	1 077
希腊	13 780	3 945	579	156	4 368
爱尔兰	4 578	912	349	273	988
意大利	7 468	1 704	1.083	438	2 349
拉脱维亚	534	175	30	4	201
立陶宛	263	64	0	0	64
马耳他	173	7	0	0	7
波兰	634	349	138	134	353
葡萄牙	1 187	338	72	61	349
斯洛文尼亚	46	14	38	14	38
西班牙	6 584	757	214	147	824
瑞典	13 567	327	85	80	332
荷兰	1 276	134	146	50	230
英国	17 381	3 009	2.373	677	4 705
保加利亚和罗马尼亚	350	156	44	22	178
合计	100 925	15 111	7 546	2 925	19 732

2）国内海岸侵蚀研究

在国内，人们对淤泥质海岸侵蚀的研究还很不够，相关的文献也比较少。对开敞海岸的侵蚀和中国北部砂质海岸的侵蚀研究较多，研究成果也比较丰富。李光天等（1992）认为我国从北到南多种多样的海岸带类型都有侵蚀表现，原因主要有泥沙供量不足和近岸的动力增强，并认为海岸侵蚀最直接的危害是加大海侵，带来盐渍化和生态系统的破坏。夏东兴等（1993）对我国海岸侵蚀实例进行了分析，认为侵蚀的直接原因是沿岸泥沙亏损和海岸动力强化，根本原因是自然变化和人为影响，并给出了我国海岸侵蚀的基本特征。季子修（1996）总结了我国海岸侵蚀的 3 个特点，把海岸侵蚀的原因总结为 9 点，主要通过增强海洋动力作用、减少沿岸泥沙和降低海岸稳定性加剧海岸侵蚀。张裕华（1996）从海岸侵蚀的机理出发，针对中国海岸侵蚀的分布特点和造成的危害进行了论述，并提出了相应的整治对策。

陈吉余、沈焕庭等（1987）对三峡工程给长江河口区侵蚀堆积可能产生的影响作了初步分析，入海泥沙的减少是影响长江口侵蚀堆积主要原因。季子修等（1993）研究了海平面上升对长江三角洲和苏北滨海平原海岸侵蚀的可能影响，认为海平面上升主要通过增强潮流、波浪和风暴潮等海岸动力来引起海岸侵蚀的加剧。孙清等（1997）也作了海平面上升对长江三角洲地区的影响评价研究。印萍等（1998）研究沙子口湾海岸侵蚀，认为波浪是造成海岸侵蚀的原因，通过破坏泥沙收支平衡造成这个结果，并对工程的可行性进行了分析。李恒鹏等（2000）从海平面上升海岸响应历史记录研究、海岸均衡剖面研究和形态响应模拟研究3个方面概述了海平面上升海岸形态响应的国内外研究进展，并对各种研究方法的适用范围、优点及局限性进行了讨论。

6.5.2.2　海水入侵调查与研究

海水入侵是人类在沿海地区进行社会经济活动导致的一种自然灾害，它出现于20世纪70年代后期，以后有逐年增加的趋势。在国内，最先于1964年在大连地区发现海水入侵灾害（郭占荣，2003）。在20世纪70年代后期，又在莱州湾地区发现海水入侵。中国科学院地质所、南京大学地球科学系、山东省水利科学研究所和中国地质大学水文地质工程地质系等单位先后对莱州湾海水入侵进行了研究。1990年前后，赵德三等发表了"莱州湾地区海水侵染灾情分析和综合治理对策"（1990）、"山东沿海地区海水侵染灾情分析与综合治理对策"（1991）和"山东沿海地区海水入侵灾情、趋势及其对策"（1991）等论文，并在其专著《山东沿海区域环境与灾害》一书中专设海洋灾害一章，重点讨论了海水入侵问题。其后，尹泽生等出版了《山东省莱州市滨海区域海水入侵研究》（1992）一书，比较深入地探讨了莱州湾沿岸的海水入侵原因和机制等问题。南京大学地球科学系薛禹群、吴吉春等学者研制了我国第一个三维有限元海水入侵模型（薛禹群，1992；吴吉春，1996）。在赵德三主编的《海水入侵灾害防治研究》（1996）论文集中，一些文章从海水入侵理论、水资源与旱涝规律、防治技术和生态环境调控等方面讨论了海水入侵机制，并提出预防措施。中国科学院地质所蔡祖煌、马凤山等学者对海水入侵的基本理论进行了深入探索（蔡祖煌，1996；马凤山，1997），指出海水入侵理论经历了4个阶段，即静力学阶段、渗流阶段、渗流与弥散联立阶段和渗流与弥散耦合阶段。庄振业等人根据地下水负值区、淡水资源超采量和海（咸）水入侵面积等三个标志，将灾害进程分为初始阶段、发展阶段、恶化阶段和缓解阶段，并提出了根据灾害发展不同阶段采取不同措施，进行适时的治理（庄振业等，1999）。中国地质大学水文地质工程地质系陈崇希、李国敏等学者对海水入侵模型进行了许多改进和创新（李国敏，1996；成建梅，2001），特别是他们在确定弥散度、含水层标高、初始水位分布、承压含水层的海底边界以及微分方程的求解等方面引进许多新的理论和技术。

近几年来，国家海洋局第一海洋研究所、国家海洋局第二海洋研究所、国家海洋局海洋环境监测中心和中国科学院南海海洋研究所等单位对辽东湾、莱州湾、长江三角洲以及珠江三角洲等地区进行大范围海水入侵调查，对我国滨海地区海水入侵灾害的现状与发展有了深入了解，并形成一系列科研成果，如王玉广、刘娟等人（2010）对辽东湾西部滨海地区海水入侵灾害进行研究，确定了辽东湾西部滨海地区海水入侵灾害范围，并认为控制淡水开采是防止海水入侵的主要措施。徐兴永（2008）对莱州湾海水入侵灾害相关因子进行分析，并根据入侵物源的不同，将莱州湾地区分为海水入侵区和卤水侵染区。苏乔（2009）根据莱州湾南岸海水入侵地下水水质特点，将海水入侵等级划分为 4 级，采用多指标法并结合模糊数学的综合评判方法，对莱州湾南岸海水入侵现状做出评价。罗文艺等（2007）分别用单一指标 Cl⁻浓度和多指标建立的模糊综合评价模型，对深圳市南山区不同时期海水入侵程度进行了对比研究，得出该区域海水入侵经历了入侵—恶化—减弱的发展过程。

在 GIS 的地质灾害评价研究方面，具有代表性的有张继伟，黄歆宇等（2006）建立了基于 GIS 的海水入侵过程可视化系统，实现了地下水位二维等值线、三维等势面以及标示性离子浓度场的动态显示。赵锐锐、成建梅等（2009）在总结前人关于海水入侵危险性评价研究的基础上，提出了 GIS 的层次分析法和模糊综合评判法，并以深圳市宝安区为例建立了海水入侵危险性评价体系。伏捷、李永化等（2009）依据海水入侵的成因及影响因素，选取一定的自然和人为因子作为评价指标，在 GIS 技术的支持下，以千米网格为评价单元，基于海水入侵危险性指数 SIHI 的计算，对大连市海水入侵灾害危险性及空间分异特征进行综合评价。张蕾、杨联安等（2003）在 GIS 平台下，采用图层因素权重叠加的方法计算海水入侵灾害危险性评价指数，实现了海水入侵灾害危险性区划。由于国内应用 GIS 技术开展地质灾害评价工作起步较晚，研究程度相对较低，目前较为成熟及实用的地质灾害评价预测 GIS 系统尚不多见。问题的关键在于所有模型没有完善地解决异质数据的合并及数据层叠加的权重问题。

6.5.2.3　海洋灾害地质综合调查研究阶段

海洋灾害地质的研究是以大量的调查资料为基础的。我国自 1958 年以来开展了多次海洋调查和海岸带调查，这些调查既为我国积累了大量的自然要素和资源方面的资料，也为我国海洋灾害地质研究提供了有利条件。但是，当时的调查很少直接涉及海岸带灾害地质内容。真正涉及海岸带灾害地质的调查则是伴随我国近海海缆路由调查和浅海油气田的钻探与开发而开展的。其中，主要调查研究工作有：1985—1989 年中科院海洋所等单位完成的"南海西部石油开发区区域性工程地质调查"。1986—1990 年地矿部广州海洋地质调查局完成的"南海北部地质灾害及海底工程地质条件评价"。1995 年国家海洋局第一海洋研究所完成的"莺西、涠洲海域工程地质区域性综合调查"、1996 年根据 1987—1995 年多次调查而编著了《辽河油田浅海油气区海洋环境》一书。之后，又进行了和 APCN2、C2C 等多条国际、国内光缆路由调查。在这期间，还进行了一些专题调查，如中美黄河口调查，并出版了《海岸河口区重力再沉积和底坡的不稳性》一书，主要讨论了河口区的不稳定性。这些调查研究工作，虽然多数调查海域位于浅海大陆架，但也有很大部分涉及了海岸带，为海岸带灾害地质研究奠定了基础。其中，以冯志强等著的《南海北部地质灾害及海底工程地质条件评价》具有代表性。而李凡等编辑的《黄海埋藏古河道及灾害地图集》也为浅海灾害地质的研究增添了形象的内容。李四光原著《中国地质学》扩编委员会编著的扩编版《中国地质学》，专辟一章"中国的地质环境与地质灾害"，讨论中国灾害地质与地质灾害问题，其论述虽以中国大陆为主，但其所讨论的中国地质灾害背景及有关中国东部地区和海域的论述也很有参考价值。

《联合国国际减灾十年》为我国海岸带灾害地质的研究提供机会。1992 年，中国灾害防御协会在烟台组织召开了"全国沿海地区减灾与发展研讨会"，我国沿海省市的政府机关、防灾部门及有关科研单位的专家参加了这次会议。在这次会议上，各省市有关部门对其所在省市的自然灾害的基本情况及灾害规律作了报告，其中相当部分是关于海岸带地质灾害的，如地震、海水入侵、海平面变化、地面沉降、海岸侵蚀等。该次会议虽未专门提出海岸带灾害地质议题，但它促进了以后的海岸带灾害地质的研究工作。与会论文集结在《论沿海地区减灾与发展》一书中。

1993年和1996年，段永候等分别出版了《中国地质灾害》和《中国各省地质灾害图集》。该书和图集比较系统地论述了我国各省区的地质灾害情况，并总结了中国的主要地质灾害，同时对海岸带的地质灾害也给予了足够的重视（段永候等，1996）。

1996年，李绍全提出了"海岸带地质灾害"的概念，他虽没有给其下明确定义，但是提出了海岸带地质灾害的五个基本属性（成因上的复杂性、地质灾害的区域性和群发性、地质灾害的必然性和减灾的可能性、地质灾害的继承性、地质灾害与社会发展的同步性）和海岸带地质灾害的分类三原则系统（层次要明确、任何一种地质灾害都应按其主要成因类型划归于相应的分类位置之中，非直接地质作用的灾害不应列入地质灾害的分类之中）（李绍全，1996）。

1996年和2003年分别出版了詹文欢等的《华南沿海地质灾害》和谢先德等的《广东沿海地质环境与地质灾害》等书，均是有关区域海岸带灾害地质学内容的著作。这两本书，特别是后者，从地球系统动力学的理论和方法出发，以丰富的数据、图表阐述了研究区的沿海地质环境背景与环境地质、地质灾害特征（包括海陆灾害类型、时空分布、危害与区划）、地质灾害综合评价和地质灾害成因系统分析，并介绍了地质灾害数据库和地理信息系统，提出了地质环境管理及地质灾害的防治措施（詹文观等，1996；谢先德等，2003）。

在1997年出版的许东禹、刘锡清等编写的《中国近海地质》一书中，专列有"中国近海环境地质与灾害地质"一章，其中涉及海岸带的许多内容，对地质灾害进行了分类，阐述了各类地质灾害的基本特征，分析了中国近海环境地质的稳定性，并进行了地质灾害区划，提出防治地质灾害的对策（许东禹等，1997）。

资料最翔实、调查内容最多、精度最高、面积最大及理论性和系统性最好的灾害地质调查研究工作，当属"九五"期间开展的"我国专属经济区和大陆架勘测"中的灾害地质环境调查与评价工作。1997—2001年，国家海洋局组织了"我国专属经济区和大陆架勘测"国家重大专项调查。实测区域包括除南海北部陆架珠江口盆地之外的其他油气资源（开发）区，如南黄海油气资源远景区和东海盆地、北部湾、莺歌海和琼东南的油气资源（开发）区。最显著的进展是进行了全覆盖多波束测量和全面的地震剖面探测，为相关的研究特别是海洋灾害地质环境研究积累了宝贵而精确的实测资料，并为今后的深入研究奠定了雄厚的甚至是空前的资料基础。此外，在全面收集已有地质、地貌、工程地质、水深地形、地球物理和物理海洋等学科资料的基础上，对涵盖整个黄海、东海、南海及其相应海岸带和周边海域，进行了系统的灾害地质研究和综合评价，编制了比例尺为1∶200万的黄东海和南海的灾害地质图以及比例尺为1∶100万的各油气资源开发区的海底灾害地质图，研发出海洋灾害地质和海底稳定性综合评价软件系统，并已应用于该项工作（李培英等，2003；杜军等，2004）。2001年，国家海洋局第一海洋研究所在该专项之的专题报告《黄、东海灾害地质图编制及灾害地质环境评价研究》中提出了"海岸带灾害地质"这一概念，同时进行了海岸带灾害地质的分类和中国海岸带灾害地质的分区。在此基础上，出版了《中国近海及邻近海域海洋环境》（第四篇　灾害地质环境）一书。

第 7 章 　海洋地质灾害分布特征

7.1 　海岸侵蚀分布特征

我国遭受侵蚀的岸线总长度为 3 255.3 千米，占软质海岸的 20.6%，具体见表 7.1。由上表可以看出，海岸侵蚀在我国沿海 11 个省（自治区、直辖市）均有发生，其中，侵蚀砂质岸线长 2 463.4 千米，占全国砂质海岸的 49.5%；侵蚀粉砂淤泥质海岸长 791.9 千米，占全国粉砂淤泥质海岸的 7.3%。

表 7.1 　我国大陆海岸侵蚀统计 　　　　　　　　　　　　　　　　　单位：千米

省份	沙质海岸长度	侵蚀沙质海岸长度	粉沙淤泥质海岸长度	侵蚀粉沙淤泥质海岸长度	侵蚀岸线总长度	侵蚀岸线总长度占软质海岸比例	侵蚀砂质岸线占砂质岸线总长度比例	侵蚀淤泥质岸线占淤泥质岸线总长度比例
辽宁	705	88.5	985	19.6	108.1	6.4%	12.6%	2.0%
河北	180	120.5	272.5	25	145.5	32.2%	66.9%	9.2%
天津	0	0	153.7	14	14	9.1%	–	9.1%
山东	758	450	1 668	271.7	721.7	29.7%	59.4%	16.3%
江苏	30	30	883.6	226	256	28.0%	100.0%	25.6%
上海	0	0	211	73.1	73.1	34.6%	–	34.6%
浙江	7.1	0	1 500	102.6	102.6	6.8%	0.0%	6.8%
福建	988.2	566.2	1 972.2	56.1	622.3	21.0%	57.3%	2.8%
广东	1 279	782	956	0	782	35.0%	61.1%	0.0%
海南	786.5	258.1	846.7	0	258.1	15.8%	32.8%	0.0%
广西	244.6	168.1	1 353.2	3.8	171.9	10.8%	68.7%	0.3%
合计	4 978.4	2 463.4	10 801.9	791.9	3 255.3	20.6%	49.5%	7.3%

现将沿海省市海岸侵蚀现状分述。

7.1.1 　辽宁省海岸侵蚀状况

辽宁省海岸侵蚀等级共分为 6 种类型（图 7.1 和表 7.2）

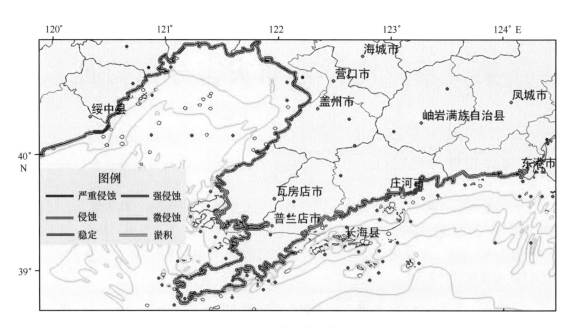

图 7.1 辽宁省海岸侵蚀等级分布

表 7.2 辽宁省海岸侵蚀等级划分

岸段号	岸滩稳定性	岸段起止	海岸类型	所在行政区	距离/米	合计/米	比率/%
1	严重侵蚀	六股河至狗河	砂质	葫芦岛	15 576.52	17 673.68	1.2
2	严重侵蚀	腾房身	砂质	营口	2 097.159		
3	强侵蚀	六股河至徐大堡	砂质	葫芦岛	13 206.47	15 634.71	1.1
4	强侵蚀	白沙湾至浮渡河	砂质	营口	2 428.245		
5	侵蚀	狗河至石河	砂质	葫芦岛	26 236.83	46 683.67	3.3
6	侵蚀	兴城河南侧	砂质	葫芦岛	2 855.399		
7	侵蚀	盖州北海浴场	砂质	营口	1 898.659		
8	侵蚀	月亮湖公园	砂质	营口	3 334.546		
9	侵蚀	营城子黄龙尾	砂质	大连	1 719.322		
10	侵蚀	鲅鱼圈至腾房身	砂质	营口	10 638.92		
11	微侵蚀	龙王庙浴场	砂质	瓦房店	4 123.352	36 047.88	2.5
12	微侵蚀	仙浴湾	砂质	瓦房店	4 357.299		
13	微侵蚀	柏岚子	基岩	大连	5 386.161		
14	微侵蚀	星海公园	基岩	大连	2 600.679		
15	微侵蚀	海洋村	粉砂淤泥	大连	4 333.057		
16	微侵蚀	黑岛	粉砂淤泥	大连	15 247.34		

岸段号	岸滩稳定性	岸段起止	海岸类型	所在行政区	距离/米	合计/米	比率/%
17	稳定	芷锚湾	砂质	葫芦岛	26 467.45		
18	稳定	长山寺角至桐家屯	砂质	葫芦岛	38 777.99		
19	稳定	华能电厂	砂质	营口	11 534.44		
20	稳定	熊岳河至白沙湾	砂质	营口	15 181.41		
21	稳定	浮渡河至白沙山	砂质	大连	6 056.801		
22	稳定	太平角至复州湾	砂质	大连	78 969.66		
23	稳定	黄龙尾至柏岚子	基岩	大连	85 941.71		
24	稳定	老虎尾至星海公园	基岩	大连	42 625.64		
25	稳定	星海湾至猴儿石	基岩，砂质，粉砂淤泥	大连	174 161.1	1 132 740	
26	稳定	碧流河至庄河港	粉砂淤泥	大连	53 513.8		
27	稳定	庄河至南岛	粉砂淤泥	大连	25 962.82		
28	稳定	青堆子湾至蜊坨子	粉砂淤泥	大连，丹东	64 284.69		
29	稳定	由家屯至单家屯	粉砂淤泥	丹东	34 844.41		
30	稳定	黄龙尾至山前	基岩，砂质，粉砂淤泥	大连	196 659.8		
31	稳定	兴城河至团山角	砂质	葫芦岛	277 758.4		
32	淤积	碧流河至猴儿石	粉砂淤泥	大连	66 080.1		
33	淤积	由家屯至大洋河	粉砂淤泥	丹东	30 011.69	180 746	12.6
34	淤积	鸭绿江口	粉砂淤泥	丹东	22 696.33		
35	淤积	山前至复州湾	砂质	大连	61 957.86		

7.1.2　河北省、天津市海岸侵蚀状况

将河北省、天津市海岸侵蚀分布汇总如表 7.3。

表 7.3　河北省、天津市海岸侵蚀分布

区域概位	岸线类型	侵蚀岸段长度/米	海岸侵蚀现状		
			侵蚀年段	侵蚀速率/（米/年）	侵蚀强度
汤河口	砂质	4 700	2000—2003 年	人工岸线	微侵蚀
戴河口东 2~0.2 千米	砂质	1 800	2000—2003 年	-2.4	强侵蚀
戴河口南—洋河口北	砂质	3 500	2000—2003 年	-2.4	强侵蚀
洋河口岸段	砂质	8 700	2000—2003 年	-2	强侵蚀
大米河口两侧 1.3 千米	砂质	1 200	2000—2003 年	-1	侵蚀
大浦河两侧 1.0 千米	砂质	1 000	2000—2003 年	-1	侵蚀
滑沙场两侧 3 千米	砂质	3 000	2000—2003 年	-2.2	强侵蚀
七里海北 1.7~2.8 千米	砂质	1 100	2000—2003 年	1	侵蚀

续表 7.3

区域概位	岸线类型	侵蚀岸段长度/米	海岸侵蚀现状		
			侵蚀年段	侵蚀速率/（米/年）	侵蚀强度
七里海北~1.7千米	砂质	1 700	2000—2003 年	-2.5	强侵蚀
黄骅港附近	粉砂淤泥质	25 000	1983—2001 年	-2.5	侵蚀
歧口河至青静黄排水渠	粉砂淤泥	11 000	1990—2007 年	10	严重侵蚀
大神堂村至涧河口岸段	粉砂淤泥	3 000	1990—2008 年	10	严重侵蚀

由上表可以看出，河北省、天津市海岸侵蚀有如下特征：一是河北砂质海岸侵蚀严重，且分布广泛，67%的砂质海岸存在侵蚀；二是天津粉砂淤泥质海岸侵蚀也较为严重，需要密切关注。

7.1.3 山东省海岸侵蚀状况

山东省海岸侵蚀分布普遍，粉砂淤泥质海岸约有 16.3%处于蚀退状态；砂质海岸约有 30%处于侵蚀状态；基岩港湾海岸除湾内岸滩相对稳定或略有淤积外，凡开敞性的海岸均遭受不同程度的蚀退；基岩海岸由于抗蚀能力较强，海岸蚀退并不明显。山东省海岸侵蚀强度见表 7.4。

表 7.4 山东省海岸侵蚀分布

区域概位	岸线类型	侵蚀岸段长度/米	海岸侵蚀现状		
			侵蚀年段	侵蚀速率/（米/年）	侵蚀强度
湾湾沟至甜水沟	粉砂淤泥	139 000	1954—2000 年	150	严重侵蚀
桩西至新开口	粉砂淤泥	25 000	1954—2001 年	60	严重侵蚀
小清河口至弥河分流口	粉砂淤泥	26 400	1958—1984 年	24	严重侵蚀
新弥河口西侧	粉砂淤泥	16 100	1958—1984 年	31	严重侵蚀
新弥河口至虞河口	粉砂淤泥	11 400	1958—1984 年	65	严重侵蚀
虞河口至潍河口	粉砂淤泥	28 800	1958—1984 年	41	严重侵蚀
潍河至北胶莱河口	粉砂淤泥	9 800	1958—1984 年	46	严重侵蚀
北胶莱河口至沙河口	粉砂淤泥	15 200	1958—1984 年	27	严重侵蚀
虎头崖—龙口港	砂质	99 000	1974—1990 年	2	强侵蚀
屺坶岛—栾家口	砂质	32 000	1974—1990 年	1~2	侵蚀
蓬莱西海岸	砂质	11 000	1974—1990 年	3~5	严重侵蚀
蓬莱北部	砂质	8 000	1974—1990 年	1~2	侵蚀
套子湾	砂质	23 000	1974—1990 年	2~3	强侵蚀
养马岛—双岛湾口	砂质	33 000	1974—1990 年	2~3	强侵蚀
威海湾	砂质	8 000	1974—1990 年	1	侵蚀
荣城北部	砂质	23 300	1974—1990 年	1	侵蚀
天鹅湖及其附近	砂质	11 000	1974—1990 年	1	侵蚀

续表 7.4

区域概位	岸线类型	侵蚀岸段长度/米	海岸侵蚀现状		
			侵蚀年段	侵蚀速率/（米/年）	侵蚀强度
褚岛—镆铘岛周围	砂质	22 000	1974—1990 年	2~3	强侵蚀
五垒湾—白沙口	砂质	36 000	1974—1990 年	1~2	侵蚀
冷家庄西北	砂质	5 600	1974—1990 年	1~2	侵蚀
董家庄—凤城	砂质	11 300	1974—1990 年	0.5~1	微侵蚀
凤城—羊角畔	砂质	6 600	1974—1990 年	2~3	强侵蚀
羊角畔—马河港	砂质	14 300	1974—1990 年	1	侵蚀
崂山大西庄	砂质	1 500	1974—1990 年	2	强侵蚀
石老人—汇泉湾	砂质	11 000	1974—1990 年	0.5~1	微侵蚀
灵山湾	砂质	12 000	1974—1990 年	2~3	强侵蚀
龙湾	砂质	5 000	1974—1990 年	1	侵蚀
棋子湾—石臼所	砂质	30 000	1974—1990 年	1~2	侵蚀
石臼所—绣针河口	砂质	46 000	1974—1990 年	2~3	强侵蚀

7.1.4 江苏省海岸侵蚀状况

江苏省海岸侵蚀空间分布汇总如表 7.5。由该表可以看出，江苏省海岸侵蚀空间分布有如下特征：一是江苏海岸侵蚀十分严重，砂质海岸全部处于侵蚀状态，有 25% 的粉砂淤泥质海岸处于侵蚀状态；二是江苏海岸冲淤最大的特点就是大冲大淤，侵蚀速率可达 88 米/年，淤积速率可达 61 米/年；三是海岸侵蚀呈间断式分布，即侵蚀—淤积—侵蚀等间断式分布，冲淤转换岸段较为明显。

表 7.5　江苏省海岸侵蚀空间分布

区域概位	岸线类型	侵蚀岸段长度/千米	海岸侵蚀现状	
			侵蚀年段	侵蚀速率/（米/年）
绣针河口—柘汪	砂质	9.41	/	/
韩口河北侧	砂质	5.6	1963—2008 年	-4.6
龙王河北侧小口海滨浴场岸滩	砂质	1.05	1983—2006 年	-17.3
海州湾临洪河口岸段	淤泥质	4.58	2003—2005 年	20.3
连岛苏马湾	基岩质	7.35	/	0
埒子口北侧	淤泥质	17.61	1980—2006 年	-35.8
燕尾港以北岸滩	淤泥质	4.96	1980—2006 年	-72.5
中山河口北侧	淤泥质	8.76	1980—2006 年	-14.8
废黄河口大淤尖	淤泥质	10.62	1980—2006 年	-54.3
翻身河闸南侧六合庄岸段	人工岸线	1.73	1994—2004 年	-0.27

续表7.5

区域概位	岸线类型	侵蚀岸段	海岸侵蚀现状	
		长度/千米	侵蚀年段	侵蚀速率/（米/年）
废黄河口月亮湾度假村	淤泥质	1.26	/	/
振东闸口北岸	淤泥质	7.85	1980—2006年	-27.6
扁担港口（苏北灌溉总渠）	淤泥质	3.69	1980—2006年	-34.7
畚套河口	淤泥质	5.26	1975—2003年	-2.8
双洋港	淤泥质	7.48	1975—2003年	-5
射阳河口北侧	淤泥质	13.54	1980—2006年	-87.3
新洋港口北侧岸滩	淤泥质	9.26	1975—2003年	-42.5
弶港辐射沙洲内侧岸滩	淤泥质	32.87	1975—2003年	60.7
如东洋口港外	淤泥质	3.51	1980—2006年	1.2
吕四大洋港口	淤泥质岸线	4.89	1980—2006年	-5.1
吕四大唐电厂北侧	淤泥质	10.92	1980—2006年	-2.5
塘芦港北侧	人工	2.37	2000—2007年	0

注：侵蚀速率正值代表淤涨，负值代表侵蚀。

7.1.5 上海市海岸侵蚀状况

上海市海岸只有处于杭州湾北岸的南汇至金山岸段的岸滩存在周期性的下切侵蚀。总体上看，目前海岸侵蚀不是十分严重。但由于深水航道治理工程、浦东机场圈围工程等的实施，使局部岸段由侧蚀变为下切，挖沙、涉水工程改变动力条件使局部岸段出现岸滩侵蚀的情况仍存在。上海市主要岸线侵蚀现状见表7.6。

表7.6 上海市海岸侵蚀现状统计表（下切侵蚀）

岸线类型	岸线名称	起讫点	岸线长度/千米	0米等深线后退速率/（米/年）（时间段）
人工	杭州湾北岸	上海市金山嘴至奉贤区柘林	11.55	7~18（1931—1962年）
		上海市金山嘴至奉贤区柘林	11.55	5~10（1994—1998年）
		上海市奉贤区中港至南汇角	16.40	32~71（1962—1979年）
		上海市奉贤区燎原至芦潮港	19.07	10~15（1979—1989年）
		上海市奉贤区金汇港至中港	25.99	10~55（1990—1998年）

7.1.6 浙江省海岸侵蚀状况

浙江省海岸是在基岩港湾充填过程中发展起来的。从历史演变过程看，浙江岸线存在淤涨型岸滩、稳定性岸滩和侵蚀型岸滩。一般在河口岸段，物质来源丰富，一直处于淤涨状态；半封闭港湾，虽然物质供应不多，但动力作用弱，岸滩较为稳定。这两类岸滩，由于人们围海造田需要，绝大部分已修筑海塘，已成为人工岸线。只有濒临开敞海域的基岩海岸，海水直抵山麓，发生海蚀，形成海蚀、海蚀平台等地貌类型，表明为侵蚀型岸段，这类岸段主要分布在沿海岛屿迎风面和大陆岸线的浙南平阳嘴—虎头鼻基岩岸段。杭州湾北岸历史上为侵蚀岸线，经修建海塘、筑丁坝促淤、抛块石保护堤脚冲刷等工程后，从岸线变化看，也处于稳定状态。因此，总体上看，目前海岸侵蚀不是十分严重。但由于护岸工程使海岸由侧蚀变为下切，挖沙、涉水工程改变动力条件使局部河段出现岸滩侵蚀的情况仍是存在的。浙江省主要岸线侵蚀现状见表 7.7。

表 7.7　浙江省海岸侵蚀现状统计表（下切侵蚀）

岸线类型	岸线名称	起讫点	岸线长度/千米	侵蚀速率/（米/年）（时间段）
人工岸线	杭州湾北岸	澉浦—金丝娘桥	54	0.06~0.31（1973—1989）
		乍浦镇—大小金山	16.44	0.08~0.38（1960—1973）
		乍浦镇—大小金山	15.95	0.13~0.63（1989—1997）

7.1.7　福建省海岸侵蚀状况

综观福建省海岸侵蚀分布（表 7.8），淤涨海岸类型主要为分布于大河河口附近和隐蔽性海湾内部的粉砂淤泥质海岸，以福建省北部为多见，此外，部分沙嘴也呈现淤涨趋势；稳定海岸主要为基岩海岸，因为抗蚀能力较强，侵蚀速率非常慢；微侵蚀海岸在砂质海岸和粉砂淤泥质海岸都有发生，一般出现于湾口或湾外较开敞区域；强侵蚀海岸主要见于开敞高能海区的砂质海岸，其中人类作用引起的海岸建筑上游侵蚀下游堆积也常见；侵蚀最严重的海岸主要为岸崖组成为老红砂，强风化壳等的砂质海岸。

表 7.8　福建省海岸侵蚀空间分布

区域概位	岸线类型	侵蚀岸段长度/千米	海岸侵蚀现状	
			侵蚀年段	侵蚀速率/（米/年）
沙埕港湾口南侧川石	砂质岸线	1	1970—1988 年	−1.5
晴川湾北岸笋笡	砂质岸线	0.6	1970—1988 年	−2.1
里山湾口南侧青官蓝	砂砾岸线	0.3	1970—1988 年	3.6
里山湾口南侧古镇北	砂质岸线	0.17		−2.1
福宁湾北岸三澳	人工岸线			
福宁湾北岸三农	砂质岸线	0.2	1970—1988 年	−2.1
福宁湾南岸沙塘街	粉砂淤泥质岸线	5	1960—2007 年	−0.7
福宁湾南岸渔洋埠	砂质岸线	2.5	1960—2007 年	−0.4
福宁湾南岸秋竹港	砂质岸线	1.5	1960—2007 年	−0.7
高罗澳西岸下洋城	砂砾岸线	2.1	1960—2007 年	0.3
高罗澳西岸积石	砂质岸线	1.5	1960—2007 年	−0.6
大京村沙滩北侧剖面	砂质岸线	2.5	2007—2009 年	0.48
大京村沙滩南侧剖面	砂质岸线		2007—2009 年	0.67

续表 7.8

区域概位	岸线类型	侵蚀岸段长度/千米	海岸侵蚀现状	
			侵蚀年段	侵蚀速率/（米/年）
闾峡港闾峡	砂质岸线	1	1970—1988 年	1.9
东冲半岛南岸留金	砂砾岸线	0.7	1970—1988 年	-1.5
东冲半岛南岸外浒村东	砂砾海滩	1.7	1970—1987 年	-1.6
东冲半岛南岸外浒村南	砂砾岸线	0.2	1970—1987 年	-1.2
东冲半岛南岸企牌	砂砾岸线	0.1	1970—1987 年	0.75
黄岐半岛北岸后湾	基岩岸线			-1.1
黄岐半岛北岸大建澳	砂质海滩	0.6	1970—1987 年	-1.8
黄岐半岛北岸沙澳	砂质岸线	1.5	1970—1987 年	-2.1
黄岐湾北段风贵长江村南	砂砾岸线	0.2	1970—1987 年	-1.7
黄岐湾南段山溪里村	砂质岸线	2.5	1970—1987 年	1.1
定海湾西段蛤沙	砂质海滩	1.2	1970—1987 年	1.15
琅岐岛东岸云龙（建兴）	砂质海滩	2	1960—2007 年	1.7
琅岐岛南岸东岐	砂质岸线	3	1960—2007 年	-1.5
长乐东北岸大鹤	砂质岸线	0.6	1970—1987 年	-0.8
长乐东北岸滋澳	砂质岸线	5	1970—1987 年	-0.85
长乐江田东岸后园厝	砂质岸线	3	2007—2008 年	-1.5
长乐江田东岸南寨下	砂质岸线	2	2007—2008 年	-2.3
长乐松下东岸山前	砂质岸线	1.7	1970—1987 年	-2.8
平潭长江澳北段	砂质岸线	1.7	1970—1987 年	2.1
平潭长江澳中段	砂质岸线	1.7	1970—1987 年	-2
平潭长江澳南段	砂质岸线	1.7	1970—1987 年	2.3
平潭大澳南岸流水	砂质岸线	0.6	1980—2007 年	-1.9
平潭大澳南岸横镜	砂质岸线	1	2007—2008 年	-1.94
平潭大澳南岸大澳	砂质岸线	1	2007—2008 年	-1.35
平潭大澳南岸西楼	砂质岸线	1.5	2007—2008 年	1.84
平潭海沄湾北岸上楼	砂质海滩	4	1970—1987 年	2.4
平潭观音澳玉井	砂质岸线	3.5	1987—2007 年	-2.9
平潭谭南湾田美澳	砂质岸线	1.5	1987—2007 年	-2.5
平潭谭南湾渔庄	砂质岸线	2	1987—2007 年	0.6
海坛海峡西岸北陈	粉砂淤泥质	2	1969—1987 年	-3
海坛海峡西岸北楼	砂质岸线	0.6	1969—1987 年	4.9

续表 7.8

区域概位	岸线类型	侵蚀岸段长度 /千米	海岸侵蚀现状	
			侵蚀年段	侵蚀速率 / (米/年)
海坛海峡西岸北坑	砂质岸线	0.7	1969—1987 年	-3.2
龙高半岛东南端海亮	砂质岸线	1.3	1969—1987 年	0.6
龙高半岛南端莲峰	砂质岸线	1.5	1969—1987 年	2.4
南日岛北岸西高东段	砂质岸线	2.2	1987—2007 年	0.6
南日岛北岸西高中段	砂质岸线	1.5	1987—2007 年	-0.9
南日岛北岸西高西段	砂质岸线	1.5	1987—2007 年	-1.8
南日岛东岸浮叶	砂质岸线	1.8	1987—2007 年	1.05
南日岛南岸云万	砂质岸线	3	1987—2007 年	-0.7
兴化湾南岸汀江	粉砂淤泥质	3	1987—2007 年	-1.9
兴化湾南岸后郑	砂质岸线	4	1987—2007 年	1.8
兴化湾南岸汀港	砂质岸线	2	1987—2007 年	-0.8
南日水道西侧翁厝北段	砂质岸线	2.2	1987—2007 年	-2
南日水道西侧翁厝南段	砂质岸线	3.2	1987—2007 年	-4.1
平海湾口北岸石井	砂质岸线	2.3	2007—2008 年	-1.76
平海湾口北岸平海	砂质岸线	2	2007—2008 年	-2.28
平海湾北岸东潘	砂质岸线	1.5	1987—2007 年	0.75
湄洲湾口北岸乌垞	粉砂淤泥质	6	1987—2007 年	-1
湄洲岛东岸莲池	砂质岸线	2	1987—2007 年	-1.2
湄洲岛东岸日纹坑	砂质岸线	1.1	1987—2007 年	-3
泉港区海岸肖厝-峰尾	砂质海滩	3	1987—2007 年	-2.1
东周半岛西北岸松村	砂质岸线	0.7	1987—2007 年	-0.9
东周半岛东岸北段杜厝	砂质岸线	1.2	1987—2007 年	-2.9
东周半岛东岸南段坑园	砂质岸线	0.7	1987—2007 年	-2.4
东周半岛南侧墩南	砂质岸线	2	2007—2008 年	
东周半岛南侧净峰	砂质岸线	2.5	2007—2008 年	-1.1
小岞半岛北岸后内	砂质岸线	1.5	1987—2007 年	-1
大港西岸赤湖	砂质岸线	2.5	1987—2007 年	-2
崇武半月湾西段	砂质岸线	1	2007—2008 年	-3.5
崇武半月湾东段	砂质岸线	1	2007—2008 年	-1.5
崇武西侧南岸下坑	砂质岸线	4	1987—2007 年	-1.4
石狮市东岸新沙堤	砂质岸线	1.5	1987—2007 年	-0.4

续表 7.8

区域概位	岸线类型	侵蚀岸段长度/千米	海岸侵蚀现状	
			侵蚀年段	侵蚀速率/（米/年）
深沪湾北段衙口	砂质岸线	4.3	2007—2008 年	-0.95
深沪湾南段华峰	砂质岸线	3.8	2007—2008 年	
晋江半岛东南岸东山	砂质岸线	0.8	1987—2007 年	-1.5
围头湾北岸塔头	砂质岸线	9	1987—2007 年	-0.95
围头湾北岸塘东沙嘴	砂质岸线	1.4	2007—2008 年	-2.58
围头湾顶区营前	砂质岸线	1.3	1987—2007 年	-1.4
围头湾顶区建设	砂泥混合滩	1	1987—2007 年	-1.2
大嶝岛东岸东埕	淤泥质海滩	3.5	1987—2007 年	0.9
大嶝岛南岸双沪	淤泥质海滩	2.5	1987—2007 年	-0.5
厦门岛东北岸五通	砂泥混合滩	2.5	1987—2007 年	-1.5
厦门岛东北岸香山	砂泥混合滩	2.5	1987—2007 年	-2.1
厦门岛东岸椰枫寨	砂质海滩	2	1987—2007 年	-1.9
厦门岛东岸黄厝	砂质海滩	3	2008—2009 年	1.35
厦门岛南岸曾厝垵	砂质海滩	1.5	1987—2007 年	-1.9
厦门岛南岸珍珠湾	砂质海滩	2	1987—2007 年	-1.2
九龙江河口湾北岸后井	淤泥质	3	1987—2007 年	
龙海隆教湾海头圩	砂质岸线	2.5	1987—2007 年	0.65
漳浦后蔡湾山寮	砂质岸线	2	1987—2007 年	1.85
漳浦前湖湾前湖	砂质岸线	6.5	1987—2007 年	-2.7
漳浦将军湾南段新厝	砂质岸线	4.5	1987—2007 年	0.9
漳浦将军湾北段大店	砂质岸线	6	1987—2007 年	-2.45
漳浦大澳湾南段虎头山东侧	砂质岸线	2	1987—2007 年	-1.85
漳浦大澳湾北段 大澳	砂质岸线	5	1987—2007 年	2.6
漳浦浮头湾南段 古雷	砂质岸线	9	1987—2007 年	-1.35
漳浦浮头湾南侧 杏仔	砂质岸线	3.5	1987—2007 年	-1.29
东山岛金銮湾（后港）北段	砂质岸线	2.4	2007—2008 年	-0.97
东山岛金銮湾（后港）南段	砂质岸线	2.3	2007—2008 年	-1.14
东山岛乌礁湾北段	砂质岸线	3	1987—2007 年	-2.5
东山岛乌礁湾中段	砂质岸线	3	1987—2007 年	-2.1
东山岛乌礁湾南段	砂质岸线	3	1987—2007 年	-1.05
东山岛澳角湾湖仔	砂质海滩	2	1987—2007 年	-2.4

续表 7.8

区域概位	岸线类型	侵蚀岸段长度 /千米	海岸侵蚀现状	
			侵蚀年段	侵蚀速率 / （米/年）
东山岛宫前湾前坑	砂质海滩	3	1987—2007 年	1.1
宫口半岛东南端岸段	砂质岸线	2	1987—2007 年	-2.9

注：侵蚀速率正值代表淤涨，负值代表侵蚀。

7.1.8　广东省海岸侵蚀状况

通过对调查结果的统计分析，广东海岸侵蚀根据所在的位置和海岸类型可以分为 7 个区域。① 大埕湾：此区域为岬湾海岸，以强侵蚀为特征，许多地区强烈侵蚀后退（图 7.2）；② 莱芜岛—汕头港：三角洲砂质海岸，该岸段以强烈侵蚀为主，部分岸段修筑人工护岸，在一些强烈侵蚀岸段常见护岸垮塌，自然岸线后退明显；③ 海广澳湾—马宫港：此区域砂质岸段以岸线长、滩面宽为特征，后滨多发育风成地貌，基本上处于侵蚀状态，部分地段受人类采砂活动影响较大；④ 大洲港—大鹏湾：该区域为山丘溺谷海岸，侵蚀速率较弱，但其滨海山丘曾经的强侵蚀痕迹依然可见；⑤ 漠阳江口两侧：该区域为三角洲海岸，海岸具有大量泥沙沉积物堆积，侵蚀强烈，许多地段强烈侵蚀后退；⑥ 海陵湾—博茂港：该区域为沙坝潟湖海岸，岸线以侵蚀为主，部分地段强烈侵蚀，堤坝冲毁；⑦ 外罗港—海安港：滨海湛江组组成的台地海岸，抗侵蚀能力较弱，台地侵蚀陡坎较发育；⑧ 海康港—安铺港：该区域沿岸地形变化复杂，陆地和海岸均是沙质和红壤，极易受海浪侵蚀。

总体来看（表 7.9），砂质海岸的侵蚀问题突出，特别是粤东岸段，侵蚀岸段比例高。粤西砂质岸线被侵蚀比例小，但侵蚀强度大，问题严重，典型的有徐闻赤坎村岸段、遂溪县江洪镇江洪肚村岸段等。

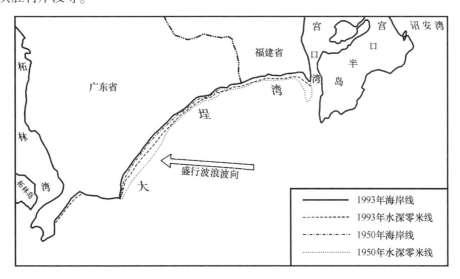

图 7.2　大埕湾海岸线及最低潮位线的变化（1993—1960 年）

表 7.9 粤东、粤中和粤西的砂质海岸侵蚀长度

地区	海岸长度/千米	砂岸长度/千米	侵蚀岸段			蚀积不详岸段		
			长度/千米	占总长百分比/%	占砂岸百分比/%	长度/千米	占总长百分比/%	占砂岸百分比/%
粤东	1 118	421	318	28.4	75.6	103	9.2	24.4
粤中	388	0	0	00.0	00.0	0	00.0	00.0
粤西	1 862	858	284	15.3	33.1	574	30.8	66.9
总计	3 368	1279	602	17.9	47.1	677	20.1	52.9

全省各岸段蚀积状态见表 7.10。

表 7.10 广东省海岸侵蚀空间分布

区域概位	岸线类型	侵蚀岸段长度/千米	海岸侵蚀现状	
			侵蚀年段	侵蚀速率/（米/年）
大埕湾下湾段	砂质岸线	2.06	1980—2000 年	-0.6
南澳岛青澳湾	砂质岸线	1.6	1980—2005 年	-0.24
莱芜旅游区岸段	基岸、砂质岸线	0.22	/	/
新津河口东侧	人工岸线	1.26	1980—2000 年	-0.9
中信度假村龙虎滩岸段	砂砾岸线	1.81	2000—2009 年	-0.2
濠江北山湾	砂质岸线	0.97	2005—2010 年	-0.5
企望湾岸段	砂质岸线	3.82	1980—2000 年	-1
塘边湾	砂质岸线	7.39	1980—2000 年	-2.3
田心湾	砂质海岸	11.96	/	/
靖海湾西侧	人工海岸	/	/	/
神泉港	砂质海岸	0.57	1980—2000 年	-0.3
大东海林场	砂质岸线	2.71	1980—2000 年	-1.61
甲子湾西侧	砂质岸线	5.37	1980—2000 年	-1.18
竭南半岛	砂质岸线	0.8	/	/
竭石湾—金厢镇	砂质岸线	8.5	1980—2000 年	-0.74
大红海	砂质岸线	5.58	1980—2000 年	-1.22
施公寮	砂质岸线	1.87	/	/
沙角美	砂质岸线	1.13	1980—2000 年	-2.26
汕尾港	砂质岸线	2.08	1980—2000 年	-0.84
鲘门	砂质岸线	1.27	1980—2000 年	-0.68
南方奥	砂质岸线	2.14	1980—2000 年	-0.6
平海湾	砂质岸线	5.93	1980—2000 年	-0.9
长嘴角—云头角	砂质岸线	0.94	/	/

续表 7.10

区域概位	岸线类型	侵蚀岸段长度/千米	海岸侵蚀现状	
			侵蚀年段	侵蚀速率/（米/年）
大鹏湾梅沙旅游沙滩	砂质岸线	1.36	1980—2000 年	-0.2
三灶金沙滩	砂质岸线	2.26	1980—2000 年	-0.01
高兰岛飞沙滩	砂质岸线	0.58	1980—2000 年	-0.35
阳江阳西沙扒海水浴场	砂质岸线	0.95	/	/
茂名电白龙头山沙滩	砂质岸线	2.31	1980—2000 年	-1.18
茂名水东港第一滩	砂质岸线	9.14	1980—2000 年	-1.8
吴川吉兆旅游沙滩	砂质岸线	1.52	1980—2000 年	-0.74
湛江坡头区南三岛天然乐园	砂质岸线	9.09	1980—2000 年	-0.61
湛江徐闻赤坎湾	砂质岸线	2.9	1980—2000 年	-1.31
草潭镇	砂质岸线	1.33	1980—2000 年	-1.2
姑寮村	砂质岸线	3.67	1980—2000 年	-1.67
雷州西岸企水沙滩	砂质岸线	1.35	1980—2000 年	-1.53

注：侵蚀速率正值代表淤涨，负值代表侵蚀。

7.1.9　广西壮族自治区海岸侵蚀状况

按《908 海洋地害调查技术规程》的分类方法，得到表 7.11 所示的广西沿岸各侵蚀岸段海岸侵蚀现状的统计表。

表 7.11　广西壮族自治区海岸侵蚀分布

区域概位	岸线类型	侵蚀岸段长度/千米	海岸侵蚀现状	
			侵蚀年段	侵蚀速率/（米/年）
铁山港湾口沙田镇海岸	砂质岸线	2.06	1990—2009 年	-1
铁山港湾口营盘镇岸段	砂质岸线	1.6	1995—2009 年	-0.71
北海市沙脚—垌尾	砂质岸线	4.35	2000—2009 年	-1
钦州湾口三娘湾岸段	基岩岸线	1.86	/	/
钦州湾口山新村岸段	砂砾岸线	0.81	2000—2009 年	-0.6
防城港湾口西万岸段	砂质岸线 基岩岸线	4.12 0.87	1990—2009 年	-0.5
白龙半岛东岸	砂质岸线 基岩岸线	3.82 1.91	/	/
万尾南岸	砂质岸线	7.39	1973—1993 年	-10
竹山村海岸	人工海岸 砂质海岸	3.75 0.67	2007—2008 年	-1.43

注：侵蚀速率正值代表淤涨，负值代表侵蚀。

7.1.10 海南省海岸侵蚀状况

海南海海岸侵蚀空间分布见表 7.12

表 7.12 海南海海岸侵蚀空间分布

海岸类型	行政隶属	位置	侵蚀岸段长度/千米	侵蚀状况
砂质海岸	海口	长流西海岸（荣山寮至新海码头）	5.53	严重侵蚀
砂质海岸	海口	长流北海岸	4.17	严重侵蚀
砂质海岸	海口	假日海滩	8.19	严重侵蚀
砂质海岸	海口	南渡江口至桂林洋	21.23	严重侵蚀
砂质海岸	文昌	加丁村北海岸	1.32	强侵蚀
砂质海岸	文昌	铜鼓岭	0.47	微侵蚀
砂质海岸	文昌	星光村	1.55	严重侵蚀
砂质海岸	文昌	西海山村	1.67	强侵蚀
砂质海岸	琼海	南昌村北部	0.6	严重侵蚀
砂质海岸	琼海	南昌村中部	0.4	严重侵蚀
砂质海岸	琼海	南昌村南部	0.5	严重侵蚀
砂质海岸	琼海	青葛南部	0.45	强侵蚀
砂质海岸	琼海	龙湾旅游区中部	0.72	严重侵蚀
砂质海岸	琼海	潭门口门南侧	1.9	严重侵蚀
砂质海岸	琼海	博鳌玉带滩北侧	5.08	严重侵蚀
砂质海岸	琼海	博鳌玉带滩南侧至与万宁分界	2.91	严重侵蚀
砂质海岸	万宁	龙滚北侧	1.72	严重侵蚀
砂质海岸	万宁	龙滚河南北两侧	2.9	严重侵蚀
砂质海岸	万宁	龙滚	3.74	严重侵蚀
砂质海岸	万宁	山根	6.8	严重侵蚀
砂质海岸	万宁	小海南口门	0.28	严重侵蚀
砂质海岸	万宁	乌场	10.63	绝大部分属于严重侵蚀，部分属于侵蚀
砂质海岸	万宁	东澳镇蓝田村	1.95	严重侵蚀
砂质海岸	万宁	东澳镇赤村	2.0	严重侵蚀
砂质海岸	万宁	东澳镇中草村至乐南村	3.5	强侵蚀
砂质海岸	万宁	石梅湾	7.01	严重侵蚀
砂质海岸	万宁	新梅北	1.02	强侵蚀
砂质海岸	万宁	新梅中	0.76	严重侵蚀
砂质海岸	万宁	新梅南	2.5	严重侵蚀
砂质海岸	陵水	牛岭	0.4	严重侵蚀

海岸类型	行政隶属	位置	侵蚀岸段长度/千米	侵蚀状况
砂质海岸	陵水	港尾村至移辇村	5.17	严重侵蚀
砂质海岸	陵水	水口港北侧	0.4	严重侵蚀
砂质海岸	陵水	水口港南侧至黎安港口门东侧	10.07	严重侵蚀
砂质海岸	陵水	南湾南部	0.54	强侵蚀
人工海岸	陵水	新村港口门东侧	0.24	强侵蚀
砂质海岸	陵水	新村港口门东侧	0.36	严重侵蚀
砂质海岸	陵水	新村港口门内东侧	0.31	强侵蚀
人工海岸	陵水	土福湾东部	0.3	侵蚀
砂质海岸	陵水	土福湾保墩	0.42	强侵蚀
砂质海岸	三亚	庄大村至大灶村	2.51	强侵蚀
砂质海岸	三亚	港口岭东侧	0.43	侵蚀
砂质海岸	三亚	亚龙湾东侧龙坡村	1.18	严重侵蚀
砂质海岸	三亚	亚龙湾北侧	1.7	强侵蚀
砂质海岸	三亚	坎秧湾	1.03	严重侵蚀
砂质海岸	三亚	虎头岭西北侧	0.33	侵蚀
砂质海岸	三亚	虎头岭至量村之间	0.25	微侵蚀
砂质海岸	三亚	虎头岭至量村之间	0.13	微侵蚀
砂质海岸	三亚	六道村	1.32	严重侵蚀
砂质海岸	三亚	内村	0.24	严重侵蚀
砂质海岸	三亚	安游	0.79	侵蚀
砂质海岸	三亚	大东海东侧	0.26	强侵蚀
砂质海岸	三亚	大东海东北侧	0.36	微侵蚀
砂质海岸	三亚	南边海路外	0.48	严重侵蚀
砂质海岸	三亚	三亚湾	8.24	绝大部分属于严重侵蚀, 部分属于微侵蚀和侵蚀
砂质海岸	三亚	张贡园西南边	0.88	严重侵蚀
砂质海岸	三亚	镇海村至长山村	2.29	侵蚀
砂质海岸	乐东	长园湾西北	0.28	侵蚀
砂质海岸	乐东	东罗湾、龙栖湾村	0.39	强侵蚀
砂质海岸	东方	北部湾南港港与利章港间、文质村周边	1.04	严重侵蚀
砂质海岸	东方	感恩角、感恩镇周边	1.28	严重侵蚀
砂质海岸	东方	新龙镇入学村北	0.30	侵蚀

海岸类型	行政隶属	位置	侵蚀岸段长度/千米	侵蚀状况
砂质海岸	东方	新龙镇北沟场村周边	1.05	强侵蚀
砂质海岸	东方	下通天村南	1.26	严重侵蚀
砂质海岸	东方	道达村至东方市岬角	12.4	严重侵蚀
砂质海岸	东方	八所港、东方市北至剪半园	3.82	严重侵蚀
砂质海岸	东方	北黎湾、四而村周边	2.41	严重侵蚀
砂质海岸	东方	北黎湾、四必村周边	3.0	严重侵蚀
砂质海岸	东方	沙村周边	2.10	严重侵蚀
砂质海岸	昌江	昌化港、昌化镇周边	0.92	严重侵蚀
砂质海岸	昌江	昌化港、昌化镇北	1.19	强侵蚀
砂质海岸	昌江	棋子湾、沙渔塘村南	5.02	侵蚀
砂质海岸	昌江	沙渔塘港、沙渔塘村至海尾镇	9.57	严重侵蚀
砂质海岸	昌江	双塘湾、海尾镇至新港村	15.98	强侵蚀
砂质海岸	儋州	港口村至南华墟村	23.10	严重侵蚀
砂质海岸	儋州	洋浦鼻	1.79	侵蚀
砂质海岸	儋州	洋浦鼻、干冲街道南	0.30	严重侵蚀
砂质海岸	儋州	光村银滩	5.67	强侵蚀
砂质海岸	儋州	神冲港、沙井村周边	2.34	严重侵蚀
砂质海岸	儋州	鱼骨港、铺头兰村周边	0.50	侵蚀
砂质海岸	儋州	峨蔓港、南湖村北	0.65	侵蚀
砂质海岸	临高	青龙村	1.16	侵蚀
砂质海岸	临高	扶堤西村以西南	5.40	侵蚀、强侵蚀
砂质海岸	临高	临高角西侧	2.10	侵蚀、强侵蚀
砂质海岸	临高	临高角东南侧	3.21	侵蚀、强侵蚀、严重侵蚀
砂质海岸	澄迈	荣兴村西侧海岸	1.33	强侵蚀
砂质海岸	澄迈	新兴港至包岸村	2.57	强侵蚀、严重侵蚀
砂质海岸	澄迈	东水港沙堤海岸	9.54	严重侵蚀

7.2 海水入侵分布特征

中国海水入侵主要发生在地下水开采量较大的沿海城市。1964 年首先在大连市发现了海水入侵。紧随其后，1970 年青岛市也出现海水入侵问题。大部分沿海城市的海水入侵出现在 20 世纪 70 年代后期及 80 年代初期之后。目前我国发生海水入侵灾害的地区从北向南有 11 个省级的沿海地区，在黄海、渤海、东海、南海范围内均有发生。

2009 年中国海洋环境质量公报表明，渤海和黄海部分滨海平原地区海水入侵严重；东海和南海滨海地区海水入侵范围小。海水入侵灾害具体情况分述如下：

① 环渤海沿岸海水入侵范围最大，氯离子（Cl⁻）含量和矿化度高。海水入侵严重地区主要分布在辽宁营口、盘锦、锦州和葫芦岛，河北秦皇岛、唐山、黄骅，山东滨州、莱州湾沿岸。辽东湾、滨州和莱州湾平原地区，重度入侵（Cl⁻含量>1 000 毫克/升）一般在距岸 10 千米左右，轻度入侵（Cl⁻含量在 250~1 000 毫克/升之间）一般距岸 20~30 千米左右。

② 辽宁丹东、山东威海、江苏连云港和盐城滨海地区为海水入侵的轻度地区，海水入侵距离一般在距岸 10 千米以内。

③ 浙江与福建沿岸海水入侵范围小，主要分布在浙江省温州市、台州市。福建省宁德市、长乐市、泉州市、漳浦市，入侵距离小于 2 千米。

④ 广东、广西和海南等省入侵范围也较小，主要分布在广东省潮州市、汕头市、深圳市、江门市、茂名市、湛江市。广西壮族自治区北海市、钦州市。海南省的三亚市，入侵距离小于 2 千米。表 7.13 为全国沿海省市海水入侵现状统计表。

表 7.13　2009 年全国沿海省市海水入侵现状统计表

省份	海水入侵区	入侵距离/千米	重度入侵距离/千米	轻度入侵距离/千米
辽宁	辽宁丹东东港西	8.09	5.31	5.76
	辽宁丹东东港长山镇	4.97	2.18	2.87
	辽宁大连甘井子区	1.50		
	辽宁大连金州区	1.50		
	辽宁营口盖洲团山乡Ⅰ	2.94	0.38	2.94
	辽宁营口盖洲团山乡Ⅱ	4.61	2.74	4.61
	辽宁盘锦荣兴现代社区	18.76	10.54	17.76
	辽宁盘锦清水乡永红村	24.20	–	24.20
	辽宁锦州小凌河东侧何屯村	3.82	3.17	3.82
	辽宁锦州小凌河西侧娘娘宫镇	7.43	4.31	7.43
	辽宁葫芦岛龙港区北港镇	1.75	0.30	0.75
	辽宁葫芦岛龙港区连湾镇	2.90	1.80	2.10
河北	河北秦皇岛抚宁	16.11	8.08	12.56
	河北秦皇岛昌黎	11.48	–	4.12
	河北唐山梨树园村	27.21	–	20.97
	河北唐山南堡镇马庄子	22.62	–	15.22
	河北黄骅南排河镇赵家堡	22.46	–	22.46
	河北沧州渤海新区冯家堡	18.01	–	18.01

续表 7.13

省份	海水入侵区	入侵距离/千米	重度入侵距离/千米	轻度入侵距离/千米
山东	山东滨州无棣县	13.36	9.64	13.36
	山东滨州沾化县	29.50	21.15	29.5
	山东潍坊滨海经济开发区	17.30	25.04	27.22
	山东潍坊寒亭区央子镇	30.10	26.70	30.10
	山东潍坊昌邑卜庄镇西峰村	23.87	19.45	23.04
	山东烟台莱州海庙村	4.06	2.29	2.66
	山东烟台莱州朱旺村	2.53	0.90	3.05
	山东青岛丁字湾（即墨部分）	0.24		
	山东青岛即墨鳌山湾潮间带	0.84		
	山东威海初村镇	8.40	1.03	4.68
	山东威海张村镇	6.32	3.71	4.49
江苏	江苏连云港赣榆海头镇海后村	2.69	2.04	2.47
	江苏连云港赣榆石桥镇大沙村	2.36	1.24	2.36
	江苏盐城大丰市裕华镇Ⅰ	11.82	－	6.76
	江苏盐城大丰市裕华镇Ⅱ	19.27	－	10.99
上海	上海奉贤区滨海	－	－	－
浙江	浙江宁波象山滨海	1.62	0.27	0.41
	浙江台州滨海	11.60	3.86	4.84
	浙江温州温瑞平原滨海	7.33		4.19
福建	福建福州长乐滨海	1.78	0.36	0.71
	福建莆田秀屿区	4.00	3.00	
	福建泉州市泉港区滨海	0.86	－	0.43
	福建厦门滨海	0.31		0.03
	福建漳州漳浦滨海	2.98	1.99	0.25
广东	广东潮州大埕湾	0.50	0.20	
	广东潮州碣州	－		－
	广东茂名电白陈村	0.30		0.30
	广东茂名电白龙山	－		－
	广东汕头龙湖	2.50		2.50
广西	广西北海滨海	1.00	0.30	1.00
	广西钦州滨海	1.00	0.30	1.00
海南	海南三亚田独镇滨海	0.50	0.25	0.50

注：资料来源于中国海洋环境灾害公报 2008、2009；渤海海区海洋环境质量公报 2008；东海海区海洋环境质量公报 2009；潍坊海洋环境质量公报 2009；南海海区海洋环境质量公报 2009；亚太经济时报（2010-06-24）；汕头市海洋环境质量公报 2008；广西壮族自治区海洋环境质量公报 2008。

现将 4 个重点区海水入侵分布特征分述。

7.2.1　莱州湾海水入侵分布

1）氯离子分布

氯离子和矿化度的分布是海水入侵主要代表指标。根据莱州湾地区地下水水质调查结果，按照 42 个井位的分析资料，氯离子含量变化曲线可归纳为以下几种类型：

高水位低氯度型，以钻孔 P4-1 为代表；低水位高氯度型，以 P4-2、P4-4 为代表；氯度稳定升高型，以 P4-5、P4-6、P4-7、P4-8、P5-1、P5-3、P5-4、P6-1、P6-2、P6-3、P6-5、P6-6、P7-1A、P7-1B、P7-2、P7-3、P7-4、P8-1、P8-3、P8-4、P8-5、P9-1、P9-5、P9-6、P10-4、P10-5、P11-1、P11-2、P11-3、P11-4、P11-5 为代表；锯齿变化型，P5-2、P5-5、P5-7、P9-2、P9-3、P9-4 为代表；两段型，其特点是水位降低、氯度升高；以 P5-3、P5-6、P6-4 为代表。

从上述分析资料可以看出：在 42 个测井中，有 31 个测井的氯度正在稳定的升高，占全部测井的 73%，如此多的测井显示其氯度在不停地升高，也就是含盐量在增高，表明莱州湾的海水入侵灾害，还在稳定的扩展。由此可以看出，莱州湾埋藏地下卤水的盐度变化不能用简单的蒸发作用来解释。值得提出的是两段型盐度变化曲线（其特点是水位降低、氯度升高），可能与当地提取地下水有关。

选取多个取样点，根据其在 2007 年、2008 年和 2009 年的数据，做出其氯度（Cl⁻）随时间的变化趋势图，统计 Cl⁻ 的相对标准偏差，比较海水入侵程度在丰水期和枯水期的变化。根据图、表对研究区地下水水质随时间的变化进行分析总结，进而得出海水入侵随时间的变化情况图 7.3a 和图 7.3b。

由上图可知，尽管有部分地取样点的水样在丰水期和枯水期期因受降水量，地下水开采量等自然因素的影响，其氯度随着时间的变化，出现了较大的波动，如 P6-4、P9-4；但大部分水样的氯度在不同月份的变化幅度不大，总体上较稳定，如 P4-4；由此可以说明，地下水体的化学成分在一年中的不同时期处于平衡状态，随月季波动不大，海水入侵程度保持平稳，受季节因素的影响较小。

将 2007—2009 年的氯离子数据进行平均，得出莱州湾地区氯离子浓度分布图（图 7.4）高氯离子浓度地区以虎头崖为界，分布在莱州湾地区东岸沿岸地区和南岸沿岸地区，其中莱州湾南岸地区 Cl⁻ 浓度大于 1 000 毫克/升面积为 2 928 平方千米；东岸地区 Cl⁻ 浓度大于 1 000 毫克/升面积为 100 平方千米。

2）矿化度分布

全部测井的矿化度含量变化分析的结果与氯度的分析结果非常一致，表明莱州湾地区海水入侵灾害还在持续发展。

将 2007—2009 年的地下水矿化度数据进行平均，得出莱州湾地区地下水矿化度分布图（图 7.5）。高矿化度地区以虎头崖为界，分布在莱州湾地区东岸沿岸地区和南岸沿岸地区，其中莱州湾南岸地区矿化度大于 3 克/升，面积为 3 062 平方千米；东岸地区矿化度度大于 3 克/升，面积为 92 平方千米。

综合各种资料，莱州湾海水入侵分布见图 7.6。

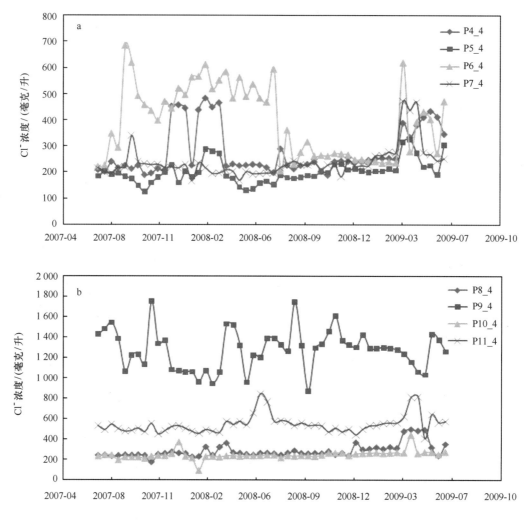

图 7.3 地下水 Cl⁻浓度随时间的变化图

7.2.2 辽东湾海水入侵分布

海水入侵范围和强度以 Cl⁻含量为指标进行划分，其标准值主要依据 "908 专项" 调查技术规程。Cl⁻含量平面分布特征见图 7.7~图 7.10。

辽东湾西部沿岸 Cl⁻浓度平面分布：高值区分布于IV-1 测井、II-1 测井、III-1 测井等，平行于海岸呈带状分布，宽度 1 000~4 000 米不等。从高值区向陆域过渡为 250~1 000 毫克/立方分米浓度带，呈条带状分布；此带以上为小于 250 毫克/立方分米浓度的低浓度带，南部由于沿岸基岩阻隔海水入侵，在基岩后侧均为小于 250 毫克/立方分米的低浓度分布区。由此可见，Cl⁻浓度带的分布与海水入侵、交换有直接关系。

辽河三角洲平原段 Cl⁻浓度平面分布：Cl⁻浓度最高值位于V-1 测井，Cl⁻浓度大于 1 000 毫克/立方分米浓度的高值区沿海岸呈带状分布，其宽度约 3~10 千米。由此带向陆域过渡为 250~1 000 毫克/立方分米的中浓度带，分布面积大，主要是受地下咸水入侵的影响，在其外围向陆域为小于 250 毫克/立方分米的低值分布区。

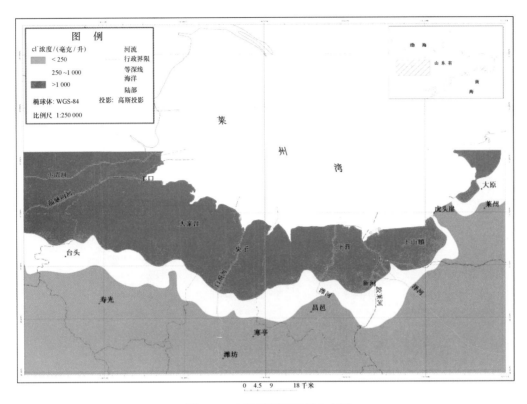

图 7.4 Cl⁻浓度平面特征分布图

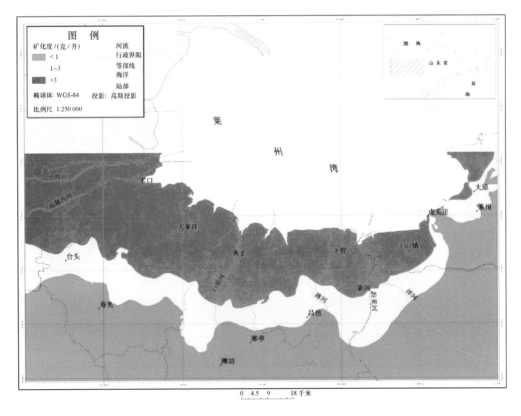

图 7.5 矿化度平面特征分布图

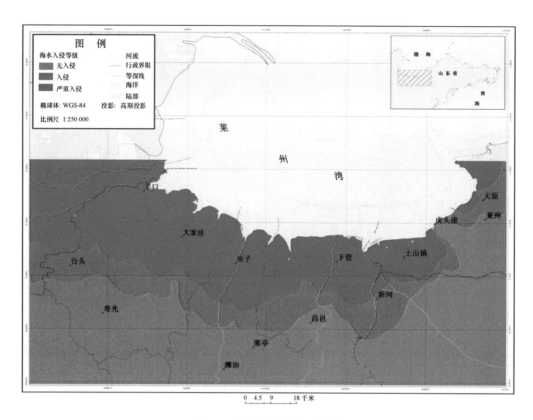

图 7.6 海水入侵灾害现状图

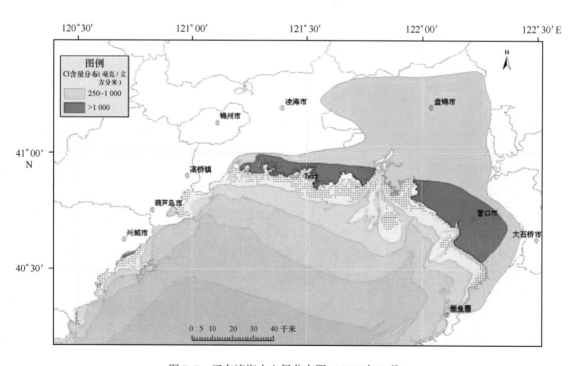

图 7.7 辽东湾海水入侵分布图（2007 年 8 月）

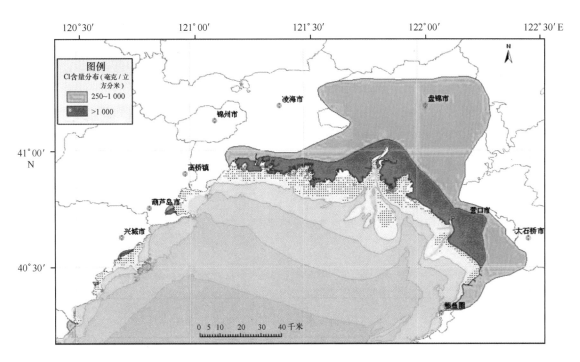

图 7.8　辽东湾海水入侵分布图（2008 年 3 月）

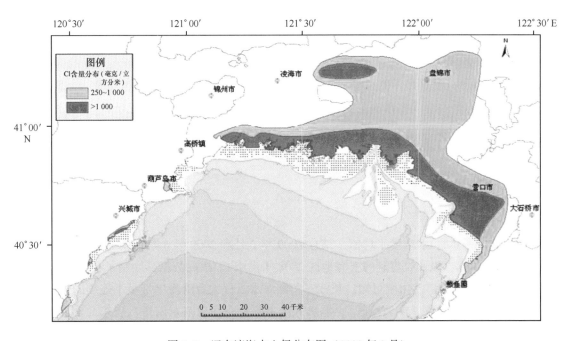

图 7.9　辽东湾海水入侵分布图（2008 年 8 月）

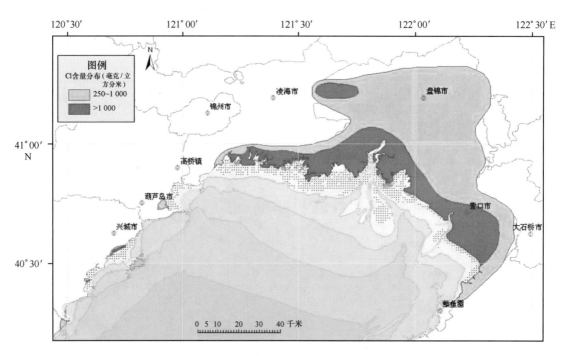

图 7.10　辽东湾海水入侵分布图（2009 年 3 月）

辽东湾东部沿岸 Cl⁻浓度平面分布：Cl⁻浓度最大值（23 165.8 毫克/立方分米）分布于 X-1 测井，Cl⁻浓度大于 1 000 毫克/立方分米的高值区沿海岸呈带状分布，其宽度约 7~18 千米；在此带的东至北侧过渡为 250~1 000 毫克/立方分米的浓度带及南部 X Ⅲ-1 测井（845.0 毫克/立方分米）南北沿岸呈带状分布；Cl⁻浓度小于 250 毫克/立方分米分布于前者的陆域上部或沿岸基岩带的后侧，呈连续带状、鸡爪状、片状分布。

从总体趋势分布来看，海水入侵的范围在枯水期比丰水期大，并且海水入侵的强度，Cl⁻浓度大于 1 000 毫克/立方分米的高值区在枯水期也比丰水期范围大。年度变化上，海水入侵呈加重的趋势，如在盘锦市盘山县 2007 年 8 月和 2008 年 3 月的监测均显示该区 Cl⁻浓度低于 1 000 毫克/立方分米，而在 2008 年 8 月和 2009 年 3 月海水入侵分布图可以看出，该区域有 Cl⁻浓度大于 1 000 毫克/立方分米的高值区域出现，是由于过量开采地下水造成咸水入侵形成的，其范围也在不断增加。

7.2.3　长江三角洲海水入侵分布

利用各监测井的 Cl⁻浓度平均值，结合 2009 年 2 月和 2009 年 8 月在南通地区两次大面调查的 Cl⁻浓度数据，以及收集到的上海地区 2008 年潜水 Cl⁻浓度数据，绘制了长江三角洲海水入侵现状图（图 7.11）。由图可知，长江三角洲海水入侵大致沿海岸带呈不连续的带状分布。

在长江三角洲北翼（南通地区），海水入侵主要分布在启东东南角、启东北部吕四港镇、通州和如东沿海地区。重度海水入侵区（Cl⁻浓度大于 1 000 毫克/升）主要呈斑状分布在启东东南的启东咀一带、启东东部的协兴港一带和如东苴镇近海地区，面积约为 52 平方千米。轻度海水入侵区（Cl⁻浓度介于 250 毫克/升和 1 000 毫克/升之间）的分布相对连续，面积约为 668 平方千米。在启东市东南部，海水入侵距离最大可达 10 千米，在启东市东部海水入侵距离最大可达 15 千米，在通州市滨海地区海水入侵距离一般小于 7 千米，在如东县海水入侵

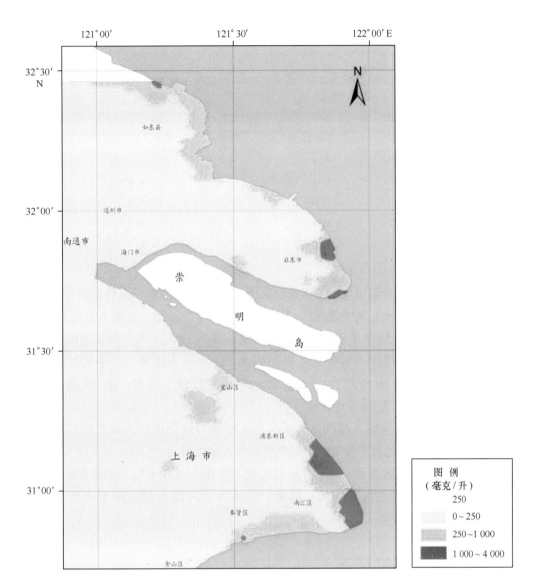

图 7.11　长江三角洲海水入侵现状图

距离最大可达 10 千米。

在长江三角洲南翼（上海地区），海水入侵主要分布在上海市南汇和奉闲的滨海地区。重度海水入侵区呈斑状分布在上海东部的浦东机场附近滨海地区和上海滨海森林公园滨海地区，面积约为 176 平方千米。轻度海水入侵区在南汇和奉贤较为连续，面积约为 519 平方千米。南汇的海水入侵距离最大可达 15 千米，而奉贤的海水入侵距离最大约 8 千米。另外在宝山也发现一小块轻度海水入侵的区域。

整个长江三角洲调查区重度海水入侵区面积共约 228 平方千米，轻度海水入侵区面积共约 1 415 平方千米。

7.2.4　珠江三角洲海水入侵分布

为了统一研究区海水入侵范围及强度，选择 2008 年 8 月及 12 月计算研究区海水入侵范围。根据计算，研究区轻度入侵区域和重度入侵区域面积见表 7.14。

表 7.14　2008 年度珠江三角洲海水入侵调查入侵范围统计表

区域	入侵时间	轻度入侵面积/平方千米	重度入侵面积/平方千米	轻度入侵海岸线长度/千米	重度入侵海岸线长度/千米
珠海中山	2008 年 8 月	0	0	0	0
	2008 年 12 月	8.9	0.5	1.3	0.1
深圳西海岸	2008 年 8 月	31.7	76.3	13	26
	2008 年 12 月	49.4	54.2	13.5	21.7
深圳东海岸	2008 年 8 月	4.11	10.8	6.6	9.1
	2008 年 12 月	10.0	11.3	9.0	9.5
合计	2008 年 8 月	35.8	87.1	19.6	35.1
	2008 年 12 月	68.3	66	23.8	31.3

由上表所示，本次调查监测期间海水入侵范围不算太大，2008 年 8 月监测范围内研究区入侵面积为 122.9 平方千米，其中轻度入侵面积为 35.8 平方千米，重度入侵面积 87.1 平方千米；入侵海岸线长度为 54.7 千米，其中轻度入侵长度为 19.6 千米，重度入侵长度为 35.1 千米。2008 年 12 月监测范围内研究区入侵面积为 134.3 平方千米，其中轻度入侵面积为 68.3 平方千米，重度入侵 66 平方千米；入侵海岸线长度为 55.1 千米，其中轻度入侵长度为 23.8 千米，重度入侵长度为 31.3 千米。

本次监测范围内，海岸线长度约 225 千米，入侵海岸线长度约占研究区内海岸线长度 24.4%，即研究区约 1/4 的海岸线受到不同程度海水入侵影响。

根据监测数据，研究区海水入侵强度较高区域主要在中山鸡头角、深圳西海岸白石下到固成、珠光村南部，深圳东海岸澳头、溪涌。具体各个时段入侵范围及强度见图 7.12 ~ 图 7.18。

7.3　港湾淤积分布特征

我国沿海各省市均有港口、航道的淤积现象，对海上交通运输和港口的发展构成严重障碍。现场调查发现，长江以北地区港湾与航道淤积问题较长江以南地区稍弱。各省市自治区港湾与航道淤积现状分述如下。

7.3.1　辽宁省港湾淤积状况

由于辽河、鸭绿江等沿河地区水土流失灾害的存在，导致了港湾淤积灾害的发生。如辽河支流柳河流经辽西严重的水土流失区，每年携带大约 9×10^7 吨泥沙进入辽河干流，致使河道严重淤积成了高出堤内地面 1~2 米的"悬河"，泄洪能力大为降低。辽东地区水土流失呈加重之势，使河床普遍抬高，也程度不同的产生淤积灾害问题。在鸭绿江口、大辽河口、双台子河口等均形成了碍航的拦门沙。大东港、营口港及沿海的一些小港均有淤积之患。

图 7.12 珠海中山滨海带 2007 年 7 月海水入侵强度及范围

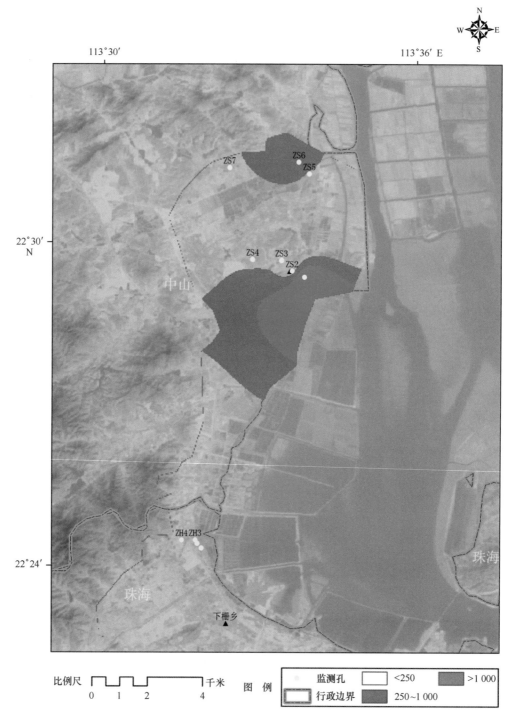

图 7.13 珠海中山滨海带 2007 年 12 月海水入侵强度及范围

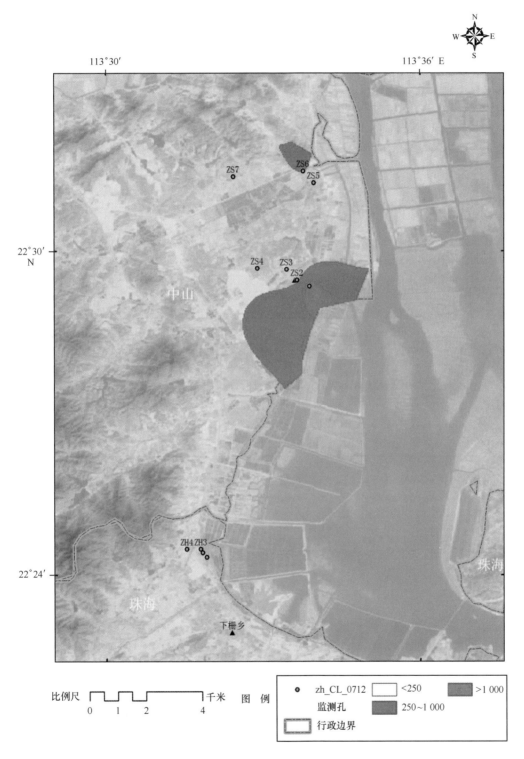

图 7.14　珠海中山滨海带 2008 年 12 月海水入侵强度及范围

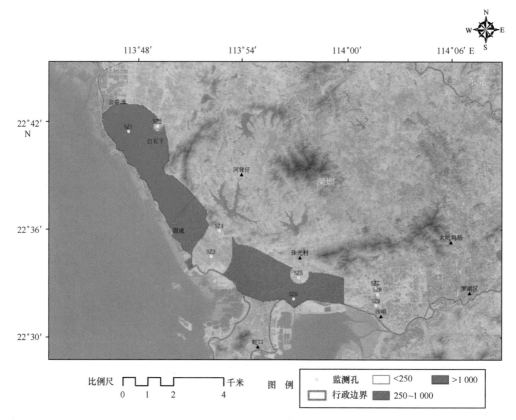

图 7.15　深圳西海岸 2009 年 3 月海水入侵强度及范围

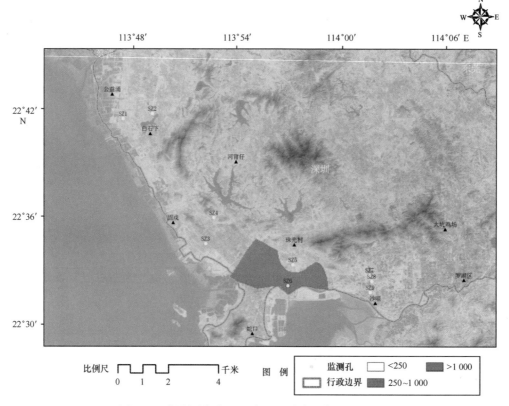

图 7.16　深圳西海岸 2009 年 8 月海水入侵强度及范围

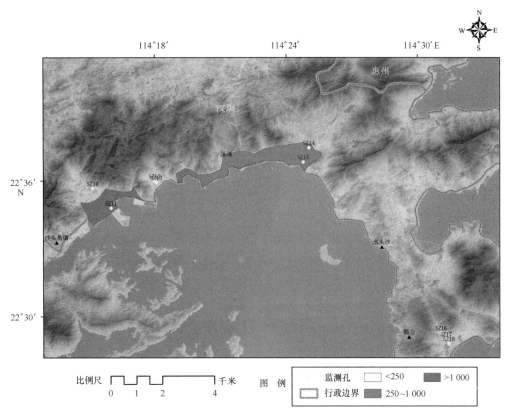

图 7.17 深圳东海岸 2009 年 3 月海水入侵强度及范围

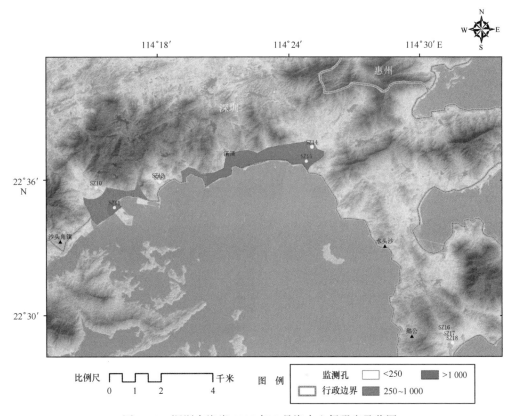

图 7.18 深圳东海岸 2009 年 8 月海水入侵强度及范围

7.3.2　河北省与天津市港湾淤积状况

河北省最主要的港湾与航道淤积问题出现在正在兴建的黄骅港。黄骅港论证淤积年为 500×10^4 立方米，一次骤淤不超过 40×10^4 立方米。而实际运行中，大风骤淤达到 364.7×10^4 立方米（1997 年 8 月 19 日）。在特殊大风天气（2000 年冬至 2001 年春和 2002 年冬至 2003 年的几次大风），黄骅港外航道的骤淤量大大超过了原来的预测值。2001 年 3 月外航道回淤甚至达到 $1\,000 \times 10^4$ 立方米。外航道 12 千米内，平均水深淤浅 1.5~2.0 米，5 万吨船无法进出，2.00 万~3.5 万吨船还需不同程度减载出港。受影响期间，月支付亏舱费高达 800 万元。目前已投资数十亿元人民币进行治理，效果不明显。天津塘沽新港，虽然经过新中国成立以来的治理及航道效益的提高，淤积已不是主要问题，但每年仍需投入大量资金进行清淤。

7.3.3　山东省港湾淤积状况

山东省港湾淤积主要分布于黄河三角洲入海河口、莱州湾、胶州湾等地。总体上，因基岩海岸和砂砾质海岸占很大比例，淤积不严重，但黄河尾闾摆动引起的淤积和冲刷问题，也给当地的经济造成巨大的影响，特别是其附近的港口，如广利港、东营港、黄河海港等，均需花很大精力来处理。另外，莱州湾内的羊口港、潍北港、下营港等都因淤积问题不能发挥其应有的作用。再者某些海湾口门的拦门沙（潮流三角洲），如靖海湾、乳山湾、丁字湾等的拦门沙都影响该湾港口的进一步发展。

7.3.4　江苏省港湾淤积状况

江苏省沿岸以淤泥质粉砂海岸为主。从海岸来讲，以射阳河口为界以北以冲刷为主，以南以淤积为主。由于在众多的入海河口建了挡潮闸，闸下淤积问题既很普遍，又很严重，每年要花很多人力物力来处理闸下淤积，以便正常发挥挡潮闸的作用。如果闸下淤积处理不及时，就会影响江苏沿海的排洪，影响沿海港池的通航。另外，自 20 世纪 80 年代末，引进大米草来防护海岸冲刷以后，射阳河口以南海滩淤涨速率迅速（图 7.19），港湾与航道淤积问题日趋恶化。

图 7.19　江苏启东大唐电厂外大米草滩引起港湾淤积

7.3.5 上海市港湾淤积状况

上海是我国最大的港口城市，长江口航道为长江干线入海及上海港的通海咽喉，素有"黄金水道"之称。因长江口属分汊型河道，河床多变，冲淤不定，浅滩隐沙密布，其严重的泥沙淤积问题已影响了航道的通航能力，增大了航道的维护工作量。如南港水道中的鸭窝沙航槽年维护土方量高达 400×10^4 立方米。虽然国家已投入数亿人民币，到目前效果尚不明显。

在上海市沿岸现场踏勘发现，上海的海岸滩涂淤涨占主要地位。近几年淤涨最明显的是崇明东滩和南汇东滩（图 7.20 和图 7.21），其次是青草沙和九段沙。这些淤涨滩涂在成为上海市重要的新增土地资源来源的同时，影响了长江口通航能力。

图 7.20 南汇区朝阳农场附近淤积

图 7.21 南汇区大治河口附近淤积

7.3.6 浙江省港湾淤积状况

浙江省主要港湾有杭州湾、象山港、三门湾、浦坝港、漩门湾、乐清湾、大渔湾、沿浦湾，其中象山港、三门湾、乐清湾是半封闭型海湾。目前，舟山市的主要航道淤积情况日渐严重。这主要是舟山市近年来在开发和建设过程中，大量采用移山填海、围海造田的办法，改变了港湾内部潮流的流速、流向，人为地造成了港区航道淤积情况的加剧。温岭市礁山港、温州市鳌江港也存在比较严重的淤积情况。三门湾、乐清湾部分岸段发生淤积（图 7.22），尤其是乐清湾，其淤积状况十分严重，在湾西侧南岳以南一代沿海，有的围堤外面的滩涂比堤内水稻田还要高出三四十厘米、深水港口资源正在逐步退化。

另外，浙江沿海常受台风、暴雨、大潮袭击，除修建海塘堤坝外，为保障沿海平原农业的生产正常发展，迄今已修建了大中型排涝闸，挡水闸 130 余座，在排涝、灌溉、御潮、蓄洪等综合利用方面都发挥了显著效益。但由于修建的水闸改变了下游河道潮汐特性，大大减少了上游河水的冲刷。大部分水闸建成后，闸下河道或外港部分都发生了不同程度的淤积及河床抬高现象，对海港的航运和经济发展带来了一系列问题。

例如海盐县杭嘉湖南排长山闸，1980 年建成仅 3 年，下游就有 1.0×10^4 立方米淤积；鄞县象山港北岸的大嵩闸，1974 年建成，到 1979 年下游 3 千米河道已有一半断面遭到严重淤积；苍南朱家闸于 1965 年建成，下游河道都发生淤积。最为典型的是 1959 年建的宁波市姚

图 7.22　浙江乐清县黄华镇岐头闸海湾淤积

江大闸，姚江 3 千米长的下游河道及宁波到镇海 22 千米长的涌江内淤积了泥沙 2 400×10⁴ 立方米，河道淤高 1.87 米，降低了下游通航能力，原来 5 000 吨轮船可候潮进出，3 000 吨轮船可以自由进出，现虽经每年疏浚，也只能达到 3 000 吨轮船候潮进出。总之，建闸后的淤积降低下游各河道及港口码头通航和防洪能力。

7.3.7　福建省港湾淤积状况

港湾与航道淤积是福建省最广泛发育的地质灾害之一，淤积灾害分布广泛，已波及福建沿海几乎所有的港湾。致使水深变浅，海域面积变小，深水功能退化；有的深水岸段减少，需要经常疏浚清淤，才能保证其深水岸段停泊正常运转。如沙埕港西北海域、罗源北海岸、长乐梅花镇、泉州湾、安海湾、东山湾等港湾，由于淤积严重，深水岸段明显减少。安海湾由于淤积严重，西港已经基本废弃，东港只能供小型民间船只停泊。更有甚者，滩涂海蛎石因淤涨而被泥沙所覆盖。

由统计分析可知，整个福建海岸淤积现象很严峻。福鼎的沙埕港、青屿湾—安仁以北因淤积而滩涂不断扩大；三沙—福宁湾的湾顶、港内、河口均处于淤涨阶段；罗源湾顶及福清湾因大米草狂长及海上渔排的促淤作用导致严重淤积；兴化湾不断承接河流及潮流带来泥沙的落淤而成为淤涨性港湾；湄洲湾因进出泥沙量基本平衡而处于相对稳定状态，但局部地区仍有淤涨，如西亭以西沙脊不断淤涨、白埕浅滩不断向南扩淤；泉州湾则处于淤涨夷平之中；围头安海快速淤涨后，港湾濒临报废；同安湾自高集海堤建成后迅速淤涨，后因泥沙来源减少而转入缓慢淤涨，现在正进行全面清淤；厦门港则处于不同程度的淤涨中，如九龙江口及鼓浪屿西侧、宝珠屿浅滩、西航道两侧；佛昙湾淤积速度近几年来也在加速，水道变浅，东坂村及大嵩岛间的水域干出；旧镇湾现在正处于淤涨夷平之中；东山湾、诏安湾自漳河及八尺门建闸以来便处于快速淤涨阶段；宫口—大埕湾由于渡西沙嘴及拦门沙形成使海湾水变浅，水域减少而成淤积性海湾。

福建沿海航道港湾淤积的形势不容乐观，造成这种现象主要有陆域水土流失及潮流带来的泥沙落淤、人为不合理围垦与修堤建坝改变水动力条件等原因。另外，引进外来物种种植大米草（图 7.23），使得港湾、航道淤涨加剧，淤涨范围扩大。

图 7.23 连江县马鼻镇南门村滩涂淤涨状况（原照片号 2095 D09）

7.3.8 广东省港湾淤积状况

广东省地处我国东南沿海，河流与港口众多。陆地上的水土流失以及河岸崩塌致使入海河流每年向海输入大量的泥沙（年均悬移输沙量约为 1×10^8 吨）。由于含沙量高，致使广东河口、港湾淤积严重，造成巨大经济损失。据广东省航道局统计，每年要耗资几百万元，疏浚泥沙达 68.3×10^4 立方米，才能维护全省 3 400 千米主航道的通航。淤积最严重的港湾有汕头港、湛江港、东平港（东平旧港已淤废）、乌石港、甲子港、神泉港、安铺等（表 7.15）。

表 7.15 广东沿海陆地地表港湾淤积灾害一览表

编码	地名	灾害发生时间	规模（淤积速率）
Yj1	潮州港	长期	清淤 1×10^4 立方米/年
Yj2	莱芜港	20 世纪 70 年代以来	海岸每年向海推进 18 米
Yj3	汕头港	20 世纪 70 年代以来	年淤积 0.15 米，淤积量 10×10^4 立方米
Yj4	达濠港	20 世纪 70 年代以来	年淤高 0.1 米
Yj5	海门港	20 世纪 70 年代以来	年淤高 0.1 米
Yj6	神泉港	20 世纪 70 年代以来	海岸每年向海推进 4 米
Yj7	甲子港	长期	
Yj8	乌泥港	长期	
Yj9	乌坎港	20 世纪 70 年代以来	建闸后到 1973 年淤积量增大 17.8%
Yj10	金厢港	长期	
Yj11	汕尾港	20 世纪 90 年代以来	筑防波堤后港湾面积缩小
Yj12	长沙港	20 世纪 70 年代以来	海岸每年向海推进 30~40 米

续表 7. 15

编码	地名	灾害发生时间	规模（淤积速率）
Yj13	港口	长期	年淤高 2 米
Yj15	大角头水道	20 世纪 60 年代以来	年向海扩张速率为 75~122 米
Yj16	横门滩南	长期	
Yj17	三灶–横琴岛	长期	
Yj18	东平旧港	20 世纪 50 年代以来	1950 年水深 5~6 米，20 世纪 90 年代 0.1~1 米
Yj19	北津港	20 世纪 70 年代以来	1970 年水深 18 米，20 世纪 90 年代仅 14 米
Yj20	沙扒港	长期	
Yj21	博贺港	长期	
Yj22	湛江港	20 世纪 50 年代以来	年淤积量 27×10⁴ 立方米
Yj23	海安港	20 世纪 60 年代以来	最大年淤积量 0.5 米
Yj24	安铺港	长期	
Yj25	乌石港	20 世纪 50 年代以来	最大年淤积量 0.8 米
Yj26	闸坡港	20 世纪 70 年代以来	1970 年淤积 0.1~0.15 米

现根据已有资料，将近几年较典型的港口淤积情况叙述如下。

（1）汕头港

由于盲目围垦以及韩江、榕江及潮汐带来大量的泥沙，1955—1970 年间使港池年均淤高 15 厘米，淤积量约 10×10⁴ 立方米，岸线淤涨速度为 2 米/年。航道上有 2 个拦门砂，内拦门砂位于航道珠池肚线段，长 2 千米，每年淤高 32 厘米；外拦门砂于外航道尖石灯标至赤屿，长约 3 千米，每年淤高 16 厘米。每年为疏通航道需挖土方 18~21 立方米。1999 年以来，韩江中上游建起了 8 座拦河坝，目的之一是减少河流对汕头港的输沙量。但从近年来汕头港老港区港池及其航道维护情况（维持水深 9.5 米，航道宽 120 米）看，清淤量的减少并不很明显（表 7.16，图 7.24 和图 7.25）。2005 和 2006 年仍须清淤 318×10⁴ 立方米/年。目前 5 000 吨级轮船只能候潮进出。

表 7.16 汕头港清淤统计（据汕头港口局，2007）

年份	港池/×10⁴ 立方米	航道/×10⁴ 立方米	合计/×10⁴ 立方米
1999	96.00	200.00	296.00
2000	96.00	200.00	296.00
2001	80.00	120.80	300.00
2002	80.00	120.80	300.00
2003	96.00	220.00	316.00
2004	100.00	216.00	316.00
2005	99.80	218.50	318.00
2006	99.80	218.50	318.30

（2）湛江港

湛江港原港池水深 14 米，现在 6~10 米，码头前缘淤厚 1 米。由于港池开挖于岸边，使水动力条件改变，雨水带来陆源泥沙堆积在港池中。第一作业区，年淤积量 27×10⁴ 立方米，年均淤积厚度 0.852 米，码头前缘厚 1.1~1.2 米。自 1959 年东海大堤建成后，改变了原来的水动力状态，加速进退港口的潮流速度，冲蚀力变大，航道得以加深，但加剧了港池的回淤，据统计，港池回淤率由 1959 年的 0.54 米/年增加到 1961 年 3 月的 0.83 米/年；第三作业区年均淤积厚度为 0.8 米，码头前缘淤厚 1.0 米。

图 7.24　汕头港集装箱码头前沿淤积现状图　　图 7.25　阳江市寿长河河口三角洲淤积现状

7.3.9　广西壮族自治区港湾淤积状况

广西沿海自西往东有防城港湾、钦州湾、廉州湾、铁山港等。这些海（港）湾具有优越的建港条件，它们给当地海洋经济做出贡献的同时，也带来了不同程度的淤积等问题。一些享有天然深水良港美誉的港口近年来不得不花费大量的财力物力进行疏浚处理。归纳这些港湾存在的冲淤问题有海湾（港池）淤积、拦门沙形成以及水下沙体发育等。下面对主要的港湾分别进行叙述。

（1）廉州湾

廉州湾潮间带前缘即低潮线因淤积已明显改变，与 1980 年相比，潮间带宽由原来的 4~6.5 千米，变为现在的 5~7 千米，平均淤长约 0.6 千米，年平均增长 0.025 千米。在潮间带后缘及牡蛎养殖地段新近淤高迹象明显（图 7.26），淤积物呈未经沉实的"悬泥"状或软泥状，厚度在 0.3~0.6 米左右，人在其上无法正常行走。其原因主要是海湾围垦和大面积养殖牡蛎导致潮流速度与纳潮量改变所引起的。

（2）钦州湾

历史上，钦州湾是一个非淤积的海湾，号称天然深水良港。但近一二十年来，由于人类工程活动的影响，淤积现象在内湾（钦州湾的内湾——茅尾海）及湾口外发生。如插排养殖牡蛎（图 7.27）、人工种植外来物种海桑等，都造成茅尾海东湾、湾顶发生大片淤积，纳潮量降低，严重影响钦州港。在钦州港一带（属于外湾），有 1~2 道沟槽，该段的淤积也较明显，这与从龙门七十二泾过来的潮流到了较宽阔的地段变缓形成悬沙沉淀淤积。深水槽明显偏向钦州港的对面一侧，这对港口航道的畅通形成影响。另外，在钦州港北东侧的金鼓江口

图 7.26　廉州湾党江养殖牡蛎插排造成的滩面淤积

也有明显的淤积情况。根据交通部天津水运工程科学研究所利用公式进行钦州港泥沙回淤计算结果得出，在正常年份下，航道开挖至-13.0 米后全航道年平均淤强为 0.18 米，航道总淤积量约为 $101×10^4$ 立方米。灾害天气情况下，航道发生骤淤，台风作用一天后，航道平均淤强为 0.22 米，航道总淤积量约为 120 万立方米。

图 7.27　钦州茅尾海大面积非法插排养殖牡蛎造成内湾淤积

由于规划港口工程的实施，以及临海大型工业园区的建设，必将在整个钦州湾沿岸进行大量的土石方工程，形成港湾淤积物的新来源。沿岸分布的岩土以残坡积土和风化的砂质泥岩、泥岩岩石为主，开挖暴露后容易碎裂，常被雨水冲刷带入海湾内，对淤积造成不可忽视的影响。

（3）防城港

淤积是防城港海湾存在的主要问题。据 1985 年至 1987 年防城港港池、掉头地和航道冲淤观察统计资料，一般具有冬冲夏淤的规律，期间（1985 年 3 月—1987 年 9 月）的冲淤情况如表 7.17。近年来港湾的淤积主要发生在西湾。根据观察，可以很明显地看到在整个海湾都有新近的泥沙淤积物，局部形成沙洲，低潮时露出水面。根据防城港港务集团有限公司基建管理中心资料，港池清淤成分为淤泥和沙。近年来连续对港池进行清淤（航道未作），历年清淤量以及据此换算的淤积厚度（亦即速度）见表 7.18。渔万岛西北西湾跨海大桥东侧由于修建高速公路将湾汊口填截，被截断的湾汊因城市建设逐步被劈山回填，造成西湾海域面积明显减少；渔万岛东南端大面积人工吹沙填海造地，改变了整个海湾潮流，造成港池淤积。

表 7.17　1985 年 3 月至 1987 年 9 月防城港港池航道冲淤情况统计表

地　段	拦门沙航道	西贤航道	牛头航道	港池掉头地
总淤积量/×10⁴ 立方米	6.02	1.98	4.32	13.98
淤积厚度/厘米	31	9	15	26
淤积速率/（厘米/年）	12.4	3.6	6	10.4
年淤积量/（×10⁴ 立方米/年）	2.4	0.79	1.73	5.54

表 7.18　防城港港池历年清淤量与淤积厚度统计表

年　份	1998	1999	2000	2001	2002	2003
清淤量/×10⁴ 立方米	80	40	15	20	20	70
换算淤积厚度/厘米	115.9	57.9	21.7	29.0	29.0	101.4
备　注	港池面积按 69 公顷计					

对比上面两表可以看出，近年港口淤积量明显增加，推算的最大年淤积速率大于 100 厘米/年。据遥感资料显示，港湾淤积较为严重的还有防城港西岸大坪坡岸段，从 1988 年 TM 卫星影像图上可以看出，大坪坡东侧沙尾嘴淤积现象并不是很明显，只有一些水下沙坝，然而到了 2008 年，淤积现象明显增强，沙尾嘴呈三角形向东淤涨，沙咀明显向北东翘起（图 7.28）。根据影像图中悬浮物质运移趋势，沙坝淤积正在向北东方向扩展，对防城港的通航可能带来影响。

7.3.10　海南省港湾淤积状况

海南主要的航道有秀英港、新港、洋浦港、马村港、八所港、三亚港、清澜港和白马井港等（图 7.29），由于淤积的原因，每隔 3～4 年要进行一次疏浚，以保持航道的畅通。表 7.19 给出了 96 年来这些航道的疏浚情况。由表可见，秀英港和洋浦港的航道淤积情况比较严重。

表 7.19　海南省主要航道疏浚情况　　　　　　　　　　　　　单位：×10⁴ 立方米

航道名称	1996 年	1997 年	1998 年	1999 年	2000 年	2001 年	2002 年	2003 年	2004 年	2005 年	2006 年	2007 年
秀英港				128			141			101.3		
新港	19	6.9		4.56			29.4			4.5		40

航道名称	1996年	1997年	1998年	1999年	2000年	2001年	2002年	2003年	2004年	2005年	2006年	2007年
洋浦港			64							45		
马村港					2.54							
八所港					31						18.24	
三亚港								4.48				
清澜港		11.01			4.7				12.08			
白马井港				3.8								

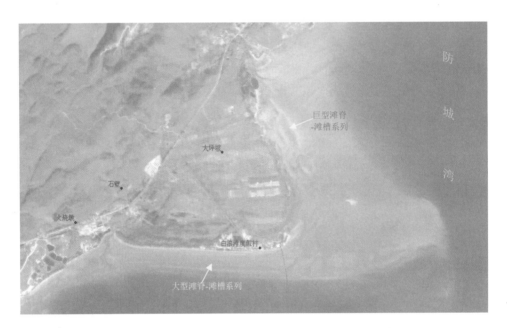

图 7.28　防城湾西岸大坪坡附近沙滩 Alos 卫星影像图

图 7.29　文昌县清澜镇高隆湾淤积

造成海南港湾淤积的主要原因:

① 近年来水土流失的加剧使得入海的河水泥沙含量增加造成淤积;

② 由于开挖砂钛矿和挖池养殖,大量砍伐沙堤防护林,近海沙堤沙地植被破坏,海岸泥沙大量排入海湾而造成海湾淤积;

③ 海湾海叉及内海水域网箱养殖过度,导致海湾内水流不畅造成泥沙淤积。

7.4 海底地质灾害

海底地质灾害除地震外,还包括其他由地形地貌、沉积物、地质构造、人类活动引起的灾害,如暗礁与浅埋基岩、浅层气、泥底辟、冲刷槽、埋藏古河道、古三角洲等等。

7.4.1 海山、海丘、火山

海山、海丘地形对资源的开发是一种不利条件或限制性地质条件。东海及其邻域海区,海山主要分布在台湾东部深海盆地和冲绳海槽。南海中央海盆底部高耸10座链状海山,相对高差达3 000~4 000米。

黄海、东海火山主要分布在冲绳海槽、琉球岛弧和台湾东深海盆地。大部分火山是死火山,已演变成各种形态的海山、海丘。南海活火山仅见于越南东南部的平顺岛附近,1923年曾发生过海底火山喷发。另外在西卫滩北缘5千米、万安滩东南80千米处和南通礁附近也见到死火山活动痕迹。在南海北部的琼州海峡两岸,包括雷州半岛、海南岛北部有很多更新世死火山。

7.4.2 边缘沟谷

边缘沟谷指分布在大陆架边缘,或者在大陆架外缘斜坡上的沟谷,宽度200~400米,深度一般不大于10米,它们往往沿大陆坡脊的走向延伸。从灾害地质的观点分析,边缘沟谷的存在,破坏了海底地形的连续性,对油气管线的敷设和维护增加了很大困难。其次边缘沟谷坡度陡峻,例如琼东南一些边缘沟谷坡度均大于5°,极易产生滑塌。有时,滑塌地层充填于沟谷中,构成软弱地层,将给海底工程造成危害。

中国科学院海洋研究所(1990)在琼东南调查中发现多处边缘沟谷(图7.30)。鲍才旺编的地貌图上,在东沙群岛以北的大陆架边缘,也断断续续地存在这样一些沟谷,他称其为断裂谷。它们的一侧往往是高达10~100米的陡坎,坡度10°~30°,有时崩塌和浊流作用,会使断裂谷被淹埋。在冲绳海槽地貌图上,东海陆架边缘也存在大量边缘沟谷。

7.4.3 浅层气

浅层气是十分危险的潜在灾害地质类型,因这种气体常具有高压性质,会造成井喷,引起火灾甚至导致整个平台烧毁。地层含气还会降低沉积层的抗剪切强度,影响工程的基础稳定。载气沉积层在声学浅地层剖面记录上形成低速屏蔽层,其反射结构有以下主要特征:一是造成地层反射波相位在对比追踪中骤然中断;二是其顶部以上的地层反射波清晰可辨,可连续追踪,而下部地层反射波被部分或全部地屏蔽;三是低速屏蔽与正常地层交界处的内侧,因相位下拉而形成"低速凹陷"特征。

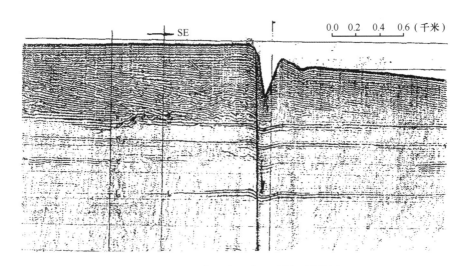

图 7.30 琼东南边缘沟浅地层剖面影像图

7.4.4 泥底辟

泥底辟是泥质沉积在上覆地层压力下呈塑性上拱现象，有的刺穿海底，形成泥火山。工程设施遇到泥底辟是危险的。我国各大河口区均有发现。在滦河、黄河、老黄河、长江水下三角洲前缘都发现了泥底辟（杨子赓，2000）。另外，台湾西南部的高雄地区有泥火山活动，一为滚水坪泥火山，一为海岸边的螺底山，这两个为老泥火山。在溢水坪泥火山周围有 5 座新泥火山，有些还间歇喷发泥水。南黄海油气资源开发区浅地层剖面探测发现许多泥底辟，其中在测区的西部边缘区存在着两个规模较大的底辟，宽度约 3 千米，柱体高 40~50 米左右，未刺穿海底（图 7.31）。另外，在调查区的北部（37°00′N，124°10′E）也发现了一处底辟，其规模相对较小，柱体宽约 1 千米，高 30 米。

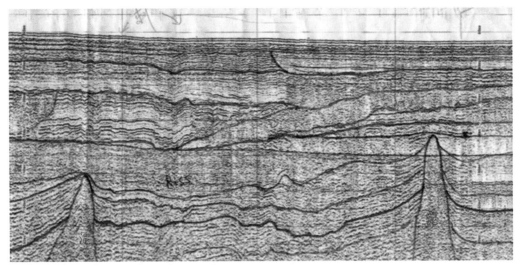

图 7.31 南黄海第四纪地层中的泥底辟构造

珠江口盆地外发现两个泥底辟，均刺穿海底，具明显活动性，主要出现在卫滩地区。图 7.32 揭示的底辟位于北卫滩之南，地震相单元为弱振幅，不规则的杂乱（蠕状）弱反射，在海底上拱 10 米左右，具有丘状外形，它与滑坡的区别在于平面分布上不成带状。上拱部分切断两侧连续沉积层，其下无根，故认为是具塑性的泥质沉积受重力作用而形成的泥底辟。

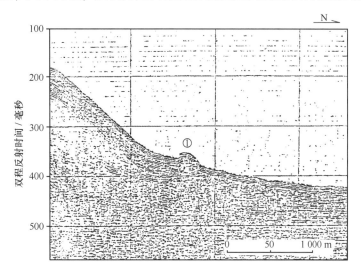

图 7.32 单道地震剖面显示的底辟（据冯志强等，1996）

在南卫滩之南存在的另一个底辟，高出海底约 40 米，直径约 600 米，丘状外形，其内弱反射，截断两侧连续沉积层，其下无根（图 7.33），故认为也是一个泥底辟。由于其旁侧为基岩山并存在滑坡，早期滑坡体受坚硬岩石的阻挡，使塑性大的泥质物受挤压上拱并刺穿海底。

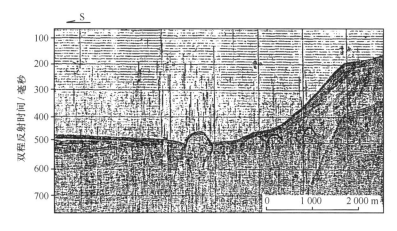

图 7.33 南卫滩南部的泥底辟（ZD148 测线）（据冯志强等，1996）

在莺歌海盆地底辟主要分布在侧区陆架沉降区的北部，大致延 NWW—SEE 方向成宽阔的带状分布。在地震剖面图中呈柱状或丘状，也有的为地震亮点，通常未穿透海底表层沉积物。

曾母盆地及万安盆地南部，均可见到底辟，这些底辟埋藏深度较大，本次编图没标在图上，但也是今后值得注意的，特别是钻井工程中要注意防止井喷。

7.4.5 海底滑坡

海底滑坡是大量沉积物在重力作用下沿滑动面从高处向低处整体运移的过程，常见的有块体滑坡、蠕变滑坡和组合滑坡。滑坡与崩塌是具有活动能力的破坏性灾害地质类型。而滑坡体、崩塌坡积物的土体松散，结构较为复杂，抗压抗剪程度低，往往形成巨大的滑坡—崩塌—泥浊流，对海底工程构成危害，甚至完全摧毁。

在南海北部陆架区，经过调查已发现24处滑坡，尤其是珠江口以东的陆架外缘和上陆坡地区更为集中。在南海西南部陆架外缘和陆坡区，单道地震剖面也明显地发现了滑坡带区6处。实际上大陆坡的下部很多地方也具有很充分的产生滑坡的条件，只是缺乏调查资料。而对内陆架，特别是岸坡和三角洲前缘也可能具有产生滑坡的条件，但这方面实测资料还很缺乏。

7.4.6 海底侵蚀沟槽、侵蚀洼地、侵蚀坑、海釜

侵蚀沟槽、侵蚀洼地、侵蚀坑和海釜都是陆架海底侵蚀作用形成的负地貌形态。它们之所以被列为灾害地质体，是因为其所处的地貌部位，海流或波浪动力作用强，海底动力地貌过程是侵蚀过程，以及伴随而来的沉积物的群体运动，对管道和桩柱的作用是不可忽视的。尤其，海底油气管线和构筑物等海洋工程建设后，在浪和流的作用下，管道和石油平台桩柱或桩柱群的周围可能发生侵蚀，给海洋工程的安全造成危害。侵蚀地形的凹凸不平，给海底油、气管线的敷设，平台建设等，都能造成很多障碍。

综合我国海区资料，这类灾害地质类型大体有两种情况：

① 发育在海峡或者岛屿与大陆、岛屿与岛屿之间水流束狭，海底底流作用强的地方。据A. Kuenen 和 G. Boillot 研究欧洲多福海峡时指出，流速达206厘米/秒的潮流可侵蚀白垩系凝灰岩海岸，致使其每百年后退1米。我国近海如渤海海峡的老铁山水道、琼州海峡、济州海峡、朝鲜海峡、对马海峡等地都发育大型侵蚀沟槽。这些侵蚀沟槽规模比较大，深度可达100~200米。琼州海峡海流流速高达257厘米/秒，最高达360厘米/秒，它是强劲潮流侵蚀区，冲蚀作用常在此发生。

② 海底侵蚀沟槽发育在强潮流场海区，通常与潮流沙脊群伴生。现代海底底流的冲蚀作用，通常引起海底表层地层减薄、缺失以至老地层直接出露于海底。这种强冲蚀作用，在高分辨率多频探测剖面和浅地震剖面上均有显示，出露于海底的地层多呈水平、斜交或交错层理。在横切槽沟的多频剖面上，对地层切割现象反映的十分清楚，最大高差（从脊顶到沟底）可达20米以上。

在南黄海，主要分布于苏北浅滩区。有的海底沟槽内无后期充填物，槽底通常为较粗的砂质沉积物，表明冲刷还在进行。有的沟内则充填有数米厚的泥质透明松散沉积物，这表明冲刷已经停止。朝鲜半岛的槽状侵蚀洼地，N—NW向延伸，其形成与常年流动的黄海暖流有关；苏北浅滩区的海底沟槽则与线状潮流沙脊相伴生。

在东海，侵蚀沟槽与潮流沙脊相间分布，海底地形图上表现为线性分布，呈NW—SE走向。根据多频探测剖面，可分为二类。第一类，侵蚀沟槽，槽内无透明相松散沉积，沟壁较陡，沟深10米左右，反映了海底底流的强烈冲刷作用；第二类，侵蚀沟槽沟内通常有数米厚透明相松散沉积，槽壁较平缓或一侧较陡，沟底较宽，通常在数千米之上，槽的深度一般小于5米。这类侵蚀沟槽可能已停止冲蚀过程。

现代冲蚀沟在东海油气资源开发区的 C 区比较发育，沟的深度通常在5~10米。有的海底沟槽内无后期充填物，沟壁较陡，槽底通常为较粗的砂质沉积物，表明冲刷还在进行；有

的沟内则充填有数米厚的泥质透明松散沉积物，沟壁较平缓或一侧较陡，沟底宽阔，这表明冲刷已经停止。冲刷沟槽的深度不大，凹面呈"U"字形或"V"字形。由于充填物的松散性，"V"字形的冲刷沟槽对海底管线的威胁性大，海底工程的选址应尽量避开这些地方。

位处北部湾与广州湾交通要冲的琼州海峡西口出现 4 条潮流冲刷槽：南槽沟、中槽沟、北槽沟和北西槽沟。从潮流冲刷槽沟开始出现到消失，水深大约从 40~20 米，长约 73~80 千米。东南起始端陡窄，向西北方向逐渐宽缓倾伏。冲刷潮沟从 45 米水深左右开始向西逐渐变浅，槽沟与沙脊相对高差也由 30 米以上逐渐降低，最后相平，并与陆架斜坡之间构成一条水深为 15~22 米的分水脊。潮流冲刷槽沟与分水脊，常常构成海底地形突然变化，高低差错不齐，给沿海洋开发带来麻烦。同时，这些潮流冲刷槽形态很不稳定，在强劲的潮流作用下目前仍在继续活动，随时可能构成事故。

在莺歌海区陆架中央洼地和现代潮流沙脊区，有大小不等的侵蚀沟、侵蚀残余微高地、海釜等崎岖不平的地形，有些相对高差达十几米，表现出强烈的海底侵蚀作用。基本呈近 SN 向的条带状分布，以东部海区较明显。

7.4.7　潮流沙脊

潮流沙脊是一种活动较强的砂质脊状堆积体，一般形成于往复流的潮流区，沙源供应充足，潮流流速 2~3 节（1 节≈51.47 厘米/秒）的水动力环境中。潮流沙脊可以单个分布，但多数还是成群分布，即潮流沙脊和潮流冲刷槽相间的潮流沙脊群。

现代活动的潮流沙脊，一般发育于水深较浅的近岸海域，深度一般不超过 20~50 米，由于地形、海岸轮廓和水深变浅所致潮流系统产生一定的水动力条件的海区。如辽东浅滩、西朝鲜湾、苏北浅滩、琼州海峡东西出口、琼西等潮流沙脊群。此外，还有些规模较小的潮流沙脊群，如南海企水—洪江岸外、海康—东里岸外、铁山港口门外等。

7.4.8　海底活动沙波与沙丘

沙波是海底表面松散砂质堆积的有规则的波状起伏地形，其中较大的称沙丘。

黄海、东海海区砂质沉积物分布区，广泛发育沙波，如各大潮流沙脊群区、长江口外北侧的扬子浅滩、东海外陆架平原、海州湾—灵山岛残留砂平原等海区。东海外陆架残留砂分布区也有深水沙波发育。由于沙波的规模较小，一般沙波的宽度都在 100 米以内，最大的也不超过 200 米，在 1:50 万灾害地质图上难以表示单个的沙波，只能表示沙波分布区。

南海北部陆架沙波分布十分广泛，在近岸、内陆架、外陆架和上陆坡都有分布。特别从珠江口外到台湾浅滩以南，陆架外缘和上陆坡的沙波分布几乎呈连续的沙波带。

沙丘主要分布在台湾浅滩、高栏岛南和海南岛崖州岸外等三个海区。从沙丘分布表可以看出，台湾浅滩和琼西南沙丘区都位于比较浅的水域，而且都位于大风出现频率较大的海域。台湾海峡是中国近海三大强风区之一，最典型的活动沙波群发育在台湾海峡南部的台湾浅滩。台湾浅滩沙波群不仅沙波密集分布，而且沙波规模大，巨型沙波（沙丘）众多，南北向穿过浅滩剖面上可遇到沙丘 90~155 个。沙丘宽度 1~2 千米，高度 6~20 米，坡度 1.5°~10°，丘间谷底平缓宽阔。北部湾口是三大次强风区之一。

7.4.9　潮流冲刷槽

正在发育的侵蚀沟槽是一种灾害地貌体。由于侵蚀作用很强，侵蚀伴随沉积物的群体运动，对管道和桩柱产生磨蚀，给海洋工程的安全造成危害。侵蚀地形的凹凸不平，给海底管线的敷设，平台建设等，都能造成很大的障碍。

7.4.10　埋藏古河道

埋藏古河道在大陆架油气勘探中常常遇到的灾害地质因素。从灾害地质图上可以看出，埋藏古河道是南海陆架区分布最广泛的灾害地质因素。渤海、黄海、东海陆架、南海北部湾、莺歌海、琼东南、珠江口和巽他陆架，古河道密度都很大。珠江口古河道主要是和三角洲发育密切联系，古河道向下游方向分岔，呈大量辫状水系。琼东南外陆架，呈平行状水系。北部湾和莺歌海呈树枝状水系，但由于资料揭示的不全，所以标出的水系不十分完整。巽他陆架有庞大的树枝状水系。

7.4.11　古三角洲

古三角洲是低海平面时期河流入海形成的三角洲，它们有的仍然暴露在海底，有的已呈埋藏状态。古三角洲之所以列为灾害地质体，是因为三角洲沉积体可能出现多种地质灾害。由于三角洲前缘坡度大，沉积物抗剪强度低，十分容易形成滑坡、泥流。在三角洲河口间湾环境容易产生淤泥质夹层，三角洲地区辫状古河道发育，还容易形成浅层气。这些都可能造成沉积层的持力不均，对钻井平台的稳定性构成威胁。黄、东海陆架古三角洲分布广，北起鸭绿江口，南至台湾海峡，西起我国大陆海岸（包括沿海平原），东至东海陆架边缘，甚至于大陆坡上部的堆积斜坡带上，都有古三角洲分布。另外，渤海南部的莱州湾、北部的辽东湾和西部的渤海湾，分别是古黄河、辽河和海河的古三角洲沉积分布区。北黄海的西朝鲜湾是鸭绿江古三角洲沉积分布区。西朝鲜湾的大型海湾潮流沙脊群就是在鸭绿江等河流的古三角洲沉积物的基础上发育而成的。南黄海陆架是古黄河、古长江等河流的古三角洲分布区。其中南黄海西北部是古黄河及山东半岛沿岸河流的古三角洲分布区，南黄海东南部和东海陆架中北部主要是长江的古三角洲分布区。苏北岸外辐射状潮流沙脊群和东海陆架古沙脊群，都是以长江古三角洲沉积物为基础发育而成的。东海陆架南部和台湾海峡北部是浙闽沿岸河流的古三角洲分布区。珠江口外除发育现代水下三角洲外，还发育多期古三角洲沉积，在浅层剖面上呈"三元结构"（图2.34）；琼东南发现埋藏古三角洲，面积达5 000平方千米，埋深3~10米。

7.5　海底地质灾害影响的特点

（1）发生频繁，损失严重

海底地质灾害因素众多，只要具备发生条件，就有可能发生并引起生命伤亡和财产损失。许多海底地质灾害发生时，致灾体所蕴含的巨大能量在瞬间爆发，承灾体受到冲击和破坏，造成重大人员伤亡和经济财产损失，并可能引发社会混乱，影响社会稳定。1969年我国渤海中部地震造成10人死亡，伤353人，房屋倒塌4万余间，直接经济损失逾5 000万元（若换

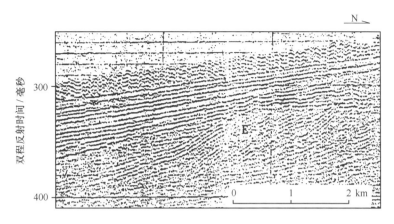

图 2.34　珠江口外古三角洲浅层剖面（据冯志强等，1996）

算成 2008 年价格则超过 8 亿元）的事实足以说明海底地震影响的巨大程度。再如，海底油气钻探发生浅层气井喷导致钻井报废，直接经济损失往往以亿计算。

（2）复杂多样，连锁性强

海底地质灾害致灾因子相互之间往往有关联性，并与海洋气候、水文等致灾因素紧密相关，这一方面导致一种海底地质灾害是多种致灾因子叠加引起，另一方面导致一种海底地质灾害又常常伴随一系列次生灾害的发生，形成一个连锁性很强的灾害链。例如，在地形坡度大、坡面长、其组成物质较细的构造破碎带，在地层产状和节理发育的情况下，加之海底地震和风暴潮等的诱发，在重力作用下使海底岩石和沉积物滑落产生滑坡，位移或摧毁沿途的管线、石油平台等海底工程设施和建筑物。而滑坡又可以诱发浊流和海啸，进一步带来严重的损失。

（3）空间分布差异显著

海洋地质灾害的发生与当地的地质环境条件和社会经济发展程度紧密相关。这里的空间分布差异显著是指不同类型的海底地质灾害在空间分布上存在的较大差异。例如，主要地震带分布在环渤海、福建沿海、广东—琼北沿海、台湾海域。这些地带历史上都有 7 级以上强震发生。海底滑坡主要见于水下三角洲前缘和冲刷槽槽坡，黄河水下三角洲、杭州湾近岸冲刷槽槽坡皆有实例。海湾淤积多发生在不合理的修筑海堤、填围的海湾，特别是港口地区，造成水动力减弱甚至丧失而引起的，塘沽新港、黄骅港、广州港以及其他许多港口淤积都非常严重。大规模潮流沙脊发育在苏北浅滩、琼州海峡出口、琼西南近岸等区域；海底沙丘主要分布在台湾浅滩和琼西南。潮流三角洲主要分布在靖海湾、乳山湾、丁字湾、象山湾、铺坝湾、湄州湾、镇海湾、海陵湾、铁山港、清澜湾、小海湾、新村湾等湾口；拦门沙主要分布在鸭绿江口、大辽河口、双台子河口、山东小清河口、弥河口、潍河口、江苏射阳口、闽江口、广东榕江口等河口近岸海域；潮流冲刷槽在长山列岛、庙岛列岛、舟山列岛等地岛间、山东半岛顶部岸外；潮流沙脊、潮流三角洲体系沙脊之间发育明显；浅层气在我国各大河口与陆架海区均有广泛分布，尤以南海浅层气的分布更为典型（刘锡清，2005；叶银灿等，2003）；而海底底质污染严重地区多位于经济比较发达的长三角、珠三角和环渤海海域。

（4）工程性灾害日益突出

随着社会经济的发展，海洋开发力度不断加强，海洋工程活动也与日俱增，使得诱发海底地质灾害的风险大大增加。目前，人类对海洋的重视程度与日俱增，近海石油、天然气和海底矿产资源的勘探和开发，海岸和海底工程构筑以及废物处理等，如港口工程、锚地工程、海岸工程、铺设海底光缆电缆及隧道管线、水下储集装置、海上钻井平台及人工岛屿、废弃物处理计划及填海、各种固定半固定海底构筑物，以及作为海底油气开发发展趋势的海底平台和海底远程补给基地的建设，都需要具有相对稳定的海底地质环境，以保证工程施工和生产的安全。但是，如果海底地质环境调查中没有摸清存在的潜在海底地质灾害因素或者工程施工对所存在的潜在海底地质因素重视不够，再加上应急预案和安全管理措施不到位，发生海底地质灾害的可能性还是存在的。渤海油田的蓬莱19-3-3井和渤中25-1-6井发生浅层气井喷，杭州大桥建设前期地质勘探中发生的钻探船被烧毁和被掩埋的事实就足以说明这一问题。

（5）突发性灾害比重大

海底地质灾害按照发生的速度可以分为突发性灾害和渐发性灾害。像海底地震、海底滑坡、浅层气井喷等属于突发性灾害；软弱层灾害、海湾和港口淤积、底质污染等属于渐发性灾害。从我国近海已发生并公布的海底地质灾害损失结果来看，突发性海底地质灾害无论是在发生的频次和直接损失严重程度上，还是在产生的次生灾害状况和感官冲击上，都占了主要地位。

（6）小灾大害和间接影响明显

地质灾害发生的严重程度是致灾因子强度和承灾体易损性大小的时空差异综合作用产生的。间接影响则主要是具备诱发次生灾害和间接损失的自然条件和社会经济条件所引起的。关于小灾大害，例如，由于缺乏必要的海岸防御设施，再加上没有必要的警惕性，2004年印尼地震诱发的海啸造成空前的人类灾难。渤海油田发生的浅层气井喷事故的一个重要原因是人们缺乏对浅层气的认识，这使得钻探行为的脆弱性增大，灾害一经发生，直接经济损失严重。灾情严重的海底地质灾害往往可能导致不可忽视的间接损失，例如，破坏性很强的海底地震发生后往往引起人们的恐慌，无家可归，道路、自来水管和通讯线路等生命线中断影响人们的正常生活和生产；海底地震和滑坡等导致海底管线的断裂；油气管道破裂会进一步引起油气泄露，污染海洋环境；光缆中断会割断通讯联系，影响信息交流，导致业务延迟或取消，带来意想不到的损失，电缆中断将导致供电中断，影响人们正常的生产和生活。

第 8 章　海洋地质灾害对环境和社会经济发展影响评价

8.1　海水入侵对环境和社会经济发展影响评价

8.1.1　海水入侵灾害对环境与社会整体影响

海水入侵地质灾害的主要危害表现在对地下水资源破坏、对耕地破坏及对工业危害三部分，阐述如下。

1）对地下水资源的破坏

海水入侵首先是海（咸）水通过海岸带含水（透水）层直接进入陆域范围地下水淡水区，由于海（咸）水入侵淡水区即造成咸淡水混合甚至咸水取代地下淡水，造成地下水中某些化学成分超过某些工业和生活饮用水标准，使得本来可利用的水资源无法使用，直接影响某些工业企业的兴建与发展，或影响了某些工业产品的质量。

2）对农业的危害

由于海水入侵造成地下淡水咸化，这部分咸水中的主要化学成分（盐分）在地下水（本地区含水层埋深普遍较浅）的蒸发作用下被带到地表及浅层聚集，造成土壤的盐渍化。若大量利用咸水灌溉，可造成土地板结、植物枯萎，逐年减产甚至绝收。土壤生态系统失衡，耕地资源退化，对以农业为主的地区，这将是一场严重的自然灾害。

总体而言，研究区农业耕作相对较少，因而对农业的危害并非十分显著。

3）对工业的危害

海水入侵造成地下水咸化，同时也可使浅层土层咸化，即土壤中的 Cl^- 等大量增加，从而加剧了地下水土对金属和混凝土等建筑材料的腐蚀性。填海工程形成的咸水，同海水入侵形成的咸水其化学成分近似，填海区古咸水的 Cl^- 浓度也可达到 1 161.3～8 670.60 毫克/升，对建筑材料均可达到中等至强的腐蚀性等级，根据《岩土工程勘察规范》（GB50021—2001）有关规定，将海咸水（按其主要化学成分）的危害按规范划分为三级（见表 8.1），各级分区分布情况基本上海水入侵区均为具腐蚀性（强—弱）的区域，只是具强腐蚀性的区多仅限于海岸地带及填海区大部。

研究区经济发达，人类活动强度大，建设用地面积比农用地面积大，总体上研究区地下管网密布，建（构）筑物基础埋深大、分布广，海水入侵区域具腐蚀性的地下水、土增加了设备器材及各种建筑材料的防腐费用，降低了这些材料的使用寿命，加速某些设施的老化。

表 8.1　水和土对混凝土结构及钢筋混凝土结构中钢筋的腐蚀性等级划分表

项　目	弱腐蚀性/（毫克/升）	中等腐蚀性/（毫克/升）	强腐蚀性/（毫克/升）
CL^-	100~500	500~5 000	>5 000
SO_4^{2-}	500~1 500	1 500~3 000	>3 000
矿化度	20 000~50 000	50 000~60 000	>60 000

4）对土地利用影响

对研究区土地利用影响主要考虑对研究区耕地、林地和草地的影响。对耕地主要影响是海水入侵带来的土壤盐渍化问题，将影响农作物耕作，使得农作物减产并带来相关生态环境问题。

海水入侵对研究区林地、草地的影响主要是由于土壤盐渍化带来的林地、草地面积减少，植物种类减少，影响研究区内生物多样性及生态环境。

5）对饮用水影响评价

以珠江三角洲为例。由分析可知，研究区轻度入侵和重度入侵区域人口总数在 11 万人左右。依据珠江三角洲地区人类活动强度分析结果（高振记等，2010），1990—2005 年期间深圳市人类活动强度增量最大，中山和珠海增量中等。按照研究区近 5 年来的 GDP 等数据分析，近年人类活动强度较 2003 年逐步增长。为此，初步将研究区入侵区域内人口范围划分在 10 万~20 万人之间。

由于耕地面积较小，同时降雨量较高区域，入侵区域内农业灌溉影响不做分析。研究区入侵区域对居民饮用水影响主要考虑两方面因素，一个是对入侵区地下水开采量影响，另外一个是突发事故发生时，供水能力中断时对地下水供水能力影响。

由于没做抽水试验等开采量评价，因此本次评价不能给出海水入侵范围内对地下水供水量影响的定量评价，只能给出建议性定性评价。建议进一步开展该方面相关工作和研究。

对研究区地下水可开采量影响。海水入侵区域由于咸水入侵，地下水含水层存储空间一部分被咸水占据，对一个研究区域多年平均地下水储量基本稳定的情况下，当储量总量中咸水比例增加时，可供开采使用的地下水量减少。为此，入侵区内在不改变地下水开采方式及补给方式的情况下，入侵区内地下水可开采量减少。

突发事故发生对居民饮用水影响。研究区内大部分居民用水来源于城市供水设施，水源大部分来源于地表水。由于研究区及香港用水皆来源于东江流域供水。东江流域水质尽管总体较好，但在一些区段，尤其是中下游地区，一些企业特征污染物排放量较大，有存在特征污染源泄露污染水质的风险。

在突发事故发生后，城市供水将中断，入侵区域地下水将成为唯一的饮用水供水水源。在没有发生海水入侵区域，居民将可以通过深井供水获得基本饮用水保障，但在入侵区突发事故发生时，存在地下水饮用水供水保障问题。入侵区内将只有少数深井（深部基岩裂隙含水层）地下水可供饮用水，但基岩裂隙含水层水量一般较小。整体上，突发事故发生后，入侵区存在饮用水保障能力缺乏的风险。

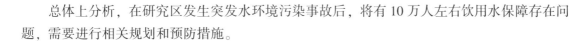

总体上分析，在研究区发生突发水环境污染事故后，将有 10 万人左右饮用水保障存在问题，需要进行相关规划和预防措施。

6）对建筑物的影响

海水入侵对建筑物影响，主要是考虑海水入侵区域尤其是重度入侵区域地下水 Cl⁻ 含量增高，建筑物基础处于长期腐蚀状态中，对建筑物使用寿命及建筑物安全造成的影响。

8.1.2　典型地区海水入侵对社会、环境的影响

1）莱州湾地区

20 世纪 80 年代以来，莱州湾地区处于经济高速发展、人口压力剧增的时期，人类活动对环境的扰动显得尤为突出。莱州湾地区以其独特的地理位置、地质环境演化背景和对气候变化的敏感性，成为我国受人类活动和自然因素影响而引起的自然灾害最严重的地区，是我国乃至世界海水入侵的典型地区，构成经济与社会可持续发展的严重障碍。

研究认为莱州湾沿岸的海水入侵灾害主要为人为因素引起的环境灾害（赵松龄，1995；赵德三，1996；韩有松等，1996；张祖陆等，1998；李道高等，2000）。在人为因素（主要是过量开采地下淡水）影响下，海水沿河口或地下透水层向内陆淡水体渗流、弥散、机械扩散，引发海岸环境的迅速恶化。莱州朱家村实施的"以淡压咸"的海水入侵治理工程达到国际先进水平（中国环境报，2002）。在莱州湾三山岛工业园区内，建设的王河地下水库工程已取得了一定成效，但目前又出现了许多环境问题。纵览过去的研究，往往比较分散，实际效果不甚明显。对海水入侵的通道和未发生区域的发展趋势缺乏研究，难以对在全球变化背景下，人类活动和自然因素对莱州湾海岸的影响及其途径做出预测，不能制定合理的海水入侵防治措施，直接为减灾和区域发展服务。

研究发现，晚更新世以来，莱州湾地区的历次海侵都有相应的沙层与之对应。但晚更新世末期出现的沙漠化环境，是莱州湾地区沙漠范围极度发展时期，形成大面积的沙漠沉积区（赵松龄，1996；于洪军，1997，1999）。这些沙层已成为现代海水入侵的通道。在 20 世纪 60 年代编制的地图上，莱州湾地区有近百个古沙丘，古沙丘的高度在 30~40 米，长 1 千米以上。特别是在昌邑、平度、潍坊等地区周围，现在还残存着许多高约 20~30 米高的大沙丘（当地称为"埠"），在龙口等地也分布有高度数米到 20 米不等的沙丘。近年对莱州湾大西洋期沉积的研究发现，大西洋期沉积发育的地区，往往是现代海水入侵严重的地区。莱州湾东侧以沙质海岸或黄土海岸为主，局部为基岩海岸；莱州湾南侧海岸则以沙质为主，透水性好，受海水入侵灾害影响较重；而在莱州湾西岸海岸则以泥质为主，隔水性好，受海水入侵影响相对较弱。对于造成不同海岸种类的环境背景，目前仍有待研究。只有真正查明莱州湾地区区域环境演化历史，才能正确认识莱州湾沿岸各区发生海水入侵的机理和运移规律，制定正确的防治措施。

2）辽东湾地区

辽东湾沿海包括顶部的辽河三角洲平原，辽东湾东、西两侧的砂质海岸。辽河三角洲平原由辽河、双台子河和大凌河共同形成的地势平坦开阔的冲海积—洪积平原。自 1976 年在大

连首次发现海水入侵以来，呈逐渐增加趋势，具有入侵面积广、发展速度快等特点。目前海水入侵已成为辽东湾沿海较为突出的地质灾害，给工农业生产和人民生活造成很大危害。针对海水入侵形成机制及危害程度的地域性，目前已采取不同的防治措施，如控制开采，人工回灌，修建地下水库等，取得一定效果。

辽东湾沿海海水入侵区主要分布在营口、锦州、葫芦岛等地，主要分为以下两个区：① 下辽河三角洲海水入侵区，主要包括辽河三角训海水入侵段和大清河河口入侵段；② 辽西沿海海水入侵区，主要包括小凌河河口海水入侵段、兴城河口海水入侵段和绥中沿海入侵段。

自1976年在大连首次发现海水入侵以来，呈逐渐增加趋势，具有入侵面积广、发展速度快等特点。目前海水入侵已成为辽东湾沿海较为突出的地质灾害，给工农业生产和人民生活造成很大危害。特别是80年代以来，工农业用水量骤增，造成沿海城市海水入侵的强度及范围逐年加强扩大。大面积地下水被咸化，土壤产生不同程度的盐演化，大批机井水质变咸报废。丧失灌溉能力，造成农业产量大幅度下降；海水入侵后，地下水咸化，给工业生产造成了很大的困难，设备腐蚀严重，输水管道三年五载就需报废更新，大大增加生产成本，直接影响产品质量。由于海水入侵，生活用水发生困难，有些乡、村居民不得不饮用劣质水，使得某些疾病的发病率显著增高。

3）长江三角洲地区

随着经济的高速发展和人口的高度集中，也进一步加剧了对地下水的需求，使三角洲大部分地区普遍出现地下水位大幅下降，从而引起地面沉降、海水入侵等各种环境负效应。随着近年来海面上升速率的增大，海水入侵等地质灾害在三角洲地区已形成群发性灾害群，严重影响了当地经济的快速发展。

长江三角洲和珠江三角洲地区虽没有山东半岛、辽东半岛海水入侵严重，但也必须引起重视。上海市上棉三十六厂（川沙）四号井，曾由于大量开采地下水，造成咸水入侵。可以想象，一旦长江三角洲区域地下水水位漏斗进一步扩大，加之三峡大坝建成后上游来水水量减少，海水沿长江上溯，以及海面上升，就会引起长江三角洲沿江、沿海地区大面积区域性地下水咸化。在许多砂质海岸地区已引起地下海水入侵，造成严重的灾害和环境问题。在长江三角洲冰后期沉积层主要由砂质沉积物构成的地区存在地下海水入侵的地层结构，超采地下水是使这种可能性变成现实的激发条件。目前这些地区尚未发现明显的地下海水入侵，仅仅因为地下水的开采尚未达到破坏动态平衡而引发地下水位大幅度下降，即当地的经济发展和人口增长尚未达到大量超采地下水的程度。

长江三角洲北翼前缘的晚第四纪地层主要由砂质沉积物构成，这样的地层结构在超采地下水的情况下，有可能发生地下海水入侵，尤其是苏北潮成砂区更加突出。合理开采地下水，预防地下海水入侵将是该区值得重视的问题。在三角洲的主体部分，由于巨厚的河床相砂层的存在，在地下水严重超采、水位大幅度降低的情况下也可以造成地下海水入侵，因此三角洲主体部分也是地下海水入侵的潜在发育区。这里上部或下部的环境或灾害可能产生不同情况，类型也可能有所变化。在人类活动（开采地下水）极度强烈的非常情况下，发生海水入侵的可能性是非常之大的。

4）珠江三角洲地区

近十几年来，珠江三角洲地区咸水入侵活动持续增强，影响范围越来越大。给区域内居民的生活用水和工业企业用水带来不同程度的影响，造成巨大的经济损失。国外对河口咸淡水混合过程的研究一直没有间断过，国内的研究主要集中于长江河口与渤海湾，对珠江河口的咸水入侵研究则相对较少，基本上所有的研究都偏重于对河口咸淡水混合类型的研究或伶仃洋河口湾内咸水的活动规律。

中国科学院南海海洋研究所等单位学者长期从事华南沿海地质灾害包括咸水入侵的研究，通过对伶仃洋混合咸淡水混合类型、特征的分析，认为伶仃洋是一个垂直混合河口，但有横向盐度梯度即东咸西淡，洪季东西槽出现似层状盐水，枯季为缓混合型。通过实测资料和数值模拟，探讨了咸水入侵的活动范围和规律，认为咸水入侵受径流及潮汐动力作用的影响，同时也受河道采砂、河床地形变化等影响。大量的研究表明珠江径流量减少、河道地形变化及其导致的分水分沙的变化、大量开挖泥沙以及海平面上升是珠江三角洲咸水入侵的主要原因。

8.2　海岸侵蚀对环境和社会经济影响的综合评价

8.2.1　海岸侵蚀对周边经济发展的影响

海岸侵蚀造成的影响主要是岸滩面积减小，滨海湿地退化，生物多样性减少，盐田、养殖鱼塘和虾塘等受灾，沿海公路毁坏，农田、防护林和一些近岸建筑受到严重威胁。给沿海地区的工业、农业、交通运输业以及旅游业等造成直接或间接的经济损失。海岸带的主要经济包括海洋渔业、海洋运输、盐业、海产品加工、滨海旅游等在内的直接相关产业。各产业的开发、发展对地方经济的影响极大，其中与海岸侵蚀有直接关系的开发活动是港口发展、海洋渔业资源开发利用、滨海沙滩旅游等。

1）海岸侵蚀对港口发展的影响

海岸侵蚀将严重影响港口的建设与发展。如北仑河口区北侧我国境内已建成的主要港口有万尾的京岛港，竹山的竹山港，白龙尾的白龙港等商、渔兼用的小型港口。但目前这些小型港均存在泊位小、等级低、设施配套不完善等问题。随着海岸侵蚀的发展，码头建筑现在虽未明显受到侵蚀破坏，但随着岸前深槽刷深和向北偏移，增强码头的侵蚀隐患；不过岸前港池刷深却有利提升码头泊位品质。

茂名港目前虽未受到明显侵蚀破坏，但随着潮汐通道西侧岸段的不断蚀退，必定会影响到港区的建设。东段岸段的不断侵蚀后退，已经影响到港区的道路等建设，修建高标准海岸防护已经势在必行。港口建设另一个必须面对的问题就是深水航道的维持，茂名港借助于水东湾潟湖的天然的潮汐通道作为天然航道，随着潟湖纳吐量的减少，航道的维持也就成为一个不得不面对的问题。这个问题虽让不是由于海岸侵蚀直接引起的问题，却和海岸侵蚀属于同一个原因所致，同样是因潟湖系统活力衰减引起的次生问题。

2）海岸侵蚀对滩涂养殖的影响

随着侵蚀的发展，滩涂养殖区逐渐减少，原来适于养殖得区域逐渐退化，造成海洋第一产业的退化。

一方面海岸侵蚀造成的影响主要是岸滩面积减小，滨海湿地退化，生物多样性减少，盐田、养殖鱼塘和虾塘等受灾，沿海公路毁坏，农田、防护林和一些近岸建筑受到严重威胁。尤其是每次风暴都会因海岸侵蚀而破坏大量养殖塘。另一方面，无序的鱼塘建设会引起潟湖系统吐纳潮能力降低，进而加剧海岸侵蚀。因此，经济发展必须考虑其环境效应，将经济发展与海岸带保护相结合，引导其向相得益彰的方向发展，维持海岸带可持续生态开发。据东兴市海洋渔业统计资料，2000 年末，东兴市共有海洋渔业机动渔船 1 024 艘，渔业户 3 212户，从事渔业人口 7 796 人；2002 年末全市海水养殖总面积 4 764 公顷，总产量为 5.828 万吨，总产值 2.49 亿元。海水养殖的主要品种有对虾、文蛤、泥蚶、青蟹等。海水养殖中包括了滩涂养殖与深水养殖，其中滩涂养殖部分将受到海岸侵蚀的影响，造成一定程度的损失。

3）海岸侵蚀对滨海旅游资源开发利用的影响

海岸侵蚀势必造成沙滩质量变差，沙滩宽度缩窄，滩面粗化，导致游客及旅游业大幅度减少。2009 年秦皇岛全市旅游市场全面复苏，各项旅游指标实现历史最好水平。全年共接待国内游客 1 638.4 万人次，比上年增长 33.6%；接待海外游客 22.42 万人次，增长 19.7%；景区门票收入 3.46 亿元，增长 53.2%；旅游创汇 1 1731.5 万美元，增长 17.6%；实现旅游总收入 96.06 亿元，增长 32.0%。但是，随着沿海地区旅游业的快速的增加，海岸侵蚀在这方面所造成的损失也将会逐步增加。

北仑河口区万尾岛南岸连绵约 10 千米的"金滩"沙滩，宽阔平坦，为游人开展冲浪、日光浴、沙滩排球、沙滩足球、沙滩射击等休闲游乐和运动提供了广阔天地。目前，该处沙滩还没有明显受到海岸侵蚀的影响，但随着海平面的持续上升、极端气候事件强度的增大，金滩的旅游资源也将会受到来自海岸侵蚀的威胁。

日照旅游业发展迅速，仅 2005 年，全市旅游业就接待国内外游客 781.95 万人次，实现旅游总收入 38.43 亿元人民币，同比增长 46.3%，占全市 GDP 的 8.2%；旅游业已成为全市的支柱产业。近年来，沙滩明显受到海岸侵蚀的影响，旅游资源将会受到来自海岸侵蚀的威胁，势必对旅游业造成重大损失。近几十年来日照砂质海岸许多岸段不断遭受侵蚀，海滩逐渐变窄，坡度变陡，沙质粗化，基岩出露，部分海滩已经失去了浴场功能，泥质化现象非常严重，滨海旅游环境质量降低。海岸侵蚀造成的损失主要体现在旅游海滩价值降低使得旅游收入减少和维护海岸稳定所投入费用的增加。

8.2.2 重点地区海岸侵蚀对社会、环境的影响

1）辽东湾

海岸侵蚀对辽东湾东西两岸的工业、养殖业以及旅游业等都造成严重影响。望海楼至浮渡河口沿岸 2 千米的海岸有 10 家大型企业修建了度假村，总投资约 1.5 个亿，已有不少沿岸建设的设施已遭到严重破坏，不少豪华度假村被冲毁，经济损失严重。辽东湾东西两岸受损

的工程类型有码头、防浪墙、旅游设施（冲浪池等）等。如光辉渔港、田家崴子北侧防浪墙等，经济损失不计其数。据不完全统计，自 20 世纪 60 年代起损失土地达 100 公顷。截止2000 年，若按目前的侵蚀态势计算，损失土地将达 133.3 公顷，折合沙土（流失）为$(1.2 \sim 1.5) \times 10^6$ 立方米。

此外，近岸水质和底质环境质量下降，浊度增大，底质浮泥层厚度加大，使生物栖息地受到严重影响。影响范围水深达 5 米（覆盖 5 厘米浮泥层），面积约 60 平方千米；因房屋和海蜇池倒塌造成海滩碎石连片，严重影响了浴场的环境质量和旅游景观；海滩污染严重，原距岸有一定距离居民的生活垃圾现已因海岸侵蚀而位于毗邻岸滩，使原来纯净洁白的细沙受到污染损害；另外，海水内侵，使土壤盐渍化。团山至熊岳每年约有近 2 千米的土地被海水淹没。

2）秦皇岛

秦皇岛有 82.69 千米岸段发生不同程度的侵蚀，占总岸段的 67%；海岸侵蚀活动除了威胁滨岸工程设施安全外，还破坏旅游资源和土地资源，加剧海水入侵活动，因此对城市发展存在潜在威胁。

2009 年秦皇岛全市旅游市场全面复苏，各项旅游指标实现历史最好水平。全年共接待国内游客 1 638.4 万人次，比上年增长 33.6%；接待海外游客 22.42 万人次，增长 19.7%；景区门票收入 3.46 亿元，增长 53.2%；旅游创汇 11 731.5 万美元，增长 17.6%；实现旅游总收入 96.06 亿元，增长 32.0%。可以预见，随着沿海地区旅游业的快速的增长，如果不能有效控制海岸侵蚀，它将抑制增长势头，所造成的损失也会逐步增加。

海岸侵蚀与其他海洋灾害相伴发生还将威胁许多沿海工程建筑。一方面，某些海洋灾害如风暴潮会增强潮流、波浪等海洋动力作用，使短时间尺度的海岸侵蚀灾害强度增加，直接破坏海堤、海港、滨海旅游设施等；另一方面，海岸侵蚀会造成对临海工厂企业的固定资产及居民住房的破坏，这些破坏是很难预测的。随着社会的发展，固定资产投资的迅速增加，这方面的损失会越来越大。2009 年，秦皇岛市全年完成全社会固定资产投资 420.73 亿元，比上年增长 38.6%，增幅比上年加快 18.3 个百分点。可以预见，随着沿海地区固定资产投资的增加，海岸侵蚀造成的破坏作用将日益显著。

3）黄河三角洲

海岸侵蚀造成的影响主要是岸滩面积减小，滨海湿地退化，生物多样性减少，盐田、养殖鱼塘和虾塘等受灾，沿海公路毁坏，农田、防护林和一些近岸建筑受到严重威胁。近年来，由于黄河来水来沙量急剧减少等因素的影响，黄河入海口北侧的孤东近岸岸滩不断后退刷深。给沿海地区的工业、农业、交通运输业以及旅游业等造成直接或间接的经济损失。海岸侵蚀不仅给沿海地带造成了直接的经济损失，还对人类生存和生活空间造成了威胁，并且直接或间接地破坏了沿岸工程和旅游资源，给海岸带开发与利用带来了负面影响，限制了黄河三角洲沿海经济的发展。黄河三角洲重点岸段 1987—1996 年间土地年损失量为 1 273 公顷，年均159 公顷，1996—2008 年间土地年损失量为 494 公顷，年均 38 公顷。

从局部影响来看，部分岸段海岸线的不断蚀退对胜利滩海油田设施的安全形成了巨大的威胁。孤东和飞雁滩是黄河三角洲胜利滩海油田的两大高产油区，然而其所处位置是黄河三角洲侵蚀最严重的岸段，是海岸防护的重点区段。目前有60多口油井的井台被海水淹没，国家财产和油田职工的生命安全都面临着巨大威胁。胜利油田每年投入了大量的财力和物力保护滩海油田，其中现有海堤、漫水路等防护工程的维修费平均每年在5 000万元左右，仍不能有效阻止海岸线的蚀退。同时对于已建设海堤段，海岸线的蚀退主要以向下侵蚀为主，侵蚀深度达4.5米，导致海堤基础淘空，海堤稳定性不足，随时有整体失稳发生溃坝的危险。

4）山东日照

日照砂质海岸侵蚀主要是对对近岸养殖和旅游业造成危害，给经济发展带来的影响。日照南部海岸较平直，砂质海岸居多。海岸侵蚀造成的影响主要是岸滩面积减小，滨海湿地退化，生物多样性减少。盐田、养殖鱼塘和虾塘等受灾，沿海公路毁坏。农田、防护林和一些近岸建筑受到严重威胁。近年来，该段海岸正处在侵蚀阶段，新建的海滨公路有可能受到威胁。邻近地区的经济将受到影响。2009年4月15日，温带风暴袭击山东沿海，适逢天文大潮，致灾程度加重。滨州、潍坊和东营三市的沿海区域遭受严重损失，经济损失约3亿元。

日照作为海滨生态旅游城市，以"蓝天、碧海、金沙滩"闻名于世，这里生态良好，风景秀丽，气候宜人，是我国沿海不可多得的避暑度假胜地。2003年12月，日照顺利通过国家旅游局验收，被授予"中国优秀旅游城市"荣誉称号。近年来，日照旅游业发展迅速，仅2005年，全市旅游业就接待国内外游客781.95万人次，实现旅游总收入38.43亿元人民币，同比增长46.3%，占全市GDP的8.2%；旅游业已成为全市的支柱产业。近年来，沙滩明显受到海岸侵蚀的影响，旅游资源将会受到来自海岸侵蚀的威胁，制约滨海旅游业的进一步发展。

近几十年来日照砂质海岸许多岸段不断遭受侵蚀，海滩逐渐变窄，坡度变陡，沙质粗化，基岩出露，部分海滩已经失去了浴场功能，伴随的泥质化现象非常严重，滨海旅游环境质量降低。海岸侵蚀造成的损失主要体现在旅游海滩价值降低，使得旅游收入减少和维护海岸稳定所投入的费用增加。

5）江苏灌河口——吕四

海岸侵蚀对江苏海岸带的经济影响主要表现在养殖业以及海岸工程的破坏等方面。海岸侵蚀造成的影响主要是岸滩面积减小，滨海湿地退化，生物多样性减少，盐田、养殖鱼塘和虾塘等受灾，沿海公路毁坏，农田、防护林和一些近岸建筑受到严重威胁。江苏省海岸侵蚀监测结果表明，2003年4月—2006年5月间，海岸侵蚀冲毁二洪盐场和振东乡数千亩盐田、养殖鱼塘和虾塘等，并对滩涂资源的开发造成很大的影响。这些影响给沿海地区的工业、农业、交通运输业以及旅游业等造成直接或间接的经济损失。尤其是一些旅游海滩将受海岸侵蚀的影响而面临消失，海岸旅游资源价值降低，给当地旅游业带来严重的经济损失。江苏沿海居住着大量人口，许多当地居民以捕捞、水产养殖等海洋初级产业为生，海岸侵蚀直接或间接地给沿海居民带来了严重威胁。据江苏省统计年鉴，江苏沿海地区2008年末总人口数为1 733.08万。如果不采取有效的防护措施，受海岸侵蚀威胁的沿海地区将面临居民迁徙的问题。江苏沿海人口密集，转移如此众多的居民势必将面临搬迁和安置等一系列困难问题，并且需要一笔庞大的财政支出。海岸侵蚀与其他海洋灾害相伴发生还将威胁许多沿海工程建筑物。一方面，某些海洋灾害如风暴潮会增强潮流、波浪等海洋动力作用，使短时间尺度的海岸侵蚀灾害强度增加，直接破坏海堤、海港、滨海旅游设施等；另一方面，海岸侵蚀会造成对临海工厂企业的固定资产及居民住房的破坏。随着社会的发展，固定资产投资的迅速增加，这方面的风险越来越大。2008 年，江苏沿海地带全社会固定资产投资 3 038.42 亿元，比上年增长 27.1%。增速比全省快 4.4 个百分点，占全省的比重为 20.2%，比上年提高了 0.7 个百分点。可以预见，随着沿海地区固定资产投资的增加，海岸侵蚀所造成的损失也将会逐步增加。

6）长江口南汇

上海沿海人口高度密集，据上海市 2008 年统计年鉴，上海市 2008 年末常住人口总数为 1 888.46 万人。上海市沿海岸线已几乎全部为标准海塘，但是，受到海岸侵蚀的威胁依然存在，受海岸侵蚀威胁严重的地区也要面临诸如居民迁徙等的问题。

海岸侵蚀与其他海洋灾害相伴发生还将威胁许多沿海工程建筑物。随着社会的发展，固定资产投资的迅速增加，这方面的损失会越来越大。2008 年，上海市固定资产投资总额 4 829.46 亿元，比上年增长 8.3%。可以预见，随着沿海地区固定资产投资的增加，海岸侵蚀所造成的损失也将会逐步增加。

7）厦门东南部

厦门岛东南部海岸侵蚀对周边经济发展造成的影响主要是：滨海旅游沙滩质量退化、沙滩面积减小、滨海土地资源损失，沿海公路、护岸及其他滨海工程损毁，港口、航道异常淤积等。20 世纪 80 年代中后期，一些单位在白城沙滩占滩修建一座酒店，改变了白城湾水动力条件，造成几十年来一直较稳定的白城海滩发生严重侵蚀，沙滩沙体大量丧失，滨线后退，甚至威胁到后方道路安全。该占滩建筑拆除后，白城沙滩在人工补沙后得以缓慢恢复。目前的音乐广场海岸，由于人为填占沙滩修筑人工护岸，造成海滩严重侵蚀、破坏。黄厝海岸椰风寨段，由于人为占滩修筑饭店、商场、游乐场等，已经造成黄金海岸局部岸段冲淤，破坏了沙滩景观。

另外，海岸侵蚀经常会伴随海岸地形和近岸海底地形的变化，有可能引起港口、航道的异常淤积，这对于厦门港口航道来说，也是一个潜在威胁。

8）广东茂名港（水东港）

茂名港是国家一级口岸港口，其吞吐量达 1 732×10⁴ 吨，有 20 多个货运码头、集装箱码头和成品油码头等泊位（包括 6 个万吨级以上泊位），是粤西重要的对外贸易口岸，其对区域经济发展至为重要。目前港口主体建筑虽未明显受到侵蚀破坏，但随着潮汐通道西侧岸段的不断蚀退，必定会影响到港区的建设。研究区东段岸段的不断侵蚀后退，已经影响到港区的道路等建设，修建高标准海岸防护已经势在必行。港口建设另一个必须面对的问题就是深水航道的维持，茂名港借助于水东湾潟湖的天然的潮汐通道作为天然航道，随着潟湖纳吐量的减少，航道的维持也就成为一个不得不面对的问题。这个问题虽不是由于海岸侵蚀直接引起的，却和海岸侵蚀同属于水动力原因所致，同样是因潟湖系统活力衰减引起的次生问题。

研究区的核心功能是旅游海滩，中段的"天下第一滩"景区，拥有广阔的海滩、优质的环境、完善的配套设施，是广东省首批省级旅游度假区之一，也是茂名市首批国家 AAA 级旅游区，年接待游客超 80 万人次，曾先后被评为"市卫生优良景区"、"广东旅游争光先进单位"、"广东休闲好去处"等，已成为该区经济发展另一个定位。作为以海滩为核心旅游产业经济，海岸侵蚀对其的影响不言而喻。海岸侵蚀不仅会破坏景区沿岸休闲旅游设施，同时也会引起海滩的破坏或退化，保护好该海滩始终是当地坚持的准则。

9）广西北仑河口

北仑河口区的资源相当丰富，主要有天然港口，海洋生物、海水养殖、滨海沙滩、滨海矿产、红树林、海盐等资源。各种资源的开发利用对地方经济的影响极大，现已形成了包括海洋渔业、海洋运输、盐业、海产品加工、滨海旅游等在内的直接相关产业。其中与海岸侵蚀有直接关系的是港口发展、海洋渔业资源开发利用、滨海沙滩旅游等。

北仑河口区北侧我国境内已建成的主要港口有万尾的京岛港，竹山的竹山港，白龙尾的白龙港等商、渔兼用的小型港口。但目前这些小型港均存在泊位小、等级低、设施配套不完善等问题。目前，码头建筑虽未明显受到侵蚀破坏，但随着岸前深槽刷深和向北偏移，增强了码头的侵蚀隐患。但近岸港池的刷深却有利提升码头泊位品质。

据东兴市海洋渔业统计资料，2000 年末，东兴市共有海洋渔业机动渔船 1 024 艘，渔业户 3 212 户，从事渔业人口 7 796 人。2002 年末全市海水养殖总面积 4 764 公顷，总产量为 $5.828×10^4$ 吨，总产值 2.49 亿元。海水养殖的主要品种有对虾、文蛤、泥蚶、青蟹等。海水养殖中包括了滩涂养殖与深水养殖，其中滩涂养殖部分将受到海岸侵蚀的影响，造成一定程度的损失。

北仑河口区气候宜人，冬暖夏凉，拥有蓝天碧水的金沙滩，尤其是万尾岛南岸连绵约 10 千米的"金滩"沙滩，宽阔平坦，为游人开展冲浪、日光浴、沙滩排球、沙滩足球、沙滩射击等休闲游乐和运动提供了广阔天地。目前，该处沙滩还没有明显受到海岸侵蚀的影响，但随着海平面的持续上升、极端气候事件强度的增大，应加强对金滩的旅游资源保护与监测。

10）海南南渡江海岸

南渡江口沿岸居住着大量人口，海岸侵蚀直接或间接地给沿海居民带来了严重威胁。据海口市 2008 年统计年鉴，海口市 2008 年末常住人口数为 183.5 万人。如果不采取有效的防护措施，受海岸侵蚀威胁的地区也将面临居民迁徙的问题。海岸侵蚀与其他海洋灾害相伴发生还将威胁许多沿海工程建筑物。一方面，某些海洋灾害如风暴潮会增强潮流、波浪等海洋动力作用，使短时间尺度的海岸侵蚀灾害强度增加，直接破坏海堤、海港、滨海旅游设施等；另一方面，海岸侵蚀会造成对临海工厂企业的固定资产及居民住房的破坏。2008 年，全市完成全社会固定资产投资 219.1 亿元，比上年增长 20.5%。可以预见，随着沿海地区固定资产投资的增加，海岸侵蚀在这方面所造成的损失也将会逐步增加。

8.3 港湾淤积灾害对社会环境影响的综合评价

我国沿海各省市均有港口、航道的淤积现象，对海上交通运输和港口的发展构成严重障碍。

8.3.1　辽宁省

鸭绿江口、大辽河口、双台子河口等均形成了碍航的拦门沙。大东港、营口港及沿海的一些小港均有淤积之患。

8.3.2　天津市

塘沽新港，虽然经过新中国成立以来的治理及航道效益的提高，淤积已不是主要问题，但每年仍需投入大量资金进行清淤。

8.3.3　河北省

最主要的淤积问题出现在黄骅港海域，已投资数十亿元人民币进行治理。2004 年一场大风使航道淤塞，卸货船无法驶出码头，只得突击抢疏航道。

8.3.4　山东省

黄河尾闾摆动引起的淤积和冲刷问题，给当地的经济造成巨大的影响，特别是其附近的港口，如广利港、东营港等，均需花很大精力来处理。另外，莱州湾内的羊口港、潍坊港、下营港等都因淤积问题不能发挥其应有的效益。再者，某些海湾口门的拦门沙（潮流三角洲），如靖海湾、乳山湾、丁字湾等的拦门沙都影响该湾港口的进一步发展。

8.3.5　江苏省

由于苏北众多的入海河口建了挡潮闸，闸下淤积问题既很普遍，又很严重，江苏省要花很多人力物力来处理闸下淤积，以便正常发挥挡潮闸的作用。

8.3.6　上海市

主要是长江口的拦门沙问题，虽然国家已投入数亿人民币，到目前效果尚不明显。

8.3.7　浙江省

修建的水闸闸下河道或外港部分都发生了不同程度的淤积及河床抬高现象，对海港的航运和经济发展，沿岸地区的排涝和城市防洪带来了一系列问题。最为典型的是 1959 年建的宁波市姚江大闸，姚江 3 千米长的下游河道及宁波到镇海 22 千米长的涌江内淤积了泥沙 $2\,400×10^{4}$ 立方米，河道淤高 1.87 米，降低了下游通航能力，原来 5 000 吨轮船可候潮进出，3 000 吨轮船可以自由进出，现虽经每年疏浚，也只能达到 3 000 吨轮船候潮进出，并减少了下游泄洪能力的 60%，影响下游农田的排涝标准。

8.3.8　福建省

主要是河口拦门沙对航行造成影响，如闽江口的马尾港等。马尾港码头设计水深 10 米，因泥沙淤积实际水深仅 5 米，每年因清理泥沙花费达 $1\,000×10^{4}$ 元。

8.3.9 广东省

因淤积造成的问题较多。三水西南水闸建于 20 世纪 50 年代，兴建水闸后，三水—官窑—广州的河道迅速淤浅，目前已完全淤塞，不能航船。湛江港原水深 14 米，现在仅 6～10米，码头前缘淤厚 1.0 米，主要原因是 1959 年东海堤建成后，加速了港口之淤积，河口和潟湖型港口尤为严重。广州的沥滘水道淤积严重，最大回淤量每年达 1 米，一般为 0.5 米，每年需疏浚挖泥 $120×10^4$ 立方米才能维护广州港航行。据广东省航道局统计，每年要耗资几百万元疏浚 $68.3×10^4$ 立方米泥沙，才能维护全省 3 400 千米主航道的通航。

8.4 海底地质灾害对社会、环境的影响

海洋开发向深度和广度推进，海洋地质灾害中的海底地质灾害对其产生的影响也有不断加强的趋势。研究海底地质灾害对社会经济发展的影响成为促进海洋可持续开发利用，实现人海和谐共存的一个重要内容。

8.4.1 地震

地震所造成的灾害包括两方面，一是地震直接造成的损失。二是海啸引起的灾害，详细资料前面章节已有叙述。

8.4.2 其他海底地质灾害

海底灾害地质因素种类繁多，条件具备时，就有可能发生海底地质灾害。除了所阐述的海底地震、浅层气、滑坡和海洋底质污染等几种比较典型的海底地质灾害产生的影响，其他海底灾害地质因素在一定条件下也有可能产生不可忽视的影响。

浅层气灾害。含浅层气的海底土层常常会给基础工程施工带来严重影响，甚至会影响到工程结构的安全。因此，海底浅层气对工程的影响及危害应引起足够重视。

海底浅层气对海洋油气勘探与开发，海底输油管道、通讯电缆、港口码头等建筑物所造成的巨大灾害，屡见不鲜。下面简要列述数个典型事件（表 8.2）。

表 8.2 典型浅层气灾害事件及其产生的后果

时间	地点	产生的后果
1998-9-7	印度尼西亚的 ekapir 油田	1 千多人丧生，钻探船也沉没到水下 200 多米海底
1999-7-13	渤海油田蓬莱 19-3-3 井	虽未造成人员伤亡，但致使蓬莱 19-3-3 井报废（杨鸿波，齐恒之，2004）
2002 年初	杭州湾	一次，引发火灾事故，钻探船井口被烧毁，作业人员烧伤事故；另一次，浅层气在喷溢中诱发海底粉细砂液化，钻具和船体被间歇性托起和坠落，造成钻探船沉陷，并最终导致被埋藏的惨剧（冯铭章，季军，2006）
2006	上海外高桥海域	污水排放口三期隧道顶管管道接头裂开，瞬间泥沙涌进隧道，管头出现下沉（陈庆等，2008）

　　1983 年"勘探二号"钻井平台在东海温州东部海域钻探插桩时由于一个桩脚插入软弱层，导致桩柱弯曲，桩靴损毁，平台倾斜，由于抢救及时才未造成平台倾倒，然而却造成了重大经济损失和施工季节延误（杨子庚，2000）。渤海浅海钻井平台，也曾因穿过软弱层插桩过深，在钻井结束时桩腿拔不出来致使平台搁浅数月之久。例如，"胜利六号"在黄河口外作业时，由于桩腿深陷不能自拔，施工结束后滞留井位达两年之久。

　　另外，一些海底地质灾害因素对一些工程施工和产业布局产生了重要影响。为了预防灾害的发生，预先采取加固措施，或回避危险区，甚至取消工程，这对当地的社会经济发展均会带来不良影响。

第9章 海洋地质灾害的防灾减灾对策

防灾减灾要根据不同灾种、不同地区具体情况，制定出科学、合理、可行的防灾减灾的政策和措施，最大限度的抵御不可抗拒的自然因素，科学合理的调整人类活动。减少海洋地质灾害所带来的损失。

9.1 海水入侵灾害减灾防灾对策

海水入侵防治措施主要分为工程技术对策、生态防治对策和行政管理对策三个方面，各评价应根据自身海水入侵特征与发展趋势，提出相应海水入侵防治对策。重点地区海水入侵防灾减灾简述如下。

9.1.1 莱州湾

如前所述，莱州湾地区海水入侵的形成基本上可分为第四纪沉积型与人为作用型两种类型。第四纪沉积型主要发生在莱州湾沿岸地区海相沉积物地层区，属于原生沉积的海相地层中天然形成的海水入侵层，即地下卤水抽取过程中造成的入侵；而人为作用型主要发生在寿光、昌邑和莱州湾东岸的大部分地区，是由于人为过量开采地下水，破坏了原来咸淡水的平衡界面，导致海水入侵。

要减少卤水开采引起的咸水入侵问题和人为活动引起的滨海海水入侵问题，根本对策是减少地下淡水开采，平衡咸淡水的界面。因此可从工程技术对策、生态防治对策和行政管理对策三个层面开展海（咸）水入侵的综合防治（图9.1）。

1）工程技术对策

工程技术措施主要包括引入客水以淡压咸、修建地下水库（含呼吸式）、构建地下防渗墙和选择性渗透反应墙（帷幕）、潮间带抽咸养殖工程等方面进行综合防治。

国家安排了"七五"攻关第57项（75-57）和"八五"攻关项目"海水入侵防治试验研究"（85-806），部分高校和研究单位还从事了基金项目及其他项目的研究工作，研究区域从山东省扩大至辽宁、河北、福建和广西等全国沿海各地，从沿海扩展到海中的岛屿。在莱州湾地区主要提出综合防治海水入侵的措施，具体包括兴建防潮堤、拦蓄补源、淡水帷幕、地下水回灌、引调客水等工程技术措施，并付诸实际行动。

（1）引入客水以淡压咸

引入客水理论基于北方水资源短缺的现实和未来用水增长的需求，认为只有利用客水才是解决用水和防止海水入侵的根本措施，实际上属于水资源优化配置范畴。对此，山东省沿海地区的成功经验和规划方案是：限制开采地下水，扩大利用黄河水，积极引用"客水"。

引入客水主要在"引黄济青"工程路径的寿光、寒亭和昌邑等地展开，具体参见莱州湾地区海水入侵综合防治图（图 9.1）。"引黄济青"工程途径卤水开采引起的海水入侵区，可以考虑从明渠引水灌溉，既对咸水入侵起到"以淡压咸"作用，还能减低对咸水入侵引起的次生盐渍化风险。另外，考虑到黄河水资源的综合利用，在黄河水充足年份，可作为地下水库建设的重要输入水源。

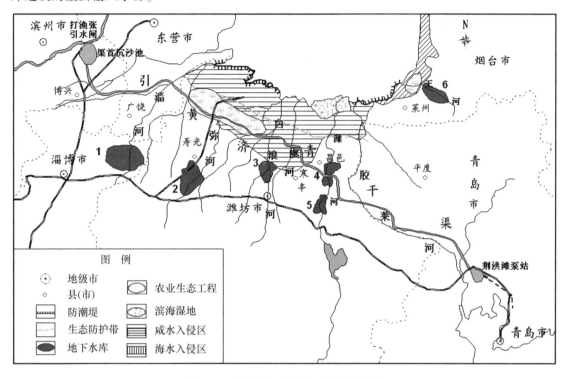

图 9.1　莱州湾海水入侵区综合防治图

（2）修建地下水库

莱州湾南岸从水文地质和地貌上来看属于鲁中南山前冲洪积平原区，该区域是由多个冲洪积扇组成的扇群，自西向东依次为淄河、弥河、白浪河和潍河冲洪积扇。各冲洪积扇顶部以含水层厚度大、颗粒粗、入渗性较好成为地下水库库区首选地。其主要调蓄含水层为潜水-浅层微承压含水层，总厚度一般 10～30 米。岩性多为中粗砂、砾卵石，单井涌水量一般大于 1 000 立方米/天。扇轴部地段大于 3 000 立方米/天，含水层渗透系数 50～100 米/天 之间，给水度 0.1～0.3；该地段是调蓄能力最强的地区，适于修建地下水库（见表 9.1）。

地下水回灌水源主要有当地地表径流、引黄济青工程引水和南水北调。从西往东依次建设地下水库靠近和位于淄河、弥河、白浪河、潍河、胶莱河和王河，具体位置见莱州湾地区海水入侵综合防治图。

建设地下水库的同时，在靠近地下水库附近构建河口地下坝工程。地下坝是指在滨海平原河口地区，主要采取高压喷射灌浆、静压灌浆等方法，构筑地下防渗墙，形成地下拦水坝，拦蓄地下潜流，以达到提高地下水位，防止海水入侵的目的。地下坝与其上游段的拦蓄工程常常结合形成所谓的地下水库，能够有效阻断海水入侵兼顾蓄水供水。地下坝一般选择在河流入海处的咸淡水界线附近，构筑的坝基下切不透水岩层，灌注材料选择防水性很强的水泥，大坝厚度约在 30～50 厘米，坝长可达数千米。

表9.1　莱州湾地区修建地下水库基本情况一览表

代号	名称	类型	含水层岩性	水位埋深/米	设计库容/×10⁴ 立方米
1	淄河地下水库	冲洪积扇形	中粗砂、砂砾石	5~10	70 800
2	弥河地下水库	冲洪积扇形	中粗砂、夹砾石	20~30	55 600
3	白浪河地下水库	冲洪积扇形	中粗砂夹砾石	5~27	24 600
4	潍河地下水库	冲洪积扇形	砂砾石、中粗砂	5~23	32 100
5	黄旗堡地下水库	山间河谷形	砂砾石	5~10	14 700
6	王河地下水库	滨海平原形	细中粗砂，砂砾石	3~20	2 600

在莱州湾地区的寿光市的弥河、莱州市的王河均利用汛期大量雨洪，实施引水回灌，抬高地下水位；龙口、莱州、青岛等地通过地下坝截渗，阻隔咸水向淡水区入侵，均取得了较好的效果。而且往往采取多种措施结合，达到综合防治的目的。

（3）构建防潮堤和选择性防水帷幕

在小清河、弥河下游和莱州虎头崖以东部分区域构建防潮大堤，对滨海风暴潮和潮汐引起的海水倒灌进行防治。在部分地区还可以将防潮堤建于海湾中。其中，莱州市朱家村为防治海水沿地表和河口的入侵，通过填湾造陆工程，分别建成长800米和3 000米的两道拦海大坝，与普通防潮堤工程直接建在岸边，该村是将海岸线平直外推1 500米，形成荷兰式的填海造陆防潮工程。此后又相继投资在围坝内开挖临海浅塘水渠、兴建淡水水库、栽植果树林和芦苇，营建人工湿地。不仅成功防治了海水入侵，还达到了较好的社会环境效益。

（4）潮间带抽咸养殖工程

在潮间带抽取地下咸水养鱼是中国水产科学院黄海水产研究所的雷霁霖先生首先倡导的。1992年他把原产于欧洲大西洋东北部沿海的"大菱鲆"（scophthalmus maximus）引进中国并培育成功。1998年首先在山东省莱州市的朱旺村创办起"温室大棚+深井海水"的养殖模式，此后，由于效益显著，逐渐推广到整个莱州市和山东省烟台的其他县市及日照市。

在潮间带抽取地下咸水养殖，由于取水量巨大，降低了咸水水头，客观上起到了阻止海水沿地下含水层的入侵的目的。这样，必然打破原先的入侵动态，据实际观测和对比，莱州的朱旺剖面海水入侵区有变淡的趋势。但是，由于大量开采地下咸水，地下水漏斗区越来越大，由此引起的环境地质条件改变和养殖咸水大量排放至莱州湾造成的二次污染问题。

（5）人工增雨工程

莱州湾地区濒临渤海，受季风影响较大，空气中云水资源丰富，在收集天气资料和有关信息基础上，运用高炮和飞机催化作业，增加天然降雨量。可以在莱州湾地区成立人工增雨机构，配备相关硬件设施，利用人工增雨可以弥补该区域天然降水的不足。

2）生态修复对策

（1）滨海湿地修复

海水入侵的生态防治，是以防止海水入侵和海岸生态恢复为双重目标，综合运用各种工程的和非工程措施，集成一个立体的防治体系，在滨海湿地或海岸生态区维持咸淡水界面达到一种动态的平衡，把海水入侵灾害影响控制在较轻的程度。

在昌邑国家海洋生态保护区及其周围，大力开展湿地修复。主要通过扩展保护区范围，大量种植耐盐碱的植被，如柽柳，芦苇，盐地碱蓬、芦苇、白刺、荻、二色补血草、羊角菜、白刺等盐生植物，形成以柽柳、碱蓬、白刺等耐盐植物群丛为主要修复种的示范区建设。通过生态修复，主要对海水入侵引起的盐渍化问题开展。

按盐渍化程度的不同，以水盐胁迫为主线，配置合理的物种组成，减少物种间水分竞争，构建柽柳—赤碱蓬群丛、柽柳—二色补血草群丛、柽柳–羊角菜群丛等景观结构单元，形成和不同盐渍化程度相适宜的柽柳湿地景观恢复区域。依托该保护区，扩展至邻近保护区的滨海区域 10 千米左右范围，形成缓冲修复区。

（2）农业生态工程

在寿光弥河下游滨海区域和莱州市王河流域实施农业生态工程，具体包括抗旱耐盐品种和种植结构选育工程、林农复合生态工程和改土培肥生态工程。

研究表明，耐盐小麦和棉花品种选育对提高农产品产量，改善海水入侵引起的盐渍化问题效果明显，并且在保护地盐渍化区域，如大棚种植引起的次生盐渍化问题也通过品种改良和相关生态措施进行改善，并且在保护地蔬菜和水果种植考虑覆膜和滴水灌溉，做到高效节水农业，还能防止次生盐渍化的产生和发展。

在滨海区域可以通过林农联合作业，在海水入侵严重区域，通过建造人工林，树种为耐盐碱的白蜡，柽柳等。在低洼湿地区域，种植芦苇。在海水入侵影响轻微地区种植耐盐碱的棉花。冬枣等作物，形成林农套种、层次分别的复合生态工程区。

农业生态工程建设务必遵循农、林、渔等全面发展，使农业生态系统得到恢复和发展，同时增加生态系统的稳定性，实现良性循环和布局分层合理发展，并实现优质高效节水农业。

（3）生态防护带

在滨海地区，沿高速公路（G18）和滨海横向大道构建带状防护林，防护林种植以柽柳，白蜡，白杨树等树种为主，形成垂直海岸带的数道防护林带。具体位置见莱州湾地区海水入侵综合防治图。

3）行政管理对策

（1）加强地下水和卤水开发管理

在海水入侵敏感区段，如近海咸水与淡水混合带附近、入海河流中、下游的两岸边、与海水水力联系较强的含水层中，都要禁止地下水的开采。对卤水的开采也要在综合论证基础上适量开采。现实情况下，地下水的开采量小于补给量，总体不会加剧海水的入侵，但局部地段的超强开采可能会引起局部的海水入侵；入海河流水位的变化对海水入侵有较大的影响，采取相应的防治措施可以有效地控制海水入侵。

（2）充分考虑海平面上升引起的管理对策的改变

对于海平面上升形成的海水入侵是一个缓慢的过程，但对于一些重要工程建设由于使用期长，必须充分提高海平面上升引起的工程施工需要的保证率，也可防止未来因海平面上升而引起的海水入侵造成对工程的危害。对于一些位于海岸边的重要工程地段也可在临海一侧建设隔水围幕，以适应对因海平面上升而形成新的更大范围的海水入侵，虽然造价高，但对于一些重要工程而言，对规划中的一些工程可提高建（构）筑物的建设高程以应对因海平面上升及潮汐引起的海水入侵。

（3）城乡供水工程一体化

在莱州湾地区，淡水资源贫乏，城乡供水严重不足。在合理制定城乡一体化供水工程的规划和工程实施中，统筹安排，解决城市工业、生活用水和农村生活用水、灌溉用水。通过该工程的实施，减少水资源的浪费，合理配置，对淡水资源的合理利用，解决水资源的供需矛盾意义重大。

（4）建设节水型社会，节约用水

所谓节水型社会，就是以提高水资源的利用效率和效益为中心，在全社会建立起节水的管理体制和以经济手段为主的节水运行机制，在水资源开发利用的各个环节上，实现对水资源的配置、节约和保护，最终实现以水资源的可持续利用支持社会经济可持续发展。在莱州湾地区，必须建立以节水型工业、农业和节水型生活习惯的节水社会体系。

首先，要建立节水型新型工业工程，在目前条件下，大力发展新型节水技术，鼓励开展新型节水工业的建设，依靠科技进步降低工业用水量，加大工业循环用水力度，并提高工业用水的重复利用率。

在沿海地区实现节水型农业工程。针对莱州湾沿海地区农业用水的浪费问题，一方面，提高灌溉用水的利用率，改变以往漫灌的方式为滴灌和喷灌，推广渠道防渗技术和节水经济灌溉定额管理制度；另一方面，调整种植结构，扩大耐旱作物的种植面积，发展雨养型农业。

生活中，树立人人节水的生活习惯。通过政府导向和统一供水工程价格调整及配额制度，加大对城市和农村生活用水的节约力度。全社会节水的生活习惯的养成对于水资源将会是很大的节约。

9.1.2 辽东湾

辽东湾海水入侵的形成基本上可分为两种类型。其一是原生沉积的海相地层中天然形成的海水入侵层，必定受海水的影响。如下辽河三角洲，自第四纪以来共发生三次海水入侵，每次海侵沉积的海相地层中保留了大量咸水。在其后缘，咸水体超覆于淡水体之上形成上咸下淡的含水结构，前缘第四纪含水层均为咸水；其二就是因人为的过量开采地下水，破坏了原来咸淡水的平衡界面，导致海水入侵，如辽东湾两侧海水入侵区。

辽东湾沿岸的海水入侵主要是人为开采地下水引起的，过量开采地下水造成的地下水位下降，使海水入侵的范围在不断扩大。因此，对辽东湾沿岸海水入侵的防治，着重以下几个方面。

1）近海控制地下水的开采

滨海地区限制地下水开采量，是制约海水入侵的关键措施。在咸水边界1千米地带内，严禁兴建常年性开采水源地，特别是受海水入侵威胁的地段，除严禁打井、关闭部分集中分布或水质变异的水井外，还要采取定期停采、轮换开采等方式，以促进地下水位回升，使咸淡水界面保持相对稳定。

2）人工回灌淡水

把淡水注入含水层中，以提高地下水位。以淡压咸，既增加了淡水资源，又起到了防止水质咸化的作用。回灌的方法可采用回灌井或沟渠、坑、塘、湖蓄水引渗；如凌海市建业乡在其南部最易发生海水入侵的地段，建起长 10 千米、宽 2 千米的人工补给带，采用渠灌水田的方式，通过田间水入渗，形成了阻止海水入侵的淡水水力屏障，取得了良好的效果。

3）反抽截流

在海水入侵区，平行海岸带布置截流井，直接抽取海咸水，降低水位，阻止其向内陆入侵。大量实践证明，截流开采会取得一定的效果，但缺点是在抽排咸水的同时，也消耗了大量的淡水资源。

4）修建地下水库

修建地下水库是防止海水入侵的根本途径。即采用帷幕灌浆方法在河流入海口的有利地段，建立地下和地上拦水坝，封堵海水入侵和地下、地表淡水排泄通道，即建立滨海地区地下水库。实现地表水和地下水的联合调度。与地表水库比，它有造价低，不占耕地，没有风险，水质防护条件好等优点。近年，大连市的旅顺口区三涧堡地段修建了区域内第一座河谷型地下水库，取得了良好的效果。

5）开发利用表水资源

区域表水资源量约 $3\,000×10^8$ 立方米。目前，表水资源的利用只占 20% 左右，尚有 80% 流入大海。进一步开发地表水资源，是解决区域水资源不足的重要途径。

在缺水地区，要限制或禁止耗水量大、污染严重的第一、二产业的发展。建设节水型社会，即建立节水型农业、节水型工业和节水型城市。

6）强化对水资源开发利用的计划管理

近年，水资源的开发利用已纳入了地方国民经济和社会发展计划，目前管理还比较薄弱，要研究建立科学的指标体系、管理办法和保证计划实施的措施。各用水单位和个人都应实行计划用水、节约用水。

9.1.3　长江三角洲

保护好长江三角洲地区地下水资源，防止海水入侵，必须从长江三角洲的具体地质和水文条件、地下水开采现状及水资源状况等实际情况出发，确定有效的保护方法，才能防止海水入侵的发展，做到地下水资源的可持续开发利用以支持区域经济社会的可持续发展。

（1）为了把海水入侵限制在最小范围，必须做到合理开发利用水资源。要立足于节约水资源，为此要建立起节水型城市和节水型工农业生产体系，要大力推广节水灌溉技术和工业节水新技术，最大限度地提高水资源的有效利用率，尽量减少地下水开采量，严禁在海水入侵区开凿新井。

（2）长江三角洲地区浅层地下水能由雨水和地表水的垂向入掺和侧向径流得到较好补给，但深层水补给困难，要充分发挥区域内高密度河流的调蓄作用，采取回渗补源措施，截夺入海地表径流回灌开采层，防止地下水位降落漏斗形成与扩大。

（3）应加强对海水养殖和盐田的管理，防止人为地将海水导入内陆。规范海水养殖，严禁在海涂之外的陆域增设海水养殖场。

（4）防治地表水污染，严格控制废水排放，投入资金治理江河水质，以避免水质性缺水持续恶化和地下水的污染。

（5）大力宣传海水入侵相关知识。加强对海水入侵的监测和研究，建立长江三角洲海水入侵监测预报网，加强预报预警系统的建设，及时掌握海水入侵灾害的演变趋势和危害程度，将海水入侵造成的损失降低到最低程度。

9.1.4 珠江三角洲

针对前述引起研究区海水入侵的主要因素，针对性提出海水入侵地质灾害相应防治对策及措施。

1）高位海水养殖区海水入侵应对措施

对高位海水养殖区形成的海（咸）水入侵，可从两个方面进行治理，一是对现存养殖区的引水渠及养殖水池，进行改造成防渗沟渠和水池；二是已弃养殖区改为建设用地地段，可在查清其水文地质条件的基础上，选择适宜的洗咸、排咸措施，使地下水为淡水。

2）填海区防止海水入侵的应对措施

研究区尤其是深圳西海岸带填海活动较为频繁，填海活动改变了地下水的运动状态，将对地下水流动系统与水化学特征产生影响，也决定了填海对海水入侵的影响。

（1）填海区在一定程度上成为原地下水与海水的屏障，缓解了海水入侵。因工程需要，土体需压缩固结，渗透系数可能逐渐降低，填海带的屏障作用更加显著。

（2）若快速填海、且填海带渗透系数偏低，原海岸内地下咸水可能被长期包裹，淤泥中残留的海水缓慢释放，对滨海地下水质造成长期影响。

（3）填海区内填土、淤泥、海水、陆源地下水将发生各类化学反应，生成新的化学物质。海水中硫酸盐与风化花岗岩土填土中氧化铁、有机物反应可能产生酸性化合物；酸性地下水与原为碱性海水浸泡且富含重金属、有机物的海底淤泥反应，可能造成有毒重金属、有机物释放；若填海之后，海水入侵继续发生，这些比原海水更复杂的物质将随之迁移，产生比原海水入侵更加恶劣的后果。

（4）大规模填海后，海岸线向海移动，延长了地下水向海水排泄径流途径，减弱了地下水向海水的排泄，从而可能导致原海岸带地下水位抬高，原滨海区及部分填海区中的地下水将不断淡化，这将改变原地下水与海水的咸淡水界面，经过相当长时间后，该界面会向海域发生相应的移动而达到新的平衡。若适当选择填料，填海区本身可成为一新的含水层，为地下水提供新的赋存空间。

（5）修建人工地下防渗墙，使淡水和咸水分开。具体方法是沿海岸灌注高塑性黏土浆。这在中国北方滨海缺水地区已被采用。我国山东省龙口市采用高压定向喷射灌浆方法，近几年来在八里沙河和黄水河下游均修建了地下防渗墙（坝），其中黄水河地下水库最大调节库容达 $4\,000\times10^4$ 立方米。地下水库建成后，不仅防治了海水入侵的发展，并使库区内生态环境得到恢复，此外还解决了全龙口市区的用水问题。同时填海时选择填料，用渗透性较低的材料如黏土等进行填充，沿海填筑时构筑地下隔水坝，使地下淡水与海水隔开。

（6）修建地下水库集水。在有些滨海地区，人为修筑隔水墙，也就自然形成了地下水库。如研究区的深圳填海区，可以修建功能完善的地下水库。填海时清空淤泥，提高人工含水层的厚度、提高水的质量，然后填筑透水性良好的沙砾层。挖走淤泥虽增加工作量，但可以有效降低填海后的地面沉降，清淤法在香港填海中使用较多。研究区深圳宝安一带，填海面积达数十平方千米，地下储水量相当可观，可以把修建高标准防洪堤、防水帷幕、地下水库综合考虑。从水资源长远的战略意义，建议开展地下水库建设相关研究及方案设计。

（7）优化填海结构和材料、优化淡水入渗及地下径流，从而改变地下咸水环境，达到洗咸目的。当填海范围与原地下水系统汇水范围相比而不可忽略时，填海将明显改变地下水流动系统，包括水位的变化、分水岭的移动、渗流溢出带的重新分布和地下水向海排泄量的变化。由于淤泥、冲积相黏土及风化残积土的渗透性能差，又由于海底淤泥层的渗透系数随固结不断减小，地下水将处于长时间而缓慢的调整过程。地下水流场改变的程度取决于填海方案（填土前是否铲除淤泥，填土为海沙、残积土等）、含水系统的结构及填海规模。填海对地下水系统的影响程度取决诸多因素，如原滨海含水系统特征（潜水或承压水）、填海规模与填土渗透性。虽然填海可一两年内完成，但填海对地下水系统的改变可能是相当漫长的非稳定过程。

3）地下水开采引起海水入侵的防治措施

地下水开采可以直接或间接地影响地下水流动，使滨海含水层中的咸、淡水关系变得复杂化。通常，地下水开采会减少向海洋排泄的地下淡水，直接和间接地对地下水流产生影响。

大多数情况下，地下水开采的影响反应得很慢，有些影响后果要在地下水开采开始数年以后才会显现，以至于后期往往不易将地下水开采的影响与其结果联系起来。要确切估计地下水开采对滨海含水层的影响，有必要连续观测滨海含水层系统的咸-淡水水头及其水质动态变化特征，分析其演化规律，才能合理评价地下水开采对滨海含水层海水入侵的影响程度。

地下水开采引起海水入侵的应对措施

（1）加强地下水开发管理

地下水的渗透速度较当前人们对地下水的开发速度要慢得多，地下水资源尽管属于再生性自然资源，但在一定时期内是有限的，必须对地下水开发进行管理。研究表明，海水入侵与强抽采中心有直接关系，即强抽采中心一旦形成，则咸、淡水界面相对不动；强抽采中心向陆内迁移，都会引起明显的海水入侵。因此，要开发地下水，就要控制地下水的开采量保持在一个合理的水平上。

（2）在海水入侵敏感区限制地下水开采

在海水入侵敏感区段，如近海咸水与淡水混合带附近、入海河流下游的两岸边、与海水水力联系较强的含水层中，都要禁止地下水的开采。具体到研究区，在深圳沙井后亭、西丽河下游、大沙河中下游和盐田河中游地带，地下水开采量需要限制开采。

总之，地下水水化学特征的改变（即将已遭受海水入侵而咸化的地下水逐渐淡化）是一个漫长的过程。因此在采用海水入侵（地下咸水）地质灾害的应对措施时，无论哪一种方案或措施，都应因地制宜，而且应首先查清需治理地段的水文地质条件，在此基础上，再审视方案的可行性，在代表性地段先做试验，待取得效果再逐步展开全面治理，在采用治理措施时，也可采用综合措施，防、治结合，以求取得最佳效果。

9.2 海岸侵蚀防灾减灾对策

海岸侵蚀防灾减灾对策框架如图9.2。

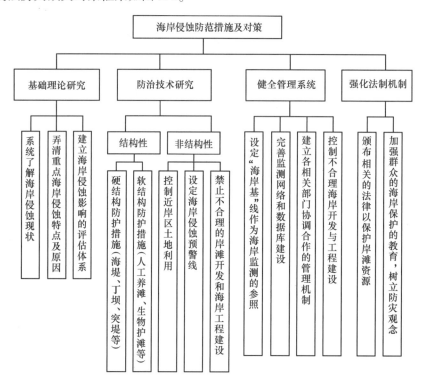

图 9.2　海岸侵蚀防灾减灾的基本框架

1）建立基准岸线评估制度

荷兰、美国等国家通过确定某一年代的岸线为基准（参考）岸线，然后通过监测与评估，发布海岸动态值，以指导决策。因没有这一相对固定的参考线，我国当前发布的海岸侵蚀状况不在一个时间段内，容易让人混淆，也不利于防灾减灾。因此，有必要建立基准岸线，为海岸侵蚀评估提供参照。

2）在海洋综合管理中，引入流域和区域的方式

如前所述，我国海岸侵蚀最主要的原因的河流入海泥沙的减少。流域和区域方式在环境保护中已经在实施，在防灾减灾中尤其是海岸侵蚀防治中，还没有引起足够的重视，海岸侵蚀防治必须从流域和区域的尺度考虑，否则治标不治本。

3）完善海岸侵蚀动态监测网络和数据库

应整合已有的资料，建立并完善我国海岸侵蚀监测网络与数据库，至少包括以下项目：侵蚀海岸的地理位置、监测或调查时间、陆地地貌、海岸类型、海岸线长度、宽度与坡度、沉积物类型、地形地貌、岸段输沙状态与沙量收支、动力因素、侵蚀表现、侵蚀速率、侵蚀

原因（含人为因素）等。同时，还有必要对沿海各重点区的侵蚀岸段继续专设若干固定监测剖面，定期进行监测，不断补充于数据库中，以便调查、科研和管理部门能及时掌握海岸与海滩的变化动态。

4）杜绝不合理的海岸资源开发与海岸工程建设

从某些意义上讲，当今造成海岸侵蚀的主要原因是人类不明智的或者是错误的行为，即人类活动的影响已经超过自然因素的影响。如前述，近岸采沙导致海岸严重侵蚀的事例在全国都是十分常见。此外，不合理的海岸工程建设（如围垦、码头、河流建闸等）造成的负面环境效应也是引发海岸侵蚀的重要因素。而且这些人为的影响因素还有逐步加强的趋势，这应当引起我国有关政府管理部门的高度重视。基于海岸带开发与保护协调发展的目的，人类不当的经济活动造成的海岸侵蚀，可通过制定海岸带科学规划与管理规范加以规避。

5）有针对性地开展海岸侵蚀防治工程

以防治海岸侵蚀为目的的工程技术措施通常可分为两大类，即结构性和非结构性的防护措施。结构性防护措施又可分为硬结构和软结构两种。非结构性防护措施包括近岸区土地利用控制，划定海岸基线、海岸退缩线与海岸建设控制线等侵蚀预警线作为政策性的开发利用限制措施，以及禁止不合理的开挖岸滩砂土和围垦等。研究与实践表明，这些措施各有其适用范围、应用前景和实施后在经济与生态环境上的效益利弊。因此，如何根据经济发展程度，针对我国不同岸段的具体海岸特点，研究各具适宜的海岸侵蚀防护形式和工程技术标准是今后的一项重要任务。

我国对海岸侵蚀采取措施的实例见图 9.3 ~ 图 9.7。这些照片为硬结构防止措施。图 9.8 为生物护岸措施。

图 9.3　厦门鼓浪屿海堤

图 9.4　海坛岛海堤

图 9.5　泉州秀涂港人工岬湾形态

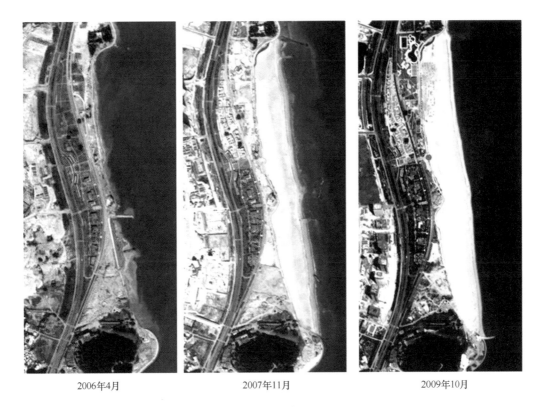

| 2006年4月 | 2007年11月 | 2009年10月 |

图 9.6　厦门岛香山—长尾礁养护工程实施前后的岸滩概况

图 9.7　西海滩养护工程平面设计方案

(a) 互花米草护滩

(b) 北仑河口海岸茂盛的红树林

图 9.8　生物护岸

9.3　港湾和航道淤积防灾减灾对策

港湾和航道淤积防灾减灾对策主要包括：

（1）建港前应慎重选择港址与航道；

（2）在已建港的海湾河口等水域应禁止围海造田或不利于港口航道正常使用的开发活动，以保证水动力条件的稳定性；

（3）对入湾河流流域进行流域综合治理，防止海湾或港域周边的水土流失；

（4）根据国民经济发展需要适当扩大港池深水区的面积，使港池内尽量减少滩地面积；

（5）闸下淤积应在适当时候放水清淤；

（6）淤积严重的港口应建立正规的疏浚队伍，经常对港口与航道进行清淤。

9.4　海底地质灾害减灾防灾对策

9.4.1　战略措施

海底地质灾害减灾防灾战略措施包括以下几方面。

（1）科学划分海底地质灾害危害区。建立科学、合理与可行的海底地质灾害评估体系，划分全国易受海底地质灾害危害的区域，对这些区域的各项海上工程以及海岸工程、港口、城镇的防护等积极进行工程防护。

（2）科学规划海洋开发区，滩海油气开采、浅海滩涂养殖、盐卤开发及港口建设等，要充分考虑海底地质灾害以及气象灾害、水文灾害等的影响，在开发前认真论证，以避免海洋灾害对开发项目的影响。

（3）合理布局沿海和海洋产业。要根据当地发生海底地质灾害以及其他类型灾害风险的大小，因地制宜、扬长避短，合理布局产业，形成各部门、各要素、各链环在空间上的合理分布态势和地域上的科学组合，促进各种资源、各生产要素甚至各产业和各企业为选择最佳区位而形成的在空间地域上的合理流动、转移或重新组合。这种有备无患的做法对减小海底地质灾害造成的损失具有非常积极的作用。

（4）为了规避海底地质灾害风险，降低海底地质灾害在各方面造成的损失，开展超前的科学研究是非常必要的。这些超前的科学研究主要包括：海洋地质灾害预警预报技术，海洋构筑物抗灾技术，海洋工程建设前期海底灾害地质环境调查技术等。

除上述外，当然也包括完善防治海洋地质灾害的法制体系问题。

9.4.2　主要海底地质灾害防治的具体措施

1）海底地震

（1）做好各项工程，特别是重大工程（如核电、大坝、海洋平台、石油化工等）的地震安全评价。

（2）严格按《建筑抗震设计规范》进行工程设计［中华人民共和国国家标准：《建筑抗震设计规范》（GB 50011-2001），2001］，重大工程应适当提高设计标准。

（3）编制更加详细的地震动区划，为城市建设和海上作业区的合理布局提供资料。

（4）加强地震预报研究。

2）海底滑坡

（1）构筑滑坡体稳定工程，包括在滑坡体上部削坡减重，降低斜坡重心；修建抗滑垛、柱、墙和洞等支挡工程；阻止滑坡体的滑动和实施锚固工程；加固崩滑体等。

（2）加强海洋工程、城镇及交通沿线附近海底滑坡高危险地段的监测与预报，包括表面观察、形变测量、地倾斜测量、综合自动监测等监测裂隙变形、滑坡体水平位移、垂直变形等，建立预警预报系统。

（3）对于非常危险的地段，可采取避让的方式或诱发其发生滑坡释放能量，促使海底环境的稳定。

3）浅层气

（1）开展近海浅层气的专项调查，查明浅层气分布及其赋存特征，建立浅层气分布的数据库和信息系统。

（2）科学避让浅层气，避免其对海洋工程建设造成破坏。

（3）建立控制浅层气的安全作业及应急程序，提高对浅层气的防控意识和技能。

4）软弱层

（1）软土层厚度不大时，可避开软土层作持力层；避不开时则可采取换土的办法。

（2）若软土层较厚，且必须在此建设时，可根据地质条件，采用桩基（砂桩、钢桩、砼桩等）或塑料排水板桩加垫层等方法。

（3）如遇有可能液化层时，则避开可能液化土，采用端承桩基础，使建筑荷载坐落在稳定的土层上。

第 3 篇　海洋生态灾害篇

第 10 章　海洋生态灾害定义与分类

海洋生态灾害主要包括由赤潮、外来物种入侵等造成的海洋灾害。

10.1　海洋生态灾害定义与分类

10.1.1　赤潮定义与分类

1）赤潮定义

赤潮（red tide）是指在一定的环境条件下，海水中某些浮游植物、原生动物或细菌在短时间内突发性增殖或高度聚集而导致水体变色的生态异常现象。赤潮生物不仅涉及甲藻类浮游生物，在特定的环境条件下，某些硅藻、蓝藻、隐藻、绿色鞭毛藻等浮游植物和原生动物以及某些细菌都可形成赤潮。

有毒赤潮是指赤潮生物体内含有某种毒素或能分泌出毒素，而且是赤潮毒素达到或超过一定的浓度标准的赤潮。发生有毒赤潮时，水体中含有有毒藻类，有时水体未变色，叶绿素浓度也不高，但毒素超标。赤潮毒素是由有毒赤潮生物产生的天然有机化合物，是当今发现的毒性最大的天然有机毒物。其对人体的危害多通过人们食用含有这些毒素的贝类海产品表现出来，因此通常称这些毒素为贝毒。

有害赤潮是指赤潮过程引起海洋生态系统异常变化，造成海洋食物链局部中断，破坏了海洋中的正常生产过程：即营养物质→浮游植物→浮游动物→贝、鱼、虾类等，威胁着海洋生物的生存。高密度赤潮生物引发赤潮时，经常发生底部海洋生物大量死亡现象。这些赤潮统称为有害赤潮。

按照目前国际赤潮研究界的定义，有毒赤潮和有害赤潮统称为有害藻华（Harmful Algal Blooms，HAB）。

2）赤潮的分类

关于赤潮灾害成因的分类，不同专业领域的研究人员从不同角度做了很多有益的探索，如有毒赤潮和无毒赤潮，外来型和原发型赤潮，单相型、双向型和复合型赤潮等。由于赤潮的发生包括生物主体条件、基础条件（营养盐条件、水动力条件）和诱发条件（气象条件等）等，这些分类涵盖了其中的部分内容，不能完全解释赤潮灾害的机理，同时由于赤潮的成因与发生机制是因赤潮起因生物种类不同有所差异，并且与地理位置、水文状况、气象条件等自然环境有着密切的关系，而且海区的水文条件、温度盐度的变化、营养物质的输送又与特定的地理环境有关，即使相同的赤潮生物种类在不同的海区也表现出极不相同的生消特征，上述分类不能反映全面赤潮的成因机制。因此可以说海区的自然地理特性、水动力条件和营养物质的来源及输送方式，奠定了赤潮灾害发生的基础。对在我国近岸海域记录到的赤潮分布特征分析的基础上，主要依据赤潮发生的空间位置、营养物质来源以及水动力条件，将赤潮灾害划分为以下类型。

（1）河口型赤潮

淡水径流在此类赤潮的发生过程中起着重要的作用，为赤潮生物细胞的增殖提供了环境条件和物质基础，尤其在夏季降雨之后，由于河流注入的盐度低、温度高、营养盐和腐殖质、微量元素等的含量大大增加，提供了赤潮发生的物质基础。

（2）海湾型赤潮

发生此类赤潮的类型是其营养物质不是通过大的江河输运而来，而多来源于沿岸的工业、生活污水的排放，水交换能力差，封闭或半封闭型的海湾，水流缓慢，有利于赤潮生物的生长，潮汐的作用大，沿岸有机物随潮涉的反复回荡，使底部营养物质扰动起来，又被推到沿岸，加剧了氮、磷等营养元素在沿岸的积聚，同时沿岸的微量元素也易于进入海域，为赤潮生长提供了所需的营养物质。

（3）养殖型赤潮

岸滩型，主要指沿海滩涂养虾开发利用过度，养虾废水、残饵和排泄物的大量排放使近岸海水污染。动力条件弱，水体运动方向与岸线垂直，以潮汐作用为主，污染物聚集在沿岸，稀释扩散速度慢，底泥易于保存和释放营养细胞。此类赤潮发生的面积小，持续时间短，对水产养殖业的危害大。上升流型赤潮。典型的上升流型赤潮区为浙江近海，约在每年5月中、下旬，随着台湾暖流向北伸展势力的逐步加强，在向岸剩余压强梯度力和西南季风的作用下，台湾暖流下层水向西北逆坡爬升产生上升流，7—8月达最强，9—10月台湾暖流向北伸展态势逐渐消衰而使上升流逐渐消失。上升流携带底层营养盐至表层，为浮游生物提供了丰富的营养盐，导致了海水的富营养化，上升流区及其边缘海水比较肥沃，往往导致浮游生物大量繁殖。

（4）沿岸流型赤潮

近岸水体的流动速度慢，水体的交换程度差，岸线为平直海岸，赤潮藻种和营养物质来源于近岸污水的排放或外部的输入，水体的运动方向与岸线平行。

（5）外海型赤潮

主要分布在滨内或滨外区，远离海岸，有关这类赤潮我国只有少量报道推测，国家海洋局的海监船在巡航期间曾在距岸逾100千米的黄海中部海域发现过一次赤潮。据国外的研究结果，这类赤潮的主要类型为钙板金藻（*Coccolitthophore*），其被认为是地球上含钙最多的有机质。由于其离岸较远，对海洋经济不会造成影响，但因其含有大量的钙，这类赤潮的暴发对全球气候变化具有很重要的意义。

赤潮灾害所造成的损害主要集中在对海洋生态系统的影响、对海洋经济的影响以及对人体健康的危害等三个方面。灾变等级和灾度等级是灾害分等定级的两个重要内容。前者是从灾害的自然属性出发反映自然灾害的活动强度或活动规模，后者则是根据灾害破坏损失程度反映自然灾害的后果。根据对我国多年赤潮发生的规模（面积）、造成的经济损失、贝毒对人体健康的影响等方面的统计，将灾害等级定为五级（表10.1）。

表 10.1 赤潮灾害分级

项目	人员伤亡	面积	经济损失
特大赤潮	死亡 10 人以上	单次赤潮面积在 1 000 平方千米以上	5 000 万元以上
重大赤潮	死亡 1~10 人	单次赤潮面积 500~1 000 平方千米	1 000 万~5 000 万元
大型赤潮	出现贝毒症状的，中毒 50 人以上	单次赤潮面积在 100~500 平方千米	500 万~1 000 万元
中型赤潮	中毒 10 人以上	单次赤潮面积在 50~100 平方千米	低于 100 万~500 万元
小型赤潮	中毒 1~10 人	单次赤潮面积低于 50 平方千米	低于 100 万元

10.1.2 外来物种入侵定义与种类

1）外来物种的定义

本地原来没有的物种，通过引进或者无意从外地带入的物种称为外来物种，包括外来微生物、动物、植物等。进入我国的海洋外来物种包括不同的门类，个体大小差别很大，包括病原生物、浮游植物、大型藻类、无脊椎动物、鱼类和海洋哺乳动物等。

2）外来物种的种类

引进或者进入我国的外来物种数量约有 278 种。据不完全统计，中国从国外引进的鱼类达 67 种，其中大多为淡水鱼类。引进的重要海洋外来物种有 20 多种，包括虾类 2 种、贝类 9 种、棘皮动物 1 种、藻类 4 种、抗盐植物 2 种。压舱水排放带入的小型外来物种，数量更大。新中国成立以来大陆已经引进水生生物物种达 140 种，其中鱼类 89 种，虾类 12 种，贝类 12 种，藻类 17 种，其他 12 种。

据"908 专项"外来物种入侵灾害综合评价报告所列，全国 137 种海洋外来物种，它们隶属于原核生物界、原生生物界、植物界 2 个界和动物界 4 个界 12 个门。近 10 年来，新入侵中国的外来入侵生物至少有 20 余种，平均每年递增 1~2 种。在物种长距离、大量、快速移动能力大幅度提高的背景下，我国海洋生物多样性受到外来物种入侵的严重侵蚀，海岸带和近海生物多样性保护面临新的问题。

10.2 海洋生态灾害成因与特点

10.2.1 赤潮灾害成因与特点

由于赤潮本身是一种复杂的生态现象，其成因目前科学界尚无定论。但可以肯定的是，赤潮的发生是生物、物理、化学环境要素共同作用的结果。

（1）生物要素

生物要素是赤潮发生的根本条件。每种赤潮生物都有其自身的特性，这些特性表现在赤潮藻类生长速度的快慢，对某些微量元素敏感性的高低，昼夜垂直迁移性和聚集趋性的不同等。海洋生态系统中，赤潮生物之间、赤潮生物和其他生物之间存在错综复杂的营养竞争和摄食关系，而同时又维持一种微妙的平衡。这种微妙的平衡一旦被打破，某种赤潮生物因其自身生理与行为特性将显示出竞争上的优势，爆发性增殖或聚集，赤潮便形成了。

赤潮生物主要包括浮游生物、原生动物和细菌三大类，引发赤潮的生物中甲藻占多数，其次是硅藻。世界范围内引发赤潮的生物有80多个属，330余种，其中80余种有毒。我国沿海赤潮生物约有50多个属，150余种，有毒赤潮种类共30余种。

虽然名为赤潮，但不同赤潮生物引发的赤潮颜色各不相同，有的甚至无色。例如夜光藻、红海束毛藻、中缢虫等引发的赤潮呈红色、粉红色。甲藻引发的赤潮呈黄色、茶色或茶褐色。绿色鞭毛藻形成的赤潮通常呈绿色。硅藻赤潮多为土黄、黄褐色或灰褐色。

（2）物理要素

影响赤潮发生的物理要素包括水文要素（海水温度、盐度、潮汐、海流）和气象要素（风向、风速、气温、气压、光照、降水）。

不同赤潮生物有其不同的生长适宜温度和盐度范围。但一般说来海温20～30℃，盐度26～37最适宜赤潮生物生长。潮汐和海流通过将赤潮生物、营养盐带入某海域的手段而影响赤潮的发生。例如沿岸流不仅能运输赤潮生物所需要的营养物质，还能长距离携带赤潮生物引发外来型赤潮。上升流能够将深层富含营养物质的海水输向表面，为赤潮爆发提供物质基础。

降水通过河流能够将大量营养盐带入海中，有利于赤潮生成，但海上暴雨会使海表面盐度急剧下降从而导致赤潮消亡。风力、风向适当的情况下时，风能促进赤潮的发生，而风力过大会将赤潮生物吹散，难以形成赤潮。

（3）化学要素

影响赤潮的化学要素主要是指赤潮生物生长所需摄食的各种营养物质——铵盐、硝酸盐、磷酸盐、硅酸盐。当海区营养盐浓度达到一定水平后，藻类可能爆发性增殖，赤潮就爆发了。一些重金属如铁、锰、铜、钼、钴等，因为参与赤潮生物的生化反应也会对赤潮的发生起到促进作用。其中以铁和锰对赤潮生物的增殖刺激性最大。

（4）近海富营养化

在上述复杂的生物、物理、化学要素背后，我们必须看到引发赤潮的根本原因——近海富营养化现象。生活污水（如含磷洗衣粉）、农业污水（富含化肥即硝酸盐）、工业污水（富含铁、锰等重金属离子）不断注入海洋，使得近海富营养化现象严重，为赤潮生物的爆发性增殖提供了物质基础。

10.2.2 外来物种入侵灾害成因与特点

1）水产养殖

水产养殖是将水生生物，如鳄鱼、两栖动物、硬骨鱼、贝类、甲壳类和植物等在圈养状态下将生物培育为幼体或成体的过程［该定义由FAO在世界水产养殖2000（WCA 2000）普查会议中提出］。水产养殖培育并收获属于个体的、集体的或国家的生物，与渔业捕捞不同的是渔业捕捞收获的是公共的水生生物资源，其收获与是否具备开发权（exploitation rights）无关。这一定义包含了三个组分：养殖的生物、实践活动、产品的所有权。只有具备了这三个部分，才能够称之为水产养殖。

为了进行严格的水产养殖活动，引进的物种必须符合上述三条基本定义，即，引进养殖的物种不能被自由释放到特定的水体中，这些物种要求在封闭的或者在开放的循环系统中圈养。生物的饵料、养成、繁殖和传播一系列步骤都必须在可控的环境中完成。唯一的不可控制的是潜在的环境影响。如果将养殖种类随意释放，那么引进的外来种就可能通过竞争、掠夺食物资源、侵占栖息地或者与本地种杂交等方式危害当地的生态系统。养殖生物逃逸，进入自然环境造成生态危害的例子很多，一些养殖生物逃逸的远期效应仍有待观察和评估（梁玉波，等 2001；楼允东，2003；范兆廷，等，2005）。

不可否认，引进的生物能够显著地增加水产养殖的产量。在联合国粮农组织水生生物引种的数据库（FAO Database on the Introductions of Aquatic Species，FAO DIAS）中，以水产养殖为由进行引种的记录占了 37.8%。在亚洲，重要的养殖生物多数是大陆的本地种，引进的外来种物虽然仅占小部分，但产量很大。亚洲引进的非洲罗非鱼，现年产量超过 100 万吨，其中大部分在乡村和贫困社区消费。与此相反，亚洲之外的大陆，如欧洲养殖的外来生物中，甲壳动物产量占有 97.1%；南美洲鱼类产量占 96.2%，智利引进的鲑鱼为水产养殖业增加了超过 16 亿美元的收入，并为当地人提供了约 3 万个就业机会；大洋洲则占有 84.7%。全球范围内大约 9.7% 的产量来自于引进的外来物种。

2）船运与压舱水

通常人们认为船运是引进水生生物的首要途径。但是随着运输工具的发展，外来物种的传播方式也发生了变化。过去十多年来，船舶运输的数量，船只的结构和速度出现了很大的变化。为了适应交通手段的变化，疏浚了港口和海湾，从而改变了港湾的水动力条件。近岸海区栖息地环境随之变化，最终导致外来物种生存机会的增加（Gollasch & Leppakoski，1999）。特别地，穿越大洋的轮船数量增加很快，船只的运行速度也大大提高，为了防止海洋生物在船底附着，大量使用防污漆。增加压舱水舱体数量，追求更大的效益，这一系列的变化称为当今发展的趋势。在过去的数十年间，世界上主要港口内压舱水的排放量在不断增加中，这些因素对当前外来种利用压舱水进行传播十分有利，此时船体的外来种传播降到次要地位。压舱水传播外来物种的对象主要是近海的物种，因此有压舱水的输送形成了外来种输送流，从而大大地增加了各大陆间外来种交换的数量和频率。值得注意的欧洲的压舱水中记录到了大量的浮游植物，这些船只都是从外地进入波罗的海和北海的。由于这些外来生物都当地的生态系统和经济构成了潜在的威胁，因此有必要对这些外来种进行管理和监测，尽可能地减少外来种引进的风险。

船只运输货物，或者空舱或者在海况不好时，船只必须装载淡水或者海水平衡船体，提高航行中船只的稳定性和机动性能。有时候为降低船只的高度，船只增装压舱水，以便通过桥梁和其他的建筑物。根据实际情况，船只通常在外海、港内或者湾内装载和卸放压舱水。因此，海洋生物随着压舱水进入水舱，它们可以在压舱水中存活一段时间，当船只在另一个地方排放压舱水时，只要新的地方的环境条件与原来群落生存条件类似，这些生物就能够生存下来。如果压舱水在大洋中排放或者装载，那么进入压舱水的生物就不容易在异地存活。

压舱水的排放是外来物种引进到港口的主要途径。不过，目前难以确定在长途运输过程中，哪些海洋生物容易死亡，也不清楚为什么有些生物能够进入新的水域生存。一般而言，大的生物能够不是小生物获得生存。在环境不适合时，一些微生物和浮游生物能够形成孢囊或者自我覆盖一层厚膜，保护自己。孢囊能够在不良环境下长时间存活，不需要食物供应。一旦环境适合，孢囊重新萌发，在新的港口或者水域中生活和繁殖。很多海洋生物能够在舱底的水层和沉积物上建立半永久或者永久性群落。这些群落能够长期在舱底存活，并向水体释放生物幼体。通过这样的方法，同一个外来种能够进入不同地区的多个港区。即使没有统一的规定，也应该禁止排放引进的物种，防止外来物种传播。有几个方法可以做到不排放外来种，如不让生物进入压舱水，或灭杀压舱水生物，或者在排放压舱水时阻止排放活体生物。不过，现在还没有一个方法能够完全保证阻断外来种的传播。因此，压舱水管理的目的就是尽可能地减少外来种传播的风险，其中一个可能的方法是确定具有潜在的社会和生态危害的物种。外来种的传播是全球性的问题，制定全球管理规则是最有效地阻止外来种传播的方法。联合国海事组织（IMO）建议在大洋中交换压舱水，减少外来物种侵入近岸水域的风险。1973 年 IMO 为"防止船舶污染国家会议（MARPOL）"制定了压舱水管理条例，要求所有的协约国必须遵守 IMO 制定的 6.94 节的内容。由于压舱水带来的海洋生物入侵问题严重，船舶压舱水检疫监管是一个引人注目的全球性话题。为此，许多国家都成立了"压舱水对策特别小组"，专门管理外来物种入侵问题。美国和澳大利亚对船舶压舱水的排放处理管制非常严格，大有形成"压舱水技术壁垒"之势。

第 11 章　海洋生态灾害的分布特征

11.1　赤潮灾害时空分布

11.1.1　我国赤潮灾害时间分布规律

1）年际分布

我国近代赤潮记录始于 1933 年。1933—1979 年有记录的赤潮共 14 次，必须强调的是由于当时对赤潮的认识有限，这些记录是不连续和不完整的。20 世纪 80 年代共记录到赤潮 75 次，90 年代往后，赤潮发生次数激增，面积也越来越大（图 11.1）。

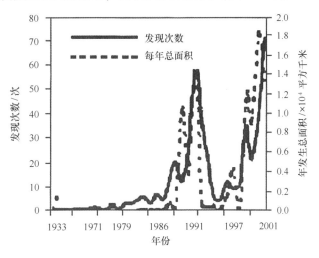

图 11.1　1933—2001 年间我国赤潮发生次数

（引自《中国典型海域赤潮灾害发生规律》）

进入 21 世纪，我国每年平均赤潮发生次数约 85 次，面积超过 16 000 平方千米。其中 2003 年发现赤潮 119 次，是监测到的赤潮发生次数最多的年份，2005 年赤潮发生累计面积为 27 070 平方千米，是监测到的赤潮面积最大的一年。2008、2009 两年赤潮次数均稳定在 68 次，面积也稳定在 14 000 平方千米左右（表 11.1）。

表 11.1　2001—2009 中国海赤潮发生次数和面积

年份	2001	2002	2003	2004	2005	2006	2007	2008	2009
赤潮/次数	77	79	119	96	82	93	82	68	68
赤潮面积/平方千米	13 133.1	10 000	14 550	26 630	27 070	19 840	11 610	13 738	14 102

2）季节分布

由于我国海岸线长，纬度跨度大，从北到南跨过多个气候带，渤海、黄海、东海、南海每年赤潮高发的月份也不同。南海海域因其全年气温、水温适宜，各月均有赤潮发生，但多集中于1—5月，特别是4月份。东海赤潮大多发生于4—9月，尤其集中在5—6月，每年11月到来年3月可以说极少有赤潮发生。黄海赤潮多发于7—8月，每年11月至来年3月几乎没有赤潮发生。渤海赤潮多发于5—9月，尤其是6—8月。总的说来我国各海区每年赤潮高发期有从南向北逐渐推迟的特点，但主要集中在3—9月，尤其是5—6月是赤潮的高发期。

11.1.2 我国赤潮灾害空间分布规律

1980年以前，我国赤潮灾害主要发生在浙江、福建沿海以及黄河口，大连湾等少数几个海域。但随着我国沿海经济的发展，整个中国沿海富营养化现象严重，赤潮灾害已经遍布中国海，成为我国最严重的海洋灾害之一（图11.2、图11.3）。

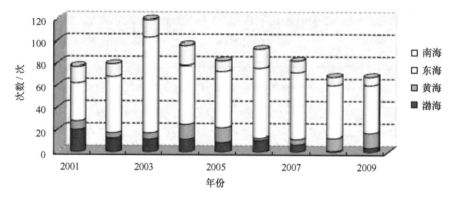

图11.2 2001—2009年各海区赤潮发生次数示意图

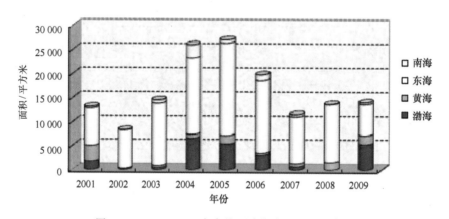

图11.3 2001—2009年各海区赤潮发生面积示意图

在2001—2009年我国赤潮发生次数和面积统计表中可以看出，东海海域，即上海、浙江、福建沿海仍然是我国赤潮灾害的重灾区，该海区赤潮发生次数和面积均占到整个中国海的一半以上。

1）渤海赤潮分布规律

渤海赤潮主要分布在辽东湾的中部和西部海域、渤海湾和莱州湾的西侧黄河口附近。渤海赤潮的主要藻种有球形棕囊藻、裸甲藻和叉角藻（图 11.4）。

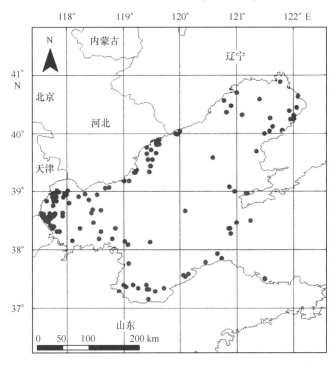

图 11.4　1933—2009 年渤海赤潮分布图

（引自《中国典型海域赤潮灾害发生规律》）

2）黄海赤潮分布规律

黄海赤潮灾害多发生在黄海北部即大连至丹东沿岸、烟台、胶州湾、海州湾海域。黄海赤潮灾害多由无毒的短角弯角藻、赤潮异弯藻、丹麦细柱藻和有毒的链状裸甲藻引起（图 11.5）。

3）东海赤潮分布规律

东海赤潮多发生在马鞍列岛、嵊泗列岛、舟山附近海域、三门湾、东矶列岛、渔山列岛、韭山列岛、南麂列岛、福建东山岛、平潭岛、厦门岛附近海域。东海赤潮藻种主要包括无毒的具齿原甲藻、夜光藻和中肋骨条藻以及有毒的米氏凯伦藻。东海赤潮主要集中在两个区域，一个是长江口和杭州湾外海域，其中又以马鞍列岛北部的花鸟山和东南部的嵊山、枸杞一带海域最为频繁。该海域发生的赤潮规模动辄几百平方千米，大到上千平方千米的赤潮每年都有发生。二是浙江宁波至福建厦门沿海，这个区域赤潮多发区又可区分为沿岸海湾和近海。沿岸赤潮主要分布在浙江象山港、三门湾、福建东山岛、平潭岛、厦门岛附近海域。这些赤潮多发生在海湾里，面积较小，大多不足 100 平方千米（图 11.6）。

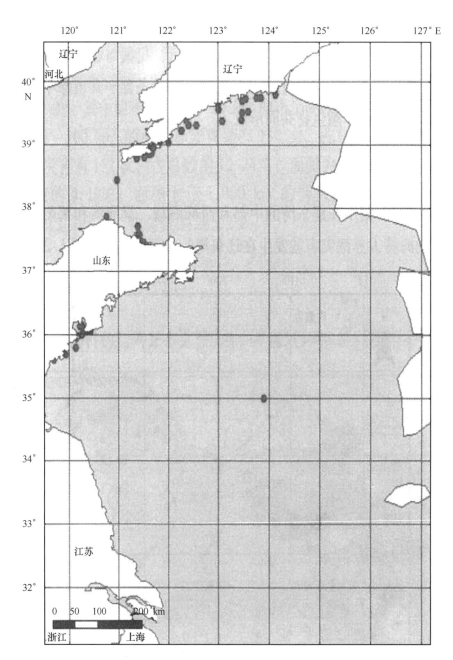

图 11.5　1933—2009 年黄海赤潮分布图

(引自《中国典型海域赤潮灾害发生规律》)

4）南海赤潮分布规律

南海赤潮主要集中在珠江口外侧的香港岛、大鹏湾、大亚湾、红海湾、柘林湾以及海南岛附近海域。南海赤潮藻种主要有无毒的中肋骨条藻和有毒的棕囊藻、多环旋沟藻（图 11.7）。

11.2　外海物种入侵灾害的分布特征

对南北各港口 64 艘外轮船舶压载水采样分析，共获得船舶压载水携带浮游生物 11 门类

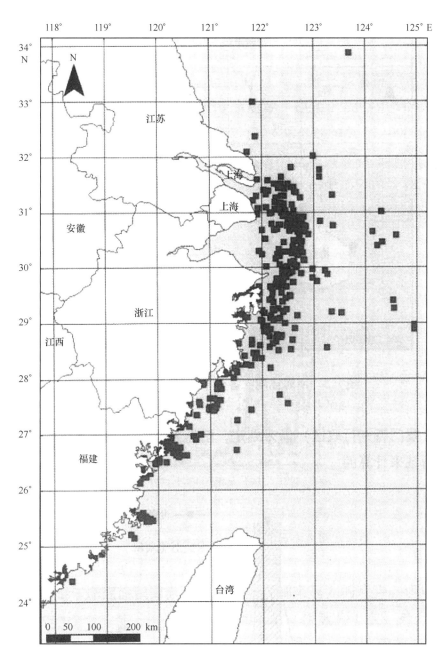

图 11.6　1933—2009 年东海赤潮分布图
(引自《中国典型海域赤潮灾害发生规律》)

382 种，另获得各种浮游幼虫或卵 18 种。大连港不仅在外轮船舶压载水里检测到 9 种赤潮藻类，而且还在压载水沉积物里检测到外来种亚历山大藻孢囊以及赤潮生物原多甲藻孢囊和斯氏多沟藻孢囊。上海港外轮船舶压载水虽然未检测到外来物种，但却检测出多达 15 种赤潮藻类，其中含有有害赤潮藻类如链状裸甲藻和海洋原甲藻等。华南各港口外轮船舶压载水检测到 60 种赤潮藻类（4 种产毒），2 种外来藻种塔玛亚历山大藻和链状亚历山大藻，1 种疑似外来藻种沃氏甲藻（*Woloszynskia* sp.）。

我国海洋观赏业所引进的海洋外来物种有 5 个门类 31 科 51 种，其中腔肠动物门 5 科 7

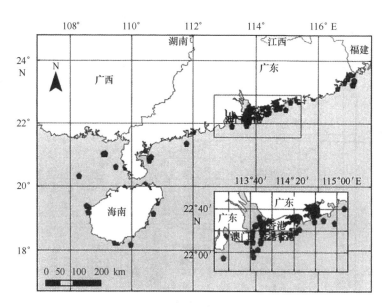

图 11.7　1933—2009 年南海赤潮分布图

（引自《中国典型海域赤潮灾害发生规律》）

种，占 13.73%；软体动物门 2 科 2 种，占 3.92%；节肢动物门 1 科 1 种，占 1.96%；棘皮动物门 1 科 1 种，占 1.96%；脊索动物门 22 科 40 种（包括鱼类 17 科 26 种，占 50.98%；鸟类 1 科 6 种，占 11.76%；哺乳类 4 科 8 种，占 15.69%），占 78.43%从调查结果可看出，海洋水族馆所引进的外来物种中没有海洋植物种类，主要以脊索动物门大中型鱼类、鸟类及兽类为主，占 70%以上，且这些物种具有外形独特、色彩艳丽的共同特征，能够满足大众好奇的观赏需求。原产地来自于澳洲的占 25.49%，原产地来自于非洲和亚洲的各占 19.61%，原产地来自于美洲的占 13.73%，原产地来自于欧洲的占 7.84%，原产地来自于北极的占 7.84%，原产地来自于南极的占 5.88%。主要区域为上述地区的热带、亚热带和极地区域。

　　到 2008 年底止，我国已从国外引入 6 个门类 25 科 41 种海洋生物进行海水养殖，其中褐藻门 2 科 3 种，占 7.31%；红藻门 1 科 1 种，占 2.44%；软体动物门 6 科 13 种，占 31.71%；节肢动物门 2 科 4 种，占 9.76%；棘皮动物门 1 科 1 种，占 2.44%；鱼类（脊索动物门）13 科 19 种，占 46.34%。我国海水养殖引种组成中，鱼类和软体动物种类占绝大多数，软体动物中主要是双壳类的扇贝和腹足类的鲍鱼，另外还有少量的蛤。鱼类主要是鲈形目的鲈鱼、石斑鱼和罗非鱼。从来源看，原产地为美洲的有 16 种，占 39.02%；欧洲的有 5 种，占 12.2%；非洲的有 4 种，占 9.76%；亚洲的有 12 种，占 29.26%；澳洲的有 4 种，占 9.76%。来源地为美洲的有 16 种，占 39.02%；欧洲的有 5 种，占 12.2%；非洲的有 1 种，占 2.44%；亚洲的有 15 种，占 36.58%；澳洲的有 4 种，占 9.76%。来源国最多的国家是美国和日本，分别是 14 种（34.15%）和 8 种（19.51%）。

　　米草属植物在我国海岸带的分布面积达 344.51 平方千米。分布范围北起辽宁，南达广西，覆盖了除海南岛、台湾岛之外的全部沿海省份。由国家海洋环境监测中心于 2006 年 10 月进行的现场调查数据表明，互花米草在海岸带中分布范围最广，面积最大；大米草退化严重，仅在辽宁、河北、山东、江苏有少量分布。结合所用的遥感数据的分辨率，以下所得到的米草分布现状数据主要是指互花米草。其中江苏省滩涂分布范围最广，面积最大，达

187.11平方千米，占全国海岸带米草总分布的54%。其次为浙江、上海、福建三省，分别达48.12平方千米，47.41平方千米，41.66平方千米。该4省市的米草面积占全国海岸带总分布面积的94%，是我国米草分布最集中的地区。其他辽宁、河北、天津、山东、广东、广西仅有零星分布，占全国海岸带米草分布总面积的6%。米草属植物在各省/市/区的分布、扩散方式以及主要引种目的分析：

（1）辽宁0.57平方千米。最早人工引种过大米草。互花米草的扩散可能来自自然扩散或者人工引种。

（2）河北、天津共6.37平方千米。人工引种为主，辅助于自然扩散。主要目的是防风抗浪、保滩护堤。

（3）山东6.86平方千米。在小清河、白浪河、丰产河等河口分布较多，以人工引种为主，自然扩散为辅。主要目的是改良土壤。

（4）江苏187.11平方千米。主要分布为苏北滩涂。来源于长江和废黄河口的大量泥沙在苏北海滩大量辐聚，形成我国面积最大的淤泥质海滩，沉积物颗粒较细，海流平缓，易于米草生长。目前互花米草已成为潮间带滩涂上的优势物种，江苏海岸滩涂已形成我国最大的盐沼湿地。互花米草最初作为工具种用于海滩的促淤造陆，改良土壤，从生态工程的角度来说是非常成功的。而其作为外来物种，对本土生态系统所造成的危害也有待于进一步调查和评价。

（5）上海47.41平方千米。主要分布在崇明东滩和九段沙。崇明东滩自1995年引入互花米草，目的是防风抗浪、促淤造陆和减缓侵蚀，至2004年面积已达5.40平方千米（张东，2006）。九段沙自1997年引入互花米草，当时种植面积为0.55平方千米，目的是建造人工湿地吸引鸟类以减缓浦东机场压力（黄华梅等，2007）。截止到2004年，其面积已达10.14平方千米。互花米草种群扩散过程可分为3个阶段：1997年的成活定居期；1998至2000年的滞缓期；2000年以后的快速扩散期，具有明显的入侵物种扩散特征（黄华梅等，2007）。

（6）浙江48.12平方千米。主要分布在温岭、宁德、苍南等地。人工引种。水利部分在苍南县东塘海堤的试验表明，互花米草具有很好的保滩护堤作用，并可以有效地节省修堤费用。但是，也有报道表明，与滩涂养殖产品争夺营养物质，使沿海养殖的贝类、蟹类、藻类、鱼类等产量下降或缺氧死亡，已严重威胁到当地的滩涂养殖和生态系统健康。

（7）福建41.66平方千米。主要分布为霞浦、福安、宁德等地。互花米草最早于1980在福建种植成功，随后在全国各地引种。福建省海岸线曲折，海湾众多，滩涂分布广，适合互花米草的生长。同时，红树林作为一种重要的滩涂植物也出现在福建滩涂上，福建福鼎是其自然生长的北界。有报导称互花米草除严重威胁到当地的滩涂养殖外，互花米草和红树林还存在争夺生态位的竞争，部分区域出现逼死红树林的现象。

（8）广东5.46平方千米。互花米草在广东分布比较分散。1980年以后直接从江苏、福建引种互花米草。截止1999年，曾扩散覆盖了90%的珠海近岸滩涂。值得注意的是，珠海淇澳—担杆岛自然保护区于1998年开始利用红树植物来控制互花米草的生物入侵，卓有成效。具体办法是在海滩上种植海桑、无瓣海桑、拉关木等9个速生红树林新品种，从而限制禾本植物互花米草的生长。这一措施使淇澳岛的互花米草面积由1998年的2.60平方千米，下降到2007年的0.02平方千米；而红树林面积则从0.32平方千米，增加到6.78平方千米。当然，这9个速生红树林新品种本身也是外来物种。

（9）广西0.95平方千米。主要分布在广西合浦。合浦县科委于1980年自南京大学引入互花米草。广西红树林研究中心的研究表明，互花米草在红树林边缘可成片生长，红树植物幼苗在成熟的互花米草群落内生长不良。红树林外的光滩，互花米草多以圆形斑块状聚生，随着斑块的扩大，滩涂地势的增高，斑块中间的互花米草逐步衰退，红树植物幼苗在衰退的互花米草滩涂上生长良好。这主要是由于互花米草通过密集的根系网络沉积物和凋落物，抬高滩面，从而为红树植物的生长提供了有利条件，并为红树植物的向海扩展提供了高程条件。数据显示，红树林—互花米草群落可使滩面抬升速率达每年2.3厘米（范航清等，2005）。

（10）香港246.29平方米。自然扩散。香港渔农理事署于2007年7月23日对米浦自然保护区的互花米草调查数据显示，互花米草位于红树林外的光滩上，成团簇分布，属自然扩散。

对全国21个主要港口进行的污损生物周年挂板调查，共鉴定污损生物14门98科228种，其中蓝藻门3科3种，红藻门9科14种，褐藻门5科5种，绿藻门2科13种，海绵动物门2科3种，腔肠动物门7科12种，扁形动物门1科3种，纽形动物门2科3种，环节动物门13科37种，软体动物门16科43种，节肢动物门23科68种，苔藓动物门10科18种，棘皮动物门1科1种，尾索动物门4科8种。属于外来物种的12种，其中沙筛贝属外来入侵种，已在我国南方海域造成生态危害，并呈蔓延趋势。

第 12 章　海洋生态灾害对社会经济发展影响评价

12.1　赤潮灾害对沿海社会经济发展影响评价

在正常的情况下，海洋中的生产过程是营养物质→浮游植物→浮游动物→鱼、虾、贝类等，人类从这一正常的生产过程中，可以得到大量的有利用价值或工业用途的产品。但是赤潮发生时，出现了营养物质→赤潮生物→死亡分解这样简单而有害的过程，造成海洋食物链局部中断，破坏了海洋的正常生产过程。同时，赤潮生物的繁殖和死亡不仅威胁着海洋生物的生存，危害海洋生态环境，给海洋渔业、海水养殖业和滨海旅游业等造成一定的危害和经济损失，而且还会给人类健康和生命安全带来威胁。

由于发生赤潮的种类、季节、海区及成因的不同，因而其危害方式及危害程度有着很大的差异。综合分析国内外有关研究成果，将赤潮的危害方式归纳为：

分泌或产生黏液黏附于鱼类等海洋动物的鳃上，妨碍其呼吸作用，导致其窒息死亡。有些赤潮生物如夜光藻等能向体外分泌黏液或者在死亡分解后产生黏液。在鱼类等海洋动物的滤食或呼吸过程中，这些带黏液的赤潮生物可以附着在海洋动物的鳃上，妨碍它们的呼吸作用，使它们窒息死亡。这种危害方式对养殖鱼类的危害较大，因为它们不同于自然生活的动物，无法逃离赤潮影响区，对固定附着生活的贝类的危害也较大。

分泌有害物质（如氨、硫化氢等）。有些赤潮生物（如夜光藻等）在正常的下可调节其体内多量的氨，大量繁殖时会造成水体氨浓度剧增，使周围其他生物中毒。另外，当它们死亡分解时会产生尸碱或硫化氢使水体变质，危害水体生态环境。有些赤潮生物能渗透出高浓度的氨和磷，诱发有毒的微小原甲藻（*Prorocentrum minimum*）大量繁殖乃至发生赤潮。微小原甲毒是一种能生产腹泻性贝毒的有毒藻类，一旦它发生赤潮，其危害性就更大。

产生毒素。有些赤潮生物能分泌毒素于水体中，直接毒死其他海洋生物，或者引起摄食者中毒死亡。在我国海域能分泌毒素的种类有能产生麻痹性贝毒的链状亚历山大藻（*Alexandrium catenella*）、塔玛亚历山大藻（*A. tamarense*）、多边膝沟（*Gonyaulax polyedra*）、多纹膝沟藻（*A. polygramma*）、巴哈马梨甲藻（*Pyrodinium bahamense*）、链状裸甲藻（*Gymnodinium catenatum*）和旋沟藻（*Cochlodinium sp.*）等；能产生神经性贝毒毒素的短裸甲藻（*Gymnodinium breve*）、柔弱拟菱形藻（*Pseudo-nitzschia delicatisslma*）等；能产生腹泻性贝毒的具尾鳍藻（*Dinophysis caudata*）、渐尖（*D. acuminata*）、三角鳍藻（*D. tripos*）和微小原甲藻（*Prorocentrum minimum*）等。此外，尚有一些有毒种类如海洋卡盾藻（*Chattonella marina*）等也属有毒种类（齐雨藻等，1995）。值得指出的是，最近国外有关专家报道尖刺拟菱形藻多纹变型（*Pseudo-nitzschia pungens f. multiseries*）可产生记忆缺失性贝毒（ASP），并可在贝类体内富集，摄食入人体后会产生头晕、呕吐和健忘失忆等症状，严重者可导致死亡。1987 年，加

333

拿大东部一海湾发生尖刺拟菱形藻赤潮后，因食用含有毒素的贝类而造成了 100 人中毒、3 人死亡的恶性事件（Subba Rao et al.，1988），因而引起国际上的重视。尖刺拟菱形穣是南海主要硅藻类赤潮生物，在大鹏湾几乎全年有分布，夏季的生物，并且近几年来在大鹏湾曾发生过赤潮（吕颂辉等，1992）。但该种类是否属于多纹变型仍有待做进一步的种下分类和毒性研究。有些有毒赤潮生物平时不释放毒素，但在繁殖代谢过程和死亡分解后，其体内的毒素便择放到海水中，如多边膝沟藻（Gonyaulax polyedra）赤潮消亡后往往会发生鱼类的大量死亡，并且延续有一段时间。毒素随食物链传递，导致人体中毒或死亡。有些赤潮生物虽然含有毒素，但其毒素对贝类、鱼类无害或者不足以毒死鱼类和贝类，而是积累在它们体内。如果人食用了这些含毒的贝类或鱼类，就会发生中毒，甚至死亡。在世界沿海地区每年都有发生因误食含有赤潮毒素的贝类或鱼类而引起的人体中毒和人员死亡事件。这种危害方式在欧洲、美国、日本和西南太平洋地区尤为严重。在我国 1986 年 1 月台湾省沿海居民因食用含有赤潮毒素的紫蛤（Soletellina diphos），造成 30 人中毒，其中 2 人死亡。1986 年 11 月，福建省东山居民因食用含有赤潮毒素的菲律宾蛤，造成 136 人中毒，其中 1 人死亡（林金美等，1988）；1991 年 3 月，大亚湾附近居民因食用含有赤潮毒素的翡翠贻贝，造成 4 人中毒，其中 2 人死亡（简洁莹等，1991）等。据符锡春等（1982）统计，仅浙江省 1967—1979 年发生困食用受赤毒素污染的织纹螺（Nassarius sp.）而导致的中毒事件就有 40 起之多，中毒患者 423 人，死亡 23 人，并且还发生禽畜食用剩螺引起的中毒或死亡事件多起。

导致水体缺氧或造成水体累积大量硫化氢和甲烷等，使海洋生物缺氧或致毒而死。由于大量赤潮生物死亡后，在分解过程中不断消耗水体中的溶解氧，使水体溶解含量急剧下降，引起鱼、虾、贝类等因缺氧大量死亡；在缺氧条件下的分解过程还会产生大量硫化氢和甲烷等，这些物质也能置鱼、虾、贝类于死地。大多数硅藻（如角刺藻等）引发的赤潮属于这种危害方式。

吸收阳光，遮蔽海面。赤潮生物一般密集于表层几十厘米以内，使阳光难于透过表层，水下其他生物因得不到充足的阳光而影响其生存和繁殖。在赤潮持续时间长、密度高时经常发生底层海洋生物死亡。此外，如果赤潮发生在藻类养殖区，会引起藻类生长变慢，如 1979 年 9 月发生于福建闽东的红束毛藻（Trichodesmium erythemeum）导致养殖紫菜普遍脱苗严重和生长缓慢，局部地区出现紫菜幼苗大量死亡（陈继梅等，1982）。再如，1981 年 8—10 月发生于福建闽东的 3 次间歇性夜光藻赤潮，此时适逢海带夏苗培养期，因培育海水受到赤潮水的污染，引起海带配子体和幼苗抱子体病变，导致幼苗溃烂死亡，造成严重的经济损失（黄祖源，1986）。

影响旅游景观。赤潮发生期间或赤潮发生后，赤潮生物和致死鱼、贝类的分会产生有毒的海洋气溶胶颗粒，引起人体呼吸道中毒，或者由于身体的皮肤接触有赤潮生物毒素的海水而引起皮肤感染，或者在浴场游泳不小心口腔呛水而吃入有赤潮毒素的海水而引起中毒，从而影响海水浴场和滨海旅游业等。尤其是赤潮生物大量死亡或因赤潮导致鱼贝类大量死亡后，常会散发出难闻的臭味，使海滨泳场暂时失去旅游价值或会造成疾病传染，如 1980 年 9 月在香港吐露港发生的一次大量鱼类和无脊椎动物致死的件中，腐烂产生的恶臭气体严重影响了该地区的旅游业（Wang et al.，1987）。

根据《海洋灾害公报》（1989—2010）年的统计，1989—2010 年期间，因赤潮灾害导致的直接经济损失为 36.698 1 亿元（表 12.1），其中 1997 年的赤潮灾害经济损失最为严重，约

15亿元。

表 12.1　我国沿岸海域赤潮灾害造成的直接经济损失

年份	直接经济损失/亿元
1989	1.13
1990	0.2
1997	15
1998	3.5
2000	2.73
2001	10
2002	0.23
2003	0.428 1
2005	0.69
2007	0.06
2008	0.02
2009	0.65
2010	2.06

注：数据来源于《海洋灾害公报》。

　　赤潮灾害除了造成海水养殖生物死亡等直接经济损失外，还会破坏海洋生态环境的生态服务功能等，产生直接的非经济损失，包括基因资源、气体调节、废弃物处理、营养物质循环、物种多样性维持、初级生产和科研文化损失等。对于赤潮灾害造成的间接经济损失尚未形成一套较为成熟可行的评估方法。任光超等（2011）参考海洋生态系统价值评估的相关方法，采用影子工程法、替代花费法、成果参照法、条件价值法等评估方法，对2009年浙江沿岸海域赤潮灾害的间接损失进行了评估。其中提供基因资源损失2.04亿元，气候调节损失12.66亿元，营养元素循环损失46.87亿元，废弃物处理损失117.28亿元，初级生产损失113.75亿元，物种多样性维持损失22.08亿元，科研文化损失1.83亿元，赤潮灾害造成的直接非经济损失总值316.51亿元。2009年，浙江沿岸海域赤潮面积为4 330平方千米，占全国海域赤潮面积的30.7%，依次估算2009年全国海域赤潮直接的非经济损失约1 030亿元。

12.2　外来物种入侵灾害对沿海社会经济发展影响评价

　　我国是一个濒海的海洋大国，大陆海岸线18 000千米，拥有管辖海域包括内水、毗连区、大陆架、专属经济区及相关海域面积约300万平方千米，相当于我国陆地国土面积的1/3。中国的海域辽阔，横跨三个温度带，我国海域已记录的生物有22 561种，约占世界海洋生物物种总数的10%，隶属于5个生物界，44门，其中栉水母（Ctenophora）、毛颚动物（Chaetognatha）、棘皮动物（Echinodermata）、半索动物（Hemichordata）和尾索动物（Uro-chordata）等12个门类为淡水或陆地生境中所没有（黄宗国，1994；梁玉波，2001）。中国海洋生物多样性非常丰富，具有独特的基因资源、物种资源和各种类型的生态系统，如珊瑚礁生态系、红树林生态系、河口生态系等，是世界公认的海洋生物多样性巨丰富的国家之一，也是全球生物多样性重要地区。我国在世界生物多样性中占有重要的地位。海洋生物的多样性在维系海洋生态系统的平衡发挥着重要作用，对全球自然界物质循环、环境净化、缓解温室效应等方面有重要的贡献。海洋生物给我国带来了财富和利益，也是我国可持续性发展的物质基础。改革开放以来，我国海洋生物多样性在地方经济发展中发挥了重大的作用，生物多样性及其利用利用在国家经济发展中占有很大的比重。海洋生物多样性已经在我国生物多样性的可持续利用中成为不可或缺的一部分，保护和合理利用海洋生物资源，促进可持续发展、维护国家生态安全具有重要意义。

根据我国海洋外来物种入侵的现状和历史资料的分析，海洋外来物种入侵对社会经济造成影响最大的主要有赤潮频发导致养殖业重大损失、贝毒危害以及海洋环境恶化等；大米草、互花米草入侵滩涂，争夺滩涂空间；引种携带的外来病原病菌，引发水产养殖病害流行。这三种类型的外来物种入侵每年均对我国的水产养殖业和渔业造成重大的直接经济损失，并间接导致生态系统重大损失。我国南方水域水葫芦暴发成灾，堵塞航道，破坏景观，为了清理和防治，每年需花费一大笔水葫芦清除费用。我国是世界海运大国，每年用于船底污损生物的清除和船舶防污处理维护也需相当大的开支。因此赤潮、大米草和互花米、养殖病害、水葫芦、船舶污损等五方面是构成我国海洋外来物种入侵主要的经济损失。

12.2.1 外来物种赤潮入侵经济损失评估

近些年我国沿岸海域来赤潮灾害不断加剧，除了环境污染影响以外，外来赤潮生物的危害也是重要的原因之一。由于外来赤潮生物对生态适应性强，只要环境适宜，就可暴发赤潮。这些外来赤潮生物一旦引发赤潮，导致海洋生态系统的结构与功能几乎彻底崩溃，不仅对海洋渔业、海水养殖业造成重大的经济损失和自然景观的严重破坏，有毒赤潮生物还对人体健康产生严重危害，同时对海域原有生物群落和生态系统的稳定性构成极大威胁。

1）直接经济损失

根据我国外来有害赤潮生物发生的实际情况，以赤潮灾害对人类的影响为基础，将赤潮灾害损失分为渔业、海水养殖业经济损失、健康经济损失、旅游业经济损失和海洋生态破坏经济损失 4 类。有关赤潮造成的渔业、海水养殖业经济损失、健康经济损失、旅游业经济损失的灾害调查和评估，在 2005 年我国近海海洋综合调查与评价"908 专项"的《海洋灾害调查技术规范》中有具体的规定。根据 2000 年以来每年《中国海洋环境质量公报》公布的我国海域发生赤潮灾害的统计数据。自 2000 年以来至 2007 年的 8 年期间，共发生赤潮 656 次，年均 82 次，赤潮发生的面积达为 10 000~27 070 平方千米，年均 16 919 平方千米，造成的渔业海水养殖业直接经济损失累计达 11.4 亿元人民币，经济损失最高的年份 2001 年达 10 亿元，导致严重经济损失的有 5 个年份，年均损失 2.28 亿元。近年来我国近海海域发生外来赤潮的种类主要的米氏凯伦藻、具齿原甲藻、棕囊藻、裸甲藻等。这些有毒外来赤潮物种在每个年份肇事赤潮种中占有相当大的比例，占到 40%~88.9%，通常危害严重，经济损失很大。

佟蒙蒙（2006）研究报道了外来入侵生物米氏凯伦藻在浙江南麂列岛周边海域暴发对经济的影响。在对渔业、海水养殖的评估模式中，除了直接经济损失还考虑了灾后恢复生产费用的间接经济损失，通过该项实例研究的评估表明，发生浙江南麂列岛周边海域的米氏凯伦藻赤潮，面积达 7 000 平方千米，与海产养殖区重叠的赤潮发生面积为 340 平方千米，直接经济损失为 3 100 万元，恢复生产费用 1 190 万元，总经济损失估算为 4 290 万元。由此次具有代表性的外来入侵生物赤潮经济损失的评估可见，赤潮灾后恢复生产费用的间接经济损失约占直接经济损失的 1/3，假设该系数也适合于其他海域发生的赤潮灾害，赤潮间接经济损失则可粗略地估算为：

$$NL_{赤潮间接损失} = 1/3 DL_{赤潮直接损失} \tag{12.1}$$

由我国年均赤潮造成的直接经济损失 2.28 亿元，推算间接损失 0.76 亿元，二项合计 3.04 亿元。暂定外来种赤潮占主要赤潮事件的百分比为 62%（见表 12.1），可估算出赤潮外来种导致的直接和间接经济损失分别为 1.41 亿元和 0.47 亿元，二项合计 1.88 亿元。

2）生态系统服务功能间接经济损失

海洋外来物种赤潮对生态系统的经济影响评估采用公式（12.2）的模式，为：

$$L_{外来赤潮生物} = S_{赤潮} \times F_{浅海} \times \lambda_{赤潮种} \times P_{外来赤潮生物} \times K_{浅海} \tag{12.2}$$

式中，$L_{外来赤潮生物}$ 外来赤潮生物表示海洋外来物种赤潮对生态系统产生的间接经济损失；$F_{浅海}$ 浅海表示单位面积生态系统服务功能间接使用价值；$S_{赤潮}$ 赤潮表示赤潮发生面积；$K_{浅海}$ 浅海表示外来入侵物种对湿地所造成的危害程度；$P_{外来赤潮生物}$ 外来赤潮生物表示外来入侵物种所占的比例；$\lambda_{赤潮种}$ 赤潮种表示在引起赤潮的诸因素中，赤潮物种的贡献率。

关于海洋生态系统服务功能间接使用价值的研究，由于计算的方法不同，数据的来源不同，计算的基准时间不同，计算结果的差异悬殊。杨清伟等（2003）采用 Costanza 等的分类系统和相关服务的单位价值，根据广东省 1987 年海岸带和海涂资源综合调查报告，计算出广东—海南滩涂湿地单位面积服务功能为 19 580 元／（公顷·年）。陈仲新、张新时（2001）参考 Costanza 的分类方法和经济参数对包括湿地在内的我国生态系统的效益进行评估。甘泉、徐海根等（2005）的评价模式，将湿地服务功能中水供应等直接服务功能扣除，按照美元对人民币的汇率，浅海滩涂湿地的公益性服务功能为 72 056.16 元／（公顷·年）。本文采用 Costanza 等（1997）的评价方法和平均价值进行估算，按浅海滩涂的服务功能为 8 704 美元／（公顷·年），在计算过程中，将水供应等直接服务功能扣除，以 2007 年美元的平均汇率 1 美元等于 7.52 人民币的汇率，换算出沿海滩涂服务功能间接使用价值为 65 454.08 元／（公顷·年）。由于有害赤潮发生的内因是存在有害赤潮种。水体富营养化之后，赤潮生物大量繁殖积聚，从而显著改变水体的溶解氧、水色等，导致水体质量显著下降。有害赤潮发生的外因是具备合适的环境条件，包括：化学因素、水文因素、气象因素等。假设内外因素在赤潮的发生中所起的作用是相同的，则赤潮物种对产生赤潮的贡献率　赤潮种为 50%。赤潮发生后，水体质量显著下降，赤潮发生严重的海域鱼类、贝类大量死亡。假设赤潮发生海域海水服务功能平均丧失 50%，则 $K_{赤潮}$ 为 50%。浅海水域的服务功能取滩涂湿地的服务功能，则 $F_{浅海}$ 为 65 454.08 元／（公顷·年），根据外来种引起的赤潮占主要赤潮事件的百分比的数据 $P_{外来赤潮生物}$ 为 62%。取赤潮发生面积的平均值 16 919 平方千米所有数据代入公式，计算出赤潮外来物种对生态系统产生的间接经济损失为每年 171.65 亿元。

3）评估结果

估算的结果表明，我国赤潮外来种年直接经济损失 1.41 亿元，恢复生产间接损失 0.47

亿元。生态系统功能的间接经济损失 171.65 亿元。

12.2.2　米草入侵的经济损失评估

出于保滩护岸、促淤造陆等目的，我国于 1963 年由南京大学的仲崇信教授等从英国南海岸引进大米草，1979 年又从美国东海岸引进互花米草。它们具有耐盐、耐淹、耐瘠和繁殖力强、根系发达等特点，是多年生禾本科植物，曾被认为是保滩护堤、促淤造陆的最佳植物。米草属植物引种后，广泛推广到广东、福建、浙江、江苏和山东等沿海滩涂上种植。至今，互花米草和大米草在我国滩涂上已有了广泛的分布。经过近 40 年的种植和自然繁殖，我国米草的面积不断扩大，据统计，1963 年全国仅 700 公顷，1979 年为 2 106 公顷，1983 年为 3.3 万公顷，至今米草已达数十万公顷，仅根据 1990 年代不完全统计，我国米草入侵面积在 3.3 万公顷，互花米草面积在 2 万公顷以上。而根据近年来的不完全统计，互花米草面积已发展至 5 万公顷以上，形成了可观的盐沼植被。

1）大米草的功能和负面效应

米草属植物的正生态效应包括：抗风防浪，保滩护岸；促淤造陆，提供新生土地资源；提供高生产力，抑制温室效应；吸收营养盐，分解污染物等。大米草发达的根系能抵御海岸侵蚀，起到保滩护堤，促淤造陆的作用。大米草由于其繁殖速度快生长茂盛，对重金属和其他有机污染物具有吸收、转化和分解等作用，因此能够净化水质；改善土壤条件，提高土壤肥力。大米草还可作为植物资源和工业原料加以开发利用。米草属植物的负生态效应包括：生长旺，繁殖快，改变盐沼生境；与本土种竞争强烈；改变盐沼湿地生物多样性等。互花米草植株高而密，很快改变了淤泥质光滩的景观和本土物种的栖息环境，侵占滩涂贝类养殖的场所，导致贝类无法生长，甚至窒息死亡；目前互花米草已经在上海崇明岛、浙江、江苏、福建、广东、山东和香港等地大面积生长。1990 年仅福建宁德东吾洋一带的水产业一年的损失就达 1 000 万元以上。已经成为沿海地区影响当地渔业产量，威胁红树林的一个严重问题。米草的危害表现在：破坏近海生物栖息环境，影响滩涂养殖；堵塞航道，影响船只出港；影响海水交换能力，导致水质下降，并诱发赤潮；威胁本土海岸生态系统，致使大片红树林消失。由于大米草耐盐、耐淹，光合效率高，在海岸带、河口等广阔淤泥质潮滩具有高度的生态适应性，从而在很多国家和地区狂长，对生态系统危害后果极为严重（姜伟，2006）。

2）米草造成的经济损失评估

米草的入侵和种群暴发对我国国民经济和生态环境造成了严重的损失，并有进一步加剧的趋势。对大米草的经济损失评价不考虑各种非经济因素以及米草带来的各种收益，不用收益折抵损失。直接经济损失试算如下：

根据海水养殖规模推算。我国自外引进米草，在我国海岸带海滩上广为引种栽培。米草经人工栽种和自然扩散，现在已经广泛分布在我国从南到北的海岸潮间带。米草具有较强的入侵性，对红树林、芦苇和滩涂底栖生物的生长具有较大影响。目前由于缺乏米草入侵海岸滩涂经济损失的具体资料，有关研究主要以福建省的互花米草造成海水养殖损失与海水养殖产量的比值来推算其他沿海省份的损失，如 2006 年福建的海水养殖产量为 311.88 万吨、滩涂养殖损失为 7.5 亿元，辽宁、河北、山东和江苏 2006 年的海水养殖产量为 364.2 万吨、

30.5万吨、442万吨和410.51万吨。根据海水养殖规模推算其他省的经济损失分别为8.76亿元，0.73亿元，10.63亿元，9.87亿元，五省合计经济损失为37.49亿元（姜伟，2007）。

根据滩涂养殖效益推算。米草入侵海岸滩涂主要是与海水养殖争地，造成渔业海水养殖的损失，由此可以用滩涂养殖的效益来推算经济损失，米草入侵的经济损失可用公式（12.3）表示：

$$DL_{米草} = S_{米草} \times F_{滩涂养殖效益} \times K_{滩涂} \qquad (12.3)$$

式中，$DL_{米草}$米草为米草入侵的直接经济损失；$S_{米草}$米草为米草入侵的面积；$F_{滩涂养殖效益}$滩涂养殖效益为滩涂贝类养殖的利润；$K_{滩涂}$滩涂为米草入侵对滩涂危害程度。

目前我国沿海米草危害比较严重的有辽宁、河北、山东、江苏、福建和广东等省，总面积约650平方千米，根据米草对滩涂的危害程度，130平方千米取K等于100%，520平方千米K等于50%，我国滩涂贝类养殖的利润一般为2万~5万元/（公顷·年），取均值3.5万元/（公顷·年），可推算出我国米草入侵的直接经济损失为13.65亿元。由海水养殖规模推算是以福建滩涂养殖损失为7.5亿元为依据，福建沿海的米草约有100多平方千米，按每亩滩涂养殖损失5 000元计，滩涂贝类养殖的效益达到7万多元/（公顷·年），属于高水平的养殖效益，如按3.5万元/（公顷·年）计，则为18.75亿元。

互花米草清除费用。根据福建闽东对滩涂互花米草清除恢复养殖生产的费用为3.0万元/（公顷·年）计，目前米草正在以惊人的速度扩张，假设全国沿海各地每年为防止米草的扩散或恢复养殖生产清除面积占大米草总面积10%，所需的费用为1.95亿元。

米草对生态系统影响的间接经济损失评估。当米草入侵新的生态系统后，对生态系统的健康构成严重的威胁，使生态系统的结构和功能完整性遭到破坏，抗性和恢复能力降低，稳定性和可持续性降低。采样公式（12.4）评价米草对生态系统间接经济损失：

$$L_{外来盐碱植物} = S_{外来盐碱植物} \times F_{浅海} \times K_{浅海} \qquad (12.4)$$

式中，$L_{外来盐碱植物}$代表间接经济损失，$F_{浅海}$代表生态系统服务功能间接使用价值，$S_{外来盐碱植物}$表示面积，$K_{浅海}$表示对海洋生态造成的危害程度。

按我国浅海滩涂的服务功能为8 704美元/（公顷·年），以2007年美元的平均汇率1美元等于7.52人民币的汇率，换算出沿海滩涂服务功能间接使用价值为65 454.08元/（公顷·年）。我国现有的米草总面积约650平方千米，根据米草对滩涂的危害程度，130平方千米取$K_{浅海}$等于100%，520平方千米$K_{浅生活经验}$等于50%，由此代入公式计算得到米草对滩涂生态系统的间接经济影响为25.52亿元。

估算结果表明，我国米草入侵年直接经济损失13.65亿~37.49亿元，防止扩散需要清除费用1.95亿元，生态系统功能的间接经济损失25.52亿元。

12.2.3　引种携带外来病原菌的经济损失评估

虽然我国已经成为世界水产养殖和水产品出口大国，但由于我国水产养殖业以高密度、多品种、集约化的生产方式高速发展，直接导致近20年来水产养殖病害频生。暴发、并发、多发的养殖病害造成了严重的经济损失，已成为21世纪我国水产养殖业发展的重要制约因素之一。据统计我国近年来水产养殖病害发病率达50%以上，损失率30%左右，年损失产量约150万吨，直接损失高达百亿元之巨。2004年，全国共监测到各类病害126种，造成的直接经济损失达150亿元。2005年各类病害207种，造成的直接经济损失110亿元。2006年病害

214 种，造成的直接经济损失 115 亿元。

鉴于目前水产养殖病害具有发病品种多，疾病类型复杂、综合发病等特点，发病时间长、面积广，病害控制和消除的难度大，因而死亡率高，经济损失大，具有复杂性和不可预测性。难以对引种携带外来病原菌引起的病害进行专门的界定。对于引种携带外来病原菌造成的经济损失，只能采用粗略的估算的方法。

海水养殖引种携带外来病原菌造成重大经济损失的典型事例是 20 世纪 90 年代初流行的对虾白斑综合征几乎将我国的对虾养殖业完全摧毁，至今仍是我国对虾养殖业的主要威胁。1993 年暴发流行性虾病后，全国对虾产量由 1991 年的 22 万吨锐减至 1994 年的 6.4 万吨，养殖直接经济损失 45 亿元，加上加工、销售等环节累计经济损失超过 100 亿元。据估计近年来对虾白斑综合征和桃拉病每年造成对虾养殖的经济损失超过 10 亿元，据《2006 年中国水产养殖病害监测报告》，陈爱平等（2007）报道 2006 年养殖对虾类因病害造成的直接经济损失为 29.54 亿元，其中能确认的对虾白斑病 4.28 亿元和拖拉病（桃拉病）3.05 亿元。陈爱平等（2007）报道中国水产养殖病害监测采用测算的方法为：发病是指某一养殖种类群体中有一定数量个体有明显症状的称之为发病；发病率：发病面积/监测放养面积；死亡率：发病面积内的死亡数/发病面积内的总放养尾数；损失测算方法：平均死亡率×产量×价格×系数。

本文对海水养殖引种携带外来病原菌造成经济损失的评估采用公式（12.5）计算：

$$DL_{外来病原菌} = L_{水产病害} \times K_{海水养殖} \times R_{外来病原菌} \tag{12.5}$$

式中，$DL_{外来病原菌}$ 外来病原菌为海水养殖引种携带外来病原菌的经济损失；$L_{水产病害}$ 水产病害为水产养殖病害的损失；$K_{海水养殖}$ 海水养殖海水养殖占水产养殖的比例；$R_{外来病原菌}$ 外来病原菌外来病原菌占的比例。

估算的结果为海水养殖引种携带外来病原菌造成养殖病害的直接经济损失为 18.35 亿~25 亿元，年均 20.85 亿元。考虑到病害除造成养殖的直接经济损失，还需要治疗药品和恢复生产等间接损失的费用，按赤潮灾后恢复生产费用的系数 1/3 计，间接损失 6.95 亿元。

12.2.4 船舶污损生物经济损失评估

世界上有海洋污损生物 4 000~4 500 种，不仅严重影响了船舶的正常航行，而且附在船体上发出非常大的振动和噪音，使船的声呐失灵，并给海洋环境造成严重污染。据测定，船体浸海表面积的 5% 被污损生物附着，则摩擦系数增加 50%，即相当于表面无污损物时船体阻力的 2 倍，污损生物不仅严重影响船舶航速，而且使油耗增加，从而提高运输成本，如污损生物可造成航空母舰、巡洋舰和驱逐舰最大航速分别损失 0.7 米/秒、0.7 米/秒和 1.0 米/秒，如船舶维持原速（5 米/秒）分别需增加燃料消耗 40%~45%、45%~50% 和 25%~50%。一般污损生物可使船速下降 0.3~0.5 米/秒，长期下去会使船速为 7~8 米/秒的大型船舶每天多消耗燃料 10 吨左右。防止海洋污损生物的主要方法是在船底涂防污涂料。我国有大量外来海洋污损生物，已查明的有 24 种，整体上它们造成的损失和损耗不在少数。对船舶污损生物的经济损失采用粗略推算的方法，根据 2000 年，我国完成沿海和远洋货物周转量分别为 5 110 亿吨千米和 17 073 亿吨千米（交通部水运司，2001），合计 22 183 亿吨千米。2000 年，中海发展股份有限公司共完成国内和国际运送货物量 1 396 亿吨千米，燃油成本约为 8.11 亿元，修理费 2.47 亿元（中海发展股份有限公司，2001），按此推算全国海洋运输的燃油成本和修理费分别为 1 288 712 万元和 392 493 万元。根据上述资料分析，污损生物会大量增加船舶的燃油消耗，使用防污涂料后为害程度应有所减轻，假设按燃油成本的 10% 由污损生物造成，修理费的 1% 用于防污和涂料，则污损生物造成的燃油消耗和防污涂料成本分别为 128 871 万元和 3 925 万元。目前，对于我国海洋运输船舶船体污损生物的种类、数量和作用缺少报道，粗略估计外来海洋污损生物为 50%，则外来海洋污损生物造成的燃油消耗和防污涂料成本分别为 64 436 万元和 1 963 万元。由于估算采用 2000 年的数据，近年来我国的海运能力已有很大的提升，国际油价也在节节攀升，故对上述的数据进行修订，2000 年国际原油价格由 30 美元上升至 2007 年的 70 多美元，按燃油成本上涨一倍计，2007 年海运输完成货物周转量 12 045.83 亿吨千米，远洋运输货物周转量 48 685.89 亿吨千米，合计 60 731.72 亿吨千米，为 2000 年的 2.7 倍，经修订推算的结果为防污和涂料成本费为 5 300 万元，增加燃油消耗成本费用为 34.795 亿元。我国船舶污损生物外来物种造成的经济损失评估：用于船舶防污和涂料直接经济损失 5 300 万元，增加燃油消耗成本费用的间接经济损失为 34.795 亿元。海洋污损生物除了对船舶海运的影响，还对各种海上设施，如工业排水管道、海水养殖设施，海上石油平台，海水工程等造成的经济损失，也十分巨大，由于缺乏具体的资料数据，因此无法做出评估。

第13章 海洋生态灾害防灾减灾的对策建议

13.1 赤潮灾害的防灾减灾对策建议

水体富营养化为赤潮生物大量增殖和赤潮形成提供了物质基础。在富营养化水体中，一旦遇到适宜的水温、盐度和气候等条件，或者对赤潮生物增殖有特殊促进作用的物质含量的增加，赤潮生物就会以异常的速度大量繁殖，高度聚集而形成赤潮，造成损失和危害。在世界各地沿岸水域、河口区、封闭性和半封闭性海湾发生的赤潮大多数都与水体富营养化有关。造成水体富营养化的原因主要是由于工农业废水和生活污水的大量直接排入海洋、陆探污染物通过河流径流入海、海水养殖废水和废物的排放、受污海底营养物质的溶出和大气中营养物质的沉降、压舱水的排放和海上溢油及油轮碰撞事故引起的油污染及沿海开发所造成的。其中，工业废水、生活污水和海水人工养殖业对水体富营养化产生的影响最大。它们在沿岸浅水区、河口区、封闭性或半封闭性海湾的影响尤为突出。因此，要控制赤潮灾害的发生和减少赤潮造成的损失，必须有效地控制海域的富营养化。

除了控制多余营养物质进入海洋外，在赤潮多发区养殖某些海藻吸收富余的氮和磷等营养元素，可以减少赤潮的发生。平田孝司（1983a）指出，海藻的生长需要吸收海水中大量的氮和磷，如铜藻可固定2%~3%的氮、0.1%~0.3%的磷，而江蓠则可固定5.9%~6.1%的氮、0.4%~0.5%的磷。在赤潮频繁发生的富营养化海区养殖海藻可取得收获海藻，降低氮和磷浓度一举两得的效果。但应根据各海区自身条件，选择合适的养殖品种。养殖的海藻应切实掌握好采收的最佳时期，如果不在最盛期采收，藻体会很快枯萎，重新把氮、磷释放回海水中。平田孝司（1983b）利用海底耕耘机在有机物堆积的底泥上拖曳，使底泥翻转，促进有机物分解，达到改良底质的目的。耕耘机组装好后，用23吨的渔船，以2千米/小时速度拖曳，边旋转边拖曳。耕耘海区的水深不能超过30米，否则耕耘效果不明显。利用曝气处理有机底泥，可促进有机污染物质分解，恢复海域的机能和生产力，提高海区的自净能力。曝气的方法为：在作业船上安装压缩机和水泵，并通过合流管、流量计与曝气相连。在要曝气的海域设置有记号的浮标，然后以一定船速沿浮标指定方向旋转作业。操作时注意曝气量，因为长时间的连续曝气（或采用多个曝气撬），可使底泥中的营养盐大量溶出，反而诱发赤潮发生（平田孝司，1983c）。应用黏土能改良土质和底质环境。黏土（又称膨润土，属蒙脱石类）是一种含水的层状铝硅酸盐矿物，具有很强的吸附能力，可使水中有机悬浮物凝集，沉淀后覆盖在底泥上，以减缓底层的氧消耗和营养盐的溶出，从而达到防止赤潮发生的目的。据研究发现酸处理过的黏土可有效地去海水中的正磷酸盐（平田孝司，1983d）。撒播生石灰则具有促进有机物分解、改善底质、抑制磷释放、防止水体蕾养化、灭菌消毒和防止发生硫化氢等作用。由于赤潮生物，特别是某些甲藻的繁殖除需要一定的营养元素外，还要求有一定量的微量生长物，如维生素 B_1、维生素 B_{12}、嘌呤、嘧啶及腐殖酸类等物质，而这些物质恰恰是很多细菌的代谢产物。撒布生石灰，可减少水中细菌的数量，降低上述物质的含量，因而可有效地抑制甲藻的繁殖生长。在日本已有 20 多年撒布生石灰的经验，日本水产厅研究部渔场保全科已编制成石灰改善底质手册。其使用方法是用机械装置将生石灰撒布在海底。其使用范围不仅仅限于海上，也用在淡水湖自等。在日本伊势的莫虞湾，石灰的撒布已由珍珠养殖场扩大到西加鱼、紫菜养殖场等，每年使用数百吨，效果较好（刘英杰，1991；殷政章，1992）。海洋清洁剂也用做净化水质和底的改良剂。它呈颗粒状，不污染海洋，也不会使海水浑浊，可以均匀撒布，在到达海底之前不会流失，在海水中不产生热量，使用安全。由于海洋清洁剂中添加了助溶剂，颗粒物到达海底后才崩裂，因而提高了活性化效果。

海水养殖业对沿海生态环境产生的影响主要是自身污染使水质产生长期变化。由于人工养殖主要靠投饵，而残饵的长期积累和腐败分解会提高水体的营养盐放度。尤其是网箱养殖易于导致富营养化的发生和有毒甲藻的大量繁殖。富营养化的加剧引起的赤潮发生不仅危害海洋环境，而且影响养殖业自身的发展。此外，精养网箱或贝类延绳吊养海区的沉积物较多，而沉积物中高含量的有机物往往会产生有害气体，如硫化氢对的毒性就很大，能损伤鱼鳃，提高养殖鱼类的患病率。在一些养虾池中也存在类似问题。为了减缓由海水养殖带来的水体富营养化问题，必须根据自然环境、资源状况、环境容量，对浅海和滩涂进行合理开发。主要应采取以下五个方面的措施：① 根据水域的环境条件，选择一些对水质有净化能力的养殖品种（如藻类养殖等），并合理确定养殖密度；② 进行多品种植养、轮养、立体养殖，充分利用水体，互为条件，互相服务。尤其是进行鱼、虾、贝、藻混养；③ 提高养殖技术，改进投饵技术、改进饵料成分，使所投饵料更有利于养殖生物的摄食，减少颗粒的残存，提高饵料的利用率，防止或减轻水质和底质的败坏程度。平田孝司（1983）提出，应用湿颗粒饵料防止养殖海区自身污染的方法，并已在养殖鱼类方面得到广泛应用；④ 不能将池塘养殖的污水和废物直接排入海中，应采取逐步过滤等办法加以处理，避免养殖废水和废物的排放造成水域污染；⑤ 有条件的话，要定时进行养殖区废物的人工清除。总之，在发展人工养殖业的同时，要注意改变不合理的营养状况，使营养物质的输入和输出达到平衡，使物质循环和能量的流动符合生态规律，使养殖区的生态环境进入良性循环，取得经济效益、社会效益和生态环境效益的统一。值得注意的是，在大范围开发人工增养殖时，必须认真分析和研究水域的环境状况、生产能力和发展潜力。同时，还要注意人为控制。

随着国际海运业的发展，货运船只吨位和航速的增加，赤潮生物横越大洋的迁移机会就越来越大，通过压舱水的排放，赤潮生物种类从一个海域被携带到另一地区海域也不是一件新奇的事。例如，澳大利亚一些港湾最近出现的有毒甲藻（如塔玛亚历山和链状亚历山大藻等）就是通过船舶的压舱水，从欧洲和日本携带来的。澳大利亚的检疫机构对澳大利亚港口的 80 只货船的压舱水进行了检疫，发现有 40% 货船压舱水中有甲藻孢囊（cyst），其中 60% 是有毒甲藻孢囊。据推算每只船的孢囊多达 3 亿个。更为严重的是，在澳大利亚伊登港抽检时，发现有的货船压舱水中有毒甲藻孢囊多达每升水 6 亿个。对这些孢囊进行萌发实验表明，它们是塔玛亚历山大藻（Alexandrium tamarense）和链状亚历山大藻（A. catenella）等种类。此外，澳大利亚还在本国各港口对 200 多艘货船的压舱水水样进行抽检，并发现 70% 以上船只的压舱水舱底有沉积物。鉴于对外来船只压舱水检验结果的严重性，澳大利亚检疫机构制定了一系列对压舱水的特殊检验措施和规定，并于 1990 年 1 月执行。从国外进入澳大利亚的船只必须自觉遵守以下条例的其中之一：① 提供国外权威机构出具的证明书，证实船只的起航港没有毒性甲藻；② 提供证据，证实船只在海上已重新更换了压舱水；③ 提供证据，证实船只在航行过程中或抵达目的港后对压舱水进行过处理；④ 把压水舱的沉积物倾倒到指定的安全水域；⑤ 提供证据，证实船只的压水舱没有沉积物，而且压舱水尽可能是清洁的；⑥ 保证不在澳大利亚领海排放压舱水或倾倒压水舱的沉积物。在我国也发生过类似情况，如齐雨藻（1995）等在南海发现了一种目前只分布在东南亚国家如菲律宾、文莱达鲁萨兰的有毒甲藻—巴哈马梨甲藻（*Pyrodinium bahamense*）的孢囊。这引起国际赤潮学术界的关注，即生物地理学上分布有限的该种如何传播到中国南海海域，该种未来的生消走向又如何？一种最有力的解释当然是由于压舱水携带的缘故。此外，船舶压舱水与沉积物的排放，不仅会引入外来的赤潮生物，而且还会带来其他有害的生物种类。

海洋，尤其沿海地区是经济建设的重要区域。建立良好的海洋生态环境，有利于防止或减少赤潮的发生，使海洋发挥更大的经济效益、社会效益和生态环境效益，持续地为人类服务。因此，① 要依法管海。依法对港口码头、船舶、入海河口、临海工业的排污管理，以及对海洋石油、倾废区、海岸工程、海底管道及其海洋工程的管理，并做到发现、污染及时处理。同时实施综合治理，努力减少有害物质进入海洋生态系统，防止水质恶化。杜绝污染擦，对已受污染的海域要采取有效措施进行治理；② 合理开发利用海湾的自然资源。根据不同的功能和生态特点，制定正确的海洋开发利用规划，以此协调开发工作，避免盲目开发。同时，做好沿海工程建设中海洋生态环境影响的评估及防治工程设施的建设，做到开发与保护同步，保护好海洋生态环境；③ 提高对资源的综合利用能力。在开发建设活动中，应用高新技术减轻海洋污染，提高对资惊的综合利用能力；④ 提高海洋生态研究水平。要开展不同海区环境容量的系统研究，加强对洋环境和资源的监视、监测和科学研究；发展卫星、飞机遥感、浮标、潜标等高新技术，提高生态研究水平，以便取得更全面、准确的数据资料，为开发活动和管理工作提供科学依据；⑤ 保护好沿岸自然生态。在开发建设活动中，应尽量减少破坏自然生态环境。沿岸应进行植树造林，恢复林木和植被，保护好沿岸红树林，加强海洋自然保护区的建设和管理等，这对于防止水土流失、调节气候、改善生态环境、发展沿海经济等具有重要的意义；⑥ 防止海水养殖的自身污染。针对沿岸海水养殖中存在的与赤潮发生有关的问题，积极采取相应措施，如注意水域的合理开发水平与结构、提高养殖技术、改进饵料成分及进行综合养殖等，以避免或减少沿岸海水养殖而引起的富营养化，使沿岸海水养殖得以健康发展。

13.2 外来物种入侵灾害的防灾减灾对策建议

从我国海洋外来物种入侵现状看，我们对外来物种可能导致的生态灾害和环境后果缺乏足够的认识，对外来物种的引进仍存在一定程度的盲目性，引进行为有单位的，也有个人的，往往未经申请报告和严格的科学论证。一些地方和部门甚至放任引进，将引进外来物种与经济发展相提并论，不注意发掘本地优良品种，不了解外来物种潜在的危害。这些观念极大地增加了外来物种入侵的风险。例如，出现在我国外来入侵植物中，50.0%（94种）是作为牧草或饲料、观赏植物、纤维植物、药用植物、蔬菜、草坪植物和海岸防护引进的；海洋入侵物种中有一半以上属于养殖业引进，引进过程中没有考虑可能出现的外来物种附带引进问题，如携带引进病原虫和微生物等。另外，外来物种只重引进而疏于控制和管理，可能导致外来物种从栽培地、驯养地逃逸进入自然环境，演化为物种入侵危害，导致生态灾害，影响经济社会发展。

我国涉及外来物种管理的法律主要有《卫生防疫法》《进出境动植物检疫法》《动物防疫法》和《野生动物保护法》等，尚未出台有关外来物种预防、引进、风险评估、控制和灭除的专项法规，使得外来物种的管理缺少法律依据。现有法律在预防外来入侵物种的无意传入和疫情控制方面作了较为具体的规定，并建立了水生和陆生野生动物引进的审批制度，但没有规定有意引进外来物种必须实行科学的风险评估制度。而且，检疫对象侧重于那些对农、林、牧、渔业带来危害的危险性生物，但对于那些可能对生态、生物多样性构成威胁的外来入侵物种则没有予以重视。《中华人民共和国海洋环境保护法》第 25 条规定："引进海洋动植物，应当进行科学论证，避免对海洋生态系统造成破坏。"当前需要根据法律进一步制定相应的实施细则，对从国外或跨区域引进海洋生物物种实行严格的管理。

外来入侵物种防治，既要重视对无意引进外来入侵物种的预防工作，严格检疫，把好国门关；另一方面，又要对外来物种的有意引进进行严格管理，实行外来物种引进的风险评估制度，只有经过风险评估证明是安全的外来物种才能放行。

建立健全法律法规，实现依法管理。对外来物种风险评估、预警、引进、控制、消除、生态恢复、赔偿责任等作出明确规定，特别要加强农业、林业、养殖业等有意引进外来物种的管理，并建立外来入侵物种的名录制度、风险评估制度，在环境影响评价制度中增加有关外来物种入侵风险分析的内容。修改《进出境动植物检疫法》中的危险性生物名录，增补对生态、生物多样性构成威胁的外来入侵物种或可能构成威胁的潜在外来入侵物种名录。

加强外来物种引进的申报和审批。我国大部分的引进没有经过政府和有关部门的批准。现有的法规空洞，流于形式，缺少明确具体的规定和程序。特别是海洋外来物种入侵途径多，可通过船舶载运、海流和海漂垃圾、人员携带，甚至走私带进。除了非人为引进因素外，缺少外来物种引进负责任制度，难以全面防范控制外来物种引进。我国现行的关于外来物种管理漏洞实际上鼓励不负责任地引进外来物种，不申报具有简单、快捷，回报率高，无刑事责任风险。我国应当借鉴新西兰的经验，对应予检疫而隐瞒不报或者虚假申报者，追究刑事责任，以此遏制侥幸心理。对故意引进物种，不采取规定措施，造成物种入侵严重后果者的，一经查实，应当追究刑事责任。对国家机关工作人员玩忽职守、徇私，造成物种入侵者，也应当追究渎职的刑事责任。

加强外来物种风险评估的能力建设。外来物种入侵危害很大，被入侵的生态系统往往损害严重，有时甚至不可恢复（如互花米草入侵导致养殖滩涂废弃）。因此，必须坚持"预防为主"的方针，从源头上防止外来物种的入侵。预防是管理工作的第一目标，确定导致外来物种无意引入的途径并加强管理；对已经入侵的物种采取综合防治措施进行消除和控制；采取有效措施进行生态系统的恢复。做好潜在入侵物种的风险分析，特别要重视其对我国海洋生态和生物多样性的影响，建立和完善外来物种的风险评估制度。要进一步加强和完善外来入侵物种的监测和环境调查，完善外来入侵物种的检验检疫方法和手段，建立专门的海洋外来物种研究队伍，提高外来物种的识别水平和早期发现能力。

建立外来物种名录。外来物种入侵行为具有潜伏性。任何外来入侵物种都必定要经过"引入—定居—时滞—大面积扩散"的链式过程，如果在链式过程的一开始就实施严格的科学的监控，即使此种生物在引进后被发现是有害生物，我们也能在其蔓延初期积极主动地采取治理措施，防止其大面积扩散。相反，如果在该物种引进后不继续跟踪监测，就等于放弃了将其彻底根除的机会，面临的很可能就是一场严重的生态灾难。因此，我国必须在全国范围内针对外来物种进行一次大规模登记清查活动，掌握外来入侵种名录，并根据各入侵种的危害实施监测制度。

进一步加强跨部门协调机制，加强信息交流。外来入侵物种管理与防控涉及多个部门，应进一步加强部门协调协作，加强外来入侵物种发生、发展和暴发的信息交流。要重视与国外相关管理部门和研究机构建立密切的关系，加强国家和地区的信息联系交流，建立互相通报制度，加强境外外来入侵物种发生、发展和暴发的情报分析，建立数据库和早期预警系统，发布预警名录。

加强与防治外来物种入侵有关的科学研究。全面研究外来物种入侵的机理及其危害发生、发展和暴发的规律；研究建立外来入侵种的风险评价和风险管理技术体系；研究建立外来入侵物种检疫检测、环境监测和预测预报的技术平台以及信息网络和数据库系统；研究建立外来入侵物种防治技术、可持续控制技术和环境友好的生态修复和控制技术。

加强公众教育，提高公众意识。广泛宣传防治外来入侵物种的相关知识，提高全民防范意识，加强非法引进外来物种举报制度和监控网络，减少对外来入侵物种的有意或无意引进。

增加经费投入，促进外来入侵物种防治。建议国家从财政预算中拨出专款，用于外来入侵物种的预防、控制、清除、科学研究和公众教育。地方政府应设置专项经费用于外来物种的调查、监控和预警，了解本地外来物种的种类和分布，控制已入侵外来物种进一步蔓延，将入侵物种控制消灭在萌芽阶段，或在条件成熟时予以清除。国家建立专项的外来物种防控经费，不仅可以有效遏制有害外来物种进入的机会，而且能够帮助和支持有益外来物种引进工作，做到引进和控制两不误。同时，申请外来物种引进单位应承当必要的费用，交纳外来物种引进风险补偿金，支持引进外来物种的风险评估工作，使得外来物种的引进、审批、利用和控制走上有序有偿的轨道。

参考文献

安洁，齐琳琳．2014．南海沿岸近海地区大气特征分析［J］．海洋预报，31（4）：54-62．

白彬人．2006．中国近海沿岸海雾规律特征、机理及年际变化的研究［D］．南京信息工程大学，38-41．

白珊，刘钦政，李海，等．1999渤海的海冰［J］．海洋预报，16（3）：1-9．

蔡祖煌，马凤山．1996．山东广饶海水入侵趋势预测的理论和方法．见曲焕林，徐乃安．环境地学问题研究．北京：石油工业出版社，84-90．

丁德文．1999．工程海冰学概论［M］．北京：海洋出版社．

董剑希，付翔，吴玮，等．2008．中国海高分辨率业务化风暴潮模式的业务化预报检验．海洋预报．25（2）：11-17．

董剑希，仇天宇，付翔，等．2008．福建省沙埕港百年一遇台风风暴潮的计算．海洋通报，27（1）：9-16．

段永侯．1993．中国地质灾害．北京：中国建筑工业出版社．

冯志强，冯文科，薛万俊，等．1996．南海北部地质灾害及海底工程地质条件．南京：河海大学出版社．

付翔，董剑希，马经广，等．2009．0814号强台风"黑格比"风暴潮分析与数值模拟．海洋预报，26（4）：68-75．

高庆华，马宗晋，张成业，等．2007．自然灾害评估［M］．北京：气象出版社．

国家海洋局．风暴潮、海浪、海啸和海冰灾害应急预案．

何云开，黄健，贺志刚，等．2008．南海北部近岸春季海雾的年际变化［J］．热带海洋学报，27（5）：6-11．

黄彬，毛冬艳，康志明，等．2011．黄海海雾天气气候特征及其成因分析［J］．热带气象学报，27（6）：920-929．

黄崇福．2005．自然灾害风险评价理论与实践［M］．北京：科学出版社，5-10．

黄崇福．1999．自然灾害风险分析的基本原理［J］．自然灾害学报，8（2）：21-30．

季顺迎，岳前进．2011．工程海冰数值模型及应用［M］．北京：科学出版社．

李凡，1990．南海西部灾害性地质研究．海洋科学集刊，31集．

李凡，于建军．1994．陆架海灾害地质类型分类．海洋科学，（4）．

李凤林，等．1996．渤海沿岸现代侵蚀研究．天津：天津科学技术出版社，241-247．

李国敏，陈崇希．1996．海水入侵研究现状与展望．地学前缘，3（1-2）．

李培英，杜军，刘乐军，等．2008．中国海岸带灾害地质特征及评价．北京：海洋出版社．

李培英，李萍，刘乐军，等．2003．我国海洋灾害地质评价的基本概念、方法及进展．海洋学报，25（1），122-134．

李志军．2010．渤海海冰灾害和人类活动之间的关系［J］．海洋预报，27（1）：8-12．

联合国教科文组织政府间海洋学委员会国际海啸信息中心编，中国香港天文台、中国国家海洋环境预报中心译，2006．海啸：骇人的巨浪．北京，海洋出版社，5，2．

林卫华，蒋荣复，王正廷．2008．湄洲湾海雾的发生规律和成因分析［J］．海洋学研究，26（3）：71-76．

林晓能，宋萍萍．1990．南海一次典型海雾过程的特征分析［J］．海洋预报，（4）：75-80．

刘守全，刘锡清，王圣洁，等．2000．南海灾害地质类型及灾害地质分区．地质灾害与防治学报，卷1期．

刘锡清，刘守全，王圣洁，等．2002．南海灾害地质发育规律初探，地质灾害与防治学报，13卷1期．

刘锡清．2005．我国海岸带主要灾害地质因素及其影响［J］．海洋地质动态，21（5）：23-42．

龙亚星，李成伟. 2015. 能见度自动观测与人工观测数据对比分析 [J]. 陕西气象，（2）：32-35.

卢峰本，黄滢，覃庆第. 2006. 北部湾海雾气候特征分析及预报 [J]. 海洋预报，23（z1）：68-72.

罗章仁，罗宪林. 1995. 海南岛人类活动与沙质海岸侵蚀. 南京大学海岸与海岛开发国家试点实验室. 海平面
　　变化与海岸侵蚀专辑. 南京：南京大学出版社，205-212.

马凤山，蔡祖煌. 2001. 论海水入侵综合防治应用技术. 中国地质灾害与防治学报，11（9）.

全国海岸带和海涂资源综合调查报告编写组. 1991. 全国海岸带和海涂资源综合调查报告. 北京：海洋出版社.

马玉香，钟普裕. 2009. 1668年山东郯城81/2级地震综述. 国际地震动态，2，9-18.

潘蔚娟，王婷，郝全成. 2007. 珠江口以及粤东沿海海雾的多时间尺度变化特征 [C]. 中国气象学会年会，
　　554-558.

任鲁川. 1999. 区域自然灾害风险分析研究进展 [J]，地球科学进展，14（3）：242-246

盛学斌. 1996. 大渤海区海水入侵态势与防治构思. 生态学报，16（4）.

孙劭，史培军. 2012. 渤海和黄海北部地区海冰灾害风险评估 [J]. 自然灾害学报，21（4）：8-13.

孙劭，苏洁，史培军. 2011. 2010年渤海海冰灾害特征分析 [J]. 自然灾害学报，20（6）：87-93.

索渺清，丁一汇. 2009. 冬半年副热带南支西风槽结构和演变特征研究 [J]. 大气科学，33（3）：425-442.

唐益群，叶为民，张庆贺. 1996. 长江口软土层中的沼气与隧道安全施工对策. 见曲焕林，徐乃安. 环境地学
　　问题研究论文集. 北京：石油工业出版社.

天津市档案馆. 2005. 天津地区重大自然灾害实录 [M]. 天津：天津人民出版社.

王彬华. 1980. 中国近海海雾的几个特征 [J]. 海洋湖沼通报，（3）：9-20.

王曙光. 2000. 中国沿海经济发展与减轻海洋灾害. 中国海洋报.

王文海，吴桑云，陈雪英. 1994. 山东省9216号强热带带气旋风暴期间的海岸侵蚀灾害. 海洋地质与第四纪
　　地质，14（4），41-48.

王文海，吴桑云. 1993. 山东省海岸侵蚀灾害研究. 自然灾害学报，2（1），60-66.

王文海，吴桑云. 1994. 海浪与海岸侵蚀. 见山东省重要自然灾害与减灾对策. 北京：地震出版社.

王文海，吴桑云. 1996. 中国海岸侵蚀灾害. 见纪念王乃梁先生80诞辰筹备组. 地貌与第四纪环境研究文集，
　　北京：海洋出版社.

王喜年. 2001. 风暴潮预报知识讲座：第二讲 风暴潮灾害及其地理分布. 海洋预报，18（2）：70-77.

王相玉，袁本坤，商杰，等. 2011. 渤黄海海冰灾害与防御对策 [J]. 海岸工程，30（4）：46-55.

王鑫，黄菲，周琇. 2006. 黄海沿海夏季海雾形成的气候特征 [J]. 海洋学报，28（1）：26-34.

吴少华，王喜年，戴明瑞，等. 2002. 渤海风暴潮概况及温带风暴潮数值模拟. 海洋学报，24（3）：28-34.

吴少华，王喜年，宋珊，等. 2002. 天津沿海风暴潮灾害概述及统计分析. 海洋预报，19（1）：29-35.

吴少华，王喜年，于福江，等. 2002. 连云港温带风暴潮及可能最大温带风暴潮的计算. 海洋学报，24（5）：
　　8-18.

吴晓京，李三妹，廖蜜，等. 基于20年卫星遥感资料的黄海、渤海海雾分布季节特征分析 [J]. 海洋学报，
　　2015（1）：63-72.

夏东兴，王文海. 1993. 中国海岸侵蚀述要. 地理学报，48（5）.

夏东兴，武桂秋，杨鸣. 1999. 山东省海洋灾害研究. 北京：海洋出版社.

夏真，郑涛，庞高存. 1999. 南海北部海底地质灾害因素 [J]. 热带海洋，18（4）：91-95.

谢钦春，李炎，李全兴. 1995. 杭州湾海岸侵蚀变化. 南京大学海岸与海岛开发国家试点实验室. 海平面变化
　　与海岸侵蚀专辑. 南京：南京大学出版社.

徐峰，王晶，张羽，等. 2012. 粤西沿海海雾天气气候特征及微物理结构研究 [J]. 气象，（8）：985-996.

徐杰. 2011. 冬春季黄渤海海雾的观测分析与数值模拟研究 [D]. 青岛：中国海洋大学，17-20.

杨华庭，田素珍，叶琳，等. 1993. 中国海洋灾害四十年资料汇编 [M]. 北京：海洋出版社.

杨华庭，张宝元，张家诚，等. 1998. 中国气象洪涝海洋灾害 [M]. 长沙：湖南人民出版社，253-313.

杨子赓. 2000. 海洋地质学 [M]. 青岛：青岛出版社.

叶琳，于福江. 2002. 我国风暴潮灾的长期变化与预测. 海洋预报，19 (1)：89-96.

叶银灿，陈俊仁，潘国富，等. 2003. 海底浅层气的特征、赋存特征及其对工程的危害 [J]. 东海海岸，21 (1)：27-36.

于福江，王喜年，戴明瑞. 2002. 影响连云港的几次显著温带风暴潮过程分析及其数值模拟. 海洋预报，19 (1)：113-122.

于福江，王喜年，宋珊，等. 2000. 渤海 "9216" 特大风暴潮过程的数值模拟. 海洋预报. 17 (4)：9-15.

于福江，张占海，林一骅. 2002. 一个稳态 Kalman 滤波风暴潮数值预报模式. 海洋学报，24 (5)：26-35.

于福江，张占海. 2002. 一个东海嵌套网格台风风暴潮数值预报模式的研制与应用. 海洋学报，24 (4)：23-33.

于运全. 2004. 20 世纪以来中国海洋灾害史研究评述 [J]. 中国史研究动态，(12)：8-17.

袁本坤，曹丛华，江崇波，等. 2015. 基于致灾因子指标体系的海冰灾害风险评估和区划方法 [J]. 防灾科技学院学报，17 (2)：8-12.

袁本坤，郭可彩，王相玉，等. 2013. 我国单因子海冰灾害指标体系及海冰灾害等级划分方法初步探讨 [J]. 海洋预报，30 (1)：65-70.

国家科委国家计委国家经贸委自然灾害综合研究组. 2009. 中国自然灾害综合研究进展 [M]. 北京：气象出版社.

张朝锋. 2002. 粤东海区海雾的气候特征分析 [J]. 广东气象，(2)：20-21.

张方俭，费立淑. 1994. 我国的海冰灾害及其防御 [J]. 海洋通报，13 (5)：75-83.

张方俭. 1986. 我国的海冰 [M]. 北京：海洋出版社.

赵联大，于福江，王培涛. 2010. 我国的海啸风险与预警，国家综合防灾减灾与可持续发展论坛文集.

赵永平，陈永利，王丕诰. 1997. 黄、东海海雾过程及其大气和海洋环境背景场的分析 [J]. 海洋科学集刊，(1)：69-79.

中国海洋灾害公报. http：//www. soa. gov. cn/hyjww/yyzh/A0267index_ 1. htm.

周发琇，王鑫，鲍献文. 2004. 黄海春季海雾形成的气候特征 [J]. 海洋学报，26 (3)：28-37.

周发琇. 1988. 海雾及其分类 [J]. 海洋预报，(1)：78-84.

Aimilia Pistrika, George Tsakiris. 2007. Flood Risk Assessment：A Methodological Framework [J], Water Resources Management：New Approaches and Technologies, European Water Resources Association, Chania, Crete-Greece, June 14-16.

Capernter G B & McCarthy J C. 1980. Hazards analysis on the Atlantic outer continental shelf [A]. 12th Annual / O. T. C. Proceedings [C]. (1).

Gary Shook. 1997. An Assessment of Disaster Risk and its Management in Thailand [J]. Disasters, 21 (1)：77-88.

http：//www. desenredando. org/public/articulos/2003/nrcvrfhp/nrcvrfhp_ ago-04-2003. pdf.

http：//www. hydroteam. de/Padang_ Post_ Zosseder_ et%20al. pdf.

http：//www. ngdc. noaa. gov/hazard/tsu. shtml.

http：//www. ngdc. noaa. gov/hazarddatapublications/tsunami_ posteroct08. pdf.

http：//www. unisdr. org/HFdialogue/download/tp3-paper-system-indicators. pdf.

Intergovernmental Oceanographic Commission. 2008. Tsunami Glossary, 2008. Paris, UNESCO. IOC Technical Series, 85. (English.).

J. Post, K. Zosseder, G. Strunz, J. Birkmann, N. Gebert, N. Setiadi, H. Z. Anwar, H. Harjono, M. Nur,

T. Siagian. 2008. Risk and vulnerability assessment to tsunami and coastal hazards in Indonesia: Conceptual framework and indicator development.

Laoupi A. and Tsakiris G. 2007. Assessing Vulnerability in Cultural Landscapes [J], EWRA International Symposium on Water Resource Management: New Approaches and Technologies, Chania, Crete-Greece, June 14-16

Omar D. Cardona. 2005. A System of Indicators for Disaster Risk Management in the Americas.

Omar D. Cardona. 2004. The Need for Rethinking the Concepts of Vulnerability and Risk from a Holistic Perspective: A Necessary Review and Criticism for Effective Risk Management.

Stefan Greiving. 2006. Integrated Risk Assessment of Multi-Hazards: a New Methodoligy, Geological Survey of Finland, 75-82,

Tingyeh WU and Kaoru TAKARA, Assessment Framework for Vulnerability and Exposure Based on Landslide Hazard Mapping. 2008. Annuals of Disas. Prev. Res. Inst., Kyoto Univ., No. 51B, 75-82

UNESCO. Tsunami Teacher, 74.

UNESCO/IOC. Tsunami Preparedness Information Guide for Disaster Planners, International Oceanographic Commission Manuals and Guide 49.